U0290263

古今酒事

胡山源 编

商务印书馆
The Commercial Press

涵芬楼文化　出品

埋愁无地，倚醉有缘，于是有《古今酒事》之作。

爱吟短什，以展长怀：

不胜一蕉叶，徒了酒中趣。

耄耋逢盛世，飞觥应无数。

胡山源

一九八六年六月

序

范成大说：“余性不能酒，士友之饮少者，莫余若。而能知酒者，亦莫余若也。”这话，正可以借来给我一用。

我不会喝酒，我的朋友都知道。并且我的不会喝，简直涓滴不尝，不单“不能胜一蕉叶”而已。通常赴人家的宴会，酒不沾唇，吃人家的喜酒，唇不沾酒，甚至自己结婚，也没有尽尽人事，和别人碰过一杯。然而我自信我是真能知酒的。

我的所以真能知酒，有两个缘故：第一，我有两个最要好的酒友，一个是惠卿，一个是菩生。菩生的喝酒，不择时，不择地，并且不问自己应该干些什么，真所谓：“一杯在手，万事皆休！”一日二十四小时中，除了短短的睡眠以外，说他是神志清楚的时候，就只有早上二三小时。然而他的酒后兴发，倒也并不糊涂，说起话来，反是头头是道，滔滔不绝。不过他这时的话，也许只有我喜欢听，并且听得懂，其他的人，我就不能保证了。常常，他拉我进入任何酒店，彼此对坐下来，他一杯一杯地喝着，唾沫四溅地说着，我除了和他对说以外，从来不动一动我面前的杯子，至多举起筷子来，吃一些下酒菜。我不干涉他喝，他也不勉强我喝，我们各行其是。

他得到了趣中酒，我得到了酒中趣。

惠卿似乎要比菩生少喝些，也许他的量不及菩生。然而他的喜欢喝，以及喝了之后的兴会，是和菩生一般无二的。有一天晚上，他到我的地方来，我按着常例，请他喝酒。也是按着常例，只是他一个人独酌，由我在旁干陪。于喝足谈畅之后，他拉我出去步月。这是我很喜欢的。我们只拣僻静的马路走，当然不管路的远近。在一段两旁只有荒坟和麦田的路上，看见了初升的下弦月，他高兴得在路上豁起虎跳来，并且在走的时候，用脚踢着路边的洋梧桐，说："我全身有不知多少的气力，要爆裂开来，这不过是小小的发泄罢了！"他踢得很重，忘记了痛，我帮他踢着，也忘记了痛。

现在，惠卿和菩生都已经在三五年前先后去世了，他们的墓木，恐怕真是已拱了。他们的死因，当然是曲糵为害。可是他们是知其为害的，他们并不悔，而我也是知其为害的，我也并不为他们悔。他们的不悔，当然是为了他们有得于酒，我的不为他们悔，也实在是为了我能知酒。

我所以知酒的第二个缘故，是因为我嗜好文学。在文学里面，正有不知多少说酒、论酒、颂酒的作品，它们都是好文字，我读着它们，真有些口角流涎，在不知不觉间，我就真正知道了酒。

我知酒的缘故是如此，那么，我所知的究竟是什么呢？这一个问题的答复，当然有千言万语可以容我发挥：宇宙观，人生观，以至被苍蝇叮、蚊子咬的小小牢骚，我都可以拉扯过来，作为我知酒的解释与议论。但是我不想如此说。一则，所谓知者，简直是"心法"，到底只能心领神会，不能言传。二则，当今之世，似乎也没有作这样表扬的必要。不过你可以相信我，因为我正有这样一个决心：在某种时期，我一定要大酒喝个烂醉如泥，再好也没有，就是以糟丘为首丘，我也认为得其所哉。并且，范成大的"性不能酒"，是他试验过的，因为他不过是"饮少者"而已，而我则自十五岁以来，除了吃圣餐喝一滴葡萄酒以外，就从来没有试过我的酒量，安知我性不正是"能酒"的呢？古人云"三年不鸣，一鸣惊人"，那么，我"三十年不喝，一喝惊人"不也是可能的吗！于此，我自信：我对于酒绝不是不知的！（十五岁以前，还是幼童，凡事不能作准。）

为了我有酒友，为了我嗜好酒的文学，所以我知酒；为了我知酒，所以我也甘为酒国的顺民。然而我的酒友是先后亡故了，酒的文学现在我也无暇欣赏，至于身入酒国，还是为了种种原因，只好暂时望门却步。我是无聊透顶了！无聊，无聊，一百二十个无聊！在无聊中我就集成了这一本《古今酒事》。

这《古今酒事》就算是我的酒友吧，然而也正是使我腹痛的"黄垆"；这《古今酒事》就算是我所嗜好的文学吧，然而今世文学不值钱，也不过是被毁弃的"黄钟"；这《古今酒事》就算是我入酒国的"护照""敲门砖"吧，然而按"过屠门而大嚼"之例，也不过是"过酿门而大饮"耳。我将何以自处呢？

我恨不得真的立刻"连飞数百觚""一醉解千愁"！

本书在"八一三"之前早就齐稿，序也早已写好。不料"八一三"事起，匆促之间，稿虽然带了出来，序却遗失了。现在，本书终得出版，不可以说不是大幸，但是序却只好重写了。因此，前面所写的并非原序。这也是值得纪念的一件小事，所以补识于此。

编　者

二十八年（1939）八月

凡　例

（一）本书目的，拟将古今有关酒事之文献，汇成一编，以资欣赏。

（二）本书材料，统由各种丛书及笔记中采撷而来。

（三）"故事"中各篇，均注明出处，借明来历。

（四）取材以清末为止，民国后不录。

（五）"故事"二三千条，范围最为广博，今为便于翻阅起见，分成
　　　十三类。然其中界限，有极难划分者，如有不当之处，尚请读
　　　者原谅。

（六）本书排版完成后，又在各丛书及笔记中，陆续发见尚未收入之
　　　材料甚夥，拟待至相当时期，另出续编。

（七）本书以编者一人之力，三五年之工夫，搜罗所得，当然难称完
　　　美。如承海内同好，于本书所已有者外，代为搜罗，以便将来
　　　收入续编，俾成酒事完作，实不胜企盼之至！

目　录

第一辑

专 著

抱朴子·酒诫

葛　洪

　　抱朴子曰：目之所好，不可从也；耳之所乐，不可顺也；鼻之所喜，不可任也；口之所嗜，不可随也；心之所欲，不可恣也。故惑目者，必逸容鲜藻也；惑耳者，必妍音淫声也；惑鼻者，必苣蕙芬馥也；惑口者，必珍羞嘉旨也；惑心者，必势利功名也。五者毕惑，则或承之祸为身患者，不亦信哉！是以智者严隳括于性理，不肆神以逐物，检之以恬愉，增之以长算。其抑情也，剧乎堤防之备决；其御性也，过乎腐辔之乘奔。故能内保永年，外免衅累也。盖饥寒难堪者也，而清节者不纳不义之谷帛焉；困贱难居者也，而高尚者不处危乱之荣贵焉。盖计得则能忍之心全矣，道胜则害性之事弃矣。夫酒醴之近味，生病之毒物，无毫分之细益，有丘山之巨损，君子以之败德，小人以之速罪，耽之惑之，鲜不及祸。世之士人，亦知其然，既莫能绝，又不肯节，纵心口之近欲，轻召灾之根源，似热渴之恣冷，虽适己而身危也。小大乱丧，亦罔非酒。然而俗人是酣是湎，其初筵也，抑抑济济，言希容整，咏《湛露》之"厌厌"，歌"在镐"之"恺乐"，举"万寿"之觞，育"温克"之义。日未移晷，体轻耳热。夫琉璃海螺之器并用，满酌罚余之令遂急。醉而不止，拔辖投井。于是口涌鼻溢，濡首及乱。屡舞蹁跹，舍其坐迁；载号载呶，如沸如羹。或争辞尚胜，或哑哑独笑，或无对而

3

谈，或呕吐几筵，或值厥足良倡，或冠脱带解。贞良者流华督之顾眄，
怯懦者效庆忌之蕃捷，迟重者蓬转而波扰，整肃者鹿踊而鱼跃。口讷
于寒暑者，皆垂掌而谐声，谦卑而不竞者，悉裨瞻以高交。廉耻之仪
毁，而荒错之疾发；阘茸之性露，而傲很之态出。精浊神乱，臧否颠
倒。或奔车走马，赴坑谷而不惮，以九折之阪为蚁封；或登危蹑颓，虽
堕坠而不觉，以吕梁之渊为牛迹。或肆忿于器物，或酗酱于妻子；加枉
酷于臣仆，用剡锋乎六畜；炽火烈于室庐，掊宝玩于渊流；迁威怒于路
人，加暴害于士友。褒严主以夷戮者，有矣；犯凶人而受困者，有矣。
言虽尚辞，烦而叛理；拜伏徒多，劳而非敬。臣子失礼于君亲之前，幼
贱悖慢于耆宿之坐。谓清谈为诋訾，以忠告为侵己。于是白刃抽而忘
思难之虑，棒杖奋而罔顾乎前后。构漉血之仇，招大辟之祸。以少凌
长，则乡党加重责矣；辱人父兄，则子弟将推刃矣；发人所讳，则壮士
不能堪矣；计数深克，则醒者不能恕矣。起众患于须臾，结百疴于膏
肓。奔驷不能追既往之悔，思改而无自反之蹊。盖智者所深防，而愚
人所不免也。其为祸败，不可胜载。然而欢集，莫之或释，举白盈耳，
不论于能否。料沥霤于小余，以稽迟为轻己。倾匡注于所敬，殷勤变
而成薄。劝之不持，督之不尽，怨色丑音所由而发也。夫风经府藏
使人惚恍，及其剧者，自伤自虞。或遇斯疾，莫不忧惧，吞苦忍痛，
欲其速愈。至于醉之病性，何异于兹。而独居密以逃风，不能割情以
节酒。若畏酒如畏风，憎醉如憎病，则荒沈之咎塞，而流连之失止矣。
夫风之为疾，犹展攻治，酒之为变，在乎呼吸。及其闷乱，若存若亡，
视泰山如弹丸，见沧海如盘盂，仰嚯天堕，俯呼地陷，卧待虎狼，投
井赴火，而不谓恶也。夫用身之如此，亦安能惜敬恭之礼，护喜怒之

失哉！昔仪狄既疏，大禹以兴。糟丘酒池，辛癸以亡。丰侯得罪，以戴尊衔怀。景升荒坏，以三雅之爵。刘松烂肠，以逃暑之饮。郭珍发狂，以无日不醉。信陵之凶短，襄子之乱政，赵武之失众，子反之诛戮，汉惠之伐命，灌夫之灭族，陈遵之遇害，季布之疏斥，子建之免退，徐邈之禁言，皆是物也。世人好之乐之者甚多，而戒之畏之者至少，彼众我寡，良箴安施？且愿君子节之而已。曩者，既年荒谷贵，人有醉者相杀，牧伯因此辄有酒禁，严令重申，官司搜索，收执榜徇者相辱，制鞭而死者大半。防之弥峻，犯者至多。至乃穴地而酿，油囊怀酒。民之好此，可谓笃矣。余以匹夫之贱，托此空言之书，未如之何矣。又临民者虽设其法，而不能自断斯物，缓己急人，虽令不从，弗躬弗亲，庶民弗信。以此而教，教安得行；以此而禁，禁安得止哉？沽卖之家，废业则困，遂修饰赂遗，依凭权右，所属吏不敢问。无力者独止，而有势者擅市。张垆专利，乃更倍售，从其酤买，公行靡惮，法轻利重，安能免乎哉？

　　或人难曰：夫夏桀殷纣之亡，信陵汉惠之残，声色之过，岂唯酒乎！以其生患于古，而断之于今，所谓以褒姒丧周，而欲人君废六宫，以阿房之危秦，而使王者结草庵也。盖闻昊天表酒旗之宿，坤灵挺空桑之化，燎紫员丘，瘞薶圻泽，裸鬯仪彝，实降神祇，酒为礼也。千钟百觚，尧舜之饮也。唯酒无量，仲尼之能也。姬旦酒肴不撤，故能制礼作乐。汉高婆娑巨醉，故能斩蛇鞠旅。于公引满一斛，而断狱益明。管辂倾仰三斗，而清辩绮粲。扬云酒不离口，而《太玄》乃就。子围醉无所识，而霸功以举。一瓶之醪倾，而三军之众悦。解毒之觞行，而盗马之属感。消忧成礼，策勋饮至，降神合人，非此莫以也。内速

5

诸父，外将嘉宾，如淮如渑，《春秋》所贵。由斯言之，安可诚乎？

抱朴子答曰：酒旗之宿，则有之矣。譬犹悬象著明，莫大乎日月；水火之原，于是在焉。然节而宣之，则以养生立功；用之失适，则焚溺而死。岂可恃悬象之在天，而谓水火不杀人哉？宜生之具，莫先于食；食之过多，实结症瘕。况于酒醴之毒物乎！夫使彼夏桀、殷纣、信陵、汉惠荒流于亡国之淫声，沈溺于倾城之乱色，皆由乎酒熏其性，醉成其势，所以致极情之失，忘修饰之术者也。我论其本，子识其末，谓非酒祸，祸其安出？是独知猛雨之沾衣，而不知云气之所作；唯患飞埃之糁目，不觉飙风之所为也。千钟百觚，不经之言，不然之事，明者不信矣。夫圣人之异自才智，至于形骸非能兼人，有七尺三丈之长，万倍之大也。一日之饮，安能至是？仲尼则畏性之变，不敢及乱。周公则终日百拜，看干酒澄。上圣戢戢，犹且若斯，况乎庸人，能无悔乎？汉高应天，承运革命，向虽不醉，犹当斩蛇。于公聪达，明于听断，小大以情，不失枉直。是以刑不滥加，世无怨民。但其健饮，不即废事。若论大醉，亦俱无知。决疑之才，何赖于酒？未闻皋繇甫侯、子产释之，醉乃折狱也。管辂年少，希当剧谈，故假酒势以助胆气。若过其量，亦必迷错。及其刺豪厘于爻卦，索鬼神之变化，占气色以决盛衰，聆鸣鸟以知方来，候风云而克吉凶，观碑柏而识祸福，岂复须酒，然后审之？扬云通人，才高思远，英瞻之富，禀之自天，岂藉外物，以助著述？及其数饮，由于偶好；亦或有疾，以宜药势耳。子围肆志，盖已素定。虽复不醉，亦于终果。瓶醪悦众，寓言之喻。诚能赏罚允当，威恩得所，长算纵横，应机无方，则士思果毅，人乐奋命。其不然也，虽流酒渊，何补胜负？缪公饮盗，造次之权，舍法长恶，何足多称哉！岂如慎之邪？

齐民要术·造神曲并酒

贾思勰

作三斛麦曲法：蒸、炒、生，各一斛。炒麦黄，莫令焦。生麦择治，甚令精好。种各别磨，磨欲细。磨讫，合和之。

七月，取中寅日，使童子着青衣，日未出时，面向杀地，汲水二十斛。勿令人泼水，水长亦可泻却，莫令人用。其和曲之时，面向杀地和之，令使绝强。团曲之人，皆是童子小儿，亦面向杀地，有行秽者不使。不得令入室，近团曲，当日使讫，不得隔宿。屋用草屋，勿使瓦屋。地须净扫，不得秽恶；勿令湿。画地为阡陌，周成四巷。作"曲人"，各置巷中，假置"曲王"，王者五人。曲饼随阡陌比肩相布。布讫，使主人家一人为主，莫令奴客为主与"王"。酒脯之法：湿"曲王"手中为碗，中盛酒、脯、汤饼。主人三遍读文，各再拜。

其房欲得板户密泥涂之，勿令风入。至七日开，当处翻之，还令涂户。至二七日，聚曲，还令涂户，莫使风入。至三七日，出之，盛着瓮中，涂头。至四七日，穿孔，绳贯，日曝，欲得使干，然后内之。其曲饼，手团二寸半，厚九分。

祝曲文

东方青帝土公、青帝威神，南方赤帝土公、赤帝威神，西方白帝土公、白帝威神，北方黑帝土公、黑帝威神，中央黄帝土公、黄帝威神，某年月，某日辰，朔日，敬启五方五土之神：

主人某甲，谨以七月上辰，造作麦曲数千百饼，阡陌纵横，以辨疆界，须建立五王，各布封境。酒脯之荐，以相祈请，愿垂神力，勤鉴所领：使出类绝踪，穴虫潜影；衣色锦布，或蔚或炳；杀热火烧，以烈以猛；芳越椒熏，味超和鼎。饮利君子，既醉既逞；惠彼小人，亦恭亦静。敬告再三，格言斯整。神之听之，福应自冥。人愿无为，希从毕永。急急如律令。

祝三遍，各再拜。

造酒法：全饼曲，旷经五日许，日三过，以炊帚刷治之，绝令使净。若遇好日，可三日晒。然后细锉，布杷盛高屋厨上，晒经一日，莫使风土秽污。乃平量曲一斗，臼中捣令碎。若浸曲一斗，与五升水。浸曲三日，如鱼眼汤沸。酘米，其米绝令精细。淘米可二十遍。酒饭人，狗不令啖。淘米及炊釜中水、为酒之具有所洗浣者，悉用河水佳也。若作秫、黍米酒，一斗曲，杀米二石一斗；第一酘，米三斗；停一宿，酘米五斗；又停再宿，酘米一石；又停三宿，酘米三斗。其酒饭欲得弱炊，炊如食饭法，舒使极冷，然后纳之。若作糯米酒，一斗曲，杀米一石八斗。唯三过酘米毕。其炊饭法，直下馈，不须报蒸。其下馈法：出馈瓮中，取釜下沸汤浇之，仅没饭便止。【此元仆射家法。】

又造神曲法：其麦蒸、炒、生三种齐等，与前同；但无复阡陌、酒脯、汤饼、祭曲王及童子手团之事矣。预前事麦三种，合和细磨之。七月上寅日作曲。溲欲刚，捣欲精细。作熟饼，用圆铁范，令径五寸，厚一寸五分，于平板上，令壮士熟踏之。以杙刺作孔。净扫东向开户屋，布曲饼于地，闭塞窗户，密泥缝隙，勿令通风。满七日翻之，二七日聚之，皆还密泥。三七日出外，日中曝令燥，曲成矣。任意举阁，亦不用瓮盛。瓮盛者则曲乌腹，乌腹者，绕孔黑烂。若欲多作者任人耳，但须三麦齐等，不以三石为限。此曲一斗，杀米三石；笨曲一斗，杀米六斗；省费悬绝如此。用七月七日焦麦曲及春酒曲，皆笨曲法。

造神曲黍米酒方：细锉曲，燥曝之。曲一斗，水九斗，米三石。须多作者，率以此加之。其瓮大小任人耳。桑欲落时作，可得周年停。初下用米一石，次酘五斗，又四斗，又三斗，以渐待米消即酘，无令势不相及。味足沸定为熟。气味虽正，沸未息者，曲势未尽，宜更酘之；不酘则酒味苦、薄矣。得所者，酒味轻香，实胜凡曲。初酿此酒者，率多伤薄，何者？犹以凡曲之意忖度之，盖用米既少，曲势未尽故也，所以伤薄耳。不得令鸡狗见。所以专取桑落时做者，黍必令极冷也。

又神曲法：以七月上寅日造。不得令鸡狗见及食者。麦多少，分为三分：蒸、炒二分正等；其生者一分，一石上加一斗半。各细磨，和之。溲时微令刚，足手熟揉为佳。使童男小儿饼之，广三寸，厚二寸。须西厢东向开户屋中，净扫地，地上布曲：十字立巷，令通人行；四角各造"曲奴"一枚。讫，泥户勿令泄气。七日开户翻曲，还塞户。二七日聚，又塞之。三七日出之。作酒时，治曲如常法，细锉为佳。

造酒法：用黍米一斛，神曲二斗，水八升。初下米五斗，米必令五六十遍淘之。二酘七斗米。三酘八斗米。满二石米以外，任意斟裁。然要须米微多，米少酒则不佳。冷暖之法，悉如常酿，要在精细也。

神曲粳米醪法：春月酿之。燥曲一斗，用水七斗，粳米二石四斗。浸曲发如鱼眼汤。净淘米八斗，炊作饭，舒令极冷。以毛袋漉去曲滓，又以绢滤曲汁于瓮中，即酘饭。候米消，又酘八斗；消尽，又酘八斗。凡三酘，毕。若犹苦者，更以二斗酘之。此酒合醅饮之可也。

又作神曲方：以七月中旬以前作曲为上时，亦不必要须寅日；二十日以后作者，曲渐弱。凡屋皆得做，亦不必须东向开户草屋也。大率小麦生、炒、蒸三种等分，曝蒸者令干，三种合和，碓师净簸，择细磨罗。取麸，更重磨，唯细为良，粗则不好。铧胡叶，煮三沸汤。待冷，接取清者，溲曲。以相着为限，大都欲小刚，勿令太泽。捣令可团便止，亦不必满千杵。以手团之，大小厚薄如蒸饼剂，令下微浥浥，刺作孔。丈夫妇人皆团之，不必须童男。其屋，预前数日着猫，塞鼠窟，泥壁令净，扫地，布曲饼于地上，作行伍，勿令相逼，当中十字通阡陌，使容人行。作"曲王"五人，置之于四方及中央：中央者面南，四方者面皆向内。酒脯祭与不祭亦相似，今从省。布曲讫，闭户密泥之，勿使漏气。一七日，开户翻曲，还着本处，泥闭如初。二七日聚之：若止三石麦曲者，但作一聚，多则分为两三聚，泥闭如初。三七日，以麻绳穿之，五十饼为一贯，悬着户内，开户，勿令见日。五日后，出着外许悬之。昼日晒，夜受露霜，不须覆盖。久停亦尔，但不用被雨。此曲得三年停陈者弥好。

神曲酒方：净扫刷曲令净，有土处，刀削去，必使极净。反斧背椎破，令大小如枣栗；斧刃则杀小。用故纸糊席，曝之。夜乃勿收，令受霜露。风阴则收之，恐土污及雨润故也。若急须者，曲干则得；从容者，经二十日许受霜露，弥令酒香。曲必须干润，湿则酒恶。春秋二时酿者，皆得过夏；然桑落时作者，反胜于春。桑落时稍冷，初浸曲与春同；及下酿，则茹瓮，止取微暖，勿太厚，太厚则伤热。春则不须置瓮于砖上。秋以九月九日或十九日收水，春以正月十五日，或以晦日，及二月二日收水，当日即浸曲。此四日为上时，余日非不得作，恐不耐久。

收水法：河水第一好；远河者取极甘井水，小咸则不佳。

渍曲法：春十一日或十五日，秋十五或二十日。所以尔者，寒暖有早晚故也。但候曲香沫起，便下酿。过久曲生衣，则为失候；失候则酒重钝，不复轻香。米必细师净淘三十许遍；若淘米不净，则酒色重浊。大率曲一斗，春用水八斗，秋用水七斗；秋杀米三石，春杀米四石。初下酿，用黍米四斗，再馏弱炊，必令均熟，勿使坚刚生阙也。于席上摊黍饭令极冷，贮出曲汁，于盆中调和，以手搦破之无块，然后内瓮中。春以两重布覆，秋于布上加毡，若值天寒，亦可加草。一宿、再宿，候米消更酘六斗。第三酘用米或七八斗。第四、第五、第六酘，用米多少，皆候曲势强弱加减之，亦无定法。或再宿一酘，三宿一酘，无定准，惟须消化乃酘之。每酘皆挹取瓮中汁调和之，仅得和黍破块而已，不尽贮出。每酘即以酒杷遍搅令均调，然后盖瓮。虽言春、秋二时杀米三石、四石，然须善候曲势：曲势未穷，米犹消化者，便加米，唯多为良。世人云："米过酒甜。"此乃不解法。候酒冷沸止，米有不消者，便是曲势尽。酒若熟矣，押出清澄，竟夏直以单布覆瓮口，斩席盖布上，慎勿瓮泥；瓮泥封交即酢坏。冬亦得酿，但不及春秋耳。冬酿者，必须厚茹瓮、覆盖。初下酿，则黍小暖下之。一发之后，重酘时，还摊黍使冷。酒发极暖，重酿暖黍，亦酢矣。其大瓮多酿者，依法倍加之。其糠、沈杂用，一切无已。

河东神曲方：七月初治麦，七日作曲。七日未得作者，七月二十日前亦得。麦一石者，六斗炒，三斗蒸，一斗生，细磨之。桑叶五分，苍耳一分，艾一分，茱萸一分。若无茱萸，野蓼亦得用。合煮取汁，令如酒色。漉出滓，待冷，以和曲，勿令太泽。捣千杵。饼如凡饼，方范作之。

卧曲法：先以麦麸布地，然后着曲讫，又以麦麸覆之。多作者，可以用箔、槌，如养蚕法。覆讫，闭户。七日，翻曲，还以麦麸覆之。二七日，聚曲，亦还覆之。三七日，瓮盛。后经七日，然后出曝之。

造酒法：用黍米曲一斗，杀米一石。秫米令酒薄，不任事。治曲必使表里、四畔、孔内，悉皆净削，然后细锉，令如枣、栗。曝使极干。一斗曲，用水一斗五升。十月桑落初冻则收水酿者为上时春酒，正月晦日收水为中时春酒。河南地暖，二月作；河北地寒，三月作；大率用清明节前后耳。初冻后，尽年暮，水脉既定，收取则用；其春酒及余月，皆须煮水为五沸汤，待冷浸曲，不然则动。十月初冻尚暖，未须茹瓮；十一月、十二月，须黍穰茹之。浸曲，冬十日，春七日，候曲发，气香沫起，便酿。隆冬寒厉，虽曰茹瓮，曲汁犹冻，临下酿时，宜漉出冻凌，于釜中融之，取液而已，不得令热。凌液尽，还泻着瓮中，然后下黍，不尔则伤冷。假令瓮受五石米者，初下酿，止用米一石。淘米须极净，水清乃止。炊为馈，下着空瓮中，以釜中炊汤，及热沃之，令馈上水深一寸余便止。以盆合头。良久水尽，馈极熟软，便于席上摊之使冷。贮汁于盆中，搦黍令破，泻着瓮中，复以酒杷搅之。每酘皆然。唯十一月、十二月天寒水冻，黍须人体暖下之；桑落、春酒，悉皆冷下。初冷下者，酘亦冷；初暖下者，酘亦暖；不得回易冷热相杂。次酘八斗，次酘七斗，皆须候曲蘖强弱增减耳，亦无定数。大率中分米：半前作沃馈，半后作再馏黍。纯作沃馈酒便钝；再馏黍，酒便轻香。是以须中半耳。冬酿六七酘，春作八九酘。冬欲温暖，春欲清凉。酘米太多则伤热，不能久。春以单布覆瓮，冬用荐盖之。冬，初下酿时，以炭火掷着瓮中，投刀横于瓮上。酒熟乃去之。冬酿十五日熟，春酿十日熟。至五月中，瓮别碗盛，于日中炙之，好者不动，恶者色变。色变者宜先饮，好者留过夏。但合醅停须臾便押出，还得与桑落时相接。地窖着酒，令酒土气，唯连檐草屋中居之为佳。瓦屋亦热。作曲、浸曲、炊、酿，一切悉用河水。无手力之家，乃用甘井水耳。《淮南万毕术》曰："酒薄复厚，渍以莞蒲。……断蒲渍酒中，有顷出之，酒则厚矣。"凡冬月酿酒，中冷复不发者，以瓦瓶盛热汤，坚塞口，又于釜汤中煮瓶，令极热，引出，着酒瓮中，须臾即发。

白醪曲

做白醪曲法：取小麦三石，一石熬之，一石蒸之，一石生。三等合和，细磨作屑。煮胡叶汤，经宿使冷，和麦屑，捣令熟。踏作饼，圆铁作范，径五寸，厚一寸余。床上置箔，箔上安蘧蒢，蘧蒢上置桑薪灰，厚二寸。做胡叶汤令沸，笼子中盛曲五六饼许，着汤中，少时出，卧置灰中，用生胡叶覆上。经宿，勿令露湿，特覆曲薄遍而已。七日翻，二七日聚，三七日收，曝令干。作曲屋，密泥户，勿令风入。

若以床小，不得多着曲者，可四角头竖槌，重置橡箔如养蚕法。七月做之。

酿白醪法：取糯米一石，冷水净淘，漉出着瓮中，作鱼眼沸汤浸之。经一宿，米欲绝酢，炊作一馏饭，摊令绝冷。取鱼眼汤沃浸米泔二斗，煎取六升，着瓮中，以竹扫冲之，如茗渤。复取水六斗，细罗曲末一斗，合饭一时内瓮中，和搅令饭散。以毡物裹瓮，并口覆之。经宿米消，取生疏布漉出糟。别炊好糯米一斗作饭，热着酒中为汛，以单布覆瓮。经宿，汛米消散，酒味备矣。若天冷，停三五日弥善。一酿一斛米，一斗曲末，六斗水，六升浸米浆。若欲多酿，依法别瓮中作，不得并在一瓮中。四月、五月、六月、七月皆得作之。其曲预三日以水洗令净，曝干用之。

笨曲饼酒

作秦州春酒曲法：七月作之，节气早者，望前作；节气晚者，望后作。用小麦不虫者，于大镬釜中炒之。炒法：钉大橜，以绳缓缚长柄匕匙着橜上，缓火微炒。其匕匙如挽棹法，连疾搅之，不得暂停，停则生熟不均。候麦香黄便出，不用过焦。然后簸择，治令净，磨不求细；细者酒不断粗，刚强难押。预前数日刈艾，择去杂草，曝之令萎，勿使有水露气。溲曲欲刚，洒水欲均。初溲时，手搦不相著者佳。溲讫，聚置经宿，来晨熟捣。作木范之：令饼方一尺，厚二寸。使壮士熟踏之。饼成，刺作孔。竖槌，布艾橡上，卧曲饼艾上，以艾覆之。大率下艾欲厚，上艾稍薄。密闭窗、户。三七日曲成。打破，看饼内干燥，五色衣成，便出曝之；如饼中未燥，五色衣未成，更停三五日，然后出。反复日晒，令极干，然后高厨上积之。此曲一斗，杀米七斗。

作春酒法：治曲欲净，锉曲欲细，曝曲欲干。以正月晦日，多收河水；井水若咸，不堪淘米，下馈亦不得。大率一斗曲，杀米七斗，用水四斗，率以此加减之。十七石瓮，惟得酿十石米，多则溢出。作瓮随大小，依法加减。浸曲七八日，始发，便下酿。假令瓮受十石米者，初下以炊米两石为再馏黍，黍熟，以净席薄摊令冷，块大者擘破，然后下之。没水而已，勿更挠劳。待至明旦，以酒杷搅之，自然解散也。初下即搦者，酒喜厚浊。下黍讫，以席盖之。以后，间一日辄更酘，皆如初下法。第二酘用米一石七斗，第三酘用米一石四斗，第四酘用米一石一斗，第五酘用米一石，第六酘、第七酘各用米九斗：计满九石，作三五日停。着尝之，气味足者乃罢。若犹少味者，更酘三四斗。数日复尝，仍未足者，更酘三二斗。数日复尝，曲势壮，酒乃苦者，亦可过十石，但取味足而已，不必要止十石。然必须看候，勿使米过，过则酒甜。其七酘以前，每欲酘时，酒薄霍霍者，是曲势盛也，酘时宜加米，与次前酘等；虽势极盛，亦不得过次前一酘斛斗也。势弱酒厚者，须减米三斗。势盛不加，便为失候；势弱不减，刚强不消。加减之间，必须存意。若多作五瓮以上者，每炊熟，即须均分熟黍，令诸瓮遍得；若偏酘一瓮令足，则余瓮比候黍熟，已失酘矣。酘，常令寒食前得再酘乃佳，过此便稍晚。若邂逅不得早酿者，春水虽臭，仍自中用。淘米必须极净，常洗手剔甲，勿令手有咸气；则令酒动，不得过夏。

作颐曲法：断理麦艾布置法，悉与春酒曲同；然以九月中作之。大凡作曲，七月最良；然七月多忙，无暇及此；然此曲九月作，亦自无嫌。若不营春酒曲者，自可七月中作之。俗人多以七月七日作之。崔实亦曰："六月六日，七月七日，可作曲。"其杀米多少，与春酒曲同；但不中，为春酒喜动。以春酒曲作颐酒，弥佳也。

作颐曲法：八月九月中作者，水未定，难调适，宜煎汤三四沸，待冷，然后浸曲，酒无不佳。大率用水多少，酘米之节，略准春酒，而须以意消息之。十月桑落时者，酒气味颇类春酒。

河东颐白酒法：六月、七月作，用笨曲，陈者弥佳。浅治细锉曲一斗，熟水三斗，黍米七斗。曲杀多少，各随门法。常于瓮中酿。无好瓮者，用先酿酒大瓮，净洗曝干，侧瓮着地作之。旦起，煮甘水，至日午，令汤色白乃止。量取三斗，着盆中。日西，淘米四斗，使净，即浸。夜月炊作再馏饭，令四更中熟，下黍饭席上，薄摊，令极冷。于黍饭初熟时浸曲，向晓昧旦日未出时，下酿，以手搦破块，仰置勿盖。日西，更淘三斗米浸，炊还令四更中稍熟，摊极冷，日未出前酘之，亦搦块破，明日便熟。押出之，酒气香美，乃胜桑落时作者。六月中，唯得作一石米。酒停得三五日。七月半后，稍稍多作。于北向户大屋中作之第一。如无北向户屋，于清凉处亦得。然要须日未出前清凉时下黍；日出以后，热即不成，一石米者，前炊五斗半，后炊四斗半。

笨曲桑落酒法：预前净浅曲，细锉，曝干。作酿池，以藁茹瓮。不茹瓮则酒甜，用穰则太热。黍米淘须极净。以九月九日日未出前，收水九斗，浸曲九斗。当日即炊米九斗为馈。下馈着空瓮中，以釜内炊汤及热沃之。令馈上者水深一寸余便止。以盆合头。良久水尽，馈熟极软，泻着席上，摊之令冷。挹取曲汁，于瓮中搦黍令破，泻瓮中，复以酒杷搅之。每酘皆然。两重布盖瓮口。七日一酘，每酘皆用米九斗。随瓮大小，以满为限。假令六酘，半前三酘，皆用沃馈；半后三酘，作再馏黍。其七酘者，四炊沃馈，三炊黍饭。瓮满好熟，然后押出。香美势力，倍胜常酒。

笨曲白醪酒法：净削治曲，曝令燥。渍曲必须累饼置水中，以水没饼为候。七日许，搦令破，漉去滓。炊糯米为黍，摊令极冷，以意酘之。且饮且酘，乃至尽。粳米亦得作。作时必须寒食前，令得一酘之也。

蜀人作酴酒法：十二月朝，取流水五斗，渍小麦曲二斤，密泥封。至正月、二月冻释，发，漉去滓，但取汁三斗，杀米三斗。炊作饭，调强软。合和，复密封数十日便熟。合滓餐之，甘、辛、滑如甜酒味，不能醉人。人多啖，温温小暖而面热也。

粱米酒法：凡粱米皆得用，赤粱、白粱者佳。春秋冬夏，四时皆得作。净治曲如上法。笨曲一斗，杀米六斗；神曲弥胜。用神曲，量杀多少，以意消息。春、秋、桑叶落时，曲皆细锉；冬则捣末，下绢簁。大率一石米，用水三斗。春、秋、桑落之时，冷水浸曲，曲发，漉去滓。冬即蒸瓮使热，穰茹之。以所量水，煮少许粱米薄粥，摊待温温以浸曲；一宿曲发，便炊，下酿，不去滓。看酿多少，皆平分米作三分，一分一炊。净淘，弱炊为再馏，摊令温温暖于人体，便下，以杷搅之。盆合，泥封。夏一宿，春秋再宿，冬三宿，看米好消，更炊酘之，还泥封。第三酘，亦如之。三酘毕，后十日，便好熟。押出。酒色漂漂与银光一体，姜辛、桂辣、蜜甜、胆苦，悉在其中；芬芳酷烈，轻俊遒爽，超然独异，非黍、秫之俦也。

　　穄米酎法：净治曲如上法。笨曲一斗，杀米六斗；神曲弥胜。用神曲者，随曲杀多少，以意消息。曲，捣作末，下绢簁。计六斗米，用水一斗。从酿多少，率以此加之。米必须师，净淘，水清乃止，即经宿浸置。明旦，碓捣作粉，稍稍箕簸，取细者如糕粉法。讫，以所量水煮少许穄粉作薄粥。自余粉悉于甑中干蒸，令气好馏，下之，摊令冷；以曲末和之，极令调均。粥温温如人体时，于瓮中和粉，痛抨使均柔，令相着；亦可椎打，如椎曲法。擘破块，内着瓮中。盆合，泥封。裂则更泥，勿令漏气。正月作，至五月大雨后，夜暂开看，有清中饮，还泥封。至七月，好熟。接饮，不押。三年停之，亦不动。一石米，不过一斗糟，悉着瓮底。酒尽出时，冰硬糟脆，欲似石灰。酒色似麻油，甚酽。先能饮好酒一斗者，唯禁得升半；饮三升大醉；三升不浇，大醉必死。凡人大醉，酩酊无知，身体壮热如火者，作热汤，以冷解，名曰"生熟汤"。汤令均均小热，得通人手，以浇醉人。汤淋处即冷，不过数斛汤，回转翻覆，通头面痛淋，须臾起坐。与人此酒，先问饮多少，裁量与之。若不语其法，口美不能自节，无不死矣。一斗酒，醉二十人。得者无不传饷亲知以为乐。

　　黍米酎法·亦以正月作，七月熟。净治曲，捣末，绢簁，如上法。笨曲一斗，杀米六斗；用神曲弥佳，亦随曲杀多少，以意消息。米细，师净淘，弱炊再馏黍，摊冷。以曲末于瓮中和之，接令调均，擘破块，着瓮中。盆合，泥封。五月暂开，悉同穄酎法。芬香美酽，皆亦相似。酿此二酘，常宜谨慎：多，喜杀人；以饮少，不言醉死，正疑药杀，尤须节量，勿轻饮之。

　　粟米酒法：唯正月得作，余月悉不成。用笨曲，不用神曲。粟米皆得作酒，然青谷米最佳。治曲、淘米，必须细、净。以正月一日日未出前取水。日出，即晒曲。至正月十五日，捣曲作末，即浸之。大率曲末一斗（堆量之），水八斗，杀米一石。米（平量之），随瓮大小，率以此加，以向满为度。随米多少，皆平分为四分，从初至熟，四炊而已。预前经宿浸米令液，以正月晦日向暮炊酿，正作馈耳，不为再馏。饭欲熟时，预前作泥置瓮边，馈熟即举甑，就瓮下之，速以酒杷就瓮中搅作三两遍，即以盆合瓮口，泥密封，勿令漏气。看有裂处，更泥封。七日一酘，皆如初法。四酘毕，四七二十八日，酒熟。此酒要须用夜，不得白日。四度酘者，及初押酒时，皆回身映火，勿使烛明及瓮。度酒熟，便堪饮。未急待，且封置，至四五月押之弥佳。押讫，还泥封，须便择取荫屋贮置，亦得度夏。气味香美，不减黍米酒。贫薄之家，所宜用之，黍米贵而难得故也。

又造粟米酒法：预前细锉曲，曝令干，末之。正月晦日日未出时，收水浸曲。一斗曲，用水七斗。曲发便下酿，不限日数，米足便休为异耳。自余法用，一与前同。

作粟米炉酒法：五月、六月、七月中，作之倍美。受二石以下瓮子，以石子二三升蔽瓮底。夜炊粟米饭，即摊之令冷，夜得露气，鸡鸣乃和之。大率米一石，杀曲米一斗，春酒糟末一斗，粟米饭五斗。曲杀若少，计须减饭。和法：痛按令相杂，填满瓮为限。以纸盖口，砖押上，勿泥之，泥则伤热。五六日后，以手内瓮中，看冷无热气，便熟矣。酒停亦得二十许日。以冷水浇筒饮之。醋出者，歇而不美。

魏武帝上九酝法，奏曰："臣县故令九酝春酒法：用曲三十斤，流水五石，腊月二日渍曲。正月冻解，用好稻米，漉去曲滓便酿。法引日：'譬诸虫，虽久多完。'三日一酿，满九石米止。臣得法，酿之常善。其上清，滓亦可饮。若以九酘苦，难饮，增为十酿，易饮不病。"九酘用米九斛，十酘用米十斛，俱用曲三十斤，但米有多少耳。治曲淘米，一如春酒法。

浸药酒法：以此酒浸五茄木皮，及一切药，皆有益神效。用春酒曲及笨曲，不用神曲。糠、沉埋藏之，勿使六畜食。治曲法：须斫去四缘、四角、上下两面，皆三分去一，孔中亦刬去。然后细锉，燥曝，末之。大率曲末一斗，用水一斗半。多作依此加之。酿用黍，必须细师，淘欲极净，水清乃止。用米亦无定方，准量曲势强弱。然其米要须均分为七分，一日一酘，莫令空阙，阙即折曲势力。七酘毕，便止。熟即押出之。春秋冬夏皆得作。茹瓮厚薄之宜，一与春酒同，但黍饭摊使极冷，冬即须物覆瓮。其斫去之曲，犹有力，不废余用耳。

《博物志》胡椒酒法："以好春酒五升；干姜一两，胡椒七十枚，皆捣末；好美安石榴五枚，押取汁。皆以姜、椒末及安石榴汁，悉内着酒中，火暖取温。亦可冷饮，亦可热饮之。温中下气。若病酒，苦觉体中不调，饮之，能者四五升，不能者可二三升，从意。若欲增姜、椒亦可；若嫌多，欲减亦可。欲多作者，当以此为率。若饮不尽，可停数日。此胡人所谓荜拨酒也。"

《食经》作白醪酒法："生秫米一石。方曲二斤，细锉，以泉水渍曲，密盖。再宿，曲浮，起。炊米三斗酘之，使和调，盖。满五日，乃好。酒甘如乳。九月半后不作也。"

作白醪酒法：用方曲五斤，细锉，以流水三斗五升，渍之再宿。炊米四斗，冷，酘之。令得七斗汁。凡三酘。济令清。又炊一斗米酘酒中，搅令和解，封。四五日，黍浮，缥色上，便可饮矣。

冬米明酒法：九月，渍精稻米一斗，捣令碎末，沸汤一石浇之。曲一斤，末，搅和。三日极酢，合三斗酿米炊之，气刺人鼻，便为大发，搅成。用方曲十五斤酘之。米三斗，水四斗，合和酿之也。

夏米明酒法：秫米一石。曲三斤，水三斗渍之。炊三斗米酘之，凡三济出炊一斗，酘酒中。再宿，黍浮，便可饮之。

朗陵何公夏封清酒法：细锉曲如雀头，先布瓮底。以黍一斗，次第间水五升浇之。泥着日中，七日熟。

愈疟酒法：四月八日作。用米一石，曲一斤，捣作末，俱酘水中。须酢，煎一石，取七斗。以曲四斤，须浆冷，酘曲。一宿，上生白沫，起。炊秫一石，冷，酘中。三日酒成。

作酃酒法：以九月中，取秫米一石六斗，炊作饭。以水一石，宿渍曲七斤。炊饭令冷，酘曲汁中。覆瓮多用荷、箬，令酒香。燥复易之。

作和酒法：酒一斗；胡椒六十枚，干姜一分，鸡舌香一分，荜拨六枚，下簁，绢囊盛，内酒中。一宿，蜜一升和之。

作夏鸡鸣酒法：秫米二斗，煮作糜；曲二斤，捣，合米和，令调。以水五斗渍之，封头。今日作，明旦鸡鸣便熟。

作橘酒法：四月取橘叶，合花采之。还，即急抑着瓮中。六七日，悉使乌熟，曝之。煮三四沸，去滓，内瓮中，下曲，炊五斗米。日中，可燥手，一两抑之。一宿，复炊五斗米酘之，便熟。

柯柂酒法：二月二日取水，三月三日煎之，先搅曲中水。一宿，乃炊秫米饭。日中曝之，酒成也。

法酒

酿法酒，皆用春酒曲。其米、糠、渖汁、馈、饭，皆不用人及狗鼠食之。

黍米法酒：预锉曲，曝之令极燥。三月三日，秤曲三斤三两，取水三斗三升浸曲。经七日，曲发，细泡起，然后取黍米三斗三升，净淘（凡酒米，皆欲极净，水清乃止，法酒尤宜存意，淘米不得净，则酒黑），炊作再馏饭。摊使冷，着曲汁中，搦黍令散。两重布盖瓮口。候米消尽，更炊四斗半米酘之。每酘皆搦令散。第三酘，炊米六斗。自此以后，每酘以渐加米。瓮无大小，以满为限。酒味醇美，宜合醅饮之。饮半，更炊米重酘如初，不着水、曲，唯以渐加米，还得满瓮。竟夏饮之，不能穷尽，所谓神异矣。

作当梁法酒：当梁下置瓮，故曰"当梁"。以三月三日日未出时，取水三斗三升，干曲末三斗三升，炊黍米三斗三升为再馏黍，摊使极冷：水、曲、黍俱时下之。三月六日，炊米六斗酘之。三月九日，炊米九斗酘之。自此以后，米之多少，无复斗数，任意酘之，满瓮便止。若欲取者，但言"偷酒"，勿云取酒。假令出一石，还炊一石米酘之，瓮还复满，亦为神异。其糠、渖悉泻坑中，勿令狗鼠食之。

秫米法酒：糯米大佳。三月三日，取井花水三斗三升，绢簁曲末三斗三升，粳米三斗三升。稻米佳，无者，旱稻米亦得充事。再馏弱炊，摊令小冷，先下水、曲，然后酘饭。七日更酘，用米六斗六升。二七日更酘，用米一石三斗二升。三七日更酘，用米二石六斗四升，乃止。量酒备足，便止。合醅饮者，不复封泥。令清者，以盆盖，密泥封之。经七日，便极清澄。接取清者，然后押之。

《食经》七月七日作法酒方：一石曲作糗饼，编竹瓮下，罗饼竹上，密泥瓮头。二七日出饼，曝令燥，还内瓮中。一石米，合得三石酒也。

又法酒方：焦麦曲末一石，曝令干，煎汤一石，黍一石，合糅，令甚熟。以二月二日收水，即预煎汤，停之令冷。初酘之时，十日一酘，不得使狗鼠近之。于后无若，或八日、六日一酘，会以偶日酘之，不得只日。二月中即酘令足。常预煎汤停之，酘毕，以五升洗手，荡瓮。其米多少，依焦曲杀之。

三九酒法：以三月三日，收水九斗，米九斗，焦曲末九斗，先曝干之，一时和之，揉和令极熟。九日一酘，后五日一酘，后三日一酘。勿令狗、鼠近之。会以只日酘，不得以偶日也。使三月中，即令酘足。常预作汤，瓮中停之，酘毕，辄取五升洗手，荡瓮，倾于酒瓮中也。

治酒酢法：若十石米酒，炒三升小麦，令甚黑，以绛帛再重为袋，用盛之，周筑令硬如石，安在瓮底。经二七日后，饮之。

大州白堕曲方饼法：谷三石：蒸两石，生一石，别硙之令细，然后合和之也。桑胡、枭叶、艾叶各二尺围，长二尺许，合煮之使烂。去滓取汁，以冷水和之，如酒色。和曲，燥湿以意酌之。日中捣三千六百杵，讫，饼之。安置暖屋床上，先布麦秸，厚二寸，然后置曲，上亦与秸二寸覆之。闭户勿使露见风日。一七日，冷水湿手拭之令遍，即翻之。至二七日，一例侧之。三七日，笼之。四七日，出置日中，曝令干。

作酒之法：净削刮去垢，打碎末，令干燥。十斤曲，杀米一石五斗。

作桑落酒法：曲末一斗，熟米二斗。其米令精细，净淘，水清为度。用熟水一斗。限三酘便止。渍曲，候曲向发便酘，不得失时。勿令小儿人狗食黍。

作春酒：以冷水渍曲，余各同冬酒。

酒经·酿酒法

苏　轼

南方之氓，以糯与粳，杂以卉药而为饼，嗅之香，嚼之辣，撮之枵然而轻，此饼之良者也。吾始取面而起肥之，和之以姜汁，蒸之使十裂，绳穿而风戾之，愈久而益悍，此曲之精者也。

米五斗以为率，而五分之，为三斗者一，为五升者四。三斗者以酿，五升者以投，三投而止，尚有五升之赢也。始酿以四两之饼，而每投以三两之曲，皆泽以少水，足以散解而匀停也。

酿者必瓮按而井泓之，三日而井溢，此吾酒之萌也。酒之始萌也，甚烈而微苦，盖三投而后平也。凡饼烈而曲和，投者必屡尝而增损之，以舌为权衡也。既溢之，三日乃投，九日三投，通十有五日而后定。既定乃注以斗水。凡水必熟冷者也。凡酿与投，必寒之而后下，此炎州之令也。

既水五日乃篘，得三斗有半，此吾酒之正也。先篘半日，取所谓赢者为粥，米一而水三之，操以饼曲凡四两，二物并也，投之糟中，熟润而再酿之。五日，压得斗有半，此吾酒之少劲者也。劲正合为五斗，又五日而饮，则和而力、严而猛也。篘不旋踵而粥投之，少留则糟枯中风而酒病也。酿久者酒醇而丰，速者反是，故吾酒三十日而成也。

北山酒经

朱翼中

题　词

读朱翼中北山酒经并序

　　大隐先生朱翼中，壮年勇退，著书酿酒，侨居西湖上而老焉。属朝廷大兴医学，求深于道术者为之官师，乃起公为博士，与余为同僚。明年，翼中坐书东坡诗，贬达州。又明年，以宫祠还。未至，余一旦梦翼中相过且诵诗云："投老南还愧转蓬，会令净土变炎风。由来只许杯中物，万事从渠醉眼中。"明日理书帙，得翼中《北山酒经》。发而读之，盖有"御魑魅于烟岚，转炎荒为净土"之语，与梦颇契。余甚异，乃作此诗以志之。他时见翼中当以是问之：其果梦乎非耶？

政和七年正月二十五日也

赤子食德天所钧，日渐月化滋浇淳。

惟帝哀矜悯下民，为作醴醨发其真。

炊香酿玉为物春，投醴醁米授之神。

成此美禄功非人，酣适安在味甘辛。

一醉竟与羲皇邻，熏然刚愎皆慈仁。

陶冶穷愁孰知贫，颂德不独有伯伦。

先生作经贤圣分，独醒正似非全身。

德全不许世人闻，梦中作诗语所亲。

不愿万户误国恩，乞取醉乡作封君。

朝奉郎行开封府刑曹掾李保

酒 经 上

酒之作尚矣。仪狄作酒醪，杜康作秫酒，岂以善酿得名，盖抑始于此耶？

酒味甘辛，大热，有毒，虽可忘忧，然能作疾。然能作疾，所谓腐肠烂胃，溃髓蒸筋。而刘词《养生》论酒所以醉人者，曲蘖气之故尔。曲蘖气消，皆化为水。昔先王诰：庶邦庶士无彝酒。又曰：祀兹酒，言天之命民作酒，惟祀而已。六彝有舟，所以戒其覆；六尊有罍，所以禁其淫。陶侃剧饮，亦自制其限。后世以酒为浆，不醉反耻，岂知百药之长，黄帝所以治疾耶？大率晋人嗜酒，孔群作书。族人今年得秫七百斛，不了曲蘖事；王忱三日不饮酒，觉形神不复相亲；至于刘、殷、嵇、阮之徒，尤不可一日无此。要之，醩放自肆，托于曲蘖，以逃世网，未必真得酒中趣尔。古之所谓得全于酒者，正不如此，是知狂药自有妙理，岂特浇其块垒者耶？五斗先生弃官而归，耕于东皋之野，浪游醉乡，没身不返，以谓结绳之政已薄矣。虽黄帝华胥之游，殆未有以过之。由此观之，酒之境界，岂醨醊者所能与知哉？儒学之士如韩愈者，犹不足以知此，反悲醉乡之徒为不遇。大哉，酒之于世也！礼天地、事鬼神，射乡之饮，鹿鸣之歌，宾主百拜，左右秩秩，上自缙绅，下逮闾里，诗人墨客，渔夫樵妇，无一可以缺此。投闲自放，攘襟露腹，便然酣卧于江湖之上。扶头解酲，忽然而醒，虽道术之士，炼阳消阴，饥肠如筋，而熟谷之液亦不能去。惟胡人禅律，以此为戒，嗜者至于濡首败性，失理伤生，往往屏爵弃卮，焚罍折榼，终身不复知其味者，酒复何过耶？

平居无事，污樽斗酒，发狂荡之思，助江山之兴，亦未是以知曲蘖之力、稻米之功；至于流离放逐，秋声暮雨，朝登糟丘，暮游曲封，御魑魅于烟岚，转炎荒为净土，酒之功力，其近于道耶？与酒游者，死生惊惧交于前而不知，其视穷泰违顺特戏事尔。彼饥饿其身、焦劳其思，牛衣发儿女之感，泽畔有可怜之色，又乌足以议此哉？鸱夷丈夫以酒为名，含垢受侮，与世浮沉；而彼骚人，高自标持，分别黑白，且不足以全身远害，犹以为惟我独醒。善乎，酒之移人也。惨舒阴阳，平治险阻。刚愎者熏然而慈仁，懦弱者感慨而激烈。陵轹王公，给玩妻妾，滑稽不穷，斟酌自如；识量之高，风味之美，足以还浇薄而发猥琐。岂特此哉？"夙夜在公"（《采蘩》），"岂乐饮酒"（《鱼藻》），"酌以大斗"（《行苇》），"不醉无归"（《湛露》）——君臣相遇，播于声诗，亦未足以语太平之盛。至于黎民休息，日用饮食，祝史无求，神具醉止，斯可谓至德之世矣。

然则伯伦之颂德，乐天之论功，盖未必有以形容之。夫其道深远，非冥搜不足以发其义；其术精微，非三昧不足以善其事。昔唐逸人追术焦革酒法，立祠配享，又采自古以来善酒者以为谱。虽其书脱略，卑陋闻者垂涎，酣适之士口诵而心醉，非酒之董狐，其孰能为之哉？昔人有斋中酒、厅事酒、猥酒，虽匀以曲蘖为之，而有圣有贤，清浊不同。《周官·酒正》以式法授酒，材辨五齐之名，三酒之物。岁终以酒式诛赏，月令乃命大酋【酒之官长也】。秫稻必齐，曲蘖必时，湛馈必洁，水泉必香，陶器必良，火齐必得，六者尽善；更得醴浆，则酒人之事过半矣。《周官·浆人》："掌共王之六饮：水、浆、醴、凉、医、酏。"入于酒府，而浆最为先。古语有之："空桑秽饭，酝以稷麦，以成醇醪。"酒之始也。《说文》："酒白谓之馊。"馊者，坏饭也；馊者，老也。饭老即坏，饭不坏则酒不甜。又曰："乌梅女婉【胡板切】，甜醋九投，澄清百品。"酒之终也。曲之于黍，犹铅之于汞，阴阳相制，变化自然。《春秋纬》曰："麦，阴也；黍，阳也。"先渍麦而投黍，是阳得阴而沸。后世曲有用药者，所以治疾也。曲用豆亦佳。神农氏赤小豆饮汁愈酒病。酒有热，得豆为良，但硬薄少蕴藉耳。古者玄酒在室，醴酒在户，醍酒在堂，澄酒在下。而酒以醇厚为上，饮家须察黍性陈新，天气冷暖。春夏、及黍性新软，则先汤【平声】而后米，酒人谓之倒汤【去声】；秋冬、及黍性陈硬，则先米而后汤，酒人谓之正汤。酝酿须酴米偷酸。【《说文》："酴，酒母也。"音途。】投醹偷甜。浙人不善偷酸，所以酒熟入灰；北人不善偷甜，所以饮多令人膈上懊恼。桓公所谓青州从事、平原督邮者，此也。

酒甘易酿，味辛难酝。《释名》："酒者，酉也。酉者，阴中也。酉用事而为收。收者，甘也。卯用事而为散。散者，辛也。"酒之名以甘辛为义，金木间隔以土为媒。自酸之甘，自甘之辛，而酒成焉【酴米所以要酸也，投醹所以要甜也】。所谓以土之甘，合木作酸；以木之酸，合水作辛。然后知投者所以作辛也。《说文》："投者，再酿也。"张华有"九酘酒",《齐民要术·桑落》:"酒有六七投者。"酒以投多为善,要在曲力相及,醲酒所以有韵者,亦以其再投故也。过度亦多术,尤忌见日,若太阳出,即酒多不中。后魏贾思勰亦以夜半蒸炊,昧旦下酿,所谓以阴制阳,其义如此。着水无多,少拌和黍麦,以匀为度。张籍诗"酿酒爱干和",即今人不入定酒也,晋人谓之干榨酒。大抵用水随其汤【去声】,黍之大小斟酌之,若投多,水宽亦不妨。要之米力胜于曲,曲力胜于水,即善矣。北人不用酵,只用别案水,谓之信水。然信水非酵也。酒人以此体候冷暖甘苦。凡酘不用酵,即酒难发醅,来迟则脚不正。只用正发酒醅最良,不然,则掉取醅面,绞令稍干,和以曲蘖,挂于衡茅,谓之干酵。用酵四时不同,寒即多用,温即减之。酒入冬月用酵紧,用曲少;夏日用曲多,用酵缓。天气极热,置瓮于深屋,冬月温室多用毡毯围绕之。《语林》云:"抱瓮冬醪。"言冬月酿酒,令人抱瓮速成而味好。大抵冬月盖覆,即阳气在内,而酒不冻;夏月闭藏,即阴气在内,而酒不动。非深得卯酉出入之义,孰能知此哉?

於戏!酒之梗概,曲尽于此。若夫心手之用,不传文字,固有父子一法而气味不同,一手自酿而色泽殊绝,此虽酒人亦不能自知也。

酒 经 中

顿递祠祭曲	香泉曲
香桂曲	杏仁曲

[以上罨曲]

| 瑶泉曲 | 金波曲 |

滑台曲　　　　　　豆花曲

　　　[以上风曲]

玉友曲　　　　　　白醪曲

小酒曲　　　　　　真一曲

莲子曲

　　　[以上醹曲]

总论

　　凡法，曲于六月三伏中踏造。先造峭汁，每瓮用甜水三石五斗，苍耳一百斤。蛇麻、辣蓼各二十斤，锉碎、烂捣入瓮内，同煎五七日，天阴至十日。用盆盖覆，每日用杷子搅两次，滤去滓，以和面。此法本为造曲多处设，要之，不若取自然汁为佳。若只进三五百斤面，取上三物烂捣，入井花水，裂取自然汁，则酒味辛辣。内法，酒库杏仁曲，止是用杏仁研取汁，即酒味醇甜。曲用香药，大抵辛香发散而已，每片可重一斤四两，干时可得一斤。直须实踏，若虚则不中。造曲水多则糖心，水脉不匀则心内青黑色；伤热则心红，伤冷则发不透而体重；惟是体轻，心内黄白，或上面有花衣，乃是好曲。自踏造日为始，约一月余，日出场子，且于当风处井栏垛起，更候十余日打开，心内无湿处，方于日中曝干，候冷乃收之。收曲要高燥处，不得近地气及阴润屋舍；盛贮仍防虫鼠、秽污。四十九日后方可用。

顿递祠祭曲

　　小麦一石，磨白；面六十斤，分作两栲栳；使道人头、蛇麻、花水共七升，拌和似麦饭，入下项药：

白术【二两半】 川芎【一两】 白附子【半两】 瓜蒂【一字】 木香【一钱半】

以上药捣罗为细末，匀在六十斤面内。

道人头【十六斤】 蛇麻【八斤一名辣母藤】

以上草拣择锉碎、烂捣，用大盆盛新汲水浸，搅拌似蓝淀水浓为度，只收一斗四升，将前面拌和令匀。

右件药面，拌时须干湿得所，不可贪水，"握得聚、扑得散"是其诀也。便用粗筛隔过，所贵不作块，按令实，用厚复盖之令暖。三四时辰，水脉匀，或经宿夜气留润亦佳，方入模子，用布包裹，实踏，仍预治净室无风处，安排下场子。先用板隔地气，下铺麦麸约一尺，浮上铺箔，箔上铺曲，看远近用草人子为椠【音至】，上用麦麸盖之；又铺箔，箔上又铺曲，依前铺盖麸，四面用麦麸扎实风道，上面更以黄蒿稀压定。须一日两次觑步体当发得紧慢，伤热则心红，伤冷则体重。若发得热，周遭麦麸微湿，则减去上面盖者麦麸，并取去四面扎塞，令透风气，约三两时辰或半日许，依前盖覆。若发得太热，即再盖减耖秆令薄；如冷不发，即添麦麸，厚盖催趁之。约发十余日以来，将曲侧起，两两相对，再如前罨之，蘸瓦日足，然后出草【去声。立曰蘸，侧曰瓦】。

香泉曲

白面一百斤，分作三分；共使下项药：

川芎【七两】 白附子【半两】 白术【三两半】 瓜蒂【一钱】

以上药共捣罗为末，用马尾罗筛过，亦分作三分，与前项面一处拌和令匀。每一分用井水八升，其踏罨与顿递祠祭法同。

香桂曲

每面一百斤，分作五处。

木香【一两】 官桂【一两】 防风【一两】 道人头【一两】 白术【一两】 杏仁【一两去皮尖，细研】

右件为末，将药亦分作五处，拌入面中。次用苍耳二十斤、蛇麻一十五斤，择净锉碎，入石臼捣烂，入新汲井花水二斗，一处揉，如蓝相似，取汁二斗四升。每一分使汁四升七合，竹籭落内，一处拌和。其踏罨与顿递祠祭法同。

杏仁曲

每面一百斤使杏仁十二两，去皮尖，汤浸于砂盆内，研烂如乳酪相似。用冷熟水二斗四升浸杏仁为汁，分作五处拌面。其踏罨与顿速祠祭法同。

[以上罨曲]

瑶泉曲

白面六十斤【上甑蒸】 糯米粉四十斤【一斗米粉秤得六斤半】

以上粉面先拌令匀，次入下项药：

白术【一两】 防风【半两】 白附子【半两】 官桂【二两】 瓜蒂【一钱】 槟榔【半两】 胡椒【一两】 桂花【半两】 丁香【半两】 人参【一

33

两】 天南星【半两】 茯苓【一两】 香白芷【一两】 川芎【一两】 肉豆蔻【一两】

右件药并为细末，与粉面拌和讫，再入杏仁三斤，去皮尖，磨细，入井花水一斗八升，调匀，旋洒于前项粉面内，拌匀；复用粗筛隔过，实踏，用桑叶裹盛于纸袋中，用绳系定，即时挂起，不得积下，仍单行悬之二七日，去桑叶。只是纸袋，两月可收。

金波曲

木香【三两】 川芎【六两】 白术【九两】 白附子【半斤】 官桂【七两】 防风【二两】 黑附子【二两，炮去皮】 瓜蒂【半两】

右件药都捣罗为末，每料用糯米粉、白面共三百斤，使上件药拌和令匀。更用杏仁二斤，去皮尖，入砂盆内，烂研，滤去滓，然后用水蓼一斤、道人头半斤、蛇麻一斤，同捣烂，以新汲水五斗揉取浓汁，和搜入盆内，以手拌匀，于净席上堆放如法。盖覆一宿，次日早晨用模踏造，堆实为妙。踏成，用谷叶裹盛在纸袋中，挂阁透风处，半月去谷叶。只置于纸袋中，两月方可用。

滑台曲

白面一百斤，糯米粉一百斤。

以上粉面先拌和令匀，次入下项药：

白术【四两】 官桂【二两】 胡椒【二两】 川芎【二两】 白芷【二两】 天南星【一两】 瓜蒂【半两】 杏仁【二斤，用温汤浸去皮尖，更冷水淘三两遍，入砂盆内研，旋入井花水，取浓汁二斗】

右件捣罗为细末，将粉面并药一处拌和令匀，然后将杏仁汁旋洒于前项粉面内拌揉。亦须于湿得所，握相聚，扑得散，即用粗筛隔过，于净席上堆放如法。盖三四时辰，候水脉匀，入模子内实踏，用刀子分为四片，逐片印"风"字讫，用纸袋子包裹，挂无日透风处四十九日。踏下即用纸袋盛挂起，不得积下；挂时相离着，不得厮沓，恐热不透风。每一石米用曲一百二十两，来年陈曲有力，只可使十两。

豆花曲

白面【五斗】　赤豆【七升】　杏仁【三两】　川乌头【三两】　官桂【二两】　麦蘗【四两，焙干】

右除豆、面外，并为细末，却用苍耳、辣蓼、勒母藤三味各一大握，捣取浓汁浸豆。一伏时漉出豆，蒸，以糜烂为度【豆须是煮烂成沙、控干放冷方堪用；若煮不烂，即造酒出，有豆腥气】。却将浸豆汁煎数沸，别顿放，候蒸豆熟，放冷，搜和白面并药末。硬软得所，带软为佳；如硬，更入少浸豆汁。紧踏作片子，只用纸裹，以麻皮宽缚定，挂透风处，四十日取出曝干，即可用。须先露五七夜后使，七八月以后方可使。每斗用六两，来年者用四两。此曲谓之错着水【李都尉玉浆乃用此曲，但不用苍耳、辣蓼、勒母藤三种耳。又一法，只用三种草汁浸米一夕，捣粉，每斗烂煮赤豆三升，入白面九斤，拌和踏，桑叶裹入纸袋，当风挂之，即不用香药耳。】

[以上风曲]

玉友曲

辣蓼、勒母藤、苍耳各二斤，青蒿、桑叶各减半，并取近上稍嫩者用石臼烂捣，布绞取自然汁。更以杏仁百粒，去皮尖，细研入汁内。先将糯米拣簸一斗，急淘净，控极干，为细粉，更晒令干，以药汁逐旋，匀洒，拌和，于湿得所【干湿不可过，以意量度】。抟成饼子，以旧曲末逐个为衣，各排在筛子内，于不透风处净室内，先铺下草【一方用青蒿铺盖】厚三寸许，安筛子在上，更以草厚四寸许覆之；覆时须匀，不可令有厚薄。一两日间不住以手探之，候饼子上稍热、仍有白衣，即去覆者草。明日，取出通风处，安桌子上，须稍干，旋旋逐个揭之，令离筛子。更数日，以篮子悬通风处，一月可用。罨饼子须熟透，又不可过候，此为最难；未干，见日即裂。【夏日造，易蛀；唯八月可备一秋及来春之用。自四月至九月可酿，九月后寒，即不发。】

白醪曲

粳米【三升】　糯米【一升净淘洗为细粉】　川芎【一两】　峡椒【一两为末】　曲母末【一两与米粉、花未等拌匀】　蓼叶【一束】　桑叶【一把】　苍耳叶【一把】

右烂捣，入新汲水，破，令得所滤汁拌米粉，无令湿，捻成团，须是紧实。更以曲母遍身糁讨为衣，以谷树叶铺底，仍盖一宿，候白衣上揭去，更候五七日，晒干。以篮盛，挂风头。每斗三两，过半年以后，即使二两半。

小酒曲

每糯米一斗作粉，用蓼汁和匀，次入肉桂、甘草、杏仁、川乌头、川芎。生姜与杏仁同研汁，各用一分作饼子。用穰草盖，勿令见风。

热透后，番依玉友罨法，出场，当风悬之。每造酒一斗用四两。

真一曲

上等白面一斗，以生姜五两研取汁，酒拌揉和，依常法起酵，作蒸饼，切作片子，挂透风处，一月轻干可用。

莲子曲

糯米二斗，淘净，少时蒸饭，摊了。先用面三斗，细切生姜半斤如豆大，和面微炒，令黄，放冷，隔宿亦摊之。候饭温，拌令匀，勿令作块，放芦席上，摊以蒿草，罨以黄子，勿令黄子黑。但白衣上，即去草，番转更半月，将日影中，晒干入纸袋盛，挂在梁上风吹。

[以上醴曲]

酒 经 下

卧浆

六月三伏时，用小麦一斗煮粥为脚，日间悬胎盖，夜间实盖之，逐日浸热，麦浆或饮汤不妨给用，但不得犯生水。造酒最在浆，其浆不可才酸便用，须是味重。酴米偷酸全在于浆，大法，浆不酸即不可酝酒。盖造酒以浆为祖，无浆处或以水解醋。入葱椒等煎，谓之传旧浆，今人呼为"酒浆"是也。酒浆多，浆臭而无香辣之味。以此知须是六月三伏时造下浆，免用酒浆也。酒浆寒凉时犹可用，温热时即须用卧浆。寒时如卧装阙，绝不得已，亦须合新浆用也。

淘米

造酒洽糯为先，须令拣择。不可有粳米。若旋拣实为费力，要须自种糯谷，即全无粳米，免更拣择。古人种秫盖为此。凡米，不从淘中取净。从拣择中取净。缘水只去得尘土，不能去砂石、鼠粪之类。要须旋、舂、簸，令洁白，走水一淘，大忌久浸。盖拣簸既净，则淘数少而浆入。但先倾米入箩，约度添水，用把子靠定箩唇，取力直下，不住手急打斡，使水米运转自然匀净，才水清即住。如此，则米已洁净，亦无陈气，仍须隔宿淘控，方始可用。盖控得极干即浆入而易酸，此为大法。

煎浆

假令米一石，用卧浆水一石五斗。【卧浆者，夏月所造酸浆也，非用已曾浸米酒浆也。仍须仔细刷洗锅器三四遍。】先煎三四沸，以笊篱漉去白沫，更候一两沸，然后入葱一大握，【祠祭以薤代葱】椒一两，油二两，面一盏。以浆半碗调面，打成薄水，同煎六七沸，煎时不住手搅，不搅则有偏沸及有㪷熟处。葱熟即便漉去葱椒等。如浆酸，亦须约分数以水解之；浆味淡，即更入酽醋。要之，汤末浆以酸美为十分，若用九分味酸者，则每浆九斗、入水一斗解之，余皆仿此。寒时用九分至八分，温凉时用六分至七分，热时用五分至四分。大凡浆要四时改破，冬浆浓而涎，春浆清而涎，夏不用苦涎，秋浆如春浆。造酒看浆是大事，古谚云："看米不如看曲，看曲不如看酒，看酒不如看浆。"

汤米

一石瓮埋入地一尺，先用汤汤瓮，然后拗浆，逐旋入瓮，不可一并入生瓮，恐损瓮器，使用棹篦搅出大气，然后下米。【米新即倒汤，米陈即正汤。汤字去声切。倒汤者，坐浆汤米也；正汤者，先倾米在瓮内，倾浆入也。其汤须接续倾入，不住手搅。】汤太热则米烂成块，汤熳即汤【去声切】不倒而米涩，但浆酸而米淡，宁可热，不可冷，冷即汤米不酸，兼无涎生。亦须看时候及米性新陈，春间用插手汤，夏间用宜似热汤，秋间即鱼眼汤【比插手差热】，冬间须用沸汤。若冬月却用温汤，则浆水力慢，不能发脱；夏月若用热汤，则浆水力紧，汤损亦不能发脱。所贵四时浆水温热得所。汤米时，逐旋倾汤，接续入瓮，急令二人用棹篦连底抹起三五百下，米滑及颜色光粲乃止。如米未滑，于合用汤数外，更加汤数斗汤之，不妨只以米滑为度。须是连底搅转，不得停手。若搅少，非特汤米不滑，兼上面一重米汤破、下面米汤不匀，有如烂粥相似。直候米滑浆温即住手，以席荐围盖之，令有暖气，不令透气。夏月亦盖，但不须厚尔。如早辰汤米，晚间又搅一遍；晚间汤米，来早又复再搅。每搅不下一二百转。次日再入汤，又搅，谓之"接汤"。接汤后渐渐发起，泡沫如鱼眼虾跳之类，大约三日后必醋矣。

寻常汤米后第二日生浆泡，如水上浮沤；第三日生浆衣，寒时如饼，暖时稍薄。第四日便尝，若已酸美有涎，即先以笊篱绰去浆面，以手连底搅转，令米粒相离，恐有结米蒸时成块气难透也。夏月只隔宿可用，春间两日，冬间三宿。要之，须候浆如牛涎，米心酸，用手一捻便碎，然后漉出，亦不可拘日数也。惟夏月浆米热，后经四五宿渐渐淡薄，谓之倒了。惟夏月热后，发过罨损。况浆味自有死活，若浆面有花衣，浮白色，明快，涎黏，米粒圆明松利，嚼着味酸，瓮内温暖，乃是浆活；若无花沫，浆碧色，不明快，米嚼碎不酸或有气息，瓮内冷，乃是浆死，盖是汤时不活络。善知此者，尝米不尝浆；不知此者，尝浆不尝米。大抵米酸则无事于浆。浆死却须用勺尽撇出元浆，入锅重煎、再汤，紧慢比前来减三分，谓之"接浆"；依前盖了，当宿即醋。或只撇出元浆，不用漉出米，以新水冲过，出却恶气，上甑炊时，别煎好酸浆，泼馈下脚，亦得。要之，不若接浆为愈，然亦在看天气寒温，随时体当。

蒸醋糜

欲蒸糜，隔日漉出浆衣，出米，置淋瓮，滴尽水脉，以手试之，入手散簌簌地，便堪蒸。若湿时即有结糜，先取合使泼糜浆，以水解。依四时定分数，依前入葱、椒等同煎，用篦不住搅，令匀沸。若不搅，则有偏沸及煿灶釜处，多致铁腥。浆香熟，别用盆瓮，内放冷下脚使用，一面添水、烧灶、安甑。单勿令偏侧。若刷釜不净，置单偏侧或破损，并气木上便装筛，漏下生米及甑内汤太满【可八分满】，则多致汤溢出冲单，气直上突，酒人谓之"甑达"，则糜有生熟不匀。急倾少生油入釜，其沸自止。须候釜沸气上，将控干酸米逐旋，以勺轻手续，趁气撒装，勿令压实。一石米约作三次装，一层气透又上一层。每一次上米，用炊帚掠拨，周回上下；生米在气出处，直候气匀，无生米，掠拨不动；更看气紧慢，不匀处用米锨子拨开，慢处拥在紧处，谓之"拨溜"。若箅子周遭气小，须从外拨来，向上如鳖背相似。时复用气杖子试之，札处若实，即是气流；札处若虚，必有生米，即用锹子翻起、拨匀。候气圆，用木拍或席盖之。更候大气上，以手拍之，如不黏手，权住火；即用锹子搅斡、盘折，将煎下冷浆二斗【随棹酒拨，每一石米汤用冷浆二斗；如要醇浓，即少用水，馈酒自然稠厚】，便用棹篦拍击，令米心匀破成糜。缘浆米既已浸透，又更蒸熟，所以棹篦拍着便见皮折心破，里外肥烂成糜。再用木拍或席盖之，微留少火，泣定水脉，即以余浆洗案，令洁净。出糜，在案上摊开，令冷，翻梢一两遍。脚糜若炊得稀薄如粥，即造酒尤醇。搜拌入曲时，却缩水，胜如旋入别水也。四时并同。洗案刷瓮之类，并用熟浆，不得入生水。

用 曲

古法，先浸曲，发如鱼眼；汤净，淘米，炊作饭，令极冷，以绢袋滤去曲滓，取曲汁于瓮中，即投饭。近世不然，吹饭冷，同曲搜拌入瓮。曲有陈新，陈曲力紧，每斗米用十两；新曲十二两、或十三两。腊脚酒用曲宜重，大抵曲力胜则可存留，寒暑不能侵。米石百两，是为气平。十之上则苦，十之下则甘。要在随人所嗜而增损之。凡用曲，日曝夜露。《齐民要术》："夜乃不收，令受霜露。"须看风阴，恐雨润故也。若急用，则曲干亦可，不必露也。受霜露二十日许，弥令酒香。曲须极干，若润湿，则酒恶矣。新曲未经百日，心未干者，须擘破炕焙，未得便捣，须放隔宿，若不隔宿，则造酒定有炕曲气。大约每斗用曲八两，须用小曲一两，易发无失。善用小曲，虽煮酒，亦色白。今之玉友曲用二桑叶者是也。酒要辣，更于酘饭中入曲，放冷，下此要诀也。张进造供御法酒，使两色曲，每糯米一石，用杏仁罨曲六十

两、香桂罨曲四十两。一法酝酒，罨曲、风曲各半，亦良法也。四时
曲粗细不同，春冬酝造日多，即捣作小块子，如骰子或皂子大，则发
断有力而味醇酽；秋夏酝造日浅，则差细，欲其曲米早相见而就熟。要
之，曲细则味甜美，曲粗则硬辣；若粗细不匀，则发得不齐，酒味不
定；大抵寒时化迟不妨，宜用粗曲；暖时曲欲得疾发，宜用细末。虽
然，酒人亦不执。或醅紧，恐酒味太辣，则添入米一二斗；若发得慢，
恐酒甜，即添曲三四斤。定酒味，全此时，亦无固必也。供御祠祭用曲，
并在酴米内尽用之，酘饭更不入曲，一法，将一半曲于酘饭内分，使气
味芳烈，却须并为细末。唯羔儿酒尽于脚饭内着曲，不可不知也。

合酵

北人造酒不用酵，然冬月天寒，酒难得发，多擗了，所以要取醅
面，正发醅为酵最妙。其法，用酒瓮正发醅，撇取面上浮米糁，控干，
用曲末拌，令湿匀，透风阴干，谓之干酵。凡造酒时，于浆来中先取一
升已来，用本浆煮成粥，放冷，冬月微温。用干酵一，合曲末一斤，搅
拌令匀，放暖处，候次日搜饭时，入酿饭瓮中同拌，大约申时。欲搜饭
须早辰先夜下酵，直候酵来多时，发过方可用；羔酵才来，未有力也。
酵肥为米酵，塌可用。又况用酵四时不同，须是体衬天气，天寒用汤发，
天热用水发；不在用酵多少也。不然，只取正发酒醅二三勺拌和尤捷，
酒人谓之"传醅"，免用酵也。

酴米【酴米，酒母也。今人谓之"脚饭"】

蒸米成糜，策在案上，频频翻，不可令上干而下湿。大要在体衬

天气，温凉时放微冷，热时令极冷，寒时如人体。金波法：一石糜用麦蘖四两。【炒令冷。麦蘖咬尽米粒，酒乃醇浓。】糁在糜上，然后入曲酵一处，众手揉之，务令曲与糜匀。若糜稠硬，即旋入少冷浆同揉。亦在随时相度，大率搜糜，只要拌得曲与糜匀足矣，亦不须搜如糕糜。京酝：搜得不见曲饭，所以太甜。曲不须极细，曲细则甜美；曲粗则硬辣；粗细不等，则发得不齐，酒味不定。大抵寒时化迟不妨，宜用粗曲，可骰子大；暖时宜用细末，欲得疾发．大约每一斗米使大曲八两、小曲一两，易发无失。并于脚饭内下之，不得旋入生曲。虽三酘酒，亦尽于脚饭中下。计算斤两，搜拌曲糜，匀即搬入瓮。瓮底先糁曲末，更留四五两曲盖面。将糜逐段排垛，用手紧按瓮边，四畔拍令实；中心剜作坑子，入刷案上曲永三升或五升已来，微温，入在坑中，并泼在醅面上，以为信水。大凡酝造须是五更初下手，不令见日，此过度法也。下时东方未明要了，若太阳出，即酒多不中。一伏时歇，开瓮，如渗信水不尽，便添荐席围裹之；如茁尽信水，发得匀，即用杷子搅动，依前盖之，频频揩汗。三日后用手捺破，头尾紧，即连底掩搅令匀；若更紧，即便摘开，分减入别瓮，贵不发过；一面炊甜米便酘，不可隔宿，恐发过无力，酒人谓之"摘脚"。脚紧多由糜热，大约两三日后必动。如信水渗尽，醅面当心夯起有裂纹，多者十余条，少者五七条，即是发紧，须使分减。大抵冬月醅脚厚，不妨；夏月醅脚要薄。如信水未干，醅面不裂，即是发慢，须更添席荐围裹。候一二日，如尚未发，每醅一石用勺取出二斗已来，入热蒸糜一斗在内，却倾取出者，醅在上而盖之，以手按平。候一二日发动，据后来所入热糜，计合用曲，入瓮一处拌匀。更候发紧，掩捺，谓之"接醅"。若下脚后依前发慢，即用热汤。汤臂膊入瓮，搅掩令冷热匀停；须频蘸臂膊，贵要接助热气。或以一二升小瓶贮热汤，密封口，置在瓮底，候发则急去之，谓之"追魂"。或倒出在案上与热甜糜拌，再入瓮，厚盖合，且候；隔两夜，方始搅拨，依前紧盖合。一依投抹次第，体当渐成醅，谓之"搭引"。或只入正发醅脚一斗许，在瓮当心，却拨慢醅盖合，次日发起、搅拨，亦谓之"搭引"。造酒要脚正，大忌发慢，所以多方救助。冬月置瓮在温暖处，用荐席围裹之，入麦麸黍穰之类，凉时去之。夏月置瓮在深屋底不透日气处，天气极热，日间不得掀开，用砖鼎足阁起，恐地气，此为大法。

蒸甜糜

凡蒸酘糜，先用新汲水浸破米心，净淘，令水脉撇透，庶蒸时易软。【脚米走水沟，恐水透浆不入，难得酸。投饭不汤，故欲浸透。】然后控干，候甑气上撒米，装甜米，比醋糜松利易炊。候装彻气上，用木篦、锨、帚掠拨甑周回生米，在气出紧处掠拨平整。候气匀溜，用篦翻搅，再溜，气匀，用汤泼之，谓之"小泼"。再候气匀，用箅翻搅，候米匀熟，又用汤泼，谓之"大泼"。复用木篦搅斡，随篦泼汤，候匀软，稀稠得所，取出盆内，以汤微洒，以一器盖之。候渗尽，出在案上，翻稍三两遍，放令极冷。【四时并同。】其拨溜盘棹并同蒸脚糜法，唯是不犯浆，只用葱椒，油面比前减半，同煎，白汤泼之，每斗不过泼二升。拍击米心，匀破成糜，亦如上法。

投醹

投醹最要厮应，不可过，不可不及。脚热发紧，不分摘开，发过无力方投，非特酒味薄、不醇美，兼曲末少，咬甜糜不住，头脚不厮应，多致味酸。若脚嫩、力小、酘早，甜糜冷不能发脱折断，多致涎慢，酒人谓之"擞了"。须是发紧，迎甜便酘，寒时四六酘，温凉时中停酘，热时三七酘。《酝法总论》："天暖时，二分为脚，一分投；天寒时，中停投；如极寒时，一分为脚，二分投；大热或更不投。"一法，只看醅脚紧慢加减投，亦治法也。若醅脚发得恰好，即用甜饭依数投之。【若用黄米造酒，只以醅糜一半投之，谓之"脚搭脚"。如此酝造，暖时尤稳。】若发得太紧，恐酒味太辣，即派入米一二斗；若发得太慢，恐酒味大甜，即派入曲三四斤；定酒味全在此时也。四时并须放冷。《齐民要术》所以专取桑落时造者，黍必令极冷故也。酘饭极冷，即酒味方辣，所谓偷甜也。投饭寒时烂揉，温凉时不须令烂，热时只可拌和停匀，恐伤人气；北人秋冬投饭，只取脚醅一半于案上，其酘饭一处，搜拌令匀，入瓮，却以旧醅盖之。【缘有一半旧醅有瓮。】夏月，脚醅须尽取出案上搜拌，务要出却脚糜中酸气。一法，脚紧案上搜，脚慢瓮中搜，亦佳。寒时用荐盖，温热时用席，若天气大热发紧，只用布罩之。逐日用手连底掩拌。务要瓮边冷醅来中心。寒时以汤洗手臂，助暖气；热时只用木杷搅之。不拘四时，频用托布抹汗。五日以后，更不须搅掩也。如米粒消化而沸未止，曲力大，更酘为佳【《齐民要术》："初下用米一石，次酘五斗，又四斗，又三斗，以渐待米消即酘，无令势不相及。味足、沸定为熟。气味虽正，沸未息者，曲势未尽，宜更酘之；不酘，则酒味苦薄矣。第四第五六酘用米多少，皆候曲势强弱加减之，亦无定法。惟须米粒消化乃酘之。

要在善候曲势。曲势未穷，米粒已消，多酸为良也。"又云"米过酒甜。"此乃不解体候耳。酒冷沸止，米有不消化者，便是曲力尽也】。若沸止醅塌，即便封泥起，不令透气。夏月十余日、冬深四十日、春秋二十三四日可上槽。要体当天气冷暖与南北气候，即知酒熟有早晚，亦不可拘定日数。酒人看醅生熟，以手试之，若拨动有声，即是未熟；若醅面干如蜂窠眼子，拨扑有酒涌起，即是熟也。供御祠祭，十月造酘，后二十日熟；十一月造酘，后一月熟；十二月造酘，后五十日熟。

酒器

东南多瓷瓮，洗刷净便可用。西北无之，多用瓦瓮。若新瓮，用炭火五七斤，罩瓮其上，候通热，以油蜡遍涂之；若旧瓮，冬初用时，须熏过。其法用半头砖铛脚安放，合瓮砖上，用干黍穰文武火熏，于甑釜上蒸，以瓮边黑汁出为度，然后水洗三五遍，候干用之。更用漆之，尤佳。

上槽

造酒，寒时须是过熟，即酒清，数多浑，头日醇少；温凉时并热时，须是合熟便压，恐酒醅过熟；又槽内易热，多致酸变。大约造酒，自下脚至熟，寒时二十四五日，温凉时半月，热时七八日便可。上槽仍须匀装停铺。手安压版，正下砧簟；所贵压得匀干，并无箭失。转酒入瓮，须垂手倾下，免见濯损酒味。寒时用草荐、麦麸围盖，温凉时去了，以单布盖之。候三五日，澄折清酒入瓶。

收酒

上榨以器就滴，恐滴远损酒，或以小杖子引下亦可。压下酒，须先汤洗瓶器，令净，控干。二三日一次折澄，去尽脚，才有白丝即浑，直候澄折，得清为度，即酒味倍佳。便用蜡纸封闭，务在满装，瓶不在大。以物阁起，恐地气发，动酒脚，失酒味。仍不许频频移动。大抵酒澄得清，更满装，虽不煮，夏月亦可存留。【内酒库水酒，夏月不煮，只是过熟，上榨，澄清收。】

煮酒

凡煮酒，每斗入蜡二钱、竹叶五片、官局天南星丸半粒，化入酒中，如法封紧，置在甑中。【第二次煮酒不用前米汤，别须用冷水下。】然后发火。候甑箄上酒香透，酒溢出倒流，便揭起甑盖，取一瓶开看，酒滚即熟矣。便住火，良久方取下，置于石灰中，不得频移动。白酒须泼得清，然后煮，煮时瓶用桑叶冥之。【金波兼使白酒曲，才榨下槽，略澄折二三日便蒸，虽煮酒亦白色。】

火迫酒

取清酒，澄三五日后，据酒多少，取瓮一口，先净刷洗讫，以火烘干，于底旁钻一窍子，如箸粗细，以柳屑子定，将酒入在瓮。入黄蜡半斤，瓮口以油单子盖系定，别泥一间净室，不得令通风，门子才可入得瓮。置瓮在当中间，以砖五重衬瓮底，于当门里着炭三秤笼，令实；于中心着半斤许，熟火，便用闭门，门外更悬席帘，七日后方开，又七日方取。吃取时以细竹子一条，头边夹少新绵，款款抽屑子，以器承之；以绵竹子遍于瓮底搅缠，尽着底浊物，清即休缠。每取时却入一竹筒子，如醋淋子，旋取之。即耐停不损，全胜于煮酒也。

曝酒法

平旦起，先煎下甘水三四升，放冷，着盆中。日西将衡正纯糯一斗，用水净淘，至水清，浸良久方漉出，沥令米干，炊，再馏饭，约四更，饭熟即卸在案桌上，簿摊令极冷。昧旦日未出前，用冷汤两碗拌饭，令饭粒散不成块。每斗用药二两【玉友、白醪、小酒、真一曲同】，只槌碎为小块并末，用手糁拌入饭中，令粒粒有曲，即逐段拍在瓮四畔，不须令太实，唯中间开一井子，直见底，却以曲末糁醅面，即以湿布盖之，如布干，又渍润之。【常令布湿，乃其诀也。又不可令布大湿，恐滴水入。】候浆来井中满，时时酌浇四边，直候浆来极多，方用水一盏，调大酒曲一两，投井浆中，然后用竹刀界醅作六七片，擘碎番转【醅面上有白衣宜去之】，即下新汲水二碗，依前湿布罨之。更不得动，少时自然结面，醅在上浆在下。即别淘糯米，以先下脚米算数。【天凉对投，天热半投。】隔夜浸破米心，次日晚西炊饭，放冷，至夜酘之。【再入药二两。】取瓮中浆来拌匀，捺在瓮底，以旧醅盖之，次日即大发。候酘饭消化，沸止方熟，乃用竹篘篘之。若酒面带酸，篘时先以手掠去酸面，然后以竹篘插入缸中心取酒。瓮用木架起，须安置凉处，仍畏湿地。此法夏中可作，稍寒不成。

白羊酒

腊月取绝嫩羯羊肉三十斤。【肉三十斤，内要肥臕十斤。】连骨，使水六斗已来，入锅煮肉，令极软。漉出骨，将肉丝擘碎，留着肉汁。炊蒸酒饭时，匀撒脂肉拌饭上，蒸令软。依常盘搅，使尽肉汁六斗，泼馈了，再蒸良久，卸案上，摊令温凉得所。拣好脚醅，依前法酘拌，更使肉汁二升以来，收拾案上及元压面水，依寻常大酒法日数，但曲尽于酘米中用尔。【一法，脚醅发，只于酸饭内方煮肉，取脚醅一处，搜拌入瓮。】

地黄酒

地黄择肥实大者，每米一斗，生地黄一斤，用竹刀切，略于木石臼中捣碎，同米拌和，上甑蒸熟，依常法入。酝黄精亦依此法。

菊花酒

九月，取菊花曝干揉碎，入米馈中，蒸令熟。酝酒如地黄法。

酴醾酒

七分开酴醾，摘取头子，去青萼，用沸汤绰过，纽干。浸法：酒一升，经宿漉去花头，匀入九升酒内。此洛中法。

葡萄酒法

酸米用甑蒸，气上，用杏仁五两【去皮尖】、葡萄二斤半【浴过，干，去子皮】，与杏仁同于砂盆内一处，用熟浆三斗逐旋研尽为度，以生绢滤过。其三斗熟浆泼饭，软，盖良久；出饭，摊于案上。依常法，候温，入曲搜拌。

猥酒

每石糟用米一斗煮粥，入正发醅一升以来，拌和糟，令温。候一二日，如蟹眼发动，方入曲三斤、麦蘖末四两，搜拌，盖覆，直候熟，却将前来黄头并折澄酒脚倾在瓮中，打转上榨。

神仙酒法

武陵桃源酒法

取神曲二十两，细锉如枣核大，曝干；取河水一斗，澄清，待发；取一斗好糯米，淘三二十遍，令净，以水清为三溜。炊饭，令极软烂，摊冷，以四时气候消息之。投入曲汁，中熟，搅令似烂粥。候发，即更炊二斗米，依前法，更投二斗。尝之，其味或不似酒味，勿怪之。候发，又投二斗米投之；候发，更投三斗。待冷，依前投之，其酒即成。如天气稍冷，即暖和，熟后三五日，瓮头有澄清者先取之。蠲除万病，令人轻健；纵令醋酽，无所伤。此本于武陵桃源得之，久服延年益寿。后被《齐民要术》中采缀编录，时人纵传之，皆失其妙。此方盖桃源中真本也。今商量以空水浸曲末为妙。每造一斗米，先取一合以水煮取一升，澄取清汁，浸曲待发。经一日，炊饭候冷，即出瓮中，以曲熟和，还入瓮内，每投皆如此。其第三第五皆待酒发后，经一日投之。五投毕，待发定讫，更一两日，然后可压漉，即滓太半化为酒。如味硬，即每一斗酒蒸三升糯米，取大麦曲蘖一大匙，神曲末一大分，熟搅和，盛葛袋中，内入酒瓶，候甘美，即去却袋。凡造诸色酒，北地寒，即如人气投之；南中气暖，即须至冷为佳。不然，则醋矣已。北造往往不发，缘地寒故也；虽料理得发，味终不堪。但密泥头，经春暖后，即一瓮自成美酒矣。

真人变髭发方

糯米二斗【净簸择，不得令有杂米】 地黄二斗【其地黄先净洗，候水脉尽，以竹刀切如豆颗大，勃堆叠二斗，不可犯铁器】 母姜四斤【生用，以新布巾揩之，去皮，须见肉，细切，秤之】 法曲二斤【若常曲四斤，捣为末】

右取糯米，以清水淘，令净。一依常法炊之，良久，即不馈。入地黄、生姜，相重炊。待熟，便置于盆中，熟搅如粥。候冷，即入曲末，置于通油瓷瓶瓮中酝造。密泥头，更不得动，夏三十日，秋冬四十日。每饥即饮，常服尤妙。

妙理曲法

白面不计多少，光净洗辣蓼，烂捣，以新布绞取汁，以新刷帚洒于面中。勿太湿，但只踏得就为度。候踏实，每个以纸袋挂风中，一月后方可取，日中晒三日，然后收用。

时中曲法

每菉豆一斗，拣净，水淘，候水清，浸一宿。蒸豆极烂，摊在案上，候冷，用白面十五斤，辣蓼末一升。【蓼曝干，捣为末。须旱地上生者，极辣。豆面大斗用大秤，省斗用省秤。】将豆、面、辣蓼一处拌匀，入臼内捣，极相乳入。如干，入少蒸豆水。不可太干，不可太湿，如干麦饭为度。用布包，踏成圆曲，中心留一眼，要索穿；以麦秆、穰草罨一七日，【先用穰草铺在地上，及用穰草系成束，排成间，起曲，令悬空，】取出，以索穿，当风悬挂，不可见日，一月方干。用时，每斗用曲四两，须捣成末，焙干用。

冷泉酒法

每糯米五斗，先取五升淘净蒸饭，次将四斗五升米淘净入瓮内，用梢箕盛蒸饭五升，坐在生米上，入水五斗浸之。候浆酸饭浮【约一两日】取出，用曲五两拌和匀。先入瓮底，次取所浸米四斗五升，控干，蒸饭，软硬得所，摊令极冷。用曲末十五两，取浸浆，每斗米用五升拌饭与曲，令极匀，不令成块，按令面平【罨浮饭在底，不可搅拌】；以麴少许糁面。用盆盖瓮口，纸封口缝两重，再用泥封纸缝，勿令透气；夏五日，春秋七八日。

右《北山酒经》三卷，大隐先生朱翼中撰。翼中不知何郡人。政和七年，医学博士李保题诗其后。《序》言翼中壮年勇退，著书酿酒，侨居西湖上。朝廷起为医学博士。明年坐东坡诗，贬达州。又明年以宫祠还，云云。此册为玉峰门生徐瓒所赠，犹是述《古堂》旧藏。戊戌九月廿四日，雨窗翻阅，偶记于此，漫士翌凤。

右《北山酒经》三卷，宋吴兴朱肱撰。肱字翼中，元祐戊辰，李常宁榜登第。仕至奉议郎、直秘阁。归寓杭之大隐坊著书、酿酒。有终焉之志，无求子、大隐翁，皆其自号也。潜心仲景之学。政和辛卯，遣子遗直赍所著《南阳活人书》上于朝，甲午起为医学博士；旋以书东坡诗贬达州。逾年，以朝奉郎提点洞霄宫召还。此书有流离放逐及御魑魅转炎荒之语，似成于贬所。而题曰"北山"者，示不忘西湖旧隐也。《活人书》当政和间，京师东都福建两浙凡五处，刊行至今，江南版本不废。是书虽刻于《说郛》及《吴兴艺文志补》，然中下两卷已佚不存。吴君伊仲喜得全本，曲方酿法粲然备列。借登枣木，以补《齐民要术》之遗。较之窦革《酒谱》，徒摭故实，无裨日用，读者宜有华实之辨焉。肱祖承逸，字文倦。归安人，为本州孔目。好善乐施，尝代人偿势家债钱三百千，免其人全家于难。庆历庚寅岁饥，以米八百斛作粥，活贫民万人。父临，历官大理寺丞。尝从安定先生学，为学者所宗。兄服，熙宁六年进士甲科。元丰中，擢监察御史里行。章惇遣袁默周之道见服，道荐引意，服举劾之。绍圣初，拜礼部侍郎，出知庐州。坐与苏轼游，贬海州团练副使，蕲州安置，改兴国军卒。与肱盖有二难之目云。

乾隆乙巳六月既望。歙鲍廷博识于知不足斋。

续北山酒经

李　保

经

大隐先生朱翼中，壮年勇退，著书酿酒，侨居西湖上而老焉。属朝廷大兴医学，求深于道术者为之官师，乃起公为博士，与余为同僚。明年，中翼坐东坡诗贬达州，又明年以宫祠还。未至，余一旦梦翼中相过，且诵诗云："投老南迁愧转蓬，会令净土变夷风。由来只许杯中物，万事从渠醉眼中。"明日，理书帙，得翼中《北山酒经法》而读之，盖有"御魑魅于烟岚，转炎荒为净土"之语，与梦颇契。余甚异，乃作此诗以志之。他时见翼中当以是问之。其果梦乎？非耶？政和七年正月二十五日也。

赤子禀德天所钧，日渐月化滋济淳。

惟帝哀矜悯下民，为作醪醴发其真。

炊香酿玉为物春，投糯酴米授之神。

成此美禄功非人，酣适安在味甘辛？

一醉径与羲皇邻，熏然盈腹皆慈仁。

陶冶穷愁孰知贫，颂德不独有伯伦。

先生作经贤圣分，独醒正似非全身。

德全不许世人闻，梦中作诗语所亲。

不愿万户误国恩，乞取醉乡作封君。

几乎道矣，敢纪之。

酿酒法

思春堂酒	云腴酒	琼液酒
秋前曲法	银波曲法	石室曲法
蓝桥曲法	玉浆曲法	面曲法
菉豆曲法	莲花曲法	香药曲法
清白泉曲法	相州碎玉法	玉露曲法
姜曲法	银花曲法	碧香曲法
双投酒法	麦曲法	真珠曲法
醉乡奇法	白酒曲法	琼浆曲法
莲花白曲法	石室郑家曲法	知州公库白酒曲法
芙蓉曲法	南安库宜城曲法	三拗曲法
玉醅曲法	玉液曲法	竹叶清曲法
清泉曲法	木香曲法	木豆曲法
岷州大潭县曲法	冷仙曲法	耀州谭道士传异曲法
羊羔曲法	蜜酒法	雪花肉酒法
酴醾酒法	四明碧香酒曲法	春红酒法
软春酒法		

酒名记·酒名

张能臣

后妃家：高太皇香泉，向太后天醇，张温成皇后醽醁，朱太妃琼酥，刘明达皇后瑶池，郑皇后坤仪，曹太后瀛玉。

宰相：蔡太师庆会，王太傅膏露，何太宰亲贤。

亲王家：郓王琼腴，肃王兰芷，五王位椿龄嘉琬醑，濮安懿王重酝，建安郡王玉沥。

戚里：李和文驸马献卿金波，王晋卿碧香，张驸马敦礼醽醁，曹驸马诗字公雅成春，郭驸马献卿香琼，大王驸马瑶琮，钱驸马清醇。

内臣家：童贯宣抚褒功，又光忠，梁开府嘉义，杨开府美诚。

府寺：开封府瑶泉。

市店：丰乐楼眉寿，又和旨【即白矾楼也】，忻乐楼仙醪【即任店也】，和乐楼琼浆【即庄楼也】，遇仙楼玉液，玉楼玉酝，饮钾楼瑶醽，仁和楼琼浆，高阳店流霞、清风、玉髓，会仙楼玉醑，八仙楼仙醪，时楼碧光，班楼琼波，潘楼琼液，千春楼仙醇【今废为铺】，中山园子店千日春【今废为邸】，银王店延寿，蛮王园子正店玉浆，朱宅园子正店瑶光，邵宅园子正店法清，大桶张宅园子正店仙酝，方宅园子正店琼酥，姜宅园子正店羊羔，梁宅园子正店美禄，郭子齐园子正店琼液，杨皇后园子正店法清。

三京：北京香桂，又法酒，南京桂香，又北库，西京玉液，又酴醿香。

四辅：澶州中和堂，许州渼泉，郑州金泉，河北真定府银光，河间府金波，又玉酝，保定军知训堂，又杏仁，定州中山堂，又九酝，保州巡边银条，又错着水，德州碧淋，滨州石门，又宜城，博州宜城，又莲花，卫州柏泉，棣州延相堂，恩州拣米，又细酒，洺州玉瑞堂、夷白堂，又玉友，邢州沙醅、金波，磁州风曲、法酒，深州玉醅，赵州瑶泉，相州银光，怀州宜城，又香桂、又定州瓜曲、又错着水，河东太原府玉液，又静制堂，汾州甘露堂，隰州琼浆，代州金波，又琼酥，陕西凤翔府橐泉，河中府天禄，又舜泉，陕府蒙泉，华州莲花，又冰堂上尊，邠州静照堂，又玉泉，庆州江汉堂，又瑶泉，同州清洛，又清心堂，淮南扬州百桃，庐州金城，又金斗城、又杏仁，江南东西宣州琳腴，又双溪，江宁府芙蓉，又百桃、又清心堂，处州谷帘，洪州双泉，又金波，杭州竹叶清，又碧香、又白酒，苏州木兰堂，又白云泉，明州金波，越州蓬莱，润州蒜山堂，湖州碧澜堂又霅溪，秀州月波。

三州：成都府忠臣堂，又玉髓、又锦江春、又浣花堂，梓州琼波，又竹叶清，剑州东溪，汉州帘泉，合州金波，又长春，渠州蒲卜，果州香桂，又银液，阆州仙醇，峡州重酿、至喜泉，夔州法醮，又法酝。

荆南湖北：荆南金莲堂，鼎州白玉泉，辰州法酒，归州瑶光又香桂。

福建：泉州竹叶。

广南：广州十八仙，韶州换骨玉泉。

京东：青州拣米，齐州舜泉、近泉、又清燕堂、又真珠泉【第一也】，兖州莲花清，曹州银光。又三酘、又白羊、又荷花，郓州风曲、白佛泉、又香桂，潍州重酝，登州朝霞，莱州玉液，徐州寿泉，济州宜城，濮州宜城，又细波，单州宜城，又杏仁，京西汝州拣米，滑州风曲，又冰堂，金州清虚堂，郢州汉泉，又香桂，随州白云楼，唐州淮源，又泌泉，蔡州银光香桂，房州琼酥，襄州金沙，又宜城、又檀溪、又竹叶清，邓州香泉，又寒泉、又香菊、又甘露，颍州银条，又风曲，均州仙醇，河外府州岁寒堂。

酒尔雅·释酒

何 剡

酴，酒母也。醾，酒本也。酘，重酝酒也。酎，酝酒也。醅，未泲之酒也。醪，汁滓酒也。醑，厚酒也。醨，薄酒也。醴，一宿酒也。醆，酒微清而浊也。黄封，官酒也。醥，清酒也。酏，清而甜也。醠，浊酒也。醋，苦酒也。醍，红酒也。醽，绿酒也。醝，白酒也。玄鬯，醇酒也。上尊，糯米酒也。中尊，稷米酒也。下尊，粟米酒也。玄酒，明水也。四酎，四重酿也。三友者，乐天以诗、酒、琴为三友，今人指三友为酒音同之讹也。爊䗪，干酪也。

酒者，酉也。酿之米曲，酉，绎久而味美也。亦言踧也，能否皆强相踧持也。又入口咽之，皆踧其面也。

酒者，就也，所以就人性之善恶也。亦言造也，吉凶所由造也。饮食者，所以合欢也。酒以成礼，不继以淫，义也；以君成礼，弗纳于淫，仁也。

酒者，天之美禄，帝王所以颐养天下、享祀祈福、扶衰养疾，百福之会。夫酒之设，合礼致情，遍体归性，礼终而退，此和之至。主意未殚，宾有余豪，可以致醉，无致于乱。

酒　谱

窦　苹

酒之源一

世言酒之所自者，其说有三。其一曰：仪狄始作酒。与禹同时。又曰尧酒千钟，则酒作于尧，非禹之世也。其二曰：神农本草，著酒之性味，黄帝内经，亦言酒之致病，则非始于仪狄也。其三曰：天有酒星，酒之作也，其与天地并矣。予以谓是三者，皆不足以考据，而多其赘说也。夫仪狄之名，不见于经，而独出于世本，世本非信书也。其言曰："昔仪狄始作酒醪，以变五味。少康始作秫酒。"其后赵邠卿之徒遂曰："仪狄作酒，禹饮而甘之，遂绝旨酒，而疏仪狄曰：'后世其有以酒败国者乎？'"夫禹之勤俭，固尝恶旨酒，而乐谠言，附之以前所言，则赘矣。或者又曰：非仪狄也，乃杜康也。魏武帝乐府亦曰："何以消忧？惟有杜康。"予谓杜康系出于刘，累在商为豕韦氏，武王封之于杜。传国至杜伯，为宣王所诛，子孙奔晋，遂以杜为氏者，士会亦其后也。或者康以善酿酒得名于世乎？是未可知也。谓酒始于康，果非也。"尧酒千钟"，其言本出于《孔丛子》。盖委巷之说，孔文举遂征之以责曹公，固已不取矣。《本草》虽传自炎帝氏，亦有近世之物始附见者，不观其辨药所生出，皆以两汉郡国名其地，则知不必皆炎帝之书也。《内经》言天地生育，五行休旺，人之寿夭系焉，信《三坟》之书也。然考其文章，知卒成是书者，六国秦汉之际也。故言酒不可据以为炎帝之始造也。酒三星在女御之侧，后世为天宫者或考焉。予谓星丽乎天，虽自混元之判则有之，然事作乎下而应乎上，推其验于某星，此随世之变而著之也。如宦者、坟墓、弧矢、河鼓，皆太古所无，而天有是星，推之，可以知其类。然则，酒果谁始乎？予谓智者作之。天下后世循之而莫能废，故圣人不绝人之所同好。用于郊庙享燕，以为礼之常，亦安知其始于谁乎？古者食饮必祭，先酒，亦未尝言所祭者为谁，兹可见矣。《夏书》述大禹之戒歌辞曰："酣酒嗜味。"孟子曰："禹恶旨酒而好善言。"《夏书》所记当时之事曰："孟子所言追道在昔之事。"圣贤之书，言可信者，无先于此。虽然，酒未必此始造也；若断以必然之论，则诞谩而无以取信于世矣。

酒之名二

《春秋运斗枢》曰：酒之言，乳也。所以柔身扶老也。许慎《说文》云："酒，就也。所以就人性之善恶也。一曰造也；吉凶所造起。"《释名》曰："酒，酉也；酿之米曲。酉，绎而成也。其味美；亦言踧踖也；能否皆强相踧持也。"予谓古之所以名是物、以声相命，取别而已。犹今方言，在在各殊。形之于文，则其字日滋味，必皆有意谓也。举吴楚之首，而语于齐人，不知者十有八九。妄者欲探古名物、造声之意以示博闻，则予笑之矣！

《说文》曰：酴，酒母也。醴，一宿成也。醥，滓汁酒也。酎，三重酒也。醨，薄酒也。醹，厚酒也。昔人谓酒为欢伯，其义见易秋，盖其可爱，无贵贱贤不肖。华夏夷戎，共甘而乐之，故其称谓亦广。造作谓之酿，亦曰酝；卖之为沽，当肆者曰垆，酿之再者曰酘；漉酒曰醨，酒之清者曰醙；白酒曰醙，厚酒曰醹，甚白曰醙；相饮曰配，相强曰浮；饮尽曰釂，使酒曰酗；甚乱曰酱，饮而面亦曰酡，病酒曰酲；主人进酒于客曰酬，客酌主人曰酢；酌而无酬酢曰醮，合钱共饮曰醵；赐民共饮曰酺，不醉而怒曰奰；美酒曰醁。——其言广博，不可殚举。

《周官》："酒人掌酒之政，合辨五齐三酒之名：一曰泛齐，二曰醴齐，三曰盎齐，四曰醍齐，五曰沈齐；一曰事酒，二曰昔酒，三曰清酒。"此盖当时厚薄之差，而经无其说。传、注悉度而解之，未必得其真，故曰酒之言也略。《西京杂记》有"漂玉酒"而著其说；枚乘赋云"尊盈漂玉之酒，爵献金浆之醪"，云"梁人作薯蔗酒，名金浆"，不释"漂玉"之义。然，此赋亦非乘之辞，后人假附之耳。《舆地志》云："村人取若下水以酿酒而极美，故世传若下酒。"张协作《七命》云："荆州乌程，豫章竹叶。"乌程于九州属扬州，而言荆州？未详。西汉尤重上尊酒，以赐近臣。注云："糯米为上尊，稷为中尊，粟为下尊。"颜籀曰："此说非是。酒以醇醨乃分上、中、下之名；非因米也。稷粟同物而分为二，大纰矣。"《抱朴子》所谓"元曲"者，醇酒也。皮日休诗云："明朝有酒充君信，榼酒三瓶寄夜航。"榼酒，江外酒名。亦见沈约文集。张籍诗云："酿酒爱干和。"即今人不入水酒也。并、汾间以为贵品，名之曰干酢酒。宋之问诗云："尊溢宜城酒，笙裁曲沃匏。"宜城在襄阳，古之罗国也。酒之名最古，于今不废。唐人言酒之美者，有郢之富水、荥阳土窟、富春石冻春、剑南烧春、河东干和、蒲东桃博、岭南灵溪、博罗宜城九酝、浔阳湓水、京城西市空虾蟆陵；其事见《国史谱》。又有浮蚁、榴花诸美酒，见于传记者甚众。

酒之事三

《诗》云："有酒湑我，无酒酤我。"而孔子不食酤酒者，盖孔子当乱世，恶奸伪之害己，故疑而不食也。

《韩非子》云："宋人酤酒，悬帜甚高。"酒市有旗，始见于此。或谓之帘。近世文士有赋之者，中有警策之辞云："无小无大，一尺之布可缝；或素或青，十室之邑必有。"

古之善饮者，多至石余。由唐以来，遂无其人。盖自隋室更制度量，而斗石倍大尔。

纣为长夜之饮而失其日，问于百官，皆莫知；问于箕子，箕子曰："国君饮而失日，其国危矣；国人不知，而我独知之，我其危矣。"辞以醉而不知。

魏正始中，郑公谷避暑历城之北林。取六莲叶置砚格上，贮酒三升，以簪通其柄屈茎如象鼻，传噏之，名为"碧筒"。

晋阮籍每以百钱挂杖头，遇店即酣畅【按：阮籍传系籍从子修事，此讹系籍】。

山简在荆襄，每饮于习家池。人歌曰："日暮竟醉归，倒着白接篱。"

扬雄嗜酒而贫，好事者或载酒饮之。

陶潜贫而嗜酒，人亦多就饮之，既醉而去，曾不吝情。尝以九日无酒，独于花中徘徊。俄见白衣人，乃王弘遣人送酒也。遂尽醉而罢。

《魏氏春秋》云：阮籍以步兵营人善酿，厨多美酒，求为步兵校尉。

唐王无功，以美酒之故，求为大乐丞。丞乃贱职，自无功居之后遂为清流。

北齐李元中，大率尝醉。家事大小，了不关心。每言："宁无食，不可无酒。"

今人元日饮屠苏酒，云可以辞瘟气。亦曰"蓝尾酒"，或以年高最后饮之，故有尾之义尔。

王莽以腊日献椒酒于平帝，其屠苏之渐乎？

元魏太武赐崔浩缥醪十斛。

唐宪宗赐李绛酴醾、桑落，唐之上尊也，良醖令掌供之。

汉高祖为布衣时，常从王媪武负贳酒。

西汉已来，腊日饮椒酒。见《四民月令》。

天汉三年初榷酒酤。元始五年官卖酒，每升四钱；酒价始此。

任昉尝谓刘杳曰："酒有千日，当是虚言。"杳曰："桂阳程乡有千日酒，饮之至家而醉。亦其例。"昉大惊。乃自出杨元凤所撰置郡事，检之而信。又尝有人遗昉桤酒者，刘杳为辨其桤字之误。桤音阵，木名，其汁可以为酒。

《春秋说题辞》⬚："为酒捂阴。"乃动麦阴也。黍，阳也；先渍曲而投黍，是阳得阴而沸乃成。

《淮南子》云："酒感东方木水风之气而成。"其言荒忽，不足考信，故不悉载。

《楚辞》云："奠桂酒兮椒浆。"然则古之造酒皆以椒桂。

《吕氏春秋》云："孟冬命有司：秫稻必齐，曲蘖必时，湛炽必洁，水泉必香，陶器必良，火齐必得；厉用六物，无或差忒，大酋监之。"

唐薄白公，以户小饮薄酒。

五代时有张逸人，尝题崔氏酒垆云："武陵城里崔家酒，地上应无天上有。云游道士饮一斗，醉卧白云深洞口。"自是酤者愈众。

卞彬喜饮，以瓠壶瓠勺，烧皮为肴。

陶潜为彭泽令，公田皆令种秫。酒熟，以头上葛巾漉之。

唐阳城为谏议，每俸入，度其经用之余尽送酒家。

《西京杂记》：汉人采菊花并茎叶，酿之以黍米；至来年九月九日，熟而就饮。谓之菊花酒。

酒之功四

勾践思刷会稽之耻，欲士之致死力，得酒则流之于江，与之同醉。

秦穆公伐晋，及河，将劳师。而醪惟一钟。塞叔劝之曰："虽一米，可投之于河而酿也。"于是乃投之于河，三军皆醉。

孔文举云："赵之走卒，东迎其主，非厄酒无以辨。"厄之事，《史记》及《汉书》皆不载，唯见于《楚汉春秋》。

王莽时，琅邪海曲有吕母者，子为小吏。犯微法，令枉杀之。母家业素丰财，乃多酿酒；少年来沽，必倍售之，终岁多不取其值。久之，家稍乏，诸少年议偿之。母泣曰："所以厚诸君者，以令不道，枉杀吾子，托君复雠耳。岂望报乎？"少年义之，相与聚诛令。后其众为赤眉。

晋时，荆州公厨有齐中酒、厅事酒、猥酒，优劣三品。刘弘作牧，始命合为一，不得分别。人伏其平。

河东人刘白堕，善酿。六月，以瓮酒曝于日中，经旬味不动而愈香美，使人久醉。朝士千里相馈，号曰"鹤觞"，一名"骑驴酒"。

永熙中，南青州刺史毛洪宾赍酒之蕃，路逢盗，劫之皆醉。因执之，乃名"擒奸酒"。时人语曰："不畏张弓拔剑，惟畏白堕春醪。"见《洛阳伽蓝记》。

温克五

礼云："君子之饮酒也，一爵而色温如也，二爵而言言斯，三爵而冲然以退。"

扬子云曰："侍坐于君子，有酒则观礼。"

于定国饮酒一石，治狱益精明。

晋何充善饮而温克。

魏《邴原别传》曰：原旧能饮酒，自行役八九年间，酒不向口。至陈留则师韩子助，颍川则亲陈仲弓，涿郡则亲卢子干。临归，友以原不饮酒，会米肉送原。原曰："本能饮酒，但以荒思废业，故断之耳。今当远别，因见贶饯，可一饮乎？"于是饮酒，终日不醉。

《郑元别传》：马季长以英儒著名，元往从参考异同，时与卢子干相善。在门下七年，以母老归养。元饯之，会三百余人，皆离席奉觞，度元所饮三百余杯而温克之容，终日无怠。

孔融好饮而能文，常云："座上客常满，樽中酒不空。吾无患矣。"

裴均在襄阳会宴，有裴弘泰后至，责之。谢曰："愿赦罪。"而取在席之器满酌，而纳其器。合坐壮之。又有一银海，受酒一斗余；亦釂而抱海去。均以为必腐胁而死，使觇之，见纱帽箕踞。秤银海，计二百两。

李白每大醉，为文未尝差误；与醒者语，无不屈服。人目为醉圣。乐天在河南，自称为醉尹。

皮日休称曰醉士。

开元中，天下康乐，自昭应县至都门官道之左右，当路市酒，量钱数饮之。亦有施者，为行人解乏，故路人号称"歇马杯"。亦古人衢尊之义也。

王元宝贤而好施，每大雪，自坊口扫雪；立于坊前，迎宾就家，具酒暖寒。

梁谢谦不妄交，有时独醉曰："入我室者，但有清风；对吾饮者，惟当明月。"

宋沈文季为吴兴太守，饮酒五斗，妻王氏亦饮一斗；竟日对饮，视事不废。

五代之乱，干戈日寻。而郑云叟隐于华山，与罗隐终日怡然对饮，有酒诗二十章。好事绘为图，以相觊遗。

乱德六

小说云：纣为糟丘酒池，一鼓而牛饮者三千人，池可运舟。

《冲虚经》云：子产之兄曰穆，其室聚酒千钟，积曲成封；糟浆之气，逆于人鼻；日荒于酒，绝不知世道之安危也。

《史记》纣及齐威王，《晋书》王道子、秦苻坚、王悦，皆为长夜饮。

楚恭王与晋师战于鄢而败，方将复战，召大司马子反谋之。子反饮酒，醉不能见。王叹曰："天败我也。"乃班师而戮子反。

郑良霄为窟窦，而昼夜饮，郑人杀之。

《三辅决录》：汉武帝自以功大，更广秦之酒池肉树，以赐羌人。而酒可浮舟。

《魏志》：徐邈字景山，为尚书郎。时禁酒，邈私沉醉。赵达问以曹事，邈曰："酒中圣人。"达白太祖，太祖怒。渡辽将军鲜于辅进曰："醉客谓酒清者为圣人，浊者为贤人，此醉言尔。"

《三十国春秋》曰：阮孚为散骑常侍，终日酣纵。尝以金貂换酒，为友所弹。

《裴楷别传》曰：石崇与楷、孙绰宴酣，而绰慢节过度，崇欲表之。楷曰："季舒酒狂，四海所知。足下饮人狂药而责人正礼乎？"

宋孔颙使酒仗气，弥日不醒。僚类之间，多为陵忽。

汉末，政在奄宦。有献西凉州葡萄酒十斛于张让者，立拜凉州刺史。

元魏时，汝南王悦，兄怿为元叉所枉杀。悦略无复雠之意，复以桑落酒遗叉。遂拜侍中。

《韩子》云：齐桓公醉而遗其冠，耻之，三日不朝。管仲因请发仓廪，赈穷三日。民歌曰："何不更遗冠乎？"

晋阮咸每与宗人共集，以大盆盛酒，不用杯勺，围坐相向更饮。群豕来饮其酒，咸接去其上，便共饮之。

晋文王欲为武帝求婚于阮籍，醉不得言者六十日。乃止。

胡母辅之等方散发裸袒、闭室酣饮，已累日；阮逸将排户入，守者不听；逸乃脱头露顶，于狗窦中叫；辅之遽呼入饮，不舍昼夜。

唐进士刘遇、刘参、郭保衡、王仲、张道隐，每春选妓三五人，乘犊小车，裸袒园中，叫笑自若。曰"颠饮"。

元魏时,崔儦每一醉八日。

三国时,郑泉愿得美酒,满一百斛船,甘脆置两头,反复辄饮之。惫即往啖看膳。酒有斗升减,即益之。将终,谓同志曰:"必葬我陶家侧,庶百年化为土。或见取为酒壶,实获我心。"

晋人周颤过江,积年恒日饮酒,惟三日醒。时人谓之"三日仆射"。

毕卓为吏部,比舍郎酿酒熟,卓夜盗饮。

刘伶尝乘鹿车,携一壶酒,使人荷锸随之。曰:"死便埋我。"

诫失七

《周书·酒诰》曰:文王诰教小子,有正有事,无彝酒。

《管辂别传》曰:诸葛景与辂别,诫以三事,言:"卿性乐酒,量虽温克,然不可保,宁当节之。"辂曰:"酒不可尽吾欲。持才以愚,何患之有也?"

晋祖台之与王荆州书:"古人以酒为戒,愿君屏爵弃卮,焚罍毁榼,殛仪狄于羽山,放杜康于三危。古人系重,离必有赠言。仆之与君,其能已乎?"

《宋书》云:王悦,卷从弟也,诏为天门太守。悦嗜酒辄醉,及醒,则俨然端肃。卷谓悦曰:"酒虽悦性,亦所以伤生。"

萧子显《齐书》:臧荣绪,东莞人也,以酒乱言,常为诫。

《世说》:晋元帝过江,犹饮酒。王茂弘与帝友旧,流涕谏。帝许之,即酌一杯,从是遂断。

《梁曲》曰:刘韶,平原人也,年二十,便断酒肉。

梁王魏婴觞诸侯于范台，酒酣，请鲁君举觞。鲁君曰："昔者，帝令仪狄作酒而美之，进于禹。禹饮而甘之，遂疏仪狄而绝旨酒，曰：'后世必有以酒亡国者。'"

《周官》：萍氏掌几酒，请之。萍古无其说，按《本草》述水萍之功云："能胜酒。"名萍之意，其取于此乎？

陶侃饮酒，必自制其量，性欢而量已满。人或以为言，侃曰："少时常有酒失，亡亲见约，故不敢尽量耳。"

桓公与管仲饮，掘新井而柴焉，十日斋戒，召管仲。管仲至，公执尊觞三行，管仲趋出。公怒曰："寡人斋戒以饮仲父，以为脱于罪矣。"对曰："吾闻湛于乐者洽于忧，厚于味者薄于行，是以走出。"公拜送之。又云：桓公饮大夫酒，管仲复至。公举觞以饮之，管仲弃半酒，公曰："礼乎？""臣闻酒入舌出而言失者弃身。臣计弃身不如弃酒。"公大笑曰："仲父就座。"

《北梦琐言》：陆扆为夷陵，有士子入谒，因命之饮，曰："天性不饮。"扆曰："已减半矣。"言当寡过也。

萧齐刘玄明政事为天下最。或问政术，答曰："作县令但食一升饭，而不饮酒，此第一策也。"

长孙登好宾客，虽不饮酒而好观人酣饮，谈论古今，或继以火。常恐客去，畜异撰以留之。

赵襄子饮酒，五日五夜不醉，而自矜。优莫曰："昔纣饮七日七夜不醉，君勉之，则及矣。"襄子曰："吾几亡乎？""对曰："纣遇周武，所以亡。今天下尽纣，何遽亡？然亦危矣。"

释氏之教，尤以酒为戒。故四分律云：饮酒有十过失，一颜色恶，二少力，三眼不明，四见嗔相，五坏田业资生，六增疾病，七益斗讼，八恶名流布，九知慧减少，十身坏命终，堕诸恶道。

《韩诗外传》：饮之礼，跣而上坐，之宴；能饮者饮之，不能饮者已，谓之酺；齐颜色，均众寡，谓之沉；闺门不出，谓之湎。君子可以宴，可以酺，不可以沉，不可以湎。

《魏略》曰：太祖禁酒，人或私饮，故更其辞，以白酒为贤人，清酒为圣人。

《典论》云：汉灵帝末，有司榷酒，斗直千钱。

《西京杂记》云：司马相如还成都，以鹔鹴裘就人杨昌换酒，与文君为欢。

宋明帝《文章志》云：王忱每醉，连日不醒，自号上顿。时人以大饮为上顿，自忱始也。

《益部传》曰：杨子拒妻，刘泰瑾贞懿达礼。子元宗，醉归舍，刘十日不见。诸弟谢过，乃责之曰："汝沉荒不敬，自倡败者，何以帅先诸弟？"

神异八

张华有九酝酒，每醉，必令人传止之。尝有故人来与共饮，忘敕左右。至明，华寤，视之，腹已穿，酒流床下。

王子年《拾遗记》：张华为酒，煮三薇以渍曲蘗，蘗出西羌，曲出北胡，以酿酒，清美醇酽，久含令人齿动。若大醉不摇荡，使人肝肠消烂，俗谓"消肠酒"，或云：酒可为长宵之乐。两说声同而事异也。

崔豹《古今注》云：汉郑弘为阌乡啬夫，夜宿一津，逢故人，四顾荒郊，无酒可沽，因以钱投水中，尽夕酣畅，因名"沉酿川"。

义宁初，有一县丞甚俊而文，晚乃嗜酒，日必数升，病甚，酒臭数里，旬日卒。

张茂先《博物志》云：昔人有名元石，从中山酒家，与之千日酒，而忘语其节，归，日沉瞑，而家人不知，以为死也，棺殓葬之。酒家经千日，忽悟而往告之，发其冢，适醒。

《尸子》曰：赤县洲者，是为昆仑之墟，其卤而浮为蓬芽，上生红草，食其一实，醉三百年。

王充《论衡》云：项曼都好道，去家三年而返，曰："仙人将我上天，饮我流霞一杯，数月不饥。"

道书谓露为天酒。见东方朔《神异经》。

刘向《列仙传》曰：安期先生与神女会于圜丘，酣玄碧之酒。

石虎于大武殿起楼，高四十丈，上有铜龙，腹空，着数百斛酒，使胡人于楼下漱酒，风至，望之如雾，名曰"粘酒台"，使以洒尘。事见《拾遗记》。

魏贾俌有奴，善别水，尝乘舟于黄河中流，以匏瓠接河源水，一日不过七八升，经宿，色如绛。以酿酒，名"昆仑觞"，香味奇妙，曾以三十斛上魏帝。

李肇云：郑人以荥水酿酒，近邑之水重于远郊之水数倍。事见《出世记》。

尧登山，山涌水一泉，味如九酝，色如玉浆，号曰"醴泉"。

《南岳夫人传》曰：天人贶王子乔璚苏绿酒。

《十洲记》曰：瀛洲有玉膏如酒，名曰玉酒，饮数升令人长生。

《东方朔别传》云：武帝幸甘泉，见平阪道中有虫，赤如肝，头目口齿悉具。朔曰：此怪气，必秦狱处积忧者，得酒而解。乃取虫置酒中，立消。后以酒置属车，为此也。

异域酒九

天竺国谓酒为"酥"，今北僧多云"般若汤"，盖廋辞以避法禁尔，非释典所出。

《古今注》云：乌孙国有青田核，莫知其树与花，其实大如五六升匏，空之盛水而成酒，刘章曾得二焉。集宾设之，可供二十人，一核才尽，一核复成。久置，则味苦矣。

波斯国有三勒浆，类酒，谓庵摩勒、毗梨勒、诃黎勒也。

诃陵国人以柳花、椰子为酒，饮之亦醉。

大宛国多以葡萄酿酒，多者藏至万石，虽数十年亦不败。

《扶南传》曰：顿孙国有安石榴，取汁停盆中，数日成美酒。

真腊国人不饮酒，比之淫，惟与妻饮房中，避尊长见。

房千里《投荒录》云：南方有女，数岁，即大酿酒。候陂水竭，置壶其中，密固其上。候女将嫁，决水，取之供客，谓之"女酒"。味绝美，居常不可致也。

扶南有椰浆，又有蔗及土瓜根酒，色微赤尔。

性味十

《本草》云：酒，味苦甘辛，大热有毒，主行药势，杀百虫恶气。

《注》：陶隐居云：大寒凝海，惟酒不冰，明其性热，独冠群物。饮之，令人神昏体弊，是其毒也。昔有三人，晨犯雾露而行，空腹者死，食粥者病，饮酒者无疾。明酒御寒邪，过于谷气矣。酒虽能胜寒邪，通和诸气，苟过，则成大疾。《传》曰：惟酒可以忘忧，无如病何。《内经》十八卷，其首论后世人多夭促，不及上古之寿，则由今之人以酒为浆，以妄为常，醉以入房，其为害如此。凡酒气独胜而谷气劣，脾不能化，则发于四肢而为热厥，甚则为酒醉而风入之，则为漏风，无所不至。凡人醉而卧黍穰中，必成癞。醉而饮茶，必发膀胱气。食咸多，则有成消中。

皇甫松《醉乡日月记》云：松脂蠲百病。每糯米一斗，松脂十四两。别以糯米二升，和煮如粥，冷，着小麦曲一斤半，每片重二三两，火爆干，捣为末，搅作酵。五日以来候起办炊饭，米须薄之，更以曲二十片，火焙干作末，用水六斗五升，酵及曲末、饭等，一时搅和入瓮，瓮暖和如常。春冬四日，秋夏三日成。

又云：酒之酸者可变使甘。酒半斗，黑锡一斤半，令极热，投中，半日可去之矣。

《南史》记．虞惊有鲭鲊，云可以醒酒，而不著其造作之法。

魏文帝诏曰：且说蒲萄，解酒宿醒，淹露汁多，除烦解热，善醉易醒。

《礼乐志》云：柘浆析朝醒。言甘蔗汁治酒病也。

《开元遗事》云：兴庆池南有草数丛，叶紫而茎赤。有人大醉，过之，酒应自醒，后有醉者，摘而嗅之，立醒，故谓之醒醉草。

《五代史》云：李德裕平泉有醒酒石，尤为珍物，醉则踞之。

饮器十一

上古污尊而抔饮，未有杯壶制也。

《汉书》云：舜祀宗庙用玉斝。其饮器与？然事非经见，且不必以贮酒，故予不达其事。

《周诗》云：兕觥其觩。

周王制：一升曰爵，二升曰觚，三升曰觯，四升曰角，五升曰散，一斗曰壶。别名有觛、斝、尊、杯，不一其号。或曰小玉杯谓之"琖"，又曰酒微浊曰"醆"，俗书曰"盏"尔。由六国以来，多云制卮，形制未详也。

刘向《说苑》云：魏文侯与大夫饮，日不尽者，浮以大白。《汉书》或谓举盏以白醓，非也。

丰杆、杜举，皆因器以为戒者。

汉世多以鸱夷贮酒，扬雄为之赞曰："鸱夷滑稽，腹大如壶。尽日盛酒，人复借沽。常为国器，托于属车。"

《南史》有虾头杯，盖海中巨虾，其头甲为杯也。

《十洲记》云：周穆王时，有杯名曰"常满"。

自晋以来，酒器又多云"铛"，故《南史》有"银酒铛"。铛或作"铛"。陈宣好饮，自云：何水曹眼不识杯铛，吾口不离瓢杓。李白云：舒州杓，力士铛。《北史》记孟信与老人饮，以铁铛温酒。然铛者，本温酒器也，今遂通以为蒸饪之具云。

宋何点隐于武丘山，竟陵王子陵遗以嵇叔夜之杯，徐景山之酒铛。

《松陵唱和》又有《瘿木杯》诗，盖用木节为之。

老杜诗云：醉倒终同卧竹根。盖以竹根为饮杯也。见《江淹集》是也。

唐人尤尚莲子杯，白公诗中屡称之。

乐天又云：楂木来方泻，蒙茶到始煎。

李太白有《山尊》诗云："尊成山岳势，材是栋梁余。"今世豪饮，多以蕉叶、梨花相强，未知出于谁氏。

诃陵国以鲨鱼壳为酒尊，事见《松陵唱和》，诗云：用合对江螺。

唐韩文公《赠崔斯立》诗："我有双饮盏，其银得朱提。黄金涂物象，雕镌妙功倕。乃令千里鲸，么么微螽斯。犹能争明月，摆掉出渺弥。野草花叶细，不辨蒉荠蒌。绵绵相纠结，状似环城陴。四隅芙蓉树，擢艳皆猗猗。"云云。盖皆以兴喻，故历言其状如此，今好事者多按其文作之，名为"韩杯"。

西域有酒杯藤，大如臂，叶似葛花，实如梧桐。花坚可酌，实大如杯，味如豆蔻，香美。土人持酒来藤下，摘花酌酒，乃实消酒。国人宝之，不传中土。事见《张骞出关志》。

酒令十一

《诗·雅》云："人之齐圣，饮酒温克。"又云："既立之监，或佐之史。"然则饮之立监史也，所以已乱而备酒祸也，后世因之有酒令焉。

魏文侯饮酒，使公乘不仁为觞政，其酒令之渐欤？

汉初，始闻朱虚侯以军法行酒。

《逸诗》云："羽觞随波流。"后世浮波疏泉之始也。

唐柳子厚有《序饮》一篇，始见其以洄溯迟驶为罚爵之差，皆酒令之变也。又有藏钩之戏，或云起于钩弋夫人，有国色而手拳，武帝自扳之，乃伸。后人慕之而为此戏。白公诗云："徐动碧芽筹。"又云："转花移酒海。"今之世，酒令其类尤多：有捕醉仙者，为禺人转之以指席者，有流杯者，有总数者，有密书一字使诵诗句以抵之者，不可殚名。

　　昔五代王章、史肇之燕有手势令，此皆富贵逸居之所宜。若幽人贤士，既无金石丝竹之玩，惟啸咏文史，可以助欢。故曰：闲征雅令穷经史，醉听新吟胜管弦。今略志其美，而近者于左：

　　孟尝门下三千客，《大有》《同人》；湟水渡头十万羊，《未济》《小畜》。

　　马援以马革裹尸，死而后已；李耳指李树为姓，生而知之。

　　江革隔江，见鲁般般橹；李元园里，唤蔡释释菜。

　　拆字为反切者：矢引矧，欠金钦。

　　名字相反切者：于谨字巨引，尹珍字道真，孙程字稚卿。

　　古人名姓点画绝省者：宇文士及，尒朱天光，子州友父，公父文伯，王子比干，王士平，吕太一，王子中，王太丘，江子一，于方，卜已，方干，王元，江乙，文丘，丁乂，卜式，王丘。

　　字画之繁者：蘇繼顔，謝靈運，韓麒麟，李繼鸞，邊歸讜，欒黶，鱗鱹，蕭鷟。

　　声音同者：高敖曹，田延年，刘幽求。

　　字画类者：田甲，李季。

　　台字去吉，增点成室；居字去古，增点成户。

　　火炎昆冈，山出器车，土圭封国。

百全之士十万；五刑之属三千。

荡荡乎，民无能名；欣欣焉，人乐其性。

公子牟，身在江湖，心游魏阙；郑子真，耕于谷口，名动京师。

前徒倒戈以北；长者扶义而东。

运天德以明世；散皇明而烛幽。

今人多以文句首末二字相联，谓之"粘头续尾"。尝有客云："维其时矣。"自谓文句必无"矣"字居首者，欲以见窘。予答："矣焉也者。"矣焉也者，决辞也，出柳子厚文，遂浮以大白。

白公《东南行》云："鞍马呼教住，骰盘喝遣输。长驱波卷白，连掷采成卢。"注云："头盘，卷白波，莫走鞍马，皆当时酒令。"法未详，盖元白一时之事尔。

《国史补》：郑弘庆始创"平素精看"四字令，未详其法。

总论

予行天下几大半，见酒之苦薄者无新涂，以是独醒者弥岁，因管库余闲，记忆旧闻，以为此谱，一览之以自适；亦犹孙公想天台而赋之，韩史部记画之比也，然《传》有云：图西施、毛嫱而顾之，不如丑妾可立御于前；览者无笑焉。

甲子六月既望日在衡阳，汐公窦子野题。

文献通考·论宋酒坊

马端临

建炎以来，《朝野杂录》曰：旧两浙坊场一千三百三十四，岁收净利钱八十四万缗。至是，合江浙、荆湖人户扑买坊场一百二十七万缗而已。盖自绍兴初，概增五分之后，坊场败阙者众故也。水心叶氏《平阳县代纳坊场钱记》曰：自前世乡村以分地扑酒，有课利买名净利钱，恣民增钱夺买，或卖不及，则为败阙，而当停闭。虽当停闭而钱自若。官督输不贷，民无高下，牧户而偿。虽良吏善政，莫能救也。嘉定二年，浙东提举司言温州平阳县，言：县之乡村坊店二十五当停闭二十一；有坊店之名而无其处。旧传自宣和时则然。钱之以贯数，二千六百七十三州，下青册于县，月取岁足，无敢蹉跌。保正赋饮，户不实杯盂之酤，罂缶之酿。强家幸免，浮细受害。穷山入云，绝少醉者。鬻樵顾薪，抑配白纳。而永嘉至有算亩而起，反过正税，斯又甚矣。且县人无沉湎之失而受败阙之咎，十百零细，承催乾没；关门逃避，攘及锅釜；子孙不息，愁苦不止。惟垂裁哀，颇加救助。伏见近造伪、会子抵罪者，所籍之田及余废寺亦有残田；谓宜阳县就用禾利，足以相直补青册之缺；释饮户之负。不胜大愿！于是朝廷恻然许之。命既布，一县无不歌舞赞叹，以纪上恩。夫坊场之有败缺，州县通患也。今平阳独以使者一言，去百年之疾。然则，昔所谓莫能救者，岂未之思欤？某闻仁人视民如子，知其痛毒，若身尝之；审择其利，常与事称；疗之有方，子之有名；不以高论废务，不以空意妨实；然后举措可明于朝廷，而惠泽可出于君上。此其所以法不弊而民不穷也。

按水心此记，足以尽当时坊场之弊。祖宗之法，扑买坊场本以酬奖役人，官不私其利；又禁增价搀扑，恐其以逋负破家；皆爱民之良法也。流传既久，官既自取其钱，而败阙停闭者额不复蠲，责之州县，至令其别求课利以对补之，而后从，则彫弊之州县他无利孔，而有败阙之坊场者，受困多矣。

酒小史

宋伯仁

酒名

春秋椒浆酒	西京金浆醪	杭城秋露白	相州碎玉
蓟州薏苡仁酒	金华府金华酒	高邮五加皮酒	长安新丰市酒
汀州谢家红	南唐腊酒	处州金盘露	广南香蛇酒
黄州茅柴酒	燕京内法酒	汉时桐马酒	关中桑落酒
平阳襄陵酒	山西蒲州酒	山西太原酒	郫县郫筒酒
淮安苦蒿酒	云安曲米酒	成都刺麻酒	建章麻姑酒
荥阳土窟春	富平石冻春	池州池阳酒	宜城九酝酒
杭州梨花酒	博罗县桂醑	剑南烧春	江北擂
唐时玉练槌	灞陵崔家酒	汾州乾和酒	山西羊羔酒
安成宜春酒	潞州珍珠红	魏徵醖醁翠涛	闽中霹雳春
岭南琼琯酬	苍梧寄生酒	唐宪宗李花酿	宋昌王八桂酒
晋阮籍步兵厨	曹湜介寿	刘后瑶池	冯翊含春
隋炀帝玉薤	孙思邈酴酥	王公权荔枝绿	赓致平绿荔枝
谢侍郎章丘酒	王莽进椒菊酒	杨世昌蜜酒	肃王兰香酒
汉武兰生酒	蔡攸棣花酒	陆士衡松醪	淮南菉豆酒

华氏荡口酒	顾氏三白酒	凤州清白酒
刘拾遗玉露春	曹晟保平	宋刘后玉腴
王师约瑶源	秦桧表勋	宋开封瑶泉
梁简文凫花	宋高后香泉	刘孝标云液
宋德隆月波	安定郡王洞庭春色	东坡罗浮春
范至能万里春	段成式湘东美品	魏贾将昆仑觞
刘白堕擒奸	燕昭王瑞眠膏	洪梁县洪梁酒
高祖菊萼酒	梁孝王缥玉酒	汉武百味旨酒
扶南石榴酒	辰溪钩藤酒	梁州诸蔗酒
兰溪河清酒	苏禄国蔗酒	南粤食蒙枸酱
高丽国林虑酱	诃陵国柳花酒	西域葡萄酒
乌孙国青田酒	彭坑酿浆为酒	东西竺以椰子为酒
北胡消肠酒	南蛮槟榔酒	答剌国酿茭樟为酒

真腊国有酒五，一曰蜜糖酒，一曰朋牙酒，一曰包棱角，一曰糖鉴酒，一曰茭浆酒。

暹罗国酿秫为酒，假马里丁酿蔗为酒。

本草纲目·酒

李时珍

释名

李时珍曰：按许氏《说文》云："酒，就也。所以就人之善恶也。"一说："酒字篆文，象酒在卤中之状。"《饮膳》标题云："酒之清者曰酿，浊者曰盎；厚曰醇，薄曰醨；重酿曰酎，一宿曰醴；美曰醑，未榨曰醅；红曰醍，绿曰醽，白曰醝。"

集解

苏恭曰：酒有秫、黍、粳、糯、粟、曲、蜜、葡萄等色。凡作酒醴须曲，而葡萄、蜜等酒独不用曲。诸酒醇醨不同，惟米酒入药用。

陈藏器曰：凡好酒欲熟时，皆能候风潮而转，此是合阴阳也。

孟诜曰：酒有紫酒、姜酒、桑葚酒、葱豉酒、葡萄酒、蜜酒，及地黄、牛膝、虎骨、牛蒡、大豆、枸杞、通草、仙灵脾、狗肉等，皆可和酿作酒，俱各有方。

寇宗奭曰：《战国策》云，帝女仪狄造酒，进之于禹。

《说文》云：少康造酒，即杜康也。然《本草》已著酒名，《素问》亦有酒浆，则酒自黄帝始，非仪狄矣。古方用酒，有醇酒、春酒、白酒、清酒、美酒、糟下酒、粳酒、秫黍酒、葡萄酒、地黄酒、蜜酒，有灰酒、新熟无灰酒、社坛余胙酒；今人所用，有糯酒、煮酒、小豆曲酒、香药曲酒、鹿头酒、羔儿等酒；江浙、湖南、湖北又以糯粉入众药，和为曲，曰饼子酒；至于官务中，亦有四夷酒，中国不可取以为法。今医家所用，正宜斟酌；但饮家惟取其味，罔顾入药何如尔；然久之未见不作疾者，盖此物损益兼行，可不慎欤？汉赐丞相上尊酒，糯为上，稷为中，粟为下。今入药佐使，专用糯米，以清水白面曲所造为正。古人造曲未见入诸药，所以功力和厚，皆胜余酒。今人又以造蘖者，盖止是醴，非酒也。《书》云：若作酒醴，尔惟曲。酒则用曲，醴则用蘖，气味甚相辽，治疗岂不殊也？

汪颖曰：入药用东阳酒最佳，其酒自古擅名。《事林广记》所载酿法，其曲亦用药。今则绝无，惟用麸面、蓼汁拌造，假其辛辣之力；蓼亦解毒，清香远达，色复金黄，饮之至醉，不头痛，不口干，不作泻。其水秤之重于他水，邻邑所造俱不然，皆水土之美也。处州金盆露，水和姜汁造曲，以浮饭造酿，醇美可尚，而色香劣于东阳，以其水不及也。江西麻姑酒，以泉得名，而曲有群药。金陵瓶酒，曲米无嫌，而水有碱，且用灰，味太甘，多能聚痰。山东秋露白，色纯味烈。苏州小瓶酒，曲有葱及红豆、川乌之类，饮之头痛口渴。淮南绿豆酒，曲有绿豆，能解毒，然亦有灰不美。

李时珍曰：东阳酒即金华酒，古兰陵也；李太白诗所谓"兰陵美酒郁金香"即此，常饮入药俱良。山西襄陵酒、蓟州薏苡酒皆清烈，但曲中亦有药物。黄酒有灰。秦、蜀有咂嘛酒，用稻、麦、黍、秫、药曲，小罂封酿而成，以筒吸饮。谷气既杂，酒不清美，并不可入药。

米酒

〔气味〕苦、甘、辛，大热，有毒。

孟诜曰：久饮伤神损寿，软筋骨，动气痢。醉卧当风，则成癜风；醉浴冷水，成痛痹。服丹砂人饮之，头痛吐热。

陈士良曰：凡服丹砂、北庭石亭脂、钟乳诸石、生姜，并不可长用酒下，能引石药气入四肢，滞血化为痈疽。

陈藏器曰：凡酒，忌诸甜物。酒浆照人无影，不可饮。祭酒自耗，不可饮。酒合乳饮，令人气结。同牛肉食，令人生虫。酒后卧黍穰，食猪肉，患大风。

李时珍曰：酒后食芥及辣物，缓人筋骨。酒后饮茶，伤肾脏，腰脚重坠，膀胱冷痛，兼患痰饮水肿、消渴挛痛之疾。一切毒药，因酒得者难治。又酒得咸而解者，水制火也，酒性上而咸润下也。又畏枳椇、葛花、赤豆花、绿豆粉者

〔主治〕行药势，杀百邪恶毒气。

陈藏器曰：通血脉，厚肠胃，润皮肤，散湿气；消忧发怒，宣言畅意。

孟诜曰：养脾气，扶肝、除风、下气。

李时珍曰：解马肉、桐油毒；丹石发动诸病，热饮之甚良。

日华曰：糟底酒【三年腊糟下取之】开胃下食，暖水脏，温肠胃，消宿食，御风寒，杀一切蔬菜毒。

孙思邈曰：止呕哕，摩风瘼、腰膝疼痛。

李时珍曰：老酒【腊月酿造者，可经数十年不坏】和血养气，暖胃辟

寒，发痰动火。

孟诜曰：春酒【清明酿造者亦可经久】常服令人肥白。

李绛《兵部·手集》：蠼螋尿疮，饮之至醉，须臾虫出如米也。

陈藏器曰：社坛余胙酒，治小儿语迟，纳口中佳；又以喷屋四角，辟蚊子；又饮之治聋。

李时珍曰：按《海录碎事》云：俗传社酒治聋，故李涛有"社翁今日没心情，为寄治聋酒一瓶"之句。

糟笋节中酒

〔气味〕咸平无毒。

〔主治〕陈藏器曰：饮之主哕气呕逆。或加小儿乳及牛乳同服；又摩疬疡风。

东阳酒

〔气味〕甘辛无毒。

〔主治〕用制诸药。良。

发明

陶弘景曰：大寒凝海，惟酒不冰，明其性热，独冠群物。药家多用以行其势，人饮多则体弊神昏，是其有毒故也。《博物志》云：王肃、张衡、马均三人，冒雾晨行。一人饮酒，一人饱食，一人空腹。空腹者死，饱食者病，饮酒者健。此酒势辟恶，胜于作食之效也。

王好古曰：酒能行诸经不止，与附子相同。味之辛者能散，苦者能下，甘者居中而缓。用为导引，可以通行一身之表，至极高之分。

味淡者则利小便而速下也。古人惟以麦造曲酿黍，已为辛热有毒。今之酝者加以乌头、巴豆、砒霜、姜、桂、锻石、灶灰之类大毒大热之药，以增其气味。岂不伤冲和，损精神，涸荣卫，竭天癸，而夭夫人寿耶？

朱震亨曰：《本草》止言酒热而有毒，不言其湿中发热，近于相火，醉后振寒战栗可见矣。又性喜升，气必随之，痰郁于上，溺涩于下，恣饮寒凉，其热内郁，肺气大伤。其始也病浅，或呕吐，或自汗，或疮疥，或鼻齄，或泄利，或心脾痛，尚可散而去之。其久也病深，或消渴，或内疽，或肺痿，或鼓胀，或失明，或哮喘，或劳瘵，或癫痫，或痔漏，为难名之病，非具眼未易处也。夫醇酒性大热，饮者适口，不自觉也。理宜冷冻饮料，有三益焉。过于肺，入于胃，然后微温。肺先得温中之寒，可以补气。次得寒中之温，可以养胃。冷酒行迟，传化以渐，人不得恣饮。今则不然，图取快喉舌焉尔。

汪颖曰：人知戒早饮，而不知夜饮更甚。既醉既饱，睡而就枕，热拥伤心伤目。夜气收敛，酒以发之，乱其清明，劳其脾胃，停湿生疮，动火助欲，因而致病者多矣。朱子云：以醉为节可也。

汪机曰：按扁鹊云，过饮腐肠烂胃，溃髓蒸筋，伤神损寿。昔有客访周颛，出美酒二石。颛饮一石二斗，客饮八斗。次明，颛无所苦，客已胁穿而死矣。岂非犯扁鹊之戒乎？

李时珍曰：酒，天之美禄也。面曲之酒，少饮则和血行气，壮神御寒，消愁遣兴；痛饮则伤神耗血，损胃亡精，生痰动火。《邵尧夫诗》云：美酒饮教微醉后。此得饮酒之妙，所谓醉中趣、壶中天者也。若夫沉湎无度，醉以为常者，轻则致疾败行，甚则丧邦亡家而陨躯命，其害可胜言哉？此大禹所以疏仪狄，周公所以著《酒诰》，为世范戒也。

附方

惊怖卒死：温酒灌之即醒。

鬼击诸病，卒然着人，如刀刺状，胸胁腹内切痛，不可抑按，或吐血、鼻血、下血，一名鬼排：以醇酒吹两鼻内，良。【《肘后方》】

马气入疮或马汗、马毛入疮，皆致肿痛烦热，入腹则杀人。多饮醇酒，至醉即愈，妙。【《肘后方》】

虎伤人疮：但饮酒，常令大醉，当吐毛出。【《梅师方》】

蛇咬成疮：暖酒淋洗疮上，日三次。【《广利方》】

蜘蛛疮毒：同上方。

毒蜂螫人：方同上。

咽伤声破：酒一合，酥一匕，干姜末二匕，和服，日二次。【《十便良方》】

三十年耳聋：酒三升，渍牡荆子一升，七日去滓，任性饮之。【《千金方》】

天行余毒，手足肿痛欲断：作坑深三尺，烧热灌酒，著屐踞坑上，以衣壅之，勿令泄气。【《类要方》】

下部痔疮：掘地作小坑，烧赤，以酒沃之，纳吴茱萸在内坐之。不产后血闷：清酒一升，和生地黄汁煎服。【《梅师方》】

身面疣目，盗酸酒浮洗而咒之曰：疣疣，不知羞。酸酒浮，洗你头。急急如律令。咒七遍，自愈。【《外台方》】

断酒不饮：酒七升，朱砂半两，瓶浸紧封，安猪圈内，任猪摇动，七日取出，顿饮。又方：正月一日酒五升，淋碓头杵下，取饮之。【《千

金方》】

丈夫脚冷不随，不能行者：用淳酒三斗，水三斗，入瓮中，灰火温之，渍脚至膝。常著灰火，勿令冷，三日止。【《千金方》】

海水伤裂，凡人为海水咸物所伤，及风吹裂，痛不可忍：用蜜半斤，水酒三十斤，防风、当归、羌活、荆芥各二两。为末。煎汤浴之。一夕即愈。【《使琉球录》】

附诸药酒方

李时珍曰：《本草》及诸书，并有治病酿酒诸方。今辑其简要者，以备参考。药品多者，不能尽录。

愈疟酒：治诸疟疾，频频温饮之。四月八日，水一石，曲一斤为末，俱水中。待酢煎之，一石取七斗。待冷，入曲四斤，一宿上生白沫，起炊秫一石，冷酘。三日酒成。【贾思勰《齐民要术》】

屠苏酒：陈延之《小品方》云：此华佗方也。元旦饮之，辟疫疠一切不正之气。造法：用赤木桂心七钱五分，防风一两，菝五钱，蜀椒、桔梗、大黄五钱七分，乌头二钱五分，赤小豆十四枚，以三角绛囊盛之，除夜悬井底，元旦取出置酒中，煎数沸。举家东向，从少至长，次第饮之。药滓还投井中，岁饮此水，一世无病。

逡巡酒：补虚益气，去一切风痹湿气。久服益寿耐老，好颜色。造法：三月三日，收桃花三两三钱；五月五日，收马蔺花五两五钱；六月六日，收脂麻花六两六钱；九月九日，收黄甘菊花九两九钱；阴干。十二月八日，取腊水三斗；待春分，取桃仁四十九枚好者（去皮尖）；白面十斤正，同前花和作曲，纸包四十九日。用时白水一瓶，曲一丸，面一块，封良久，成矣。如淡，再加一丸。

五加皮酒：去一切风湿痿痹，壮筋骨，填精髓。用五加皮洗刮去骨煎汁，和曲、米酿成，饮之。或切碎袋盛，浸酒煮饮。或加当归、牛膝、地榆诸药。

白杨皮酒：治风毒脚气，腹中癖如石。以白杨皮切片，浸酒起饮。

女贞皮酒：治风虚，补腰膝。女贞皮切片，浸酒煮饮之。

仙灵脾酒：治偏风不遂，强筋坚骨。仙灵脾一斤，袋盛，浸无灰酒二斗，密封三日饮之。【《圣惠方》】

薏苡仁酒：去风湿，强筋骨，健脾胃。用绝好薏苡仁粉，同曲米酿酒，或袋盛，朱酒饮。

天门冬酒：润五脏，和血脉。久服除五劳七伤，癫痫恶疾。常令酒气相接，勿令大醉，忌生冷。十日当出风疹毒瓦斯，三十日乃已，五十日不知风吹也。冬月用天门冬去心煮汁，同曲、米酿成。初熟微酸，久乃味佳。【《千金方》】

百灵藤酒：治诸风。百灵藤十斤，水一石，煎汁三斗，入糯米三斗，神曲九两，如常酿成。三五日，更炊一斗糯饭候冷投之，即熟。澄清日饮，以汗出为效。【《圣惠方》】

白石英酒：治风湿周痹，肢节中痛，及肾虚耳聋。用白石英、磁石（醋淬七次）各五两，绢袋盛，浸酒一升中，五、六日，温饮。酒少更添之。【《圣济总录》】

地黄酒：补虚弱，壮筋骨，通血脉，治腹痛，变白发。用生肥地黄绞汁，同曲、米封密器中。春夏三七日，秋冬五七日启之，中有绿汁，真精英也，宜先饮之，乃滤汁藏贮。加牛膝汁效更速，亦有加群药者。

牛膝酒：壮筋骨，治痿痹，补虚损，除久疟。用牛膝煎汁，和曲、米酿酒。或切碎，袋盛浸酒，煮饮。

当归酒：和血脉，坚筋骨，止诸痛，调经水。当归煎汁，或酿或浸，并如上法。

菖蒲酒：治三十六风，一十二痹；通血脉，治骨痿；久服耳目聪明。石菖蒲煎汁，或酿或浸，并如上法。

枸杞酒：补虚弱，益精气，去冷风，壮阳道，止目泪，健腰脚。用甘州枸杞子煮烂捣汁，和曲、米酿酒。或以子同生地黄袋盛，浸酒煮饮。

薯蓣酒：治诸风眩晕，益精髓，壮脾胃。用薯蓣粉同曲、米酿酒饮之；或同山茱萸、五味子、人参诸药，浸酒煮饮。

茯苓酒：治头风虚眩，暖腰膝，主五劳七伤。用茯苓粉同曲、米酿酒饮之。

菊花酒：治头风，明耳目，去痿痹，消百病。用甘菊花煎汁，同曲、米酿酒。或加地黄、当归、枸杞诸药亦佳。

黄精酒：壮筋骨，益精髓，变白发，治百病。用黄精、苍术各四斤，枸杞根、柏叶各五斤，天门冬三斤，煮汁一石，同曲十斤，糯米一石，如常酿酒饮。

桑葚酒：补五脏，明耳目。治水肿，不下则满，下之则虚，入腹则十无一活。用桑葚捣汁煎过，同曲、米如常酿酒饮。

术酒：治一切风湿筋骨诸病，驻颜色，耐寒暑。用术三十斤，去皮捣，以东流水三石，渍三十日，取汁，露一夜，浸曲、米酿成饮。

蜜酒：孙真人曰：治风疹风癣。用沙蜜一斤，糯饭一升，面曲五两，熟水五升，同入瓶内，封七日成酒。寻常以蜜入酒代之，亦良。

蓼酒：久服聪明耳目，脾胃健壮。以蓼煎汁，和曲、米酿酒饮。

姜酒：孟诜曰：治偏风，中恶痋忤，心腹冷痛。以姜浸酒暖服，一碗即止。一法：用姜汁和曲，造酒如常，服之佳。

葱豉酒：孟诜曰：解烦热，补虚劳，治伤寒头痛寒热及冷痢肠痛，解肌发汗。并以葱根豆豉浸酒煮饮。

茴香酒：治卒肾气痛，偏坠牵引，及心腹痛。茴香浸酒煮饮之；舶茴尤妙。

缩砂酒：消食和中，下气，止心腹痛。砂仁炒研，袋盛浸酒，煮饮。

莎根酒：治心中客热，膀胱胁下气郁，常忧不乐。以莎根一斤切，熬香，袋盛浸酒，日夜服之，常令酒气相续。

茵陈酒：治风疾，筋骨挛急。用茵陈蒿（炙黄）一斤，秫米一石，曲三斤，如常酿酒饮。

青蒿酒：治虚劳久疟。青蒿捣汁，煎过，如常酿酒饮。

百部酒：治一切久近咳嗽。百部根切炒，袋盛浸酒，频频饮之。

海藻酒：治瘿气。海藻一斤，洗净浸酒，日夜细饮。

黄药酒：治诸瘿气。万州黄药切片，袋盛浸酒，煮饮。

仙茅酒：治精气虚寒，阳痿膝弱，腰痛痹缓，诸虚之病。用仙茅九蒸九晒，浸酒饮。

通草酒：续五脏气，通十二经脉，利三焦。通草子煎汁，同曲、米酿酒。

南藤酒：治风虚，逐冷气，除痹痛，强腰脚。石南藤煎汁，同曲、米酿酒饮。

松液酒：治一切风痹香港脚。于大松下掘坑，置瓮承取其津液，一斤，酿糯米五斗，取酒饮之。

松节酒：治冷风虚弱，筋骨挛痛，香港脚缓痹。松节煮汁，同曲、米酿酒饮；松叶煎汁亦可。

柏叶酒：治风痹历节作痛。东向侧柏叶煮汁，同曲、米酿酒饮。

椒柏酒：元旦饮之，辟一切疫疠不正之气。除夕以椒三七粒，东向侧柏叶七枝，浸酒一瓶饮。

竹叶酒：治诸风热病，清心畅意。淡竹叶煎汁，如常酿酒饮。

槐枝酒：治大麻瘘痹。槐枝煮汁，如常酿酒饮。

枳茹酒：治中风身直，口僻眼急。用枳壳刮茹，浸酒饮之。

牛蒡酒：治诸风毒，利腰脚。用牛蒡根切片，浸酒饮之。

巨胜酒：治风虚痹弱，腰膝疼痛。用巨胜子二升（炒香），薏苡仁二升，生地黄半斤，袋盛浸酒饮。

麻仁酒：治骨髓风毒痛，不能动者。取大麻子中仁炒香，袋盛浸酒饮之。

桃皮酒：治水肿，利小便。桃皮煎汁，同秫米酿酒饮。

红曲酒：治腹中及产后瘀血。红曲浸酒煮饮。

神曲酒：治闪肭腰痛。神曲烧赤，淬酒饮之。

柘根酒：治耳聋。方具柘根下。

磁石酒：治肾虚耳聋。用磁随石、木通、菖蒲等，分袋盛，酒浸日饮。

蚕沙酒：治风缓顽痹，诸节不随，腹内宿痛。用原蚕沙炒黄，袋盛浸酒饮。

花蛇酒：治诸风，顽痹瘫缓，挛急疼痛，恶疮疥癞。用白花蛇肉饭盖之，三七日，取酒饮。又有群药煮酒方甚多。

乌蛇酒：治疗、酿法同上。

蚺蛇酒：治诸风痛痹，杀虫辟瘴，治癞风疥癣恶疮。用蚺蛇肉一斤，羌活一两，袋盛，同曲置于缸底，糯饭盖之，酿成酒饮；亦可浸酒。详见本条。江颖曰：广西蛇酒：坛上安蛇数寸，其曲则采山中草药，不能无毒也。

蝮蛇酒：治恶疮诸，恶风顽痹癫疾。取活蝮蛇一条，同醇酒一斗，封埋马溺处，周年取出，蛇已消化。每服数杯，当身体习习而愈也。

紫酒：治卒风，口偏不语及角弓反张；烦乱欲死及鼓胀不消。以鸡屎白一升，炒焦投酒中，待紫色，去滓频饮。

豆淋酒：破血去风，治男子中风口喝，阴毒腹痛及小便尿血。妇人产后一切中风诸病。用黑豆炒焦，以酒淋之，温饮。

霹雳酒：治疝气偏坠，妇人崩中下血，胎产不下。以铁器烧赤，浸酒饮之。

龟肉酒：治十年咳嗽。酿法详见龟条。

虎骨酒：治臂胫疼痛，历节风，肾虚，膀胱寒痛。虎胫骨一具，炙黄槌碎，同曲米如常酿酒饮。亦可浸酒。详见虎条。

麋骨酒：治阴虚肾弱，久服令人肥白。麋骨煮汁，同曲、米如常酿酒饮之。

鹿头酒：治虚劳不足，消渴，夜梦鬼物，补益精气。鹿头煮烂，捣泥，连汁和曲、米酿酒饮。少入葱、椒。

鹿茸酒：治阳虚痿弱，小便频数，劳损诸虚。用鹿茸、山药浸酒服。详见鹿茸下。

戊戌酒：孟诜曰：大补元阳。汪颖曰：其性大热，阴虚无冷，病人不宜饮之。用黄狗肉一只，煮糜，连汁和曲、米酿酒饮之。

羊羔酒：大补元气，健脾胃，益腰肾。宣和化成殿真方：用米一石，如常浸浆；嫩肥羊肉七斤，曲十四两，杏仁一斤，同煮烂，连汁拌末；入木香一两同酿；勿犯水，十日熟，极甘滑。一法：羊肉五斤蒸烂，酒浸一宿，入消梨七个，同捣取汁，和曲、米酿酒饮之。

腽肭脐酒：浸擂烂。同曲、米如常酿酒饮之。

烧　酒

释　名

火酒【纲目】，阿剌吉酒。【《饮膳正要》】

集　解

李时珍曰：烧酒，非古法也，自元时始创。其法，用浓酒和糟入甑，蒸令气上，用器凡酸坏之酒，皆可蒸烧。近时惟以糯米或粳米或黍或秫或大麦蒸熟，和曲蒸取。其清如水，味极浓烈，盖酒露也。

汪颖曰：暹罗酒以烧酒复烧二次，入珍宝异香。其坛每个以檀香十数斤烧烟熏令如漆，然后入酒蜡封，埋土中二、三年，绝去烧气，取出用之。曾有人携至舶，能饮三、四杯即醉，价值数倍也。有积病，饮一、二杯即愈，且杀蛊。予亲见二人饮此，打下活虫长二寸许，谓之鱼蛊云。

〔气味〕

辛、甘，大热，有大毒。

李时珍曰：过饮败胃伤胆，丧心损寿，甚则黑肠腐胃而死。与姜、蒜同食，令人生疮。盐、冷水、绿豆粉解其毒。

〔主治〕

李时珍曰：消冷积寒气，燥湿痰，开郁结，止水泄，治霍乱疟疾噎膈，心腹死，杀虫辟瘴，利小便，坚大便，洗赤目肿痛，有效。

发明

李时珍曰：烧酒，纯阳毒物也。面有细花者为真。与火同性，得火即燃，同乎焰消。北人四时饮之，南人止暑月饮之。其味辛甘，升扬发散；其气燥热，胜湿祛寒。故能开怫郁而消沉积，通膈噎而散痰饮，治泄疟而止冷痛也。辛先入肺，和水饮之，则抑使下行，通调水道，而小便长白。热能燥金耗血，大肠受刑，故令大便燥结，与姜、蒜同饮即生痔也。若夫暑月饮之，汗出而膈快身凉；赤目洗之，泪出而肿消水散，此乃从治之方焉。过饮不节，杀人顷刻。近之市沽，又加以砒石、草乌、辣灰、香药，助而引之，是假盗以刃矣。善摄生者宜戒之。按：刘克用《病机赋》云："有人病赤目，以烧酒入盐饮之，而痛止肿消。盖烧酒性走，引盐通行经络，使郁结开而邪热散，此亦反治劫剂也。"

附方

冷气心痛：烧酒入飞盐饮，即止。阴毒腹痛：烧酒温饮，汗出即止。呕逆不止：真火酒一杯，新汲井水一杯，和服甚妙。（濒湖）寒湿泄泻，小便清者：以头烧酒饮之，即止。耳中有核，如枣核大，痛不可动者：以火酒滴入，仰之半时，即可箝出。风虫牙痛：烧酒浸花椒，频频漱之。寒痰咳嗽：烧酒四两，猪脂、蜜、香油、茶末各四两，同浸酒内，以茶下之，取效。

葡萄酒

集解

孟诜曰：葡萄可酿酒，藤汁亦佳。

李时珍曰：葡萄酒有二样：酿成者味佳，有如烧酒法者有大毒。酿者，取汁同曲，如常酿糯米饭法。无汁，用干葡萄末亦可。魏文帝所谓葡萄酿酒，甘于曲米，醉而易醒者也。烧者，取葡萄数十斤，同大曲酿酢，取入甑蒸之，以器承其滴露，红色可爱。古者西域造之，唐时破高昌，始得其法。按梁四公记云：高昌献葡萄干冻酒。杰公曰：葡萄皮薄者味美，皮厚者味苦。入风谷冻成之酒，终年不坏。叶子奇《草木子》云：元朝于冀宁等路造葡萄酒，八月至太行山。辨其真伪，真者下水即流，伪者得水即冻矣。久藏者，中有一块，虽极寒，其余皆冰，独此不冰，乃酒之精液也，饮之令人透腋而死。酒至二、三年，亦有大毒。《饮膳正要》云：酒有数等，出哈喇火者最烈，西番者次之，平阳、太原者又次之。或云：葡萄久贮，亦自成酒，芳甘酷烈，此真葡萄酒也。

酿酒

〔气味〕

甘辛热，微毒。李时珍曰：有热疾、齿疾、疮疹人，不可饮之。

〔主治〕

李时珍曰：暖腰肾，驻颜色，耐寒。

烧酒

〔气味〕

辛甘大热，有大毒。李时珍曰：大热大毒，甚于烧酒。北人习而不觉，南人切不可轻生饮之。

〔主治〕

《正要》曰：益气调中，耐饥强志。汪颖曰：消痰破癖。

遵生八笺·酝造类

高　濂

此皆山人家养生之酒，非甜即药，与常品迥异，豪饮者勿共语也。

桃源酒

白曲二十两，锉如枣核，水一斗浸之，待发。糯米一斗，淘极净，炊作烂饭，摊冷。以四时消息气候，投放曲汁中，搅如稠粥，候发。即更投二斗米饭，尝之，或不似酒，勿怪。候发，又二斗米饭，其酒即成矣。如天气稍暖，熟后三五日，瓮头有澄清者，先取饮之，纵令醋酽，亦无伤也。此本武陵桃源中得之，后被《齐民要术》中采缀编录，皆失其妙，此独真本也。今商议以空水浸米尤妙。每造，一斗水煮取一升，澄清沐浸曲，俟发。经一日，炊饭候冷，即出瓮中，以曲麦和，还入瓮中。每投皆如此。其第三第五，皆待酒发后，经一日投之。五投毕，待发定讫，一二日可压，即大半化为酒。如味硬，即每一斗蒸三升糯米，取大麦蘖曲一大匙，白曲末一大分，熟搅和，盛葛布袋中，纳入酒瓮，候甘美，即去其袋。然造酒北方地寒，即如人气投之，南方地暖，即须至冷为佳也。

香雪酒

用糯米一石，先取九斗，淘淋极清，无浑脚为度。以桶量米准作数，米与水对充，水宜多一斗，以补米足，浸于缸内。后用一斗米，如前淘淋，炊饭埋米上，草盖覆缸口二十余日。候浮，先沥饭壳，次沥起米，控干炊饭，乘热，用原浸米水澄去水脚。白曲作小块二十斤，拌匀米壳蒸熟，放缸底。如天气热，略出火气。打拌匀后，盖缸口，一周时打头耙，打后不用盖。半周时，打第二耙。如天气热，须再打出热气。三耙打绝，仍盖缸口候熟，如用常法。大抵米要精白，淘淋要清净，耙要打得热气透则不致败耳。

碧香酒

糯米一斗，淘淋清净，内将九升浸瓮内，一升炊饭。拌白曲末四两，用笤埋所浸米内，候饭浮，捞起。蒸九升米饭，拌白曲末十六两。先将净饭置瓮底，次以浸米饭置瓮内，以原淘米浆水十斤，或二十斤，以纸四五重密封瓮口。春数日，如天寒，一月熟。

腊酒

用糯米二石，水与酵二百斤足称，白曲四十斤足称，酸饭二斗，或用米二斗起酵，其味浓且辣。正腊中遭煮叶，入眼篮二个，轮置酒瓶在汤内，与汤齐滚，取出。

建昌红酒

用好糯米一石，淘净，倾缸内，中留一窝，内倾下水一石二斗。另取糯米二斗煮饭，摊冷，作一团放窝内。盖讫，待二十余日饭浮，浆酸，漉去浮饭，沥干浸米。先将米五斗淘净，铺于甑底，将湿米次第上去，米熟，略摊气绝，翻在缸内中盖下，取浸米浆八斗、花椒一两，煎沸，出锅待冷。用白曲三斤，捶细，好酵母三碗，饭多少如常酒放酵法，不要厚了。天道极冷放暖处，用草围一宿。明日早，将饭分作五处，每放小缸中，用红曲一升，白曲半升取酵，亦作五分。每分和前曲饭同拌匀，踏在缸内，将余在熟尽放面上盖定。候二日打扒。如面厚，三五日打一遍，打后，面浮涨足，再打一遍，仍盖下。十一月，二十日熟；十二月，一月熟；正月，二十日熟。余月不宜造。榨取澄清，并入白檀少许，包裹泥定。头糟用熟水随意副入，多二宿便可榨。

五香烧酒

每料糯米五斗，细曲十五斤，白烧酒三大坛，檀香、木香、乳香、川芎、没药各一两五钱，丁香五钱，人参四两，各为末。白糖霜十五斤，胡桃肉二百个，红枣三升，去核。先将米蒸熟，晾冷，照常下酒法，则要落在瓮口缸内，好封口。待发，微热，入糖并烧酒、香料、桃枣等物在内，将缸口厚封，不令出气。每七日开打一次，仍封，至七七日，上榨如常。服一二杯，以腌物压之，有春风和煦之妙。

山芋酒

用山药一斤，酥油三两，莲肉三两，冰片半分，同研如弹。每酒一壶，投药一二丸，热服有益。

葡萄酒

法用葡萄子取汁一斗，用曲四两，搅匀，入瓮中封口，自然成酒，更有异香。又一法：用蜜三斤，水一斗，同煎，入瓶内，候温入曲末二两，白酵二两，湿纸封口，放净处。春秋五日，夏三日，冬七日，自然成酒，且佳。行功导引之时，饮一二杯，百脉流畅，气运无滞，助道所当不废。

黄精酒

用黄精四斤，天门冬去心三斤，松针六斤，白朮四斤，枸杞五斤，俱生用，纳釜中。以水三石煮之一日，去渣，以清汁浸曲，如家酝法。酒熟，取清任意食之。主除百病，延年，变须发，生齿牙，功妙无量。

白朮酒

白朮二十五斤，切片，以东流水二石五斗，浸缸中二十日，去滓，倾汁大盆中，夜露天井中五夜，汁变成血，取以浸曲作酒，取清服，除病延年，变发坚齿，面有光泽，久服长年。

地黄酒

用肥大地黄切　人斗，捣碎，糯米五升作饭，曲一大升，三物于盆中揉熟，相匀倾入瓮中泥封。春夏二十一日，秋冬须二十五日。满日开看，上有一盏绿液，是其精华，先取饮之；余以生布绞汁如饴，收贮，味极甘美，功效同前。

菖蒲酒

取九节菖蒲，生捣绞汁五斗。糯米五斗，炊饭。细曲五斤，相拌令匀，入磁坛密盖二十一日即开。温服，日三服之。通血脉，滋荣卫，治风痹、骨立、痿黄，医不能治。服一剂，百日后，颜色光彩，足力倍常，耳目聪明，发白变黑，齿落更生，夜有光明，延年益寿，功不尽述。

羊羔酒

糯米一石，如常法浸浆。肥羊肉七斤，曲十四两，杏仁一斤，煮去苦水。又同羊肉多汤煮烂，留汁七斗，拌前米饭，加木香一两同酝，不得犯水。十日可吃，味极甘滑。

天门冬酒

醇酒一斗，用六月六日曲米一升，好糯米五升，作饮天门冬煎五升，米须淘讫，晒干，取天门冬汁浸。先将酒浸曲，如常法，候熟，炊饭适寒温用，煎汁和饭，令相入投之。春夏七日，勤看勿令热，秋冬十日熟。东坡诗云"天门冬熟新年喜，曲米春香并舍闻"，是也。

松花酒

三月取松花如鼠尾者，细锉一升，用绢袋盛之。造白酒熟时，投袋于酒中心，井内浸三日，取出，漉酒饮之。其味清香甘美。

菊花酒

十月采甘菊花，去蒂，只取花二斤，择净入醅内搅匀，次早榨，则味香清冽。凡一切有香之花，如桂花、兰花、蔷薇，皆可仿此为之。

五加皮三骰酒

　　法用五加根茎、牛膝、丹参、枸杞根、金银花、松节、枳壳枝叶，各用一大斗，以水三大石，于大釜中煮取六大斗，去滓澄清水，准几水数浸曲，即用米五大斗炊饭，取生地黄一斗，捣如泥，拌下。二次用米五斗炊饭，取牛蒡子根，细切二斗，捣如泥，拌饭下。三次用米二斗炊饭，大蓖麻子一斗，熬捣令细，拌饭下之。候稍冷热，一依常法。酒味好，即去糟饮之。酒冷不发，加以曲末投之。味苦薄，再炊米二斗投之。若饭干不发，取诸药物煎汁热投。候熟去糟，时常饮之，多少常令有酒气。男女可服，亦无所忌。服之去风劳冷气，身中积滞宿疾，令人肥健，行如奔马，巧妙更多。

天工开物·酒母

宋应星

　　凡酿酒必资曲药成信；无曲即佳米珍黍，空造不成。古来曲造酒，蘗造醴；后世厌醴味薄，遂至失传，则并蘗法亦亡。凡曲，麦、米、面随方土造，南北不同，其义则一。凡麦曲，大、小麦皆可用。造者将麦连皮，井水淘净，晒干，时宜盛暑天。磨碎，即以淘麦水和作块，用楮叶包扎，悬风处，或用稻秸罨黄，经四十九日取用。

　　造面曲用白面五斤、黄豆五升，以蓼汁煮烂，再用辣蓼末五两、杏仁泥十两和踏成饼，楮叶包悬与稻秸罨黄，法亦同前。其用糯米粉与自然蓼汁溲和成饼，生黄收用者，罨法与时日，亦无不同也。其入诸般君臣草药，少者数味，多者百味，则各土各法，亦不可殚述。近代燕京，则以薏苡仁为君，入曲造薏酒。浙中宁、绍则以绿豆为君，入曲造豆酒。二酒颇擅天下佳雄【别载《酒经》】。

　　凡造酒母家，生黄未足，视候不勤，盥拭不洁，则疵药数丸动辄败人石米。故市曲之家必信著名闻，而后不负酿者。凡燕、齐黄酒曲药，多从淮郡造成，载于舟车北市。南方曲酒，酿出即成红色者，用曲与淮郡所造相同，统名大曲。但淮郡市者打成砖片，而南方则用饼团。其曲一味，蓼身为气脉，而米、麦为质料，但必用已成曲、酒糟为媒合。此糟不知相承起自何代，犹之烧矾之必用旧矾滓云。

安雅堂酒令

曹　绍

　　孔融开尊第一　孔融诚好事，其性更宽容。座上客常满，杯中酒不空。（得此不饮。但遍酌坐客各饮一杯。）

　　曹参歌呼第二　相国不事事，言中饮一卮。邻吏方举觞，歌呼以从之。（得令人于闻坐上客说话者，先罚一杯。得令之人然后与下邻各歌一曲，各酌一杯。下邻者，待令之人也。所谓说话者虽众，但高声或多言者当之。）

　　郑虔高歌第三　衮衮登台省，独冷官如何。褚期能与共，对酒且高歌。（与对席之人作儒者高歌慢词、古乐府之类，各饮一杯。如无对席者，只以席面正客便是。）

　　子美骑驴第四　暮随肥马尘，朝扣富儿门。残杯与冷炙，到处潜悲辛。（以对坐客或酒主人为富儿，得令者作骑驴状，扣门索酒，富儿与残杯冷炙，既饮食之。作十七字诗一首相谢；不能者作驴叫三声而止。）

　　阮籍兵厨第五　籍闻步兵厨，贮酒三百斛。遂求为校尉，一醉万事足。（得令人任意斟酒痛饮，仍歌选诗。不能者作猖狂状，仍罚之酒。）

　　刘伶颂德第六　兀醉恍然醒，不闻雷霆声。何人侍左右，螺蠃与螟蛉。(自饮一杯，仍要见枕曲藉糟之态。对席者作雷声，左邻作蜂声，右邻作蠢蠢状。)

齐人乞余第七 乞余真可鄙，不足又之他。妻妾交相讪，施施尚欲夸。(得令者领折杯中酒，饮些子。复于坐客处求酒食，既而夸之。席有妓，则作妻妾骂之；无妓，则以处左右邻为妻妾。)

张旭草圣第八 三杯草圣传，云烟惊落纸。脱帽濡其首，既醉犹不已。(作写字状；饮一杯后，脱巾再饮一杯。以须发蘸酒，以头作写字状；饮一杯。)

桓公卜昼第九 乐饮欲继烛，成礼不以淫。公胡卜其夜，卜昼乃吾心。(日见得此饮一杯，夜则免饮。)

苏晋长斋第十 苏子虽旷浪，长斋绣佛前。醉中诚可笑，往往爱逃禅。(以蔬菜饮半杯，不得茹荤。仍说禅话，不能者作佛事数句；更不能者罚念阿弥陀佛百声。)

次公醒狂十一 众多酗我酒，我醉狂不已。欲狂岂在酒，不饮亦如此。(得此不饮，但作狂态不已。或不能狂，却罚酒。)

陈遵起舞十二 陈遵日醉归，废事何可数。寡妇共讴歌，跳梁为起舞。(得令者踊跃而舞。左客作寡妇，讴戏曲，各饮一杯。有妓则以妓为寡妇；有数妓则以左者为之。)

灌夫骂坐十三 坐客不避席，灌夫乃骂坐。按项罚以酒，夫亦当悔过。(得令者作骂状。俄，主人起按其项罚一杯。)

左相万钱十四 万钱方下箸，鲸吸声如雷。避贤初罢相，乐圣且衔杯。(以箸于果肴上遍阅三两通，却不得下箸；乃以口吸引一杯，要听喉中响声；仍衔杯示众人。)

玉川所思十五　曾醉美人家，美人娇如花。青楼在何许，珠箔天之涯。（卢仝之闷闷，非酒可破者。进茶一瓯，作长短句俚鄙之诗一首。不能者亦罚酒。）

羲之兰亭十六　少长既咸集，一觞复一咏。虽无丝与竹，亦足娱视听。（众客无大小，各饮一杯，各赋一诗。不能诗者，遂为丝竹管弦之声；能诵吾竹房兰亭者免饮。此日若值上巳，得令者作诗饮酒，各倍于众人。）

东坡赤壁十七　客喜吹洞箫，客倦则长啸。觉时戛然鸣，梦里道士笑。（得令者初作鹤鸣。先饮一杯，再作散花步虚之类。左右二客，一吹箫，一长啸，各饮五分。）

庾亮南楼十八　秋月照南楼，有愁何以遣。急呼载酒来，老子兴不浅。（登坐物南面立，量饮八分，作十六字月诗。或遇中秋月夜，当作二诗，饮双杯。）

醉翁名亭十九　饮少辄至醉，中宾一何欢。智仙作斯亭，禽鸟乐其间。（得令者随意饮些子。坐中有僧，则赏一杯，以其作亭之功也。仍作禽语，众客于是抚掌大笑。）

自傅醉鬼二十　醉吟先生墓，尊者无日间。窀上方寸土，泥泞何时干。（对席客酙酒一杯。读祭文劝得令者，得令者作鬼欷歔之状而饮。）

便了行酤二十一　便了既髯奴，执役与行酤。鼻涕一尺长，持劝王大夫。（得令者为童子状，以酒劝主人一杯。）

知章骑马二十二　知章醉骑马，荡漾若乘船。昏昏如梦中，眼花井底眠。（酌一杯，作醉中骑马之势。）

文季五斗二十三　吴兴沈太守，一饮至五斗。宾对王大夫，尔亦能饮否。（自饮一杯。有妓则以妓为王氏，饮六分；无妓则以对席客为王氏。）

华歆独坐二十四　谁能饮不乱，昔贤亦颇颇。要须整衣冠，遂号华独坐。（整其衣冠，危坐不动；饮不饮随意。）

陈暄糟丘二十五　生不离瓢勺，死当号酒徒。速为营糟丘，吾将老矣乎。（饮一杯后作欲死状，群呼酒徒，乃醒。）

汝阳流涎二十六　花奴催羯鼓，不饮便朝天。道上逢曲车，津津口流涎。（作击鼓声状。不得饮酒，而口中流涎而已。）

永远莲杯二十七　玉生交卞绘，延之私室中。笑遗白玉尊，掬酒生香风。（妓用没手盏，把得令之人左右邻各一杯；却，挥得令者一颊。如无妓，请对坐者作妻，把酒三人各一杯；却，不许挥颊。）

玄明戒饮二十八　山阴刘县令，旧政必告新。食饮莫饮酒，良策勿告人。（已得令过去者戒得令之客勿饮，但食少物而已。）

阮宣殴背二十九　阮宣强吴衍，思继杯中物。拳及老癖痴，此意岂可咈。（主人以拳椎得令之人背，骂而强之。遂各饮一杯，得令者仍作痴态。）

赵达箸射三十　善射卜无有，盘箸纵横之。美者与鹿脯，既有何必辞。（主人以松子作一拳，得签之人博之；中其有无双只，乃饮一杯，仍食少脯。不中则免饮。）

江公酒兵三十一　千日可无兵，一日能无酒。美哉江谘议，此论当不朽。（但饮一杯，别无他作。）

几卿对骀三十二　欲醉诣酒垆，襄幌且停车。得酒不独饮，乃与驺卒俱。(诣垆贳酒，与仆各饮一杯。如己无仆，与主人之仆配。与仆攀话，皆不妨。)

曼卿鳖饮三十三　请君为鳖饮，引首出复缩。囚则科其头，巢则坐杪木。(此当饮三杯，今恕其二。任意于三者之中比一伛者而饮一杯。或不如法，罚二杯。仍作饮状，鳖以头伸缩就酒。囚去巾帽，作杻手状。以口就饮酒，巢蹲坐物上，如在木杪。)

宗元白眼三十四　潇洒美少年，玉树临风前。举觞而一酌，白眼望青天。(既称美少年，岂不能讴！请歌一小令，南北随意；然后举觞着白眼状。)

季鹰旷达三十五　吴中张季鹰，秋风莼菜羹。既尽一杯酒，何用身后名。(自唱吴歌，蔬酌半杯。)

再思高丽三十六　尽道杨再思，面目似高丽。酒酣乃歌舞，满坐皆笑之。

张敞擒盗三十七　盗首补为吏，小偷来贺之。饮醉赭其衣，悉擒无一遗。(得令者为贼首，先赏一杯。坐中红衣者为小贼，不问几人，但凡身上一点红者，皆饮一杯；乃唱山歌。帽缨及面红者，不在此限。或盛暑尢袄红者，则验休肤，红赤者皆是。)

艾子哕藏三十八　艾子醉后哕，门人置猪藏。本息欤何之，乃譬唐三藏。(得令者作吐而不与饮，但打一好诨，诨不好者罚一杯。)

焦遂五斗三十九　焦遂酒中仙，五斗方卓然。高谈与雄辩，不觉惊四筵。(随意酌酒，饮不饮亦听。须谈经史或古今文章之语，须高声朗说，犯寻俗者罚一杯。不识字之人，小说、谑诨、谚语等亦可。)

三闾独醒四十　皆醉我独醒，弹冠复振衣。沧浪自清浊，我歌渔父辞。(作楚音歌《渔父》词或《楚辞》一章，免饮。或此日遇重午，得此令者则终席不得饮，但食物而已。歌却不免。)

陶谷团茶四十一　可邻陶学士，雪水煮团茶。党家风味别，低唱酹流霞。(贫儒无酒可饮，煮茶自啜，命妓歌雪词而已。却，用骰子掷数，一人作党太尉，命妓浅斟低唱，无妓自唱。亦雪词。)

少连击奸四十二　秀实曾击贼，奸臣我能击。醉中正胆大，爹也勒不得。(得令者以箸指席中败兴之客，败兴者作揖谢罪。不肯揖者，准罚一杯。)

梁商薤露四十三　中郎素酣饮，无奈极欢何。酒阑方罢唱，薤露亦能歌。(酒阑歌罢继以薤露，此可谓哀乐失时，可罚酒一杯。)

嵇康弹琴四十四　时时与亲旧，叙阔说平生。但愿斟浊酒，弹琴发清声。(先说旧事或平生心事，然后歌琴调，饮一杯。)

赵轨饮水四十五　父老送赵轨，请酌一杯水。岂无樽中酒，公清乃如此。(众人劝得令者水一盏。)

阮孚解貂四十六　遥集为常侍，换酒解金貂。若欲免弹劾，一杯方见饶。(常侍解貂，有司劾之；若欲免罪，须饮一杯。不愿饮酒，当筵中一跪。)

白波席卷四十七　古有白波贼，擒元如卷席。因以酒为令，沉湎意乃释。(贼徒饮酒必无揖让之容，满斟快饮，如卷白波入口。故酒令名卷白波。得令者如此法饮一杯。)

穆生醴酒四十八　穆生不嗜酒，楚元为设醴。久之意已怠，斯亦可逃矣。(既不嗜酒又不设醴，可与免饮。)

岳阳三醉四十九　洞宾横一剑，三上岳阳楼。尽见神仙过，西风湘水秋。(神仙饮酒,必有飘凡于免之态。唱三醉岳阳楼一折,浅酌三杯。不能者,则歌神仙诗三首。)

长吉进酒五十 龙笛问鼍鼓,浩歌并细舞。劝君日酩酊,青春忽相暮。(得令者以骰子掷四掷,教四人作乐。得令者敬主人一杯。)

五杂俎·物部·论酒

谢肇淛

酒者，扶衰养疾之具，破愁佐药之物，非可以常用也。酒入则舌出，舌出则身弃，可不戒哉？

人不饮酒，便有数分地位：志识不昏，一也；不废时失事，二也；不失言败度，三也。余尝见醇谨之士，酒后变为狂妄，勤渠力作因醉失其职业者，众矣。况于丑态备极，为妻孥所讪笑，亲识所畏恶者哉！《北窗琐言》载："陆相，有士子修谒，命酌，辞以不饮。陆曰：'诚如所言，已校五分矣。'"盖生平悔吝有十分，不为酒困，自然减半也。

吾见嗜酒者，晡而登席，夜则号呼，旦而病酒，其言动如常者，午未二晷耳。以昼夜而仅二晷，如人则寿至百年，仅敌人二十也。而举世好之不已，亦独何异？

酒以淡为上，苦洌次之，甘者最下。青州从事，向擅声称，今所传者，色味殊劣，不胜平原督邮也。然从事之名，因青州有齐郡，借以为名耳。今遂以青州酒当之，恐非作者本意。

京师有薏酒，用薏苡实酿之，淡而有风致，然不足快酒人之吸也。易州酒胜之，而淡愈甚。不知荆高辈所从游，果此物耶？襄陵甚洌，而潞酒奇苦。南和之刁氏，济上之露，东郡之桑落，浓淡不同，渐于甘矣，故众口虽调，声价不振。

京师之烧刀，舆隶之纯绵也，然其性凶惨，不啻无刃之斧斤。大内之造酒，阉竖之菽粟也，而其品猥凡，仅当不膻之酥酪羊羔。以脂入酿，呷麻以口为手，几于夷矣，此又仪狄之罪人也。

江南之三白，不胫而走半九州矣；然吴兴造者胜于金昌，苏人急于求售，水米不能精择故也。泉洌则酒香，吴兴碧浪湖、半月泉、黄龙洞诸泉皆甘洌异常，富民之家多至慧山载泉以酿，故自奇胜。

"雪酒金盘露"，虚得名者也，然尚未坠恶道；至兰溪而滥恶极矣。所以然者，醇酽有余，而风韵不足故也。譬之美人，丰肉而寡态者耳。然太真肥婢，宠冠椒房，金华酤肆，户外之屦常满也，故知味者实难。

闽中酒无佳品。往者，顺昌擅场，近则建阳为冠。顺酒卑卑无论，建之色味欲与吴兴抗衡矣，所微乏者，风力耳。

北方有葡萄酒、梨酒、枣酒、马奶酒，南方有蜜酒、树汁酒、椰浆酒，《酉阳杂俎》载有青田酒；此皆不用曲蘖，自然而成者，亦能醉人，良可怪也。

荔枝汁可作酒，然皆烧酒也。作时，酒则甘，而易败。邢子愿取佛手柑作酒，名佛香碧，初出亦自馨烈奇绝，而亦不耐藏。江右之麻姑，建州之曰酒，如饮汤然，果腹而已。

邹阳为《酒赋》曰："清者为酒，浊者为醴。清者圣明，浊者顽骏。"此唐人中圣之言所自出也。但醴酒醇甘，古人以享上客。楚元王尝为穆生设醴，岂得谓之顽骏？盖善饮酒者，恶甘故也。

唐肃宗张皇后以鸬脑酒进帝，欲其健忘也。顺宗时，处士伊初玄入宫，饮龙膏酒，令人神爽也。此二者正相反【《酉阳杂俎》：鹛生三子，一为鸬即鸥字】。

古人量酒多以升、斗、石为言，不知所受几何。或云米数，或云衡数。但善饮有至一石者，其非一石米及百斤明矣。按《朱翌杂记》云："淮以南酒皆计升，一升曰爵，二升曰瓢，三升曰觯。"此言较近。盖一爵为升，十爵为斗，百爵为石。以今人饮量较之，不甚相远耳。

宋杨大年于丁晋公席上举令云："有酒如线，遇斟则见。"丁公云："有饼如月，遇食则缺。"

红灰酒，品之极恶者也，而坡以"红友胜黄封"；甜酒味之最下者也，而杜谓"不放香醪如蜜甜"。固知二公之非酒人也。

觞 政

袁宏道

余饮不能一蕉叶，每闻垆声，辄踊跃。遇酒客与留连，饮不竟夜不休。非久相狎者，不知余之无酒肠也。社中近饶饮徒，而觞容不习，大觉卤莽。夫提衡糟丘，而酒宪不修，是亦令长者之责也。今采古科之简正者，附以新条，名曰《觞政》。凡为饮客者，各收一帙，亦醉乡之甲令也。

一之吏

凡饮以一人为明府，主斟酌之宜。酒懦为旷官，谓冷也；酒猛为苛政，谓热也。以一人为录事，以纠座人，须择有饮材者。材有三，谓善令、知音、大户也。

二之徒

酒徒之选，十有二：款于词而不佞者，柔于气而不靡者，无物为令而不涉重者，令行而四座踊跃飞动者，闻令即解不再问者，善雅谑者，持曲爵不分愬者，当杯不议酒者，飞觜腾觚而仪不愆者，宁酣沉而不倾泼者，分题能赋者，不胜杯杓而长夜兴勃勃者。

三之容

饮喜宜节，饮劳宜静，饮倦宜诙，饮礼法宜潇洒，饮乱宜绳约，饮新知宜闲雅真率，饮杂揉客宜逡巡却退。

四之宜

凡醉有所宜。醉花宜昼，袭其光也。醉雪宜夜，消其洁也。醉得意宜唱，导其和也。醉将离宜击钵，壮其神也。醉文人宜谨节奏章程，畏其侮也。醉俊人宜加觥盂旗帜，助其烈也。醉楼宜暑，资其清也。醉水宜秋，泛其爽也。一云：醉月宜楼，醉暑宜舟，醉山宜幽，醉佳人宜微酡，醉文人宜妙令无苛酌，醉豪客宜挥觥发浩歌，醉知音宜吴儿清喉檀板。

五之遇

饮有五合，有十乖。凉风好月，快雨时雪，一合也；花开酿熟，二合也；偶尔欲饮，三合也；小饮成狂，四合也；初郁后畅，谈机乍利，五合也。日炙风燥，一乖也；神情索莫，二乖也；特地排当，饮户不称，三乖也；宾主牵率，四乖也；草草应付，如恐不竟，五乖也；强颜为欢，六乖也；草履板折，诶言往复，七乖也；刻期登临，浓阴恶雨，八乖也；饮场远缓，迫暮思归，九乖也；客佳而有他期，妓欢而有别促，酒醇而易，炙美而冷，十乖也。

六之候

欢之候，十有三：得其时，一也；宾主久间，二也；酒醇而主严，三也；非觥罍不讴，四也；不能令有耻，五也；方饮不重膳，六也；不动筵，七也；录事貌毅而法峻，八也；明府不受请谒，九也；废卖律，十也；废替律，十一也；不恃酒，十二也；歌儿酒奴解人意，十三也。不欢之候，十有六：主人吝，一也；宾轻主，二也；铺陈杂而不序，三也；室暗灯晕，四也，乐涩而妓骄，五也；议朝事家政，六也；迭谑，七也；兴居纷纭，八也；附耳嗫嚅，九也；蔑章程，十也；醉唠嘈，十一也；坐驰，十二也；平头盗瓮及偃蹇，十三也；客子奴嚣不法，十四也；夜深逃席，十五也；狂花病叶，十六也（饮流以目瞤者为狂花，目斜者为病叶）。其他欢场害马，例当叱出。害马者，语言下俚面貌粗浮之类。

七之战

户饮者角觥觽，气饮者角六博局戏，趣饮者角谈锋，才饮者角诗赋乐府，神饮者角尽累，是曰酒战。经云："百战百胜，不如不战。"无累之谓也。

八之祭

凡饮必祭所始，礼也。今祀宣父曰酒圣，夫无量不及乱，觞之祖也，是为饮宗。四配曰阮嗣宗、陶彭泽、王无功、邵尧夫。十哲曰郑文渊、徐景山、嵇叔夜、刘伯伦、向子期、阮仲容、谢幼舆、孟万年、周伯仁、阮宣子。而山巨源、胡毋彦国、毕茂世、张季鹰、何次道、李元忠、贺知章、李太白以下，祀两庑。至若仪狄、杜康、刘白堕、焦革辈，皆以酝法得名，无关饮徒，姑祠之门垣，以旌酿客，亦犹校宫之有土主，梵宇之有伽蓝也。

九之典刑

曹参、蒋畹，饮国者也；陆贾、陈遵，饮达者也；张师亮、寇平仲，饮豪者也；王元达、何承裕，饮俊者也；蔡中郎，饮而文；郑康成，饮而儒；淳于髡，饮而俳；广野君，饮而辩；孔北海，饮而肆。醉颠、法常，禅饮者也；孔元、张志和，仙饮者也；杨子云、管公明，玄饮者也。白香山之饮适，苏子美之饮愤，陈暄之饮俊，颜光禄之饮矜，荆卿、灌夫之饮怒，信陵、东阿之饮悲。诸公皆非饮派，直以兴寄所托，一往标誉，触类广之，皆欢场之宗工，饮家之绳尺也。

十之掌故

凡《六经》《语》《孟》所言饮式，皆酒经也。其下则汝阳王《甘露经》《酒谱》，王绩《酒经》，刘炫《酒孝经》，《贞元饮略》，窦子野《酒谱》，朱翼中《酒经》，李保《续北山酒经》，胡氏《醉乡小略》，皇甫崧《醉乡日月》，侯白《酒律》，诸饮流所著记、传、赋、诵等，为内典；《蒙庄》《离骚》《史》《汉》《南北史》《古今逸史》《世说》《颜氏家训》，陶靖节、李、杜、白香山、苏玉局、陆放翁诸集，为外典；诗余则柳舍人、辛稼轩等，乐府则董解元、王实甫、马东篱、高则诚等，传奇则《水浒传》《金瓶梅》等，为逸典。不熟此典者，保面瓮肠，非饮徒也。

十一之刑书

色骄者墨，色媚者劓，伺颐气者宫，语含机颖者械，沉思如负者

鬼薪，梗令者决递，狂率出头者怪婴【罪人冠】，惩仪者共艾毕，欢未
阑乞去者菲对履【皆罪人衣履】。骂坐二等：青城旦春故沙门岛；浮托酒
狂以虐使为高。又驱其党效力者，大辟。

十二之品第

凡酒以色清味冽为圣，色如金而醇苦为贤，色黑味酸醨者为愚。
以糯酿醉人者为君子，以腊酿醉人者为中人，以巷醪烧酒醉人者为
小人。

十三之杯杓

古玉及古窑器上，犀、玛瑙次，近代上好瓷又次。黄白金叵罗下，
螺形锐底数曲者最下。

十四之饮储

下酒物色，谓之饮储。一清品，如鲜蛤、糟蚶、酒蟹之类。二异
品，如熊白、西施乳之类。三腻品，如羔羊、子鹅炙之类。四果品，
如松子、杏仁之类。五蔬品，如鲜笋、早韭之类。

以上二款，聊具色目。下邑贫士，安从办此。政使瓦盆蔬具，亦
何损其高致也。

十五之饮饰

棐几明窗，时花嘉木，冬幕夏荫，绣裙藤席。

十六之欢具

楸枰、高低壶觥、筹骰子、古鼎、昆山纸牌、羯鼓、冶童、女侍史、鹧鸪、沈茶具【以俟渴者】、吴笺、宋砚、佳墨【以俟诗赋者】。

附 酒评

丁未夏日，与方子公诸友饮月张园。以饮户相角，论久不定。余为评曰：

刘元定如雨后鸣泉，一往可观，苦其易竟。陶孝若如俊鹰猎兔，击搏有时。方子公如游鱼狎浪，喁喁终日。丘长孺如吴牛啮草，不大利快，容受颇多。胡仲修如徐娘风情，追念其盛时。刘元质如蜀后主思乡，非其本情。袁平子如武陵少年说剑，未识战场。龙君超如德山未遇龙潭时，自著胜地。袁小修如狄青破昆仑关，以奇服众。

日知录·酒禁

先王之于酒也，礼以先之，刑以后之。《周书·酒诰》："厥或告曰：'群饮，汝勿佚，尽执拘以归于周，予其杀！'"此刑乱国用重典也。《周官·萍氏》："几酒谨酒。"而《司虣》："禁以属游饮食于市者。若不可禁，则搏而戮之。"此刑平国用中典也。一献之礼，宾主百拜，终日饮酒而不得醉焉。则未及乎刑而坊之以礼也。故成康以下，天子无甘酒之失，卿士无酣歌之愆。至于幽王，而"天不湎尔"之诗始作，其教严矣。汉兴，萧何造律，三人以上无故群饮酒罚金四两。曹参代之，自谓遵其约束，乃园中闻吏醉歌呼而亦取酒张饮，与相应和。是并其画一之法而亡之也。坊民以礼，郦侯既阙之于前；纠民以刑，平阳复失之于后。弘羊踵此，从而榷酤，夫亦开之有其渐乎？武帝天汉三年，初榷酒酤。昭帝始元六年，用贤良文学之议，罢之，而犹令民得以律占租卖，酒升四钱，遂以为利国之一孔，而酒禁之弛实滥觞于此。然史之所载，自孝宣已后，有时而禁，有时而开。至唐代宗广德二年十二月，诏天下州县，各量定酤酒户，随月纳税，除此之外，不问官私，一切禁断。自此名禁而实许之酤，意在榷钱而不在酒矣。宋仁宗乾兴初，言者以天下酒课月比岁增，无有艺极，非古禁群饮节用之意。孝宗淳熙中，李焘奏谓：设法劝饮，以敛民财。周辉《杂志》以为：惟恐其饮不多而课不羡，此榷酤之弊也。至今代，则既不榷缗而亦无禁令，民间遂以酒为日用之需，比于饔飧之不可阙，若水之流，滔滔皆是；而厚生正德之论莫有起而持之者矣。

邴原之游学，未尝饮酒，大禹之疏仪狄也；诸葛亮之治蜀，路无醉人，武王之化妹邦也。

《旧唐书·杨惠元传》："充神策京西兵马使，镇奉天，诏移京西，戍兵万二千人，以备关东。帝御望春楼，赐宴，诸将列坐。酒至，神策将士皆不饮。帝使问之，惠元时为都将，对曰：'臣初发奉天，本军帅张巨济与臣等约曰："斯役也，将策大勋，建大名，凯旋之日，当共为欢。苟未戎捷，无以饮酒。"故臣等不敢违约而饮。'既发，有司供饩于道路，唯惠元一军瓶罍不发。上称叹久之，降玺书慰劳。及田悦叛，诏惠元领禁兵三千，与诸将讨伐，御河夺三桥，皆惠元之功也。"能以众整如此，即治国何难哉！

魏文成帝大安四年，酿酤饮者皆斩。金海陵正隆五年，朝官饮酒者死。元世祖至元二十年，造酒者本身配役，财产、女子没官。可谓用重典者矣。然立法太过，故不久而弛也。水为地险，酒为人险。故《易》交之言酒者无非《坎卦》，而《萍氏》："掌国之水禁"，水与酒同官。徐尚书石麟有云："《传》曰'水懦弱，民狎而玩之，故多死焉'；酒之祸烈于火，而其亲人甚于水，有以夫，世尽然夭于酒而不觉也。"读是言者可以知保生之道。《萤雪丛说》言："顷年陈公大卿生平好饮，一日席上与同僚谈，举'知命者不立乎岩墙之下'问之，其人曰'酒亦岩墙也'。陈因是有闻，遂终身不饮。"顷者米醪不足，而烟酒兴焉，则真变而为火矣。

酒社刍言

黄周星

小 引

黄九烟先生作《酒社刍言》,于寻常觞政中特设三戒,此亦各有所宜,未可遽以为典要者也。更有先生所未及详者,余请得而备言之:其一为酒之不洁也。折柬之辞或曰涤卮,取其洁耳。今斟酌之际,一人执壶,一人捧杯;执壶者必欲取盈,捧杯者恐其或溢;每斟至八分时,杯举而上,壶压而下。壶之嘴往往没入杯中,此不洁之在先者也。杯或未干,所当倾而去之,存此酒以醉僮仆,不亦可乎?主人惜酒者,即以未干冷酒注于壶中,此不洁之在后者也。其一为五簋之宜变也。原五簋之初,只以惜费耳,不知其费更甚。盖簋既少则形必大,形既大则肴必丰;数止于五,则必以价昂者为之,人约 簋而需二簋之费;此不便之在主者也。人之嗜好,各有不同。既有偏好,亦有偏恶。肴之为类也多,必有值其好者,今止于五而已;设半投其所恶,客不几于馁乎?此不便之在客者也。之数者,宾筵之常,皆人所忽,敢因此帙而并及之。冀得遇于观览者,岂非我辈之厚幸乎哉!

心斋张潮撰。

古云："酒以成礼。"又云："酒以合欢。"既以礼为名，则必无伧野之礼；以欢为主，则必无愁苦之欢矣。若角斗纷争，攘臂欢呶，可谓礼乎？虐令苛娆，兢兢救过，可谓欢乎？斯二者，不待智者而辨之矣。而愚更请进一言于君子之前曰：饮酒者，乃学问之事，非饮食之事也。何也？我辈性生好学，作止语默，无非学问；而其中最亲切而有益者，莫过于饮酒之顷。盖知己会聚，形骸礼法一切都忘，惟有纵横往复，大可畅叙情怀。而钓诗扫愁之具，生趣复触发无穷，不特说书论文也。凡谈及宇宙古今山川人物，无一非文章，则无一非学问。即下至恒言谑语，如听村讴，观稗史，亦未始不可益意智而广见闻。何乃不惜此可惜之时，用心于无用之地；弃礼而从野，舍欢而觅愁乎？愚有慨于中久矣，谨勒三章之戒，冀成四美之贤。

一戒苛令

世俗之行苛令，无非为劝饮计耳；而不知饮酒之人有三种：其善饮者不待劝；其绝饮者不能劝；惟有一种能饮而故不饮者宜用劝。然能饮而故不饮，彼先已自欺矣，吾亦何为劝之哉？故愚谓不问作主作客，惟当率真称量而饮，人我皆不须劝。既不须劝矣，苛令何为？

一戒说酒底字

说酒底者，将以观人之博慧也；然圣贤所谓博与慧者，似不在此。况我辈终日兀坐编摩，形神挛悴，全赖此区区杯中之物以解之。若复苦心焦思、搜索枯肠，何如不饮之为愈乎！更有一种狂黠之徒，往往借觞政以逞聪明，假席纠以作威福；此非吕雉之宴，岂真许军法行酒乎？若不幸逢此辈，惟有掉头拂衣而已。

一戒拳哄

佐饮之具多矣，古人设为琼敻以行酒，五白六赤，一听于天，何其文而理也！即藏钩、握子、射覆、续麻诸戏，犹不失雅人之致。而世俗率用拇阵虎膺，以逞雄角胜；捋拳奋臂，叫号喧争，如许声态亦何异于市井之夫、舆台之辈乎？愚尝谓天下事无雅俗，皆有学问存焉；若此种学问，则敛手未敢奉教。【琼敻，即今之骰子】

以上三条，乃世俗相沿、习而不察者，故特拈出为戒。他如四五篇之约盟，百十条之饮律，则昔贤言之详矣。何俟愚赘？

跋

余尝同黄先生饮，所谈亦复不拘何事，大约不喜苛耳。余则谓苛于令可也，苛于酒不可也。令取其佳，酒随乎量。俾客不以饮酒为苦，而以觞政为乐，不亦可乎？然令虽无妨于苛，亦须在人耳目之前，意计之所能及为佳。苟为人之所必不记忆，徒以示一己之博奥，则真所不必矣。

心斋居士题。

懒园觞政

蔡祖庚

小　引

　　脱略形骸、高谈雄辩、箕踞袒跣、嬉笑怒骂者，酒人也。峨冠博带、口说手写、违心屈志、救过不暇者，官人也。斯二者，其道相反，故居官者必不可以嗜酒，嗜酒者必不可以为官。毕吏部、阮步兵，岂后世所能再见耶？懒园主人忽以升官之法，移而行酒，于是官与酒始合而为一。官则自守令以至三公，无不备也；法则内外升降，无不精也；品则才德贪酷，无不考也。其所以赏之罚之者，不过良酝三升，香醪五斗；既不虑以傲佟废事、有玷官箴，复不妨以爵位怡情、无讥小草。青州从事、平原督邮，咸俯首而听酒人之号令。其为酣适，曷可名言。语有之："无官一身轻。"又云："作仆射，不胜饮酒乐。"是酒人诚胜于官人矣。夫所谓官者，非真有一物焉；可以韫椟而藏之，亦不过空有其名耳。然宦途之险，所在而有；今席上之官，其名宁独异乎？乃世人不爱此官，而必欲即真。吾不知其于古人所云"身后名不如一杯酒"者，其相去为何如也？而况乎告身之仅可博一醉也。

心斋张潮撰。

行酒必奉令官，行令多遵鼎甲。酒与官，恒相须也，而岂可无规则以一之乎？今迁次悉遵时宪，而纠劾波澜，具觇风力。匪徒军法从汉制，庶几酒律仿山阴。

条例

每次以二十巡为满，巡满即止，听席内官尊者发落。

用四子掷

遇对四为德○，对六为才△，对五为能。【翰林京堂以上所重不在能，故不用能】

遇对四配诸对或遇三红，俱为大贤◎。

对六配诸对或遇三六，俱为奇才△。

遇全红为名世大儒，阁臣世职三次。吏尚入阁，世职一次。各尚及左都俱入阁，加宫保一次。其余各官俱入阁。

遇全六等，俱为经济实学，阁臣加世职二次。吏尚入阁，加宫保二阶。各尚左都入阁。其余各官俱升吏尚。

遇对么为不及×，三么为舛谬××。

遇四么为奇贪异酷，各官俱革职。仍罚一巨觥。后遇全色，准复原官。遇◎△准照原官。下参。见×○×官起用。

凡自掷见×，免行参见。×遇○等，俱不准折。

凡到言路，不许寒蝉。每一巡，必例参一人。点色数。受参者三掷内见◎△，照常升转；言官罚一小杯。回行××，见○照常升转；言官罚一小杯，不降。见全色，照例行，言官罚一大杯。回照参，见××行。见×照例行，仍罚一小杯。见××照例行，仍罚一大杯。言官回行○。

言官如特纠，须饮一大杯。竟行指名，受参者即饮一小杯。三掷内见全色及◎△○，俱照例行。言官虽不降，须罚一大杯。见×照例行，罚一大杯。见××照例行，亦罚一大杯。言官回行○。

如内阁吏尚，可有议处。言官卓有所见，须饮二大杯。指名特纠，受纠者即饮一大杯。三掷内遇××，宫保世职尽削，仍革职，罚一大杯。言官回行◎。遇×，官保世职尽削，罚一大杯免降。言官回行◎。见◎△照例行，言官罚一大杯，回照参。见××行，遇全色照例行，言官罚一大杯，革职。见○照例行，言官罚一大杯，不降。

凡有堂上官，属官到任，饮一小杯。外官同。

升降考【席内每位点一色注定出身起】

〔幺〕知县【◎御史 ○各主 △吏主 △中行、同知×× 按知　参见×同】

〔二〕中行等【◎给事 △吏主 ○△、俱各主 ×× 按知　参见×同】

同知【◎金事 △知府 ○△、俱员外 ×× 按知　参见×同】

按知【◎△知县行○ ○同知 △知县 ×× 停一掷　参见×同】

〔三〕御史【◎△仆少 ○内升 △、掌道 掌过道者内升】

〔四〕编检【◎侍读 △侍讲 ○中允 △司业 ××行正　参见×同　参见××行副】

中允【◎讲士 △庶子 △侍讲 ××等同编检 行司业】

庶子侍读【◎詹事 △少詹 ○祭酒 △讲士 ××光丞 参见×同参见×× 行正】

谕德侍讲

少詹讲读

【◎礼右 △阁学 ○△詹事 ××光少 参见×同 参见××鸿少】

学士祭酒

詹事【◎内阁 △吏右 ○礼右 △阁学 ××等同少詹行】

阁学兼侍郎【◎内阁 △吏右 ○△俱礼右 ××等同各部侍郎行】

翰吏礼侍郎【◎内阁 △吏尚 ○△转左 左侍见○礼尚 △左都】

光丞 行人正【◎△还原衙门 ○△、递升一位 升至光丞 见○光少 司副等 △、鸿少 ××理知 参见×同】

理藩知事 助教等【◎鸿少 △光丞 ○△、行副 ××停一挪 参见×同】

兵马指挥【◎△还原官行○ ○△各主、同知 ××按知 参见×同】

〔五〕给事【◎△常少 ○内升 △、掌印 掌过印者内升】

〔六〕吏主【◎△馆少 ○△、一位至郎中内升 凡内升者挪见○△方照例补 以上三御史五给事六吏主此三衙门 ××降行正 参见×同 参见××外转参议】

各主事【◎改御史 ○△、挨升一位至郎中 ○△金事、知府 △调吏部 ××兵马 参见×同】

知府【◎△副使行△ ○参政 △、副使 ××同知 参见×同】

金事以上【◎△照级内升 ○△、挨升一位 升至布政 见○△加一级 准折参降一次 ××速降 降至金事 降同知 参见×同】

内升例【布政 常卿 按察 通政 参政 副使 仆少 参议 金事 光少 给事 常少 御史 仆少 吏部 馆少】

鸿少【◎△常少 ○△光少 ××行正 参见×同】

光少通参等【◎△金都 ○△仆少 ××光丞 参见×同 参见××行正】

仆少 常少 馆少【◎△副都 理少 通政等 ○金都 △转正 ××鸿少参见×同 参见××光丞】

金都【◎△副都 ○通使 △仆卿 ××参降等 同仆少等行 常仆】

卿等【◎△刑右 ○副都 △理卿 ××光少 参见×同 参见××鸿少】

通使理卿等【◎吏右 △工右 ○△副都 ××仆少 参见×同 参见××光少 副都侍郎参降等俱同此】

副都【◎△左都 ○吏右 △工右】

各部侍郎【◎△左都 ○吏左 △转左 左调吏左】

吏部侍郎【◎吏尚 △兵尚 ○左都 △转左 左升左都】

左都【◎内阁 △吏尚 ○刑尚 △工尚 ××仆卿 参见×同 参见××仆少】

各部尚书【◎内阁 △吏尚 ○户尚 △挨升一位 ××等同左都行】

吏尚【◎△内阁 ○加太子太保 以递加 ××常卿 参见×同 参见××常少 有宫保者去宫保 免降 参见××去宫保 仍降常卿 △掌察 席内户尚以下俱三掷 内遇◎△照例行 赏一小杯 ×××照例行 罚一大杯 ○△留任不升】

内阁【◎△加世职一次 ○加宫保一阶 △掌左都 掌左都时 见○△回阁进一阶 ××理卿 参见×同 参见××仆卿 有宫保者全落 宫保有世职者落世职一次 俱免降 参见×× 世职宫保尽削去 仍降理卿 每巡任点一骰 红掌吏部 六掌左都】

附 原跋

遁叟不做官而掷官，客以为疑。南碻生曰："客知之乎：东坡不饮酒而酿酒，香山不好色而咏色。又何疑乎。"遁叟因作回文重叠令四调以喻之：

酒杯争似真衣绣，绣衣真似争杯酒。

官热趁人闲，闲人趁热官。

著绯贪陆博，博陆贪绯著。

钟尽漏匆匆，匆匆漏尽钟。

好官休说闲人老，老人闲说休官好。

看鸟倦将还，还将倦鸟看。

晚春留酒伴，伴酒留春晚。

醒解更飞觥，觥飞更解醒。

局终官热犹醰醲，醲醰犹热官终局。

浓兴官途穷，穷途官兴浓。

算长愁景短，短景愁长算。

人笑莫人嗔，嗔人莫笑人。

忌人无过排人醉，醉人排过无人忌。

恩与怨无因，因无怨与恩。

位高嫌淡味，味淡嫌高位。

吾故乐樵渔，渔樵乐故吾。

冷敲紧拍，字字刺入心窝。渺渺予怀，非入醉乡深处，亦复谁能解此。【遁叟评】

跋

俗谓司酒令者为令官，司酒政者为底官；然不过名之曰官耳，并无职衔品级可言。今懒园觞政，则官阶勋爵，灿然于耳目之前。令官底官，可无愧乎其称矣。

心斋居士题。

第二辑

——————

艺　文

辞 赋

周书·酒诰

商受酗酒，天下化之。妹土商之都邑，其染恶尤甚。武王以其地封康叔，故作书诰教之云。

王若曰：明大命于妹邦，乃穆考文王。肇国在西土，厥诰毖庶邦庶士。越少正御事，朝夕曰：祀兹酒。惟天降命，肇我民，惟元祀。天降威，我民用大乱丧德，亦罔非酒惟行；越小大邦用丧，亦罔非酒惟辜。

文王诰教小子有正：无彝酒。越庶国，饮惟祀，德将无醉。惟曰我民迪小子惟土物爱，厥心臧。聪听祖考之遗训，越小大德。

小子惟一妹土，嗣尔股肱，纯其艺黍稷，奔走事厥考厥长。肇牵车牛，远服贾用，孝养厥父母，厥父母庆，自洗腆，致用酒。

庶士有正越庶伯君子，其尔典听朕教！尔大克羞耇惟君，尔乃饮食醉饱。丕惟曰尔克永观省，作稽中德，尔尚克羞馈祀。尔乃自介用逸，兹乃允惟王正事之臣。兹亦惟天若元德，永不忘在王家。

王曰：封，我西土棐徂，邦君御事小子尚克用文王教，不腆于酒，故我至于今，克受殷之命。

王曰：封，我闻惟曰：在昔殷先哲王迪畏天显小民，经德秉哲。自成汤咸至于帝乙，成王畏相惟御事，厥棐有恭，不敢自暇自逸，矧曰其敢崇饮？越在外服，侯甸男卫邦伯，越在内服，百僚庶尹惟亚惟服宗工越百姓里居，罔敢湎于酒。不惟不敢，亦不暇，惟助成王德显越，尹人祇辟。我闻亦惟曰：在今后嗣王，酣，身厥命，罔显于民祇，保越怨不易。诞惟厥纵，淫泆于非彝，用燕丧威仪，民罔不衋伤心。惟荒腆于酒，不惟自息乃逸，厥心疾很，不克畏死。辜在商邑，越殷国灭，无罹。弗惟德馨香祀，登闻于天；诞惟民怨，庶群自酒，腥闻在上。故天降丧于殷，罔爱于殷，惟逸。天非虐，惟民自速辜。王曰：封，予不惟若兹多诰。古人有言曰：人无于水监，当于民监。今惟殷坠厥命，我其可不大监抚于时！

予惟曰：汝劼毖殷献臣、侯、甸、男、卫，矧太史友、内史友、越献臣百宗工，矧惟尔事服休，服采，矧惟若畴，圻父薄违，农夫若保，宏父定辟，矧汝，刚制于酒。厥或诰曰：群饮。汝勿佚。尽执拘以归于周，予其杀。又惟殷之迪诸臣惟工，乃湎于酒，勿庸杀之，姑惟教之。有斯明享，乃不用我教辞，惟我一人弗恤弗蠲，乃事时同于杀。

王曰：封，汝典听朕毖，勿辩乃司民湎于酒。

酒赋　扬雄

子犹瓶矣。观瓶之居，居井之眉。处高临深，动常近危。酒醪不入口，臧水满怀。不得左右，牵于纆徽。自用如此，不如鸱夷。鸱夷滑稽，腹大如壶。尽日盛酒，人复借藉。常为国器，托于属车。出入两宫，经营公家。由是言之，酒何过乎？

酒箴 崔骃

丰侯湎酒，荷罂负缶。自戮于世，图形戒后。

与曹操论酒禁书二首 孔融

公初当来，邦人咸抃舞踊跃，以望我后。亦既至止，酒禁施行。

夫酒之为德久矣，古先哲王，类帝禋宗，和神定人，以济万国，非酒莫以也。故天垂酒星之耀，地列酒泉之郡，人著旨酒之德。尧不千钟，无以建太平；孔非百觚，无以堪上圣；樊哙解厄鸿门，非豕肩钟酒无以奋其怒；赵之厮养，东迎其主，非引卮酒无以激其气；高祖非醉斩白蛇，无以畅其灵；景帝非醉幸唐姬，无以开中兴；袁盎非醇醪之力，无以脱其命；定国不酣饮一斛，无以决其法。故郦生以高阳酒徒着功于汉，屈原不铺醩歠醨，取困于楚。由是观之，酒何负于政哉！昨承训答，陈二代之祸，及众人之败，以酒亡者实如来诲。虽然，徐偃王行仁义而亡，今令不绝仁义；燕哙以让失社稷，今令不禁谦退；鲁因儒而损，今令不弃文学；夏商亦以妇人失天下，今令不断婚姻。而将酒独急者，疑但惜谷耳，非以亡王为戒也。

上九酝酒法奏 魏武帝

奏云：臣县故令南阳郭芝，有九酝春酒法。用曲三十斤，流水五石，腊月二日渍曲，正月冻解，用好稻米，漉去曲滓，便酿法饮。日譬诸虫，虽久多完，三日一酿，满九斛米止。臣得法，酿之，常善；其上清滓亦可饮。若以九酝苦难饮，增为十酿，差甘易饮，不病。

今谨上献。

与群臣诏　魏文帝

盖闻千锺百觚，尧舜之饮也。惟酒无量，仲尼之能也。姬旦酒殽不彻，故能制礼作乐。汉高婆娑巨醉，故能斩蛇鞠旅。

酒赋　曹植

余览扬雄《酒赋》，辞甚瑰玮，颇戏而不雅，聊作《酒赋》，粗究其终始。赋曰：

嘉仪氏之造思，亮兹美之独珍。

仰酒旗之景曜，协嘉号于天辰。

穆公酣而兴霸，汉祖醉而蛇分。

穆生以醴而辞楚，侯嬴感爵而轻身。

谅千钟之可慕，何百觚之足云？

其味亮升，久载休名。

其味有宜城醪醴，苍梧缥青。

或秋藏冬发，或春酝夏成。

或云沸潮涌，或素蚁浮萍。

尔乃王孙公子，游侠翱翔，

将承欢以接意，会陵云之朱堂。

献酬交错，宴笑无方。

于是饮者并醉，纵横喧哗。

或扬袂屡舞，或扣剑清歌；

或颠跻辞觞，或奋爵横飞；

或叹骊驹既驾，或称朝露未晞。

于斯时也，质者或文，刚者或仁。

卑者忘贱，窭者忘贫。

和睚眦之宿憾，虽怨仇其必亲。

于是矫俗先生闻之而叹曰："噫！夫言何容易！此乃淫荒之源，非作者之事。若耽于觞酌，流情纵逸，先王所禁，君子所斥。"

酒赋 王粲

帝女仪狄，旨酒是献。芯芬享祀，人神式宴。辩其五齐，节其三事。醴沉盎泛，清浊各异。章文德于庙堂，协武义于三军。致子弟之存养，纠骨肉之睦亲。成朋友之欢好，赞交往之主宾。既无礼而不入，又何事而不因。贼功业而败事，毁名行以取诬。遗大耻于载籍，满简帛而见书。孰不饮而罹兹，罔非酒而惟事。昔在公旦，极兹话言。濡首屡舞，谈易作难。大禹所忌，文王是艰。

酒德颂 刘伶

有大人先生者，以天地为一朝，万朝为须臾，日月为扃牖，八荒为庭衢。行无辙迹，居无室庐，幕天席地，纵意所如。止则操卮执觚，动则挈榼提壶，唯酒是务，焉知其余？

有贵介公子，缙绅处士，闻吾风声，议其所以。乃奋袂攘襟，怒目切齿，陈说礼法，是非锋起。先生于是方捧罂承槽，衔杯漱醪。奋髯箕踞，枕曲藉糟，无思无虑，其乐陶陶。兀然而醉，豁尔而醒。静听不闻雷霆之声，熟视不睹泰山之形，不觉寒暑之切肌，利欲之感情。俯观万物，扰扰焉如江汉三载浮萍；二豪侍侧焉，如螺蠃之与螟蛉。

醽酒赋　张载

惟贤圣之兴作，贵垂功而不泯。嘉康狄之先识，亦应天而顺人。拟酒旗于元象，造甘醴以颐神。虽贤愚之同好，似大化之齐均。物无往而不变，独居旧而弥新。经盛衰而无废，历百代而作珍。

若乃中山冬启，醇酎秋发，长安春御，乐浪夏设，漂蚁萍布，芬香酷烈。播殊美于圣载，信人神之所悦。未闻珍酒，出于湘东。既丕显于皇者，乃潜沦于吴邦。往逢天地之否运，今遭六合之开通。播殊美于圣代，宣至味而大同。匪徒法用之穷理，信泉壤之所钟。

故其为酒也，殊功绝伦。三事既节，五齐必均。造酿在秋，告成在春。备味滋和，体色淳清。宣御神志，导气养形。遣忧消患，适性顺情。言之者嘉其旨美，味之者弃事忘荣。

于是纠合同好，以遨以游。嘉宾云会，矩坐四周。设金樽于南楹，酌浮觞以施流。备鲜肴以绮进，错时馐之珍馐。礼义攸序，是献是酬。赪颜既发，溢思凯休。德音晏晏，弘此徽猷。咸德至以自足，愿栖迟于一丘。于是欢乐既洽，日薄西隅。主称湛露，宾歌驷驹。仆夫整驾，言旋其居。乃冯轼以回轨，驰轻驷于通衢。反衡门以隐迹，览前圣之典谟。感夏禹之防微，悟仪氏之见疏。鉴往事而作戒，岂非酒之惟愆。哀秦穆之既醉，歼良人而弃贤。嘉卫武之能悔，著屡舞于初筵。察成败于往古，垂将来于兹篇。

酒诰　江统

酒之所兴，肇自上皇。或云仪狄，一曰杜康。有饭不尽，委余空桑。郁积成味，久蓄气芳。本出于此，不由奇方。

断酒戒　庾阐

盖神明智慧，人之所以灵也。好恶情欲，人之所以生也。明智运于常性，好恶安于自然。吾以知穷智之害性，任欲之丧真也。于是椎金罍，碎玉碗，破咒觥，损觚瓒，遗举白，废引满；使巷无行榼，家无停壶，剖樽折勺，沈炭销垆，屏神州之竹叶，绝缥醪乎华都。言未及尽，有一醉夫勃然作色曰：盖空桑珍味，始于无情；灵和陶酝，奇液特生；圣贤所美，百代同营。故醴泉涌于上世，悬象焕乎列星；断蛇者以兴霸，折狱者以流声；是以达人畅而不壅，抑其小节而济大通。子独区区，检情自封。无或口闭其味而心驰其听者乎？庾生曰：尔不闻先哲之言乎？人生而静，天之性也。感物而动，性之欲也。物之感人无穷而情之好恶无节，故不见可欲，使心不乱。是以恶迹止步，灭影即阴；形情绝于所托，万感无累乎心。心静则乐非外唱，乐足则欲无所淫。惟味作戒，其道弥深。宾曰唯唯，敬承德音。

酒赋　袁山松

素醪玉润，清酤渊澄。纤罗轻布，浮蚁竞升。泛芳樽以琥珀，馨桂发而兰兴。一歠宣百体之关，一饮荡六府之务。

酒箴　刘惔

爰建上业，曰康曰狄。作酒于社，献之朋辟。仰郊昊天，俯祭后土。歆祷灵祇，辨定宾主。啐酒成礼，则彝伦攸叙。此酒之用也。

酒赞　戴逵

余与王元琳集于露立亭，临觞抚琴。有味乎二物之间，遂共为赞曰："醇醪之兴，与理不乖。古人既陶，至乐乃开。有客乘之，隗若山颓。目绝群动，耳隔迅雷。万异既冥，惟无有怀。"

谢东宫赉酒启 刘潜

异五齐之甘，非九酝之法。属车未曾载，油囊不得酤。试傅仙树，葛元泥首。才比蒲桃，孟他衔璧。固知托之养性，妙解怡神。拟彼圣人，差得连类。

谢晋安王赐宜城酒启 刘潜

孝仪启奉教：垂赐宜城酒四器。岁暮不聊，在阴即惨。惟斯二理，总萃一时。少府斗猴，莫能致笑。大夫落雉，不足解颜。忽值瓶泻椒芳，壶开玉液。汉遵莫遇，殷杯未逢。方平醉而遁仙，羲和耽而废职。仰凭殊涂，便申私饮。未瞩酃耻，已观帻岸。倾耳求音，不闻霆击。澄神密视，岂觊山高。愈疾消忧，于斯已验。遗荣勿贱，即事不欺。酩酊之中，犹知铭荷。

与兄子羡书 陈宣

具见汝书。与孝典陈吾饮酒过差，吾有此好五十余年。昔吴国张长公亦称耽嗜。吾见张公时，伊已六十。自言引满，大胜少年时。吾今所进，亦多于往日。老而弥笃，惟吾与张季舒耳。吾方与此子交欢于地下，汝欲夭吾所志邪？昔阮咸、阮籍同游竹林，宣子不闻斯言；王湛能文言巧骑，武子呼为痴叔；何陈留之风不嗣，太原之气岂然。翻成可怪，吾既寂寞当世；朽病残年，产不异于颜原，名未动于卿相；若不日饮醇酒，复欲安归？汝以饮酒为非，吾以不饮酒为过。昔周伯仁渡江唯三日醒，吾不以为少。郑康伯一饮三百杯，吾不以为多。然洪醉之后，有得有失。成厨养之志，是其得也；使次公之狂，是其失也。吾常譬酒犹水也，亦可以济舟，亦可以覆舟。故江谘议有言：酒犹兵也。兵可千日而不用，不可一日而不备；酒可千日而不一饮，不可一饮而不醉。美哉江公，可与共论酒矣！汝惊吾堕马侍中之门，陷池武陵之第，遍布朝野，自言憔悴。丘也幸，苟有过，人必知之，吾生平所愿。身殁之后，题吾墓云：陈故酒徒陈君之神道。若斯志意，岂避南征之不复，贾谊之恸哭者哉！何水曹眼不识杯铛，吾口不离觚杓；汝宁与吾同日而醒，与吾同日而醉乎？政言其醒可及，其醉不可及也。速营糟丘，吾将老焉。

醉乡记　王绩

醉之乡，去中国不知其几千里也。其土旷然，无丘陵阪险。其气和平一揆，无晦明寒暑。其俗大同，无邑居聚落。其人甚精，无爱憎喜怒。吸风饮露，不食五谷。其寝于于，其行徐徐，与鸟兽鱼鳖杂处，不知有舟车械器之用。昔者黄帝氏尝获游其都，归而杳然。丧其天下，以为结绳之政已薄矣，降及尧舜，作为千钟百壶之献。因姑射神人以假道，盖至其边鄙，终身太平。禹汤立法，礼繁乐杂，数十代与醉乡隔。其臣羲和，弃甲子而逃，冀臻其乡，失路而夭，天下遂不宁。至乎末孙桀纣，怒而升糟丘。阶级千仞，南向而望，卒不见醉乡。武王得志于世，乃命公旦立酒人氏之职。典司五齐，拓土七千里，仅与醉乡达焉，故四十年刑措不用。下逮幽厉，迄乎秦汉，中国丧乱，遂与醉乡绝。而臣下之爱道者，往往窃至焉。阮嗣宗、陶渊明等十数人，并游于醉乡，没身不返，死葬其壤，中国以为酒仙云。嗟乎！醉乡氏之俗，岂古华胥氏之国乎，何其淳寂也如是？予得游焉，故为之记。

送进士王含秀才序　韩愈

吾少时读《醉乡记》，私怪隐居者无所累于世，而犹有是言，岂诚旨于味耶？及读阮籍、陶潜诗，乃知彼虽偃蹇，不欲与世接，然犹未能平其心，或为事物是非相感发，于是有托而逃焉者也。若颜子操瓢与箪，曾参歌声若出金石，彼得圣人而师之，汲汲每若不可及，其于外也固不暇，尚何曲之托而昏冥之逃耶？

吾又以为悲醉乡之徒不遇也。建中初，天子嗣位，有意贞观、开元之丕绩，在廷之臣争言事。当此时，醉乡之后世又以直废吾既悲醉乡之文辞，而又嘉良臣之烈，思识其子孙。今子之来见我也，无所挟，吾犹将张之；况文与行不失其世守，浑然端且厚。惜乎吾力不能振之，而其言不见信于世也。于其行，姑分之饮酒。

醉赋并序　皇甫湜

昔刘伶作《酒德颂》，以折搢绅处士。余尝为沉湎所困。因作《醉赋》，寄嗣任山君。君嗜此物，亦以警之尔。

沉湎于酒，有晋之七贤，心游于梦，境堕于烟。六府漫漫，四支绵绵，逶随津淳，陶和浑鲜。遗天地之阔大，失膏火之消煎。寂寂寞寞，根归复朴。居若死灰，行犹飘壳。车屡堕兮无伤，首镇濡兮不觉。机发而动，魂交而合。瞑文字之醇味，反骚人之独醒。曾不知其耳目，尚何惧于雷霆。偶四体以合莫，归一元而亿宁。曲蘖气散，竹桂滋已。百虑森复，七情纷始。风飘火熟，矜夸跨歧。嗟害马之骤还，顾息肩兮未几。苏门子闻而笑之曰：子之于道，其醯鸡欤。彼至人者，天地根、性情虚，披拂众万，脱遗寰区，形犹大象，心冥太初。故大患乃失，而至道可居也。乃今假荒惑之具，沈耳目之机，其解须臾，忧患繁滋。中心不可损，外患生之。为疹为疡，为狂为酗。负责之道，阴阳戾违。束乎巫医，殴乎有司。辱身灭名，瘘肺淫支。狼徂猖獗，为大人嗤。不得尽年，玉色先衰，曾不如睹无醉时，使人困苦如斯。

酒功赞　白居易

晋建威将军刘伯伦，嗜酒，有《酒德颂》传于世。唐太子宾客白乐天，亦嗜酒，作《酒功赞》以继之。其词曰：麦曲之英，米泉之精。作合为酒，孕和产灵。孕和者何？浊醪一樽。霜天雪夜，变寒为温。产灵者何？清醑一酌；离人迁客，转忧为乐。纳诸喉舌之内，淳淳泄泄，醍醐沆瀣。沃诸心胸之中，熙熙融融，膏泽和风。百虑齐息，时乃之德；万缘皆空，时乃之功。吾尝终日不食，终夜不寝；以思无益，不如且饮。

醉吟先生传　白居易

醉吟先生者，忘其姓字、乡里、官爵，忽忽不知吾为谁也。宦游三十载，将老，退居洛下。所居有池五六亩，竹数千竿，乔木数十株，台榭舟桥，具体而微，先生安焉。家虽贫，不至寒馁；年虽老，未及昏耄。性嗜酒，耽琴淫诗，凡酒徒、琴侣、诗客多与之游。

游之外，栖心释氏，通学小中大乘法，与嵩山僧如满为空门友，平泉客韦楚为山水友，彭城刘梦得为诗友，安定皇甫朗之为酒友。每一相见，欣然忘归，洛城内外，六七十里间，凡观、寺、丘、墅，有泉石花竹者，靡不游；人家有美酒鸣琴者，靡不过；有图书歌舞者，靡不观。自居守洛川泊布衣家，以宴游召者亦时时往。每良辰美景或雪朝月夕，好事者相遇，必为之先拂酒罍，次开诗筐，诗酒既酣，乃自援琴，操宫声，弄《秋思》一遍。若兴发，命家僮调法部丝竹，合奏霓裳羽衣一曲。若欢甚，又命小妓歌杨柳枝新词十数章。放情自娱，酩酊而后已。往往乘兴，屦及邻，杖于乡，骑游都邑，肩舁适野。舁中置一琴一枕，陶、谢诗数卷，舁竿左右，悬双酒壶，寻水望山，率情便去，抱琴引酌，兴尽而返。如此者凡十年，其间赋诗约千余首，岁酿酒约数百斛，而十年前后，赋酿者不与焉。妻孥弟侄虑其过也，或讥之，不应，至于再三，乃曰："凡人之性鲜得中，必有所偏好，吾非中者也。设不幸吾好利而货殖焉，以至于多藏润屋，贾祸危身，奈吾何？设不幸吾好博弈，一掷数万，倾财破产，以至于妻子冻馁，奈吾何？设不幸吾好药，损衣削食，炼铅烧汞，以至于无所成，有所误，奈吾何？今吾幸不好彼而目适于杯觞、讽咏之间，放则放矣，庸何伤乎？不犹愈于好彼三者乎？此刘伯伦所以闻妇言而不听，王无功所以游醉乡而不还也。"遂率子弟，入酒房，环酿瓮，箕踞仰面，长吁太息曰："吾生天地间，才与行不逮于古人远矣，而富于黔娄，寿于颜回，饱于伯夷，乐于荣启期，健于卫叔宝，幸甚幸甚！余何求哉！若舍吾所好，何以送老？因自吟《咏怀诗》云：

抱琴荣启乐，纵酒刘伶达。

放眼看青山，任头生白发。

不知天地内，更得几年活？

从此到终身，尽为闲日月。

吟罢自哂，揭瓮拨醅，又饮数杯，兀然而醉，既而醉复醒，醒复吟，吟复饮，饮复醉，醉吟相仍若循环然。由是得以梦身世，云富贵，幕席天地，瞬息百年。陶陶然，昏昏然，不知老之将至，古所谓得全于酒者，故自号为醉吟先生。于时开成三年，先生之齿六十有七，须尽白，发半秃，齿双缺，而觞咏之兴犹未衰。顾谓妻子云："今之前，吾适矣，今之后，吾不自知其兴何如？"

酒箴　皮日休

皮子性嗜酒，虽行止穷泰，非酒不能适。居襄阳之鹿门山，以山税之余，继日而酿，终年荒醉，自戏曰"醉士"。居襄阳之洞湖，以舠舾载醇酎一瓺，往来湖上，遇兴将酌，因自谐曰"醉民"。于戏！吾性至荒，而嗜于此，其亦为圣哲之罪人也，又自戏曰"醉士"，自谐曰"醉民"。将天地至广，不能容"醉士""醉民"哉？又何必厕丝竹之筵，粉黛之坐也！襄阳元侯，闻"醉士""醉民"之称也，订皮子曰："子耽饮之性，于喧静岂异耶？"皮子曰："酒之道，岂止于充口腹乐悲欢而已哉，甚则化上为淫溺，化下为酗祸。是以圣人节之以酬酢，谕之以诰训。然尚有上为淫溺所化，化为亡国，下为酗祸所化，化为杀身。且不见前世之饮祸耶？路鄷舒有五罪，其一嗜酒，为晋所杀。庆封易内而耽饮，则国朝迁。郑伯有窟室而耽饮，终奔于驷氏之甲。栾高嗜酒而信内，卒败于陈鲍氏。卫侯饮于籍圃，卒为大夫所恶。呜呼！吾不贤者，性实嗜酒，尚惧为酁舒之戮，过此吾不为也，又焉能俾喧为静乎？俾静为喧乎？不为静中淫溺乎？不为酗祸之波乎？既淫溺酗祸作于心，得不为庆封乎？郑伯有乎？栾高乎？卫侯乎？"盖中性不能自节，因箴以自符。

箴曰：酒之所乐，乐其全真。宁能我醉，不醉于人。

中酒赋　陆龟蒙

书编百氏，病载千名。将有滨于九死，谅无敌于余醒。窗间落月，枕上残更。意欲问而无问，梦将成而不成。心悄悄，目瞪瞪。爱静中而人且语，愁曙后而鸡已鸣。才遭辀轹，适别恩情。屈大夫之独醒，应难共语。阮校尉之连醉，不可同行。气缕支绵，神杂色沮。前欢已誓于抛掷，往事空经乎思虑。有醎卓擒伶之伍，我愿先登。有殑狄放杜之君，臣能执御。聿当拔酒树，平曲封，掊仲楹，碎尧锺。先刊美椽，次削真龙。编虎须者宁教畔去，持蟹螯者不要相逢。欲倚还眠，将词又默。深穷寂寞之境，别有凄凉之域。黄昏细雨，迷途而不到长亭。白昼繁华，失意而初归故国。背枕水稳，牵帏就黑。秋应半寸分与，渴是相如传得。感物逾嗟，怀人有恻。谢月镜共王清去，去不乏风流。杜兰香别张硕来，来更无消息。冠缨不御，杯桉空陈。徒歼燕燕之髀，浸费猩猩之唇。牛心表异，熊掌称珍。蘜云梦苣，采泮宫芹。周子之菘向晚，庾郎之韭初春。加以欧川桂蠹，颍谷榆仁。虽驰心于万品，且忘味于兹辰。莫话三年，谁云五斗。从齐奴车骑如水，任阿宁风姿似柳。仙莫得而媒，艳何能而有。麟毫帘近，遮云母不足惊心。琥珀钏将，还玉儿未能回首。或乃强迎宾友，力答笺书。落魄不啻，压伊有余。襜褕犹懒整，解散固慵梳。卞七蔚专讽虾蟆，诚堪窃笑。庄周子化为蝴蝶，实是凭虚。客曰虽鲭鲊能珍，微风可折，岂比夫榴花竹叶之味。鄜水中山之碧，必能醺骨酡颜，潜销暗释，况前覆乃后车之警，独行为众人之僻。不然吾将受教于圣贤，敢忘乎欢伯。

酒赋　吴淑

鱼丽于罶，鲿鲤。君子有酒，旨且有。若夫仪狄初制，少康造始。九投百品之精，一宿三重之美。既阴阳之相感，亦吉凶之所起。抱此思柔，诵兹反耻。则有优韦曜而赐菜，为穆生而置醴。定国数石而精明，郑玄一斛而温伟。三日仆射，百钱阮子。陈谏每唱于回波，养性亦洗于垒魂。

尔其乐兹在镐，抱此如淹。法郑君之能酿，忆刘伶之解酲。山涛既闻于八斗，陆纳才堪于二升。陶侃则过限便止，孔颙则弥月不醒。文举嘲曹公之禁，简雍讥先主之刑。伐木许许，酾酒有藇，倾荒外之樽，探海中之树。三雅既闻于刘表，百榼仍传于子路。赏钟会之不拜，美孟嘉之得趣。酌此中圣，赐之上尊。梁武之称臧质，谢奕之逼桓温。行朱虚之军法，醉丞相之后园。或投醪而感义，或举杯而杀人。谢触曾闻于指口，管仲尝忧其弃身。饮之孔偕，乐此今夕。营彼糟丘，溺滋窟室。子良持枪以乍进，延之据鞍而自适。既营度于五齐，亦均调乎六物，遗羊祜而弗疑。折张昭而屡屈，嘉皇甫之质厚，鄙王珉之俭啬。则有眠毕卓之瓮，入步兵之厨。饮瀛洲之玉膏，挹南岳之琼酥。亦闻醉里遗冠，瓮头加帽。银钟之宠思话，缥醪之赐崔浩。裴粲则勤以献诚。阴铿则仁而获报，逢括颈于消难。见倾家之次道。复闻孔群喻之糟肉，孙朝积年曲封。

显父之饯百壶，唐尧之举千钟。岂顾季鹰之身后，且醉高欢之手中。应彼东风，酝兹狂药。冬酿兮夏成，汾清兮除酢。亦云玉瞻三术，酆舒五罪。汉有长乐之仪，吴有钓台之会。一斗河东之赐，千日中山之醉。苏微为之而成疾，庆封为之而易内。至若老羌之渴，次公之狂，倒山公之接䍦，脱相如之鹔鹴。故其成礼而弗继以淫。无量而不及于乱，唯公荣而不与。独崔暹而可劝。礼成宴酿，名称圣贤。湛酒泉而在地。瞻酒旗之丽天，味兼百末，价重千钱。尝美味于鄾湖，酌不极于青田。复闻败见宋樽，怪消秦狱。或以青州作号，或以建康为目。名传上顿，味称美禄。阮手以金貂相换，渊明以葛巾见漉。

亦云曲阿既酾，邯郸被围。步白杨之野，坐黄菊之篱。高允败德以为训，元忠坐酌而言怡，或取陶陶之乐，或矜抑抑之仪。及夫行车酌醴，鸣钟举燧。饷糟兮欢醿，举白兮扬觯。高昌泠林之贡，西域蒲桃之味，或以蟹螯俱执，或以麂肩并赐。礼有生祸之诏，书著崇饮之旨。邴原有废业之忧，范泰述伤生之理。

句忘濡首之戒，将贴腐胁之毙。故二爵以退，而百拜成礼。所以喻之于兵，而譬之于水也。

浊醪有妙理赋　苏轼

酒勿嫌浊，人当取醇。失忧心于昨梦，信妙理之凝神。浑盎盎以无声，始从味入。杳冥冥其似道，径得天真。伊人之生，以酒为命。常因既醉之适，方识此心之正。稻米无知，岂能穷理，曲蘖有毒，安能发性。乃知神物之自然，盖与天工而相并。得时行送，我则师齐相之饮醇。远害全身，我则学徐公之中圣。

湛若秋露，穆如春风。疑宿云之解驳，漏朝日之曒红。初体粟之失去，旋眼花之扫空。酷爱孟生，知其中之有趣，犹嫌白老，不颂德而言功。兀尔坐忘，浩然天纵。如如不动而体无碍，了了常知而心不用。座中客满，惟忧百榼之空。身后名轻，但觉一杯之重。今夫明月之珠，不可以襦；夜光之璧，不可以铺。刍豢饱我，而不我觉。布帛燠我，而不我娱。惟此君独游万物之表，盖天下不可一日而无。

在醉常醒，孰是狂人之药。得意忘味，始知至道之腴。又何必一石亦醉，冈闳州间。五斗解酲，不问妻妾。结袜庭中，观廷尉之度量。脱靴殿上，夸谪仙之敏捷。阳醉遏地，常陋王式之褊。歌鸣仰天，每讥杨恽之狭。我欲眠而君且去，有客何嫌？人皆劝而我不闻，其谁敢接？殊不知人之齐圣，匪昏之如。古者晤语，必旅之于。

独醒者汨罗之道也，屡舞者高阳之徒欤？恶蒋济而射木人，又何狭浅。杀王敦而取金印，亦自狂疏。故我内全其天，外寓于酒，浊者以饮吾仆，清者以酌吾友。吾方耕于渺莽之野，而汲于清泠之渊。以酿此醪，然后举洼樽而属予口。

酒子赋有序　苏轼

南方酿酒，未大熟，取其膏液，谓之酒子，率得十一。既熟，则反之醅中。而潮人王介石，泉人许珏，乃以是饷余，宁其醅之漓，以薪予一醉。此意岂可忘哉，乃为赋之。

米为母，曲其父。蒸羔豚，出髓乳。怜二子，自节口。饷滑甘，

辅衰杇。先生醉，二子舞。归瀹其糟饮其友。先生既醉而醒，醒而歌
之曰：吾观稚酒之初泫兮，若婴儿之未孩。及其溢流而走空兮，又若时
女之方笄。割玉脾于蜂室兮，雏鹅之香。味盎盎其春融兮，气凛冽而
秋凄。自我蟠腹之瓜罂兮，入我凹中之荷杯。暾朝霞于霜谷兮，蒙夜稻
于露畦。吾饮少而辄醉兮，与百榼其均齐。游物初而神凝兮，反实际而
形开。顾无以酬二子之勤兮，出妙语为琼瑰。归怀璧且握珠兮，挟所
有以傲厥妻。遂讽诵以忘食兮，殷空肠之转雷。

中山松醪赋　苏轼

始余宵济于衡漳，军徒涉而夜号。燆松明而识浅，散星宿于亭皋。
郁风中之香雾，若诉予以不遭。岂千岁之妙质，而死斤斧于鸿毛。效
区区之寸明，曾何异于束蒿。烂文章之纠缠，惊节解而流膏。嗟构厦
其已远，尚药石之可曹。收薄用于桑榆，制中山之松醪。救尔灰烬之
中，免尔萤爝之劳。取通明于盘错，出肪泽于烹熬。与黍麦而皆熟，
沸春声之嘈嘈。味甘余而小苦，叹幽姿之独高。知甘酸之易坏，笑凉
州之蒲萄。似玉池之生肥，非内府之蒸羔。酌以瘿藤之纹樽，荐以石
蟹之霜螯。曾日饮之几何，觉天刑之可逃。投拄杖而起行，罢儿童之
抑搔。望西山之咫尺，欲褰裳以游遨。跨超峰之奔鹿，接挂壁之飞猱。
遂从此而入海，渺翻天之云涛。使夫嵇阮之伦，与八仙之群豪。或骑
麟而翳凤，争榼挈而瓢操。颠倒白纶巾，淋漓宫锦袍。追东坡而不可
及，归哺歠其醨糟。漱松风于齿牙，犹足以赋《远游》而续《离骚》也。

洞庭春色赋有序　苏轼

安定郡王以黄柑酿酒，名之曰洞庭春色。其犹子德麟，得之以饷予。戏作

赋曰：

吾闻橘中之乐，不减商山。岂霜余之不食，而四老人者游戏于其间。悟此世之泡幻，藏千里于一斑。举枣叶之有余，纳芥子其何艰，宜贤王之达观，寄逸想于人寰。袅袅兮春风，泛天宇兮清闲。吹洞庭之白浪，涨北渚之苍湾。携佳人而往游，勤雾鬓与风鬟，命黄头之千奴，卷震泽而与俱还。

糅以二米之禾，藉以三脊之菅。忽云烝而冰解，旋珠零而涕潸。翠勺银罂，紫络青纶，随属车之鸱夷，款木门之铜镮。分帝觞之余沥，幸公子之破悭。我洗盏而起尝，散腰足之痹顽。尽三江于一吸，吞鱼龙之神奸，醉梦纷纭，始如髦蛮。鼓巴山之桂楫，扣林屋之琼关。卧松风之瑟缩，揭春溜之淙潺，追范蠡于渺茫，吊夫差之茕鳏。属此觞于西子，洗亡国之愁颜。惊罗袜之尘飞，失舞袖之弓弯。觉而赋之，以授公子曰：乌乎噫嘻，吾言夸矣，公子其为我删之。

书东皋子传后　苏轼

余饮酒终日，不过五合，天下之不能饮，无在余下者。然喜人饮酒，见客举杯徐引，则余胸中为之浩浩焉，落落焉，酣适之味，乃过于客。闲居未尝一日无客，客至未尝不置酒，天下之好饮，亦无在余上者。常以谓人之至乐，莫若身无病而心无忧，我则无是二者矣。然人之有是者接于余前，则余安得全其乐乎？故所至当蓄善药，有求者则与之，而尤喜酿酒以饮客。或曰："子无病而多蓄药，不饮而多酿酒，劳己以为人，何也？"予笑曰："病者得药，吾为之体轻；饮者困于酒，吾为之酣适，盖专以自为也。"

东皋子待诏门下省，日给酒三升，其弟静问曰："待诏乐乎？"曰："待诏何所乐，但美酝三升，殊可恋耳！"今岭南法不禁酒，予既得自酿，月用米一斛，得酒六斗。而南雄、广、惠、循、梅五太守间复以酒遗予，略计其所获，殆过于东皋子矣。然东皋子自谓"五斗先生"，则日给三升，救口不暇，安能及客乎？若予者，乃日有二升五合入野人道士腹中矣。

东皋子与仲长子先游，好养性服食，预刻死日，自为墓志，予盖友其人于千载，或庶几焉。

《既醉》备五福论　苏辙

善夫，诗人之为诗也。当成王之时，天下已平，其君子优柔和易，而无所怨怒。天下之民，各乐其所。年谷时熟。父子兄弟相爱，而无有暴戾不和之节，莫不相与。作为酒醴，剥烹牛羊，以享以祀，以相与宴乐而不厌。诗人欲歌其事，而以为未足以见其盛也，于是推而上之。

至于朝廷之间，见其君臣相安，而宗族相受，至于祭祀宗庙既毕，而又与其诸兄昆弟，皆宴于寝，旅酬上下，至于无算爵，君臣粹然皆醉，为作《既醉》之诗以美之。而后之博诗者，又深思而报观之，以为一篇之中，而五福备焉。

然观于《诗》《书》，至《抑》与《酒诰》之篇。观其所以悲伤前世之失，及其所以深惩切戒于后者，莫不以饮酒无度，沉湎荒乱，号呶倨肆，以败乱其德为首。故曰：百福之所由生，百福之所由消。耗而不享者，莫急于酒。

周公之戒康叔曰：酒之失，妇人是用，二者合并，故五福不降，而六极尽至。愚请以小民之家而明之。今夫养生之人，深自覆护壅闭，无战斗危亡之患，而率至于不寿者，何耶？是酒夺之也。力田之人，仓廪富矣。俄而至于饥寒者，何耶？是酒困之也。服食之人，乳药饵石，无风雨暴露之苦，而常至于不宁者，何耶？是酒病之也。修身之人，带钩蹈矩，不敢妄行，而常至于失德者，何耶？是酒乱之也。四者既具，则夫欲考终天命，而其道无由也。

然而曰五福备于《既醉》者，何也？愚固言之矣。天下之民，相与饮酒欢乐于下，而君臣乃相与偕醉于上。醉而愈恭，和而有礼，缪戾之气，不作于心，心和神安，而寿不可胜计也。用财有节，御已有度，而富不可胜用也。寿命长永，而又加之以富，则非安宁而何？既寿而富，身且安矣，而无所用其心，则非好德而何？富寿而安，且有德以不朽于后也，则非考终命而何？故世之君子，能观《既醉》之诗，以和平其心，而又观夫《抑》与《酒诰》之篇，以自戒也。则五福可以坐致，而六极可以远却。而孔氏之说所以分而别之者，又何足为君子陈于前哉。

浊醪有妙理赋 次东坡韵　李纲

尽弃糟粕，独留精醇，导性理以通妙，知曲蘖之有神融。方寸于混茫处，心合道齐天地。于毫末遇境，皆真厥初生民。时维司命天有星。以垂象周建官而设，正泉香器洁，既曲尽于人为，气冽味甘，乃资陶于天性，盖百礼之所须，宁五浆之可并，荒耽失职，当戒羲和之涵淫，温克自将宜法文武之齐圣，良辰美景，明月清风，沸新笃之蚁白，滴小槽之珠红。味流霞而细酌，扫浮云之一空。醇德可嘉颂觚瓢，于刘子醉乡不远。记风土于无功，恍尔神游窈然，心纵天光泰定而遗万物，根尘解脱而忘六用，藉之饮药能资疾疢之痊或使坠车，岂觉死生之重。嗟夫！此异随珠，寒可当襦；此异和璧，饥可当饷；疗饥寒以饱煖，化忧忿为欢娱；信曲生之风味，岂侍坐之可无？霞散冰肌，谢仙人之石髓；红潮玉颊，殊北苑之云腴。又曷贵盗醉瓮下，见鄙州间，得饮墦间，归骄妻妾；三升起待诏之恋，千首矜翰林之捷；分田种秫，未讶渊明之迁；看剑引杯，更觉少陵之狭。治则醒而乱则醉，其智足称；饮愈多而貌愈恭，其贤可接。是知察行观德，莫酒之如。自昔达者，必取之于。饮而粹者，元鲁山之德也；饮而拙者，阳道州之政欤。袒裼相从，笑竹林之七逸；供帐出钱，贤都门之二疏。故我取足于心，得全于酒，内以此而怡弟昆，外以此而燕宾友。虽一杯于一石，同酣适之功，又何必吸百川以长鲸之口。

椰子酒赋　李纲

伊南方之硕果，禀炎辉之止气，肤脂凝而腻，理厥中楑然自含天体。酿阴阳之絪缊，蓄雨露之清泚。不假曲蘖，作成芳美流糟粕之精英，杂羔豚之乳髓，何烦九酝宛同五齐资达人之嗽咽，有君子之多旨，穆生对而欣然，杜康尝而愕，尔谢凉州之葡萄，笑渊明之秫，米气盎盎而春和色，温温而玉粹当。炎荒之九秋，寄美人于千里，不费瓶罍以介寿祉。破紫壳之坚圆，剖冰肌之柔脆；酌彼洼樽，荐兹妙味；吸沆瀣而咀琼瑶，可忘怀而一醉。

石门酒器五铭　黄干

磨铭

上动下静象天地，前推后荡象父子；昼夜运行命不已，精粗纷纭物资始；君子省身盍顾諟，无小无大亦一理。

酢床铭

责酒清易，责人清难；智者于酒，可以反观。

陶器铭

一线之漏，足以败酒；一念之差，得无败所守乎？

烧器铭

厚其耳，广其腹；厚故胜，广故蓄；绵薄任重，祇以覆其觫。

升铭

凡物之理，不平则鸣，不足则慊，太溢则倾。谁谓剖斗而民不争？其取也，宁过于嗇；其予也，宁过于盈。是又所以为不平之平乎？

晓示科卖民户曲引及抑勒打酒　朱熹

勘会民间吉凶、会聚或修造之类，若用酒，依条听随力沽买；如不用，亦从其便，并不得抑勒。今访闻诸县并佐官厅，每遇人户，辄以承买曲引为名，科纳人户、钱物。以至坊场违法，抑勒人户打酒。切恐良民被害，婚葬造作失时，须至约束。

右今印榜晓示民户知悉：今后，如遇吉凶、聚会或修造之类，官司辄敢买曲引，或酒务坊场抑勒买酒，并仰指定见证，具状径赴使军陈告，切待拘收犯人根勘，依条施行。

大酺赋并序　刘筠

臣谨按《前志》：酺之言，布也，王德布于天下，而合聚饮食焉。肇自炎汉初兴，日不暇给，罚其合醵之会，著于二尺之法。逮乎孝文崇修礼义，赐酺之惠，繇是流行，况我朝盛德，形容汪洋。图牒固不可以寸毫尺素，孟浪而称也。臣今所赋者，但述海内丰盛，兆庶欢康，为负暄献芹之比尔。其辞曰：

圣宋绍休兮，三叶重光。祥符荐祉兮，万寿无疆。昭景贶于纪元之号，还淳风于建德之乡。庆无遐而不被，俗无细而不康。乃下明诏，申旧章，赐大酺之五日洽欢心于庶邦。尔乃京邑翼翼，四方是则。通衢十二兮砥平，广路三条兮绳直。固不以列肆千里，集民万亿，群有司而先置，戒掌次而具饬。幕九章兮灿若舒霞。廊千步兮轩如布翼。外飨之百品有叙，酒正之六物不忒。分命司市，迁阛阓于东西；鸠集梓人，校轮舆于南北。将以极瑰奇诡异之欢，示深慈至惠之泽也。于是二月初吉，春日载阳，皇帝乃乘步辇出，披香排飞，闶阆未央。御南端之峣阙，临回望之广场。百戏备，万乐张，仙车九九而并骛，楼船两两而相当。昭其瑞也，则银瓮丹甑；象其武也，则青翰馀艎。声砰磕兮，非雷而震。势凭凌兮，弗笭节而航。且观夫鱼龙曼衍，庶马腾骧，长蛇白象，麒麟凤凰，吞刀璀璨，吐火荧煌，或叱石而成羊。文豹左拿兮右攫，元珠候耀兮忽藏。画地而川流沘沘，移山而列岫将将。神木垂实，灵草擢芒；紫髯豆兽，绰约夭倡。曳绡纨而焠缥，振环佩兮铿锵。赤刀受黄公之祝，大面体兰陵之王。木女发机于曲逆，鸟言流俗于冶长。千变万化，纷纭颉颃。前者怒而欲息，后者技痒而激昂。舞以七盘之妍袖，间以九部之清商。弹筝挼篥，吹竽鼓簧，南音变楚，陇篴明羌。琵琶出于胡部，掺鼓发于祢狂，方响遗铜磬之韵，羯鼓斗山花之芳，箜篌之妙引初毕，笳管之新声更扬；洞箫参差兮上处，燕筑慷慨兮在旁。琴瑟合奏而奚辨，埙篪相须而靡遑，信满坑而满谷，岂止乎洋洋盈耳而已哉。又若橦末之技，趫捷之徒，籍其名于乐府，世其业于都卢。竿险百尺，力雄十夫。望仙盘于云际，视高缒于坦途。俊轶鹰隼，巧过猿狙。衒多能于悬绝，校微命于锱铢。左回右转，既亟只且。嘈囋沸溃，鼓噪挪歈。突倒投而将坠，旋敛态而自如。亦有佅僮赤子，提携叫呼。脱去襁褓，负集危躯。效山夔之蹢躅，恃一足而有余。欻对舞于索山，跳丸剑而争趋。偃仰拜起，如礼之拘，杂以拔距投石，冲狭戏车，蛇矛交击，猿骑分驱。韩嫣之金丸叠中，孟光之石臼凌虚。习五案者，于斯尽矣；透三峡者，何以加诸？复有俳优游孟，滑稽淳于；诙谐方朔，调笑酒胡；纵横谑浪，突梯嗳嚅。混妍丑于戚施，变舒惨于籧篨。乃至角抵蹴鞠，分朋列族，其胜也，气若雄虹，其败也，形如槁木。谁谓乎狼子野心，而熊罴可扰；谁谓乎以强陵弱，而猫鼠同育。斯固艺之下者，亦可以娱情而悦目。是时也，都人士女、农商工贾、鳞萃乎九达之衢，星拱乎两观之下；举袂兮连帷，挥汗兮霈雨。钿车金勒，杂遝而晶荧；袨服靓装，藻缛而容与。网利者罢登垄断，力田者竞辞畎亩。屠羊说或慕功名，斫轮扁亦忘规矩。寂寂兮巷无居，憧憧兮观者如堵。以遨以游，爰笑爰语；始乃抃舞于康庄，终乃含歌于樽俎。旁有相如涤器，浊氏卖脯，乘时射利，饕良杂苦。勺药之味，蚔蟓尽取。既贾用以兼赢，咸满志而自许。又乃百工居肆，众货丛聚，锦绣之设，焰朗蔑庞；竞相高以奢丽，羌难得而觊缕。于以见国家蕃富，上下充足，女有余丝，男有余粟。顾金土兮同价，兴礼让兮郁郁。若夫七相茂族，四姓良家，蝉联鼎盛，照耀繁华，皆结驷而连骑，虽两汉其宁加，则又有菀裘老臣，逍遥高尚，乘下泽之车，曳灵寿之杖，爰稽首于尧云，挹衢樽而无量。乡里俊造，草泽英才，览德辉而狎至；观国光而聿来，顾鼎食之可取；岂直野苹之谓哉！羽林戴鹖之夫、期门佽飞之子，罢羽猎于长杨，投宾壶于棘矢；袭楚楚之衣裳，喜交臂于廛里；大矣哉！惟尧舜之作主兮，盛德日新；矧皋夔之为佐兮，嘉猷矢陈。奏君臣相悦之乐，会比屋可封之民。湛露未晞，在藻之欢允洽；太牢如享，登台之众咸臻。老吾老以幼吾幼，不独子其子而亲其亲；鳏寡孤茕兮，各有所养；蛮夷戎狄兮，孰非我臣。粟帛之赐已厚，牛酒之给仍均。春醴惟醇，炮炙芬芬；皤发者驾肩而泄泄，支离者攘臂而欣欣；莫不含和而吐气，蹈德而咏仁。一之二之日，乐且有仪；三之四之日，不醉无归；五日兮餍饫斯极。但见夫含哺而嬉，介尔眉寿，和尔天倪。非夫上圣之乾乾致治，其孰能逸豫而融怡者哉！敢为系曰：于铄我宋，巍乎帝先；创业垂统，静直动专；威烈既茂，文德是宣；谦而不宰，让之于天；上帝允答，灵贶昭然。厥庆惟大，庶民赖焉；爰锡酺饮，流惠周旋；有殽如阜，有酒如川；既醉既饱，无党无偏；体安舒兮被尧日，气和乐兮物熏弦；倪全柞兮扬纯懿，永延以兮弥亿年！

蒲桃酒赋有序　元好问

刘邓州光甫为予言：吾安邑多蒲桃，而人不知有酿酒法。少日，尝与故人许仲祥摘其实并米炊之，酿虽成，而古人所谓“甘而不饴，冷而不寒”者，固已失之矣。贞祐中，邻里一民家避寇，自山中归，见竹器所贮蒲桃，在空盎上者枝蒂已干，而汁流盎中，薰然有酒气，饮之，良酒也。盖久而腐败自然成酒耳，不传之秘一朝而发之。文士多有所述。今以属子，子宁有意乎？予曰：世无此酒久矣。予亦尝见还自西域者云：大食人绞蒲桃浆，封而埋之，未几成酒，愈久者愈佳。有藏至千斛者，其说正与此合。物无大小，显晦自有时，决非偶然者。夫得之数百年之后，而证数万里之远，是可赋也。于是乎赋之。其辞曰：

西域开，汉节回。得蒲桃之奇种，与天马兮俱来。枝蔓千年，郁其无涯，敛清秋以春煦。发至美乎胚胎，意天以美酿而饱予，出遗法于湮埋；索罔象之元珠，荐清明于玉杯；露初零而未结，云已薄而仍裁；挹幽气之薰然，释烦悁于中怀；觉松津之孤峭，羞桂醑之尘埃。我观《酒经》，必曲蘖之中媒，水泉资香洁之助，秫稻取精良之材，效众技之毕前。敢一物之不谐，艰难而出美好；徒酖毒之贻哀，繄工倕之物化，与梓庆之心斋。既以天而合，天故无桎乎灵台。吾然后知圭璋玉毁，青黄木灾；音哀而鼓钟，味薄而盐梅。惟挥残天下之圣法，可以复婴儿之未孩。安得纯白之士，而与之同此味哉！

葡萄酒赋有序　王翰

洪武辛酉谒禹庙，有以葡萄酒见饷者，其甘寒清冽，虽金桨之露，玉杵之霜不能过也。饮讫，颓然而醉。觉，而西山雨霁，新凉晚生飔，茶烟于鬓影，漱松风于牙齿，于是命童子执笔书，是赋以酬之。赋曰：

有西域先生蔓硕生者，谒安邑主人。主人曰：何先生质性朴木，言谀而体丰，不动而能与人同，不言而能为人容。慕先生之风者，能遗千乘之贵；味先生之道者，可忘万钟之隆。且支派之繁衍，流泽之不穷者，其有自乎？西域客起而揖曰：昔卯金氏之五叶，好逞兵而四征。广利之师律未辑，博望之使节已行；吾皇考时方埋名遁形、韬光匿馨，何聘帛之三往，竟上贡乎西京，虽一拔而遽起，冀中叶之是荣，尚未忘乎故土，尝含酸而寄情。于是觐武皇于未央之殿，因上表而致名也。武皇见皇考中硕而外茂，气芳而德醇，曰：此真席上之珍也。或待诏于上林，或备问于几筵，或与金母之桃同荐，或与玉屑之露同齸。东方之谲，因吾而逞其技；相如之渴，赖吾以获其痊。向使武皇能尽用吾皇考之道，必不祀灶而求仙也。尔后太原之蔓延，安邑之蝉联，吾能一说使百匹之帛可得，三品之职遽迁。叔达之行，以吾而表其孝；宋公之赋，因我而著其贤。予小子诚中原之一枝，共大宛之一天者也。主人曰：出处地望，吾既闻之矣，请闻先生之为道也。客曰：吾始也好甘言以媚人，畜阴冷以发疾。愧学道之不醇，方发愤以改习；遵曲生之遗法，亦禁水而绝粒。讶刀圭之入口，疑骨蜕而生翼。其心也，湛然若止水；其气也，盎然若春色。挹之而不污浊，引之而不反愿。先生向言质性朴木，言讷而体丰者，实由乎此矣。吾能使棱峭者浑沦，彊暴者藏神；戕贼而机变者皆抱璞而含真。欲使区宇之人皆从吾，于无何有之乡而为葛天氏之民也。主人曰：善乎，先生之为道也！于是命仆执席具几，百拜定交于先生。先生于是哑然而笑，欣然而谈；泛然而挹春江之波，湜然右临秋月之潭；嘆几大之坏土，蚩力墼之烟凤。土人不觅气和而意适，体熏而心酣，颓然而就枕，不知明月之在西南。觉而使童子之执笔，记先生之良醖。

酒德颂和刘伶韵　周履靖

有放浪狂生，日酒落于昏朝，万古如须臾；心不营利禄，足不蹑云衢；衣无罗绮，寝无室庐；席草枕石，四体如如。兴至辄操杯瓠，倾倒不计樽壶。惟以沉酣，安问其余。哂达人才子、王孙名士，无此逍遥，不知所以。大笑而与言，唇不阖齿，两眼模糊，呼之不起。狂生犹是持杯接其槽，痛饮醇醪，开襟而踞；不滤其糟，并无他虑；思畅情陶，怡然成醉，唤之弗醒。聆之何能闻其音声，惟睹其黑甜而裸形；弗顾风露之拂身，但适其性情。醉睨荣华易更兮，似波浪而逐青萍。微躯易殒兮，若蜉蝣而同螟蛉。

诗

小雅·宾之初筵　五章

卫武公饮酒悔过。而作此诗。

宾之初筵，左右秩秩。笾豆有楚，殽核维旅。酒既和旨，饮酒孔偕。钟鼓既设，举酬逸逸。大侯既抗，弓矢斯张。射夫既同，献尔发功。发彼有的，以祈尔爵。

籥舞笙鼓，乐既和奏。烝衎烈祖，以洽百礼。百礼既至，有壬有林。锡尔纯嘏，子孙其湛。其湛曰乐，各奏尔能。宾载手仇，室人入又。酌彼康爵，以奏尔时。

宾之初筵，温温其恭。其未醉止，威仪反反。曰既醉止，威仪幡幡。舍其坐迁，屡舞僊僊。其未醉止，威仪抑抑。曰既醉止，威仪怭怭。是曰既醉，不知其秩。

宾既醉止，载号载呶。乱我笾豆，屡舞僛僛。是曰既醉，不知其邮。侧弁之俄，屡舞傞傞。既醉而出，并受其福。醉而不出，是谓伐德。饮酒孔嘉，维其令仪。

凡此饮酒，或醉或否。既立之监，或佐之史。彼醉不臧，不醉反耻。式勿从谓，无俾大怠。匪言勿言，匪由勿语。由醉之言，俾出童羖。三爵不识，矧敢多又。

小雅·瓠叶　四章

此亦燕饮之诗。

幡幡瓠叶，采之亨之。君子有酒，酌言尝之。

有兔斯首，炮之燔之。君子有酒，酌言献之。

有兔斯首，燔之炙之。君子有酒，酌言酢之。

有兔斯首，燔之炮之。君子有酒，酌言酬之。

大雅·荡　八章之五

诗人知厉王之将亡。故为此诗。托于文王。所以嗟叹殷纣者。

文王曰咨，咨女殷商。天不湎尔以酒，不义从式。既愆尔止，靡明靡晦。式号式呼，俾昼作夜。

鲁颂·有駜　三章

此燕饮而颂祷之辞也。

有駜有駜，駜彼乘黄。夙夜在公，在公明明。振振鹭，鹭于下。鼓咽咽，醉言舞。于胥乐兮。

有駜有駜，駜彼乘牡。夙夜在公，在公饮酒。振振鹭，鹭于飞。鼓咽咽，醉言归。于胥乐兮。

有駜有駜，駜彼乘駧。夙夜在公，在公载燕。自今以始，岁其有。君子有谷，诒孙子。于胥乐兮。

赠石季伦　嵇绍

人生禀五常，　中和为至德。嗜欲虽不同，　伐生所不识。

仁者安其身，　不为外物惑。事故诚多端，　木若酒之贼。

内以损性命，　烦辞伤轨则。屡饮致疲怠，　清和自否塞。

阳坚败楚军，　长夜倾宗国。诗书著明戒，　量体节饮食。

远希彭聃寿，　虚心处冲默。茹芝味醴泉，　何为昏酒色。

连雨独饮　陶潜

运生会归尽，　终古谓之然。世间有松乔，　于今定何间。

故老赠余酒，　乃言饮得仙。试酌百情远，　重觞忽忘天。

天岂去此哉，　任真无所先。云鹤有奇翼，　八表须臾还。

自我抱兹独，　僶俛四十年。形骸久已化，　心在复何言。

饮酒二十首并序　陶潜

余闲居寡欢，兼此夜已长。偶有名酒，无夕不饮。顾影独尽，忽焉复醉。既
醉之后，辄题数句自娱。纸墨遂多，辞无诠次。聊命故人书之，以为欢笑尔。

衰荣无定在，　彼此更共之。邵生瓜田中，　宁似东陵时。

寒暑有代谢，　人道每如兹。达人解其会，　逝将不复疑。

忽与一觞酒，　日夕欢相持。

积善云有报，　夷叔在西山。善恶苟不应，　何事空立言。

九十行带索，　饥寒况当年。不赖固穷节，　百世当谁传。

道丧向千载， 人人惜其情。 有酒不肯饮， 但顾世间名。
所以贵我身， 岂不在一生。 一生能复几， 倏如流电惊。
鼎鼎百年内， 持此欲何成。

栖栖失群鸟， 日暮犹独飞。 徘徊无定止， 夜夜声转悲。
厉响思清远， 去来何依依； 因值孤生松， 敛翮遥来归。
劲风无荣木， 此荫独不衰； 托身已得所， 千载不相违。

结庐在人境， 而无车马喧。 问君何能尔？ 心远地自偏。
采菊东篱下， 悠然见南山； 山气日夕佳， 飞鸟相与还。
此中有真意， 欲辩已忘言。

行止千万端， 谁知非与是； 是非苟相形， 雷同共誉毁。
三季多此事， 达士似不尔。 咄咄俗中愚， 且当从黄绮。

秋菊有佳色， 浥露掇其英。 泛此忘忧物， 远我遗世情。
一觞虽独尽， 杯尽壶自倾。 日入群动息， 归鸟趋林鸣。
啸傲东轩下， 聊复得此生。

青松在东园， 众草没其姿； 凝霜殄异类， 卓然见高枝。
连林人不觉， 独树众乃奇。 提壶挂寒柯， 远望时复为。
吾生梦幻间， 何事绁尘羁！

清晨闻叩门，　倒裳往自开。　问子为谁与？　田父有好怀。
壶浆远见候，　疑我与时乖。　褴褛茅檐下，　未足为高栖。
一世皆尚同，　愿君汩其泥。　深感父老言，　禀气寡所谐。
纡辔诚可学，　违己讵非迷！　且共欢此饮，　吾驾不可回！

在昔曾远游，　直至东海隅。　道路回且长，　风波阻中途。
此行谁使然，　似为饥所驱。　倾身营一饱，　少许便有余。
恐此非名计，　息驾归闲居。

颜生称为仁，　荣公言有道。　屡空不获年，　长饥至于老。
虽留身后名，　一生亦枯槁。　死去何所知，　称心固为好。
客养千金躯，　临化消其宝。　裸葬何足恶，　人当解意表。

长公曾一仕，　壮节忽失时；　杜门不复出，　终身与世辞。
仲理归大泽，　高风始在兹。　一往便当已，　何为复狐疑！
去去当奚道，　世俗久相欺。　摆落悠悠谈，　请从余所之。

有客常同止，　取舍邈异境。　一士常独醉，　一夫终年醒。
醒醉还相笑，　发言各不领。　规规一何愚，　兀傲差若颖。
寄言酣中客，　日没烛当秉。

故人赏我趣，　挈壶相与至。　班荆坐松下，　数斟已复醉。
父老杂乱言，　觞酌失行次。　不觉知有我，　安知物为贵。

悠悠迷所留，酒中有深味！

贫居乏人工，灌木荒余宅。班班有翔鸟，寂寂无行迹。
宇宙一何悠，人生少至百。岁月相催逼，鬓发早已白。
若不委穷达，素抱深可惜。

少年罕人事，游好在六经。行行向不惑，淹留遂无成。
竟抱固穷节，饥寒饱所更。弊庐交悲风，荒草没前庭。
披褐守长夜，晨鸡不肯鸣。孟公不在兹，终以翳吾情。

幽兰生前庭，含熏待清风。清风脱然至，见别萧艾中。
行行失故路，任道或能通。觉悟当念还，鸟尽废良弓。

子云性嗜酒，家贫无由得。时赖好事人，载醪祛所惑。
觞来为之尽，是谘无不塞。有时不肯言，岂不在伐国。
仁者用其心，何尝失显默。

畴昔苦长饥，投耒去学仕。将养不得节，冻馁固缠己。
是时向立年，志意多所耻。遂尽介然分，拂衣归田里，
冉冉星气流，亭亭复一纪。世路廓悠悠，杨朱所以止。
虽无挥金事，浊酒聊可恃。

羲农去我久，举世少复真。汲汲鲁中叟，弥缝使其淳。

凤鸟虽不至，礼乐暂得新。洙泗辍微响，漂流逮狂秦。
诗书复何罪，一朝成灰尘。区区诸老翁，为事诚殷勤。
如何绝世下，六籍无一亲？终日驰车走，不见所问津？
若复不快饮，恐负头上巾。但恨多谬误，君当恕醉人。

止酒　陶潜

居止次城邑，逍遥自闲止。坐止高荫下，步止荜门里。
好味止园葵，大懽止稚子。平生不止酒，止酒情无喜。
暮止不安寝，晨止不能起。日日欲止之，营卫止不理。
徒知止不乐，未知止利己。始觉止为善，今朝真止矣。
从此一止去，将止扶桑涘。清颜止宿容，奚止千万祀。

述酒　陶潜

重离照南陆，鸣鸟声相闻；秋草虽未黄，融风久已分。
素砾皛修渚，南岳无余云。豫章抗高门，重华固灵坟。
流泪抱中叹，倾耳听司晨。神州献嘉粟，西灵为我驯。
诸梁董师旅，芊胜丧其身。山阳归下国，成名犹不勤。
卜生善斯牧，安乐不为君。平王去旧京，峡中纳遗薰。
双阳甫云育，三趾显奇文。王子爱清吹，日中翔河汾。
峨峨西岭内，偃息常所亲。天容自永固，彭殇非等伦。

酒德歌　赵整

地烈酒泉，天垂酒池。杜康妙识，仪狄先知。

纣丧殷邦，桀倾夏国。由此言之，先危后则。

将进酒 何承天

将进酒，庆三朝。备繁礼，荐嘉肴。
荣枯换，霜雾交。缓春带，命朋僚。
车等旗，马齐镳。怀温克，乐林濠。
士失志，愠情劳。思旨酒，寄游遨。
败德人，甘醇醪。耽长夜，惑淫妖。
兴屡舞，厉哇谣。形傞傞，声号呶。
首既濡，志亦荒。性命夭，国家亡。
嗟后生，节酣觞。匪酒辜，孰为殃。

当对酒 范云

对酒心自足，故人来共持。方悦罗衿解，谁念发成丝。
徇性良为达，求名幸自欺。迨君当歌日，及我倾樽时。

赠学仙者 范云

春酿煎松叶，秋杯浸菊花。相逢宁可醉，定不学丹砂。

对酒 范云

对酒诚可乐，此酒复芳醇。如华良可贵，似乳更非珍。
何当留上客，为寄掌中人。金樽清复满，玉碗亟来亲。
谁能共迟暮，对酒惜芳辰。君歌尚未罢，却坐避梁尘。

九月酌菊酒　刘孝威

露花疑始摘，罗衣似适薰。余杯度不取，欲持娇使君。

田饮引　朱异

卜田宇兮京之阳，面清洛兮背修邙。

属风林之萧瑟，值寒野之苍茫。

鹏纷纷而聚散，鸿冥冥而远翔。

酒沉兮俱发，云沸兮波扬。

岂味薄于东鲁，鄙蜜甜于南湘。

于是客有不速，朋自远方。

临清池而涤器，辟山牖而飞觞。

促膝兮道故，久要兮不忘。

间谈希夷之理，或赋连翩之章。

高阳乐人歌二首　阙名

可怜白鼻騧，相将入酒家。无钱但共饮，画地作交赊。

何处骒觞来，两颊色如火。目有桃化𣜺，臭言人刈我。

独酌谣四首　陈后主

齐人淳于善为十酒，偶效之作《独酌谣》。

独酌谣，独酌且独谣。一酌岂陶暑，二酌断风飙；

三酌意不畅，四酌情无聊；五酌孟易覆，六酌欢欲调；

七酌累心去，八酌高志超；九酌忘物我，十酌忽凌霄。

凌霄异羽翼，任致得飘飘。宁学世人醉，扬波去我遥。
尔非浮丘伯，安见王子乔。

独酌谣，独酌起中宵。中宵照春月，初花发春朝。
春花春月正徘徊，一樽一弦当夜开。聊奏孙登曲，仍斟毕卓杯。
罗绮徒纷乱，金翠转迟回。中心本如水，凝志更同灰。
逍遥自可乐，世语世情哉！

独酌谣，独酌酒难消。独酌三两碗，弄曲两三调。
调弦忽未毕，忽值出房朝。更似游春苑，还如逢丽谯。
衣香逐娇去，眼语送杯娇。余樽尽复益，自得是逍遥。

独酌谣，独酌一樽酒。樽酒倾未酌，明月正当牖。
是牖非圆瓮，吾乐非击缶。自任物外欢，更齐椿菌久。
卷舒乃一卷，忘情且十斗。宁复语绮罗，因情即山薮。

独酌谣　沈炯

独酌谣，独酌独长谣。智者不我顾，愚夫余未要。
不愚复不智，谁当余见招。所以成独酌，一酌倾一瓢。
生涯幸漫漫，神理暂超超。再酌矜许史，三酌傲松乔。
频烦四五酌，不觉凌丹霄。倏尔厌五鼎，俄然贱九韶。
彭殇无异葬，夷跖可同朝。龙蠖非不屈，鹏鷃但逍遥。
寄语号呶侣，无乃太尘嚣。

独酌谣　陆瑜

独酌谣，芳气饶。一倾荡神虑，再酌动神飙。

忽逢凤楼下，非待鸾弦招。窗明影乘入，人来香逆飘。

杯随转态尽，钏逐画杯遥。桂宫非蜀郡，当垆也至宵。

对酒　张正见

当歌对玉酒，匡坐酌金罍。竹叶三清泛，葡萄百味开。

风移兰气入，日逐桂香来。独有刘将阮，忘情寄羽杯。

对酒　岑之敬

色映临池竹，香浮满砌兰。舒文泛玉碗，漾蚁溢金盘。

箫曲随鸾易，笳声出塞难。唯有将军酒，川上可除寒。

对酒歌　庾信

春水望桃花，春洲藉芳杜。琴从绿珠借，酒就文君取。

牵马向渭桥，日曝山头脯。山简接䍦倒，王戎如意舞。

筝鸣金谷园，笛韵平阳坞。人生一百年，欢笑惟二五。

何处觅钱刀，求为洛阳贾。

蒙赐酒　庾信

金膏下帝台，玉沥在蓬莱。仙人一遇饮，分得两三杯。

忽闻桑叶落，正值菊花开。阮籍披衣进，王戎含笑来。

从今觅仙乐，不假向瑶台。

报赵王惠酒　庾信

梁王修竹园，冠盖风尘喧。行人忽枉道，直进桃花源。
稚子还羞出，惊妻倒闭门。始闻传上命，定是赐中樽。
野炉然树叶，山杯捧竹根。风池还更暖，寒谷遂长暄。
未知稻梁雁，何时能报恩。

有喜致醉　庾信

忽见庭生玉，聊欣蚌出珠。兰芬犹载寝，蓬箭始悬弧。
既喜枚都尉，能欢陆大夫。频朝中散客，连日步兵厨。
杂曲随琴用，残花听酒须。脆梨裁数实，甘查惟一株。
兀然已复醉，摇头歌凤雏。

奉答赐酒　庾信

仙童下赤城，仙酒饷王平。野人相就饮，山鸟一群惊。
细雪翻沙下，寒风战鼓鸣。此时逢一醉，应枯反更荣。

奉答赐酒鹅　庾信

云光偏乱眼，风声特噪心。冷猿披雪啸，寒鱼抱冻沉。
今朝一壶酒，实是胜千金。负恩无以谢，惟知就竹林。

正旦蒙赵王赉酒　庾信

正旦辟恶酒，新年长命杯。柏叶随铭至，椒花逐颂来。
流星向碗落，浮蚁对春开。成都已救火，蜀使何时回。

卫王赠桑落酒奉答　庾信

愁人坐狭邪，喜得送流霞。跂窗催酒熟，停杯待菊花。
霜风乱飘叶，寒水细澄沙。高阳今日晚，应有接罱斜。

就蒲州使君乞酒　庾信

萧瑟风声惨，苍茫雪貌愁。鸟寒栖不定，池凝聚未流。
蒲城桑叶落，灞岸菊花秋。愿持河朔饮，分劝东陵侯。

蒲州刺史中山公许乞酒一车未送　庾信

细柳望蒲台，长河始一回。秋桑几过落，春蚁未曾开。
莹角非难驭，搥轮稍可催。只言千日饮，旧逐中山来。

答王司空饷酒　庾信

今日小园中，桃花数树红。开君一壶酒，细酌对春风。
未能扶毕卓，犹足舞王戎。仙人一捧露，判不及杯中。

暮秋野兴赋得倾壶酒　庾信

刘伶正捉酒，中散欲弹琴。但使逢秋菊，何须就竹林。

对酒　庾信

数杯还已醉，风云不复知。惟有龙吟笛，桓伊能独吹。

春日极饮　庾信

槛前闻鸟啭，园里对花开。就中言不醉，红袖捧金杯。

过酒家三首　王绩

北日长昏饮，非关养性灵。眼看人尽醉，何忍独为醒。

竹叶连糟翠，葡萄带曲红。相逢不令尽，别后为谁空。

洛阳无大宅，长安乏主人。黄金销未尽，祇为酒家贫。

饮新酒　元稹

闻君新酒熟，况值菊花秋。莫怪平生志，图销尽日愁。

酒　李峤

孔坐洽良俦，陈筵几献酬。临风竹叶满，湛月桂香浮。

每接高阳宴，长陪河朔游。会从元石饮，云雨出圆丘。

奉萧令嵩宇文黄门融裴中书光庭酒三首　张说

乐奏天恩满，杯来秋兴高。更蒙萧相国，对席饮醇醪。

圣德重甘露，天章下大风。又乘黄阁赏，愿作黑头公。

西掖恩华降，南宫命席阑。讵知鸡树后，更接凤池欢。

余杭醉歌赠吴山人　丁仙芝

晓幕红襟燕，春城白顶乌。只来梁上语，不向府中趋。

城头坎坎鼓声曙，满庭新种樱桃树。

桃花当夜撩乱开，当轩发色映楼台。

十千兑得余杭酒，二月春城长命杯。

酒后留君待明月，还将明月送君回。

对酒吟　崔国辅

行行日将夕，荒村古冢无人迹。

朦胧荆棘　鸟吟，屡唱提壶沽酒吃。

古人不达酒不足，遗恨精灵传此曲。

寄言世上诸少年，平生且尽杯中醁。

新丰主人　储光羲

新丰主人新酒熟，旧客还归旧堂宿。

满酌香含北砌花，盈樽色泛南轩竹。

云散天高秋月明，东家少女解秦筝。

醉来忘却巴陵道，梦中疑是洛阳城。

嘲王历阳不肯饮酒　李白

地白风色寒，雪花大如手。笑杀陶渊明，不饮杯中酒。

浪抚一张琴，虚栽五株柳。空负头上巾，吾于尔何有。

将进酒　李白

君不见，黄河之水天上来，奔流到海不复回。

君不见，高堂明镜悲白发，朝如青丝暮成雪。

人生得意须尽欢，莫使金樽空对月。

天生我材必有用，千金散尽还复来。

烹羊宰牛且为乐，会须一饮三百杯。

岑夫子，丹丘生，将进酒，杯莫停。

与君歌一曲，请君为我倾耳听。

钟鼓馔玉不足贵，但愿长醉不复醒。

古来圣贤皆寂寞，惟有饮者留其名。

陈王昔时宴平乐，斗酒十千恣欢谑。

主人何为言少钱，径须沽取对君酌。

五花马，千金裘，呼儿将出换美酒，与尔同销万古愁。

哭宣城善酿纪叟　李白

纪叟黄泉里，还应酿老春。夜台无李白，沽酒与何人？

酒肆行　韦应物

豪家沽酒长安陌，一旦起楼高百尺。

碧疏玲珑含春风，银题彩帜邀上客。

回瞻丹凤阙，直视乐游苑。

四方称赏名已高，五陵车马无近远。

晴景悠扬三月天，桃花飘俎柳垂筵。

繁丝急管一时合，他垆邻肆何寂然。

主人无厌且专利，百斛须臾一囊费。

初酿后薄为大偷，饮者知名不知味。

深门潜酝客来稀，终岁醇酽味不移。

长安酒徒空扰扰，路旁过去那得知。

湖中对酒作　张谓

夜坐不厌湖上月，昼行不厌湖上山。

眼前一尊又长满，心中万事如等闲。

主人有黍万余石，浊醪数斗应不惜。

即今相对不尽欢，别后相思复何益。

茱萸湾头归路赊，愿君且宿黄公家。

风光若此人不醉，参差辜负东园花。

醉后赠张九旭　高适

世上谩相识，此翁殊不然。兴来书自圣，醉后语尤颠。

白发老闲事。青云在目前。床头一壶酒，能更几回眠。

遭田父泥饮美严中丞　杜甫

步屧随春风，村村自花柳。田翁逼社日，邀我尝春酒。

酒酣夸新尹，畜眼未见有。回头指大男，渠是弓弩手。

名在飞骑籍，长番岁时久。前日放营农，辛苦救衰朽。

差科死则已，誓不举家走。今年大作社，拾遗能住否。

叫妇开大瓶，盆中为吾取。感此气扬扬，须知风化首。

语多虽杂乱，说尹终在口。朝来偶然出，自卯将及酉。

久客惜人情，如何拒邻叟。高声索果栗，欲起时被肘。

指挥过无礼，未觉村野丑。月出遮我留，仍嗔问升斗。

饮中八仙歌　杜甫

知章骑马似乘船，眼花落井水底眠。

汝阳三斗始朝天，道逢曲车口流涎，恨不移封向酒泉。

左相日兴费万钱，饮如长鲸吸百川，衔杯乐圣称避贤。
宗之潇洒美少年，举觞白眼望青天，皎如玉树临风前。
苏晋长斋绣佛前，醉中往往爱逃禅。李白一斗诗百篇。
长安市上酒家眠，天子呼来不上船。自称臣是酒中仙。
张旭三杯草圣传，脱帽露顶王公前，挥毫落纸如云烟。
焦遂五斗方卓然，高谈雄辩惊四筵。

拨闷　杜甫

闻道云安曲米春，才倾一盏即醺人。
乘舟取醉非难事，下峡消愁定几巡。
长年三老遥怜汝，捩柂开头捷有神。
已办青钱防顾直，当令美味入吾唇。

谢严中丞送青城山道士乳酒一瓶　杜甫

山瓶乳酒下青云，气味浓香幸见分。
鸣鞭走送怜渔父，洗盏开尝对马军。

对酒曲　贾至

春来酒味浓，举酒对春丛。一酌千忧散，三杯万事空。
放歌乘美景，醉舞向春风。寄语尊前客，生涯任转蓬。

劝陆三饮酒　戴叔伦

寒郊好天气，劝酒莫辞频。扰扰钟陵市，无穷不醉人。

军中醉饮寄沈八刘叟　畅当

酒渴爱江清，余酣漱晚汀。软莎欹坐隐，冷石醉眠醒。

野膳随行帐，华音发从伶。数杯君不见，都已遣沉冥。

醉后寄山中友人　于鹄

昨日山家春酒浓，野人相劝久从容。

独忆卸冠眠细草，不知谁送出深松。

都忘醉后逢廉度，不省归时见鲁恭。

知己尚嫌身酩酊，路人应恐笑龙钟。

把酒　韩愈

扰扰驰名者，谁能一日闲。我来无伴侣，把酒对青山。

答陆澧　朱放

松叶堪为酒，春来酿几多。不辞山路远，踏雪也相过。

饮酒　柳宗元

今旦少愉乐，起坐开清尊。举觞酹先酒，遗我驱忧烦。

须良心自殊，顿觉天地喧。连山变幽晦，绿水涵晏温。

蔼蔼南郭门，树木亦何繁。清阴可自庇，竟夕闻佳言。

尽醉无复辞，偃卧有芳荪。彼哉晋楚富，此道未必存。

劝酒 孟郊

白日无定影，清江无定波。人无百年寿，百年复如何。

堂上陈美酒，堂下列清歌。劝君金屈卮，勿谓朱颜酡。

松柏岁岁茂，丘陵日日多。君看终南山，千古青峨峨。

秦王饮酒 李贺

秦王骑虎游八极，剑光照空天自碧。

羲和敲日玻璃声，劫灰飞尽今太平。

龙头泻酒邀酒星，金樽琵琶夜枨枨。

洞庭雨脚来吹笙，酒酣喝月使倒行。

银云栉栉瑶殿明，宫门掌事报一更。

花楼玉凤声娇狞，海绡红文香浅清。

黄蛾跌舞千年觥，仙人烛树蜡烟轻，青春醉眼泪泓泓。

长安道 白居易

花枝缺处春楼开，艳歌一曲酒一杯。

美人劝我急行乐，自古朱颜不再来。

君不见，外州客；长安道，一回来，一回老。

劝酒 白居易

劝君一盏君莫辞，劝君两盏君莫疑，劝君三盏君始知。

面上今日老昨日，心中醉时胜醒时。

天地迢遥自长久，白兔赤乌相趁走。

身后堆金挂北斗，不如生前一樽酒。

君不见春明门外天欲明，喧喧歌哭半死生。

游人驻马出不得，白舆素车争路行。

归去来，头已白，典钱将用沽酒吃。

赋得何处难忘酒　白居易

何处难忘酒，朱门美少年。春分花发后，寒食月明前。

小院回罗绮，深房理管弦。此时无一盏，争过艳阳天。

醉后　刘商

春月秋风老此身，一瓢长醉任家贫。

醒来还爱浮萍草，漂寄官河不属人。

醒后　刘驾

醉田芳草间，酒醒日落后。

壶觞半倾覆，客去应已久。

不记折花时，何得花在手。

对酒　于武陵

劝君金屈卮，满酌不须辞。花发多风雨，人生是别离。

醉歌　许宣平

纪事云："好事者尝题此诗于壁。李白自翰林出，东游，览诗叹曰：'此仙人也。'"

负薪朝出卖，沽酒日西归。借问家何在，穿云入翠微。

劝酒　李敬中

不向花中醉，花应解笑人。只忧连夜雨，又过一年春。
日日无穷事，区区有限身。若非杯酒里，何以寄天真。

和龚美醉中以一壶见寄　陆龟蒙

酒痕衣上杂莓苔，犹忆红螺一两杯。
正被绕篱荒菊笑，日斜还有白衣来。

友人许惠酒以诗征之　皮日休

野老萧然访我家，霜残白菊两三花。
子山病起无余事，只望蒲台酒一车。

夜醉卧街　裴俦然

开元中，夜醉卧街犯禁。乃为此诗。

遮莫冬冬动，须倾满满杯。金吾如借问，但道玉山颓。

别酒主人　山中客

酒尽君莫沽，壶干我当发。城市多嚣尘，还山弄明月。

夜闻榨酒有声因而成咏　苏舜钦

糟床新压响泠泠，欹枕初闻睡自轻。

几段愁衷俱滴破，一番欢意已篘成。

空阶夜雨徒传句，三峡流泉无此声。

只待松轩看飞雪，呼宾同饮瓮头清。

谢尧夫寄新酒　韩维

故人一别两重阳，每欲从之道路长。

有客忽传龙坂至，开尊如对马军尝。

定将琼液都为色，疑有金英密借香。

却笑当年彭泽令，篱边终日叹空觞。

新酿桂酒　苏轼

捣香筛辣入瓶盆，盎盎春溪带雨浑。

收拾小山藏社瓮，招呼明月到芳尊。

酒材已遣门生致，荒垌仍呼地主园

烂煮葵羹斟桂醑，风流可惜在蛮村。

和陶渊明饮酒　苏轼

道丧士失已，出语辄不情。江左风流人，醉中亦求名。

渊明独清真，谈笑得此生。身如受风竹，掩冉众叶惊。

俯仰各有态，得酒诗自成。

家酿　苏辙

方暑储曲糵，及秋舂秫稻。甘泉汲桐柏，火候问邻媪。
唧唧鸣瓮盎，嗷嗷化梨枣。一拨欣已熟，急挡嫌不早。
病色变渥丹，羸躯惊醉倒。子云多交游，好事时相造。
嗣宗尚出仕，兵厨可常到。嗟我老杜门，奈此平生好。
未出禁酒国，耻为瓮间盗。一醉汁滓空，入腹谁复告。

酿重阳酒　苏辙

风前隔年曲，瓮里重阳酒。适从台无馈，饮啜不濡口。
秋尝日已迫，收拾烦主妇。仰空露成霜，塞庭菊将秀。
金微火犹壮，未可多覆蔀。唧唧候鸣声，涓涓夜初溜。
轻巾漉糟脚，寒泉养罂缶。谁来共佳节，但约邻人父。
生理正艰难，一醉陶衰朽。他年或丰余，此味恐无有。

以蜜酒送柳真公　苏辙

床头酿酒一年余，气味全非卓氏垆。
送与幽人试尝看，不应只是白花须。

题杜子美浣花醉归图　黄庭坚

拾遗流落锦官城，故人作尹眼为青。
碧鸡坊西结茅屋，百花潭水濯冠缨。
故衣未补新衣绽，空蟠胸中书万卷。

探道欲度羲皇前，论诗未觉国风远。

干戈峥嵘暗宇县，杜陵韦曲无鸡犬。

老妻稚子且眼前，弟妹漂零不相见。

此公乐易真可人，园翁溪友肯卜邻。

邻家有酒邀皆去，得意鱼鸟来相亲。

浣花酒船散车骑，野墙无主看桃李。

宗文守家宗武扶，落日蹇驴驮醉起。

愿闻解兵脱兜鍪，老儒不用千户侯。

中原未得平安报，醉里眉攒万国愁。

生绡铺墙粉墨落，平生忠义命寂寞。

儿呼不苏驴失脚，犹恐醒来有新作。

常使诗人拜画图，煎胶续弦千古无。

与舍弟饮　唐庚

温酒浇枯肠，戢戢生小诗。诗中何等语，酒后那得知。

黄菊遂行迈，径去不复辞。拒霜犹屈强，其势何能为。

但问酒有无，勿计官高卑。江边捕鱼郎，教我当啜醨。

还朝饮酒　韩驹

往时看曝石渠书，内酒均颁白玉腴。

落魄十年无复醉，因公今日识官壶。

茅柴酒　韩驹

三年逐客卧江皋，自与田工压小槽。

饮惯茅柴谙苔硬，不知如蜜有香醪。

谢江仲举惠酒　程俱

山城无物可忘忧，但有平原病督邮。

知我囊中无白水，烦君若下出青州。

芳甘未谢三年酝，傲兀能消万古愁。

会待东郊春意动，鸣鞭乘兴草堂游。

和汪伯虞求酒　罗愿

君不见菊潭之水饮可仙，酒旗五星空在天。

此江谷纹奇更绝，投以曲米清如泉。

分甘正拟供低唱，要筑糟台须大匠。

诗人便欲醉千日，欢伯仅堪陪一饷。

日予此乐未之知，独爱为瓶居井湄。

因君饮兴亦浩荡，梦随骖驾觞瑶池。

昔贤酒尽孤长吸，大似竹枯还欲沥。

明朝秀句传满城，笑指空尊卧墙壁。

寓直玉堂拜赐御酒　范成大

归鸦陆续堕宫槐，帘幕参差晚不开。

小雨遂将秋色至，长风时送市声来。

近瞻北斗璇玑次，犹梦西山翠碧堆。

惭愧君恩来甲夜，殿头宣劝紫金杯。

对酒　陆游

闲愁如飞雪，入酒即消融。花好如故人，一笑杯自空。

流莺有情亦念我，柳边尽日啼春风。

长安不到十四载，酒徒往往成衰翁。

九环宝带光照地，不如留君双颊红。

大醉梅花下走笔赋此　陆游

闭门坐叹息，不饮辄十日。忽然酒兴生，一醉须一石。

檐头花易老，旗亭酒常窄。出郊索一笑，放浪谢形役。

把酒梅花下，不觉日既夕。花香袭襟袂，歌声上空碧。

我亦落乌巾，倚树吹玉笛。人间奇事少，颇谓三勋敌。

酒阑江月上，珠树挂寒壁。便疑从此仙，朝市长扫迹。

醉归乱一水，顿与异境隔。终当骑梅龙，海上看春色。

社酒　陆游

农家耕作苦，雨旸每关念。种黍踏曲蘖，终岁勤收敛。

社瓮虽草草，酒味亦醇酽。长歌南陌头，百年应不厌。

饮石洞酒戏作　陆游

酣酣霞晕力通神，淡淡鹅雏色可人。

一笑破除垂老日，满怀摇荡隔年春。

梅花的的吹初破，杨柳纤纤染未匀。

醉倒桥边人不怪，西曹免护相君茵。

对酒　陆游

温如春色爽如秋，一榼灯前自献酬。

百万愁魔降未得，故应用尔作戈矛。

酒歌　杨万里

生酒清于雪，煮酒赤如血。

煮酒只带烟火气，生酒不离泉石味。

石根泉眼新汲将，曲米酿出春风香。

坐上猪红间熊白，瓮头鸭绿变鹅黄。

先生一醉万事已，那知身在尘埃里。

酒市二首　朱熹

闻说崇安市，家家曲米春。楼头邀上客，花底觅南邻。

讵有当垆子，应无折券人。劝君浑莫问，一酌便还醇。

丽藻摛云锦，新章写陟厘。诗传国风体，兴发酒家旗。

见说难中圣，遥知但啜醨。盘餐杂鲑菜，那有蟹螯持。

林知常惠白酒六尊，仍示酒法，作十韵谢之　王十朋

老去生涯付杯酒，种秫辛勤三百亩。

东皋遗法嗟失传，蜜汁齑浆不通口。

迩来软饱经月无，岂有清欢对朋友。

百钱强就村媪醉，终夜蔬肠作雷吼。

先生祇把文字耕，妙意能施杜康手。

怜我新愁余万斛，那更浇肠无五斗。

分惠青州六从事，秘法兼蒙传肘后。

便同北海歌不空，免似东坡叹乌有。

嗟予偃蹇老更饕，感激故人情意厚。

会须续遣白衣来，篱畔黄花欲重九。

九日饮酒会，趣堂者十九人，老者与焉既醒念，不可以无诗，因用赠林知常韵示诸友　王十朋

我似扬雄贫嗜酒，笔作耕犁纸为亩。

辛勤耕植三十年，往往糟醨罕濡口。

今年九日瓮盎空，谁馈先生荷诸友。

衰颜迎醉生嫩红，馋腹随餐失饥吼。

菊花不上老人头，酒盏聊传此时手。

文字饮韩嘉数子，礼法拘觳惟一斗。

衰翁兴尽辄先归，不待杯盘狼藉后。

坐客高歌惊四邻，吾乡已在无何有。

明朝黄花亦不恶，俗眼无端自疏厚。

酒醒聊记坐中人，有似平原凡十九。

九日会饮，予为倡首。自和凡数篇，皆因事叙情尔，未作重九诗也。今再和一篇，每句用事而不见姓名；末联外余皆略存对偶，必有能和之者　王十朋

独坐东篱叹无酒，种秫西畴谩盈亩。

菊花丛畔来白衣，桑落杯中付馋口。

汝南风俗有故事，龙山宴集多佳友。

静闻彭泽三径香，遥想蓝田双涧吼。

顺时习射马嘶风，随俗登山囊系手。

慈恩塔冷旧衣冠，戏马台空古刁斗。

三嗅馨香感慨中，细看茱萸酩酊后。

应制赋诗人孰在，坐湖联句今还有。

明朝见花心已别，此日登高意宜厚。

日月并应节物嘉，独恨今年无闰九。

夜饮　姜特立

风高霜挟月，酒暖夜生春。

一曲清歌罢，华胥有醉人。

社酒　方岳

春风泼醅瓮，夜雨鸣糟床。相呼荐蠲洁，洗盏方敢尝。

不辞酩酊红，所愿穑稏黄。家家饭牛肥，岁岁浮蛆香。

渊明携酒图　梁栋

渊明无心云，才出便归岫。东皋半顷秋，所种不常有。

苦恨无酒钱，闲却持杯手。今朝有一壶，携之访亲友。

惜无好事人，能消几壶酒。区区谋一醉，岂望名不朽。

闲吟篱下菊，自传门前柳。试问刘寄奴，还识此人否。

咏酒　徐玑

才倾一盏碧澄澄，自是山妻手法成。
不遣水多防味薄，要令曲少得香清。
凉从荷叶风边起，暖向梅花月里生。
世味总无如此味，深知此味即渊明。

李白醉归图　吕子羽

春风醉袖玉山颓，落魄长安酒肆回。
忙煞中官寻不得，沉香亭北牡丹开。

漉酒图　庞铸

我爱陶渊明，爱酒不爱官。弹琴但寓意，把酒聊开颜。
自得酒中趣，岂问头上冠。谁作漉酒图，清风起毫端。
露电出形似，神情想高闲。大似挥弦时，目送飞鸿难。
袖中有东篱，开卷见南山。嗟予困尘土，青鬓时一斑。
折腰尚未免，敢谓善闭关。望望孤云翔，羡羡飞鸟还。
归田未有日，掩卷空长叹。

卯酒　宋九嘉

腊蚁初浮社瓮笃，宿酲正渴卯时投。
醉乡兀兀陶陶里，底事形骸底事愁。

醉中　侯册

烂醉归来驴失脚，破靴指天冠倒卓。

足来白眼望青天，狂气峥嵘无处著。

陶潜止酒意有在，馎糟酸醨良未害。

君看谢奕对桓温，得失老兵何足怪。

蜾蛉螟蠃待二豪，饮中宁有山家涛。

平明径访陈惊坐，相对春风把蟹螯。

老杜醉归图　　李俊明

寻常行处酒债，每日江头醉归。

薄暮斜风细雨，长安一片花飞。

饮酒五首之一、二　　元好问

西郊一亩宅，闭门秋草深。床头有新酿，意惬成孤斟。
举杯谢明月，蓬莱肯相临。愿将万古色，照我万古心。

去古日已远，百伪无一真。独余醉乡地，中有羲皇淳。
圣教难为功，乃见酒力神。谁能酿沧海，尽醉区中民。

后饮酒五首之二、四、五　　元好问

金丹换凡骨，诞幻若无实。如何杯杓间，乃有此乐国。
天生至神物，与世作醰适。岂曰无妙理，混漾莫容诘。
康衢吾自乐，何者为帝力。大笑白与刘，区区颂功德。

酒中有胜地，名流所同归。人若不解饮，俗病从何医。

此语谁所云？吾友田紫芝。紫芝虽吾友，痛饮真吾师。

一饮三百杯，谈笑成歌诗。九原不可作，想见当年时。

饮人不饮酒，正自可饮泉。饮酒不饮人，屠沽从击鲜。

酒如以人废，美禄何负焉。我爱靖节翁，于酒得其天。

庞通何物人？亦复为陶然。兼忘物与我，更觉此翁贤。

黑马酒　刘因

仙酪谁夸有太元，汉家挏马亦空传。

香来乳面人如醉，力尽皮囊味始全。

千尺银驼开晓宴，一杯璃露洒秋天。

山中唤起陶弘景，轰饮高歌敕勒川。

醉时歌　黄庚

茫茫古堪舆，何日分九州。

封域如许人，仅能着我胸中愁。

浇愁须是如渑酒，曲波酿尽银河流。

贮以倒海千顷黄金罍，酌以倾江万斛玻璃舟。

天为青罗幕，月为白玉钩。

月边天孙织云锦，制成五色蒙茸裘。

披裘把酒踏月窟，长揖北斗相劝酬。

一饮一千古，一醉三千秋。

高卧五城十二楼。

刚风冽冽吹酒醒，起来披发骑赤虬。

大呼洪崖折浮丘，飞上昆仑山顶头。

下视尘寰一培塿，挥斥八极逍遥游。

马酒　许有壬

味似融甘露，香疑酿醴泉。新醅撞重白，绝品挹清元。

骥子饥无乳，将军醉卧毡。挏官闻汉史，鲸吸有今年。

秋露白酒熟卧闻糟声，喜而得句　许有壬

治曲辛勤夏竟秋，奇功今日遂全收。

日华煎露成真液，泉脉穿岩咽细流。

不忍掇醅斟瓮面，且教留响在床头。

老怀磈磊行浇尽，三径黄花两玉舟。

醉樵歌　张简

东吴市中逢醉樵，铁冠敧侧发飘萧。

两肩矻矻何所负，青松一枝悬酒瓢。

自言华盖峰头住，足迹踏过人间路。

学书学剑总不成，惟有饮酒得真趣。

管乐幸是王霸才，松乔自有烟霞具。

手持昆冈白玉斧，曾向月里砍桂树。

月里仙人不我嗔，特令下饮洞庭春。

兴来一吸海水尽，却把珊瑚樵作薪。

醒时邂逅逢王质，石上看棋黄鹄立。

斧柯烂尽不成仙，不如一醉三千日。

于今老去名空在，处处题诗偿酒债。

淋漓醉墨落人间，夜夜风雷起光怪。

红酒歌　杨维桢

杨子渴如马文园，宰官特赐桃花源。

桃花源头酿春酒，滴滴真珠红欲然。

左官忽落东海边，渴心盐井生炎烟。

相呼西子湖上船，莲花博士饮中仙。

如银酒色未为贵，令人长忆桃花泉。

胶州判官玉牒贤，忆昔同醉璚林筵。

别来南北不通问，夜梦玉树春风前，朝来五马过陋廛。

赠以同袍五色彩，副以五凤楼头笺。

何以浇我磊落抑塞之感慨，桃花美酒斗十千。

垂虹桥下水拍天，虹光散作真珠涎。

吴娃斗色樱在口，不放白雪盈人颠。

我有文园渴，苦无曲奏鸳鸯弦。

预恐沙头双玉尽，力醉未与长瓶眠。

径当垂虹去，鲸量吸百川。我歌君扣舷，一斗不惜诗百篇。

碧筒饮次胡丞韵　张昱

小刺攒攒绿满茎，看揎罗袖护轻盈。

分司御史心先醉，多病相如渴又生。

银浦流云虽有态，铜盘清露寂无声。

当年愿博千金笑，故作风荷带雨倾。

葡萄酒　周权

翠虬天矫飞不去，颔下明珠脱寒露。

累累千斛昼夜舂，列瓮满浸秋泉红。

数宵酝月清光转，秾腴芳髓蒸霞暖。

酒成快泻宫壶香，春风吹冻玻璃光。

甘逾瑞露浓欺乳，曲生风味离通谱。

纵教典却鹔鹴裘，不将一斗博凉州。

和白香山何处难忘酒　周宪王

何处难忘酒，年光似掷梭。清明怜已过，春色苦无多。

席上红牙板，花前皓齿歌。此时无一盏，争奈牡丹何。

何处难忘酒，初秋暑尚存。双星渡银汉，微月照黄昏。

瓜果排中阁，笙歌沸小轩。此时无一盏，何以待天孙。

何处难忘酒，遥登庾亮楼。歌声通上界，笑语在瀛洲。

玉宇晴无际，冰轮夜不收。此时无一盏，何以玩中秋。

何处难忘酒，重阳戏马台。菰蒲随水落，橘柚待霜催。

蟋蟀吟将老，茱萸插几回。此时无一盏，黄菊向谁开。

何处难忘酒，寒窗一局棋。新篘开竹叶，老树发梅枝。

拨火煨霜芋，围炉咏雪诗。此时无一盏，虚度小春时。

何处难忘酒，深冬掩凤帏。管弦清晓发，猎骑夜深归。
羊角旋风起，鹅毛大雪飞。此时无一盏，辜负黑貂衣。

拟不如来饮酒八首　　周宪王

莫向忙中去，闲时自养神。功名一场梦，世界半分尘。
日月朝还暮，时光秋复春。不如来饮酒，醉里乐天真。

寄语红尘客，其如岁月何。新诗随意写，时曲放怀歌。
老去朱颜改，年高白发多。不如来饮酒，看我舞婆娑。

攘攘何因尔，终朝傀儡牵。望尘忙趁市，满贯苦多钱。
造物商岩板，羲和穆骏鞭。不如来饮酒，一醉大家眠。

世态看来熟，浮生何苦忙。好花供长眼，佳茗刷枯肠。
池上红鸳并，帘前紫燕翔。不如来饮酒，高卧北窗凉。

故友成衰谢，新文未足凭。心劳悲蒱燕，计拙笑鸠鸠。
莫作少年事，休将老态愁。不如来饮酒，赏玩菊花秋。

莫入三街市，宜乘九夏凉。随缘得妙术，守分是仙乡。
写字腾龙虎，吹箫引凤凰。不如来饮酒，烂醉锦筝旁。

羡我霜髯老，逢时正太平。园畦频点检，书画悦心情。

绿竹栽千个，红棋著一枰。不如来饮酒，且莫问输赢。

幸喜身康健，休论愚共贤。诗联有神助，老懒得天全。

十日一风雨，三家百顷田。不如来饮酒，同乐好丰年。

将进酒　高启

君不见陈孟公，一生爱酒称豪雄。

君不见扬子云，三世执戟徒工文。

得失如今两何有？劝君相逢且相寿。

试看六印尽垂腰，何似一卮长在手。

莫惜黄金醉青春，几人不饮身亦贫。

酒中有趣世不识，但好富贵亡其真。

便须吐车茵，莫畏丞相嗔，

桃花满溪口，笑杀醒游人。

丝绳玉缸酿初熟，摇荡春光若波绿。

前无御史可尽欢，倒著锦袍舞鸂鶒。

爱妾已去曲池平，此时欲饮焉能倾。

地下应无酒垆处，何苦寂寞孤平生。

一杯一曲，我歌君续。明月自来，不须秉烛，

五岳既远，三山亦空。欲求神仙，在杯酒中。

丁一鹤以疾止酒诗以诮之　贝琼

一鹤先生老耽酒，夜饮一石朝五斗。

春来连月醉如泥，窥户欣无太常妇。

杜康昨者忽为厉，鹦鹉不荐谈天口。

结交昔在王侯间，折节应羞儿女后。

地经槜李却垂泪，日落君山独回首。

浪说北游年少时，结束正似幽并儿。

朔风破肉雪埋胫，桃花骏马如星驰。

天街下马意气盛，胡女起问郎君谁。

凉州葡萄不论价，龟兹觱篥当筵吹。

安知反复一秋梦，白发渐满红颜衰。

吴王宫中走麋鹿，真娘墓下号狐狸。

出门两足苦无力，强与老儒时赋诗。

君不见人间万事随流水，别有乾坤醉乡里。

不如与君更挟两鸱夷，李白陶潜共生死。

和高季迪将进酒　　王璲

君不见云中月，清光乍圆还又缺。

君不见枝上花，容华不久落尘沙。

一生一死人皆有，绿发朱颜岂能久。

樽前但使酒如渑，肘后何须印悬斗。

咸阳黄犬悔已迟，至今千载令人嗤。

试看古来功业士，何如陌上冶游儿。

百年飘忽寄宇内，日日欢娱能几岁。

劝君莫惜囊中金，便趁生前常买醉。

临卬垆头绿蚁香，柳花卷雪春茫茫。

吴姬越女娇相向，痛饮须尽三千觞。

兴来狂笑纵所适，慎勿畏他权贵客。

东风吹落头上巾，此日独醒端可惜。

一朝绮罗生网尘，妆楼空锁青娥人。

酒星不照九泉下，孤鸟自唳山花春。

解我金貂，脱君素裘。白日既没，秉烛遨游。

君为我舞，我为君歌。歌舞相合，其如乐何。

夏正夫邀饮蛇酒　杜庠

藤峡香醪远寄来，一樽公馆晚凉开。

功同薏苡能消瘴，色胜葡萄乍泼醅。

钱在杖头宜剩买，壁悬弓影莫深猜。

主人情重怜衰病，入夜张灯再举杯。

予素不善饮，文明诗来，有西涯烂醉欲人扶之句，且以二樽见惠，步韵答之　李东阳

梦断高阳旧酒徒，坐惊神语落虚无。

若教对饮应差胜，纵使微醺不用扶。

往事分明成一笑，远情珍重得双壶。

次公亦是醒狂客，幸未粗豪比灌夫。

酒熟志喜　王鏊

常年送酒愧诸邻，陡觉今年富十分。

水法特教担柳毅，曲材先已谢桐君。

床头夜滴晴阶雨，瓮面香浮暖阁云。

莫笑陶公巾自漉，年来正策醉乡勋。

雪酒诗为孙司徒赋　邵宝

元酒曾闻侑大烹，酿来寒雪品尤清。

也知承露能高致，须信藏冰为曲成。

光重夜杯如有物，暖销春瓮本无声。

相看莫谓人间味，一滴先天万古情。

弟洛以襄陵酒方见示，如法酿造良佳，赋此答意　李濂

襄陵自昔称名酒，猗氏于今得秘方。

传示故园知汝意，酿成新味与谁尝。

金盘滴露泠泠白，玉碗浮春冉冉香。

倚瓮题诗寄吾弟，西斋风雨忆联床。

漫歌　顾大武

酒旗招摇西北指，北斗频倾渴不止。

天上有酒饮不足，翻身直下，解作人间顾仲子。

酒中生，酒中死。

糟丘酒池何龌龊，千钟百觚亦徒尔。

堪笑刘伶六尺身，死便埋我须他人。

此身血肉岂是我，乌鸢蝼蚁谁疏亲。

四鳃鲈鱼千里莼，有此下酒物，刘季张良焉知论。

左携孔北海，右揽李太白。

余杭老姥寄信来，道我新封合欢伯。

友人送酒　吴骐

僻性恒耽酒，居贫黯自伤。数旬无一醉，两鬓竟繁霜。

得此真知己，陶然即上皇。乾坤如许大，短袖且低昂。

醉中题《醉人图》　徐学谟

我从燕山望京阙，五陵豪客伤离别。

相逢不饮君奈何，瓮泼葡萄色如血。

须臾吸尽三百壶，西陵之日驱金乌。

眼中谁是高阳徒，醉来忽见醉人图。

图中之人谁最醉，美而鬒者眦如泪。

翻身跳浪招且号，夜半山精引群魅。

东隅之叟颓不禁，拥垆鼻作苍蝇吟。

梦中舒拳赌六博，犹呼一掷千黄金。

蹲者阴崖仗馁虎，走者风舠荡小橹。

何人仰面狮作吼，何人歌咽水升戽。

何人露顶发不梳，咄谁持酒浇其颅。

何人掉臂挥大斗，一沥沾唇苦于茶。

谩道真珠兼琥珀，翠屏锦缛声喀喀。

流涎残沫迸地走，珊瑚铺满金吾宅。

众中饮者谁最多，衰衣之客倾江河。
恰如廉颇老善饭，眼看醉者皆幺幺。
幺幺累累何足较，或鼓或泣或大啸。
玉山自在谁能推，欲上青天挽双曜。
刘伶毕卓俱尘埃，幕天席地安在哉？
今宵不闻妇人语，明日看花我复来。

将进酒　方孟式

将进酒，鼓琴瑟。调凤凰，如胶漆。
斗酒饮醇，松竹犹存。东风不驻，桃李无言。
青天有月圆又缺，愁见杨花乱如雪。

酒井　徐锐

千年春瓮传仙姥，三月晴云护酒庐。
色映岩花开宝靥，青归亭柳拂罗襦。
漫思竹叶倾鹦鹉，好学柴桑醉玉蛆。
病渴多情辞赋懒，琴罣伺息独当垆。

饮酒　袁宏道

刘伶之酒味太浅，渊明之酒味太深。
非深非浅谪仙家，未饮陶陶先醉心。

词

望江南·御制湖上酒　隋炀帝

湖上酒，终日助清欢。檀板轻声银甲缓，醹浮香沫玉蛆寒，醉眼暗相看。

春殿晓，仙艳奉杯盘。湖上风光真可爱，醉乡天地就中宽，帝王正清安。

定风波　欧阳修

把酒花前欲问他，对花何吝醉颜酡。春到几人能烂喷，何况，无情风雨等闲多。

艳树香丛都几许？朝暮，惜红愁粉奈情何。好是金船浮玉浪，相向，十分深送一声歌。

定风波　欧阳修

把酒花前欲问伊，忍嫌金盏负春时。红艳不能旬日看，宜算，须知开谢只相随。

蝶去蝶来犹解恋，难见，回头还是度年期。莫候饮阑花已尽，方信，无人堪与补残枝。

定风波　欧阳修

把酒花前欲问公，对花何事诉金钟？为甚去年春甚处，虚度，莺声撩乱一场空。

今岁春来须爱惜，难得，须知花面不长红。待得酒醒君不见，千片，不随流水即随风。

定风波　欧阳修

把酒花前欲问君，世间何计可留春？纵使青春留得住，虚语，无情花对有情人。

任是好花须落去，自古，红颜能得几时新。暗想浮生何事好，唯有，清歌一曲倒金尊。

定风波　欧阳修

对酒追欢莫负春，春光归去可饶人。昨日红芳今绿树，已暮，残花飞絮两纷纷。

粉面丽妹歌窈窕，清妙，尊前信任醉醺醺。不是狂心贪燕乐，自觉，年来白发满头新。

浣溪沙　欧阳修

十载相逢酒一卮，故人才见便开眉。老来游旧更同谁？

浮世歌欢真易失，宦途离合信难期。尊前莫惜醉如泥。

减字木兰花·劝饮词　韦骧

金貂贳酒，乐事可为须趁手。且醉青春，白发何曾饶贵人。

凤笙鼍鼓，况是桃花落红雨。莫诉觥筹，炊熟黄粱一梦休。

虞美人 苏轼

持杯遥劝天边月，愿月圆无缺。持杯更复劝花枝，且愿花枝长在莫离披。

持杯月下花前醉，休问荣枯事。此欢能有几人知，对酒逢花不饮待何时。

西江月·劝酒 黄庭坚

断送一生惟有，破除万事无过。远山微影蘸横波，不饮旁人笑我。

花病等闲瘦弱，春愁没处遮拦。杯行到手莫留残，不道月斜人散。

醉落魄 黄庭坚

旧有《醉醒醒醉》一曲云："醉醒醒醉，凭君会取皆滋味。浓斟琥珀香浮蚁，一入愁肠。便有阳春意。须将幕席为天地，歌前起舞花前睡。从他兀兀陶陶里，犹胜醒醒，惹得闲憔悴。"此曲亦有佳句而多斧凿痕，又语高下不甚入律；或传是东坡语，非也。与"蜗角虚名""解下痴绦"之曲相似，疑是王仲父作。因戏作四篇，呈吴元祥黄中行，似能厌道二公意中事。

陶陶兀兀，尊前是我华胥国。争名争利休休莫，雪月风花，不醉怎生得。

邯郸一枕谁忧乐，新诗新事因闲适。东山小妓携丝竹，家里乐天，村里谢安石。【石曼卿云：村里黄幡绰，家中白侍郎。】

陶陶兀兀，人生无累何由得。杯中三万六千日，闷损旁观，自我解落魄。

扶头不起还颓玉，日高春睡平生足。谁门可款新笃熟，安乐春泉，玉醴荔枝绿。

老夫止酒十五年矣。到戎州，恐为瘴疠所侵，故晨举一杯。不相察者，乃强见酌，遂能作病，因复止酒。用前韵作二篇，呈吴元祥。

陶陶兀兀，人生梦里槐安国。教公休醉公但莫，盏倒垂莲，一笑是赢得。

街头酒贱民声乐，寻常别处寻欢适。醉看檐雨森银竹，我欲忧民，渠有二千石。

陶陶兀兀，醉乡路远归不得。心情那似当年日，割爱金荷，一碗淡莫托。

异乡薪桂炊苍玉，摩挲经笥须知足。明年细麦能黄熟，不管经霜，点尽鬓边绿。

菩萨蛮　舒亶

尊前休话人生事，人生只合尊前醉。金盏大为船，江城风雪天。绮窗灯自语，一夜芭蕉雨。玉漏为谁长，枕衾残酒香。

凤皇枝令　万俟咏

景龙门，古酸枣门也。自左掖门之东为夹城南北道，北抵景龙门。自腊月十五日放灯，纵都人夜游。妇人游者珠帘下邀住，饮以金瓯酒。有妇人饮酒毕，辄怀金瓯，左右呼之。妇人曰："妾之夫性严，今带酒容何以自明，怀此金瓯为证耳。"隔帘闻笑声曰："与之。"其词曰：

人间天上，端楼龙凤灯先赏。倾城粉黛月明中，春思荡，醉金瓯仙酿。

一从鸾辂北向，旧时宝座应蛛网。游人此际客江乡，空怅望，梦连昌清唱。

减字木兰花·赠广陵马推官　陈瓘

一尊薄酒，满酌劝君君举手。不是亲朋，谁肯相从寂寞滨。

人生如【《诗话总龟》作似】梦，梦里惺惺何处用。盏到休辞，醉后全胜未醉时。

虞美人·自兰陵归各夜饮严州酒作　葛胜仲

严陵滩畔香醪好，遮莫东方晓。春风盎盎入寒肌，人道霜浓腊月我还疑。

红炉火熟香围坐，梅蕊迎春破。一声清唱解人颐，人道牢愁千斛我谁知。

索酒·四时景物须酒之意　曹勋

乍喜惠风初到，上林翠红，竞开时候。四吹花香扑鼻，露裁烟染。天地如绣，渐觉南薰。总冰绡纱扇避烦画，共游凉亭消暑，细酌轻讴须酒。

江枫装锦雁横秋，正皓月莹空，翠阑侵斗。况素商霜晓，对径菊，金玉芙蓉争秀。万里彤云，散飞霙，炉中焰红兽。便须点水傍边，最宜著酉。

鹧鸪天　朱敦儒

天上人间酒最尊，非甘非苦味通神。一杯能变愁山色，三盏全回冷谷春。

欢后笑，怒时瞋，醒来不记有何因。古时有个陶元亮，解道君当恕醉人。

鹧鸪天　朱敦儒

有个仙人捧玉卮，满斟坚劝不须辞。瑞龙透顶香难比，甘露浇心味更奇。

开道域，洗尘机，融融天乐醉瑶池。霓裳拽住君休去，待我醒时再一巵

江城子·新酒初热　李纲

老饕嗜酒若鸱夷，拣珠玑。自蒸炊，笐尽云腴，浮蚁在瑶卮。有客相过同一醉，无客至，独中之。

曲生风味有谁知，豁心脾。展愁眉，玉颊红潮，还似少年时。醉倒不知天地大，浑忘却，是和非。

望江南　李纲

新酒熟，云液满香笃。溜溜清声归小瓮，温温玉色照甏瓯，饮兴浩难收。

嘉客至，一酌散千忧。愿我老方齐物论，与君同作醉乡游，万事总休休。

鹤冲天　李弥逊

张仲宗以秋香酒见寄并词次其韵。

笃玉液，酿花光，来趁北窗凉。为君小摘蜀葵黄，一似嗅枝香。

饮中仙，山中相，也道十分宫样。一般时候最宜尝，竹院月侵床。

扑胡蝶·劝酒　史浩

光阴转指，百岁知能几。儿时童稚，老来将耄矣。就中些子强壮，又被浮名牵系，良辰尽成轻弃。

此何理，若有惺惺活底，必解自为计。清樽在手，且须拼烂醉。醉乡不涉风波地，睡到花阴正午，笙歌又还催起。

蝶恋花　史浩

玉瓮新醅翻绿蚁，滴滴真珠，便有香浮鼻。欲把盈樽成雅会，更须寻个无愁地。

况是赏心多乐事，美景良辰，又复来相值。料得天家深有意，教人长寿花前醉。

临江仙·劝酒　　史浩

自古圣贤皆寂寞，只教饮者留名。万花丛里酒如渑，池台仍旧贯，歌管有新声。

欲识醉乡真乐地，全胜方丈蓬瀛。是非荣辱不关情，百杯须痛饮，一枕拼春醒。

临江仙·劝酒　　史浩

一盏阳和，分明至珍无价。解教人啰哩哩啰，把胸中些磊块，一时镕化。悟从前，恁区区，总成虚假。

何妨竟夕，交酬玉觞金斝。更休辞醉眠花下，待明朝，红日上三竿，方罢。引笙歌，拥珠玑，笑扶归马。

瑞鹤仙·劝酒　　史浩

瑞烟笼绣幕，正玳席言欢，觥筹交错。高情动寥廓，恣清谈雄辩，珠玑频落。锵锵妙乐，且赢取升平快乐。又何辞醉玉颓山，是处有人扶著。

追念抟风微利，画饼浮名，久成离索。输忠素约，没材具，漫担阁。怅良辰美景，花前月下，空把春游蹉却。到如今对酒当歌，怎休领略。

青玉案·劝酒　　史浩

闲忙两字无多子，叹举世，皆由此。逐利争名忙者事，廛中得丧，仕中宠辱，无限非和是。

谁人解识闲中趣，雪月烟云自能致。世态只如风过耳，三杯两盏，眼蒙眬地，长向花前醉。

醉蓬莱·劝酒　史浩

喜泉通碧瓮，秫刈黄云，酿成芳酎。瑞霭凝香，更阳和种秀。晓瓮寒光，夜槽清响，听颭珠频溜。昼锦堂深，聚星筵启，一觥为寿。

况此神仙，蘂宫俦侣，玉殿英游，尽皆亲旧。赢得开怀，对良辰握手。醉席淋，殷勤笑语，任滴残更漏。绣幕春风，轻丝美韵，明朝还又。

菩萨蛮·咏酒十首　张抡

人间何处难忘酒，迟迟暖日群花秀。红紫斗芳菲，满园张锦机。
春光能几许，多少闻风雨。一盏此时疏，非痴即是愚。

人间何处难忘酒，小舟□□□杨柳。柳影蘸湖光，薰风拂□□。
□□□□□，□□□□□。一盏此时倾，□□□□□。

人间何处难忘酒，中秋皓月明如昼。银汉洗晴空，清辉万古同。
凉风生玉宇，只怕云来去。一盏此时迟，阴晴未可知。

人间何处难忘酒，素秋令节逢重九。步屧绕东篱，金英烂漫时。
折来惊岁晚，心与南山远。一盏此时休，高怀何以酬。

人间何处难忘酒，六花投隙琼瑶透。火满地炉红，萧萧屋角风。
飘飖飞絮乱，浩荡银涛卷。一盏此时干，清吟可那寒。

人间何处难忘酒，闭门永日无交友。何以乐天真，云山发兴新。
听风松下坐，趁蝶花边过。一盏此时空，幽怀谁与同。

人间何处难忘酒，□□□□□□斗。不是慕荣华，惟愁月□□。
□□□□□，□□□□□。一盏此时悭，□□□□□。

人间何处难忘酒，山村野店清明后。满路野花红，一帘杨柳风。
田家春最好，箫鼓村村闹。一盏此时辞，将何乐圣时。

人间何处难忘酒，兴来独步登岩岫。倚杖看云生，时闻流水声。
山花明照眼，更有提壶劝。一盏此时斟，都忘名利心。

人间何处难忘酒，水边石上逢山友。相约老山林，幽居不怕深。
浮名心已尽，恓倒都尤隐。一盏此时无，交情伺以郤。

鹊桥仙·同舍郎载酒见过醉后作　曾觌

菊花小摘，西风斜照，帘影轻笼暝色。玉尊侧倒莫辞空，□满座、
宾朋弁侧。

乡邦万里，北来年少，几个如今在得。扶头一任且留连，叹人世、
光阴半百。

西江月　王炎

用荼蘼酿酒饮尽因成此谩呈继韩。

蔌蔌落红都尽，依然见此清姝。水沈为骨玉为肤，留得春光少住。

鸳帐巧藏翠幔，燕钗斜亸纤枝。休将往事更寻思，且为浓香一醉。

念奴娇·瓢泉酒酣，和东坡韵　辛弃疾

倘来轩冕，问还是、今古人间何物。旧日重城愁万里，风月而今坚壁。药笼功名，酒垆身世，可惜蒙头雪。浩歌一曲，坐中人物之杰。

堪叹黄菊凋零，孤标应也有，梅花争发。醉里重揩西望眼，惟有孤鸿明灭。世事从教，浮云来去，枉了冲冠发。故人何在，长歌应伴残月。

水调歌头·九日游云洞，和韩南涧尚书韵　辛弃疾

今日复何日，黄菊为谁开？渊明谩爱重九，胸次正崔嵬。酒亦关人何事，政自不能不尔，谁遣白衣来。醉把西风扇，随处障尘埃。

为公饮，须一日，三百杯。此山高处东望，云气见蓬莱。翳凤骖鸾公去，落佩倒冠吾事，抱病且登台。归路踏明月，人影共徘徊。

水调歌头·再用韵，呈南涧　辛弃疾

千古老蟾口，云洞插天开。涨痕当日何事，汹涌到崔嵬。攫土抟沙儿戏，翠谷苍崖几变，风雨化人来。万里须臾耳，野马骤空埃。

笑年来，蕉鹿梦，画蛇杯。黄花憔悴风露，野碧涨荒莱。此会明年谁健，后日犹今视昔，歌舞只空台。爱酒陶元亮，无酒正徘徊。

水调歌头·再用韵，答李子永提干　辛弃疾

君莫赋幽愤，一语试相开。长安车马道上，平地起崔嵬。我愧渊明久矣，独借此翁湔洗，素壁写归来。斜日透虚隙，一线万飞埃。

断吾生，左持蟹，右持杯。买山自种云树，山下剧烟莱。百炼都成绕指，万事直须称好，人世几舆台。刘郎更堪笑，刚赋看花回。

水调歌头·即席和金华杜仲高韵，并寿诸友。惟醋乃佳耳　辛弃疾

万事一杯酒，长叹复长歌。杜陵有客，刚赋云外筑婆娑。须信功名儿辈，谁识年来心事，古井不生波。种种看余发，积雪就中多。

二三子，问丹桂，倩素娥。平生萤雪，男儿无奈五车何。看取长安得意，莫恨春风看尽，花柳自蹉跎。今夕且欢笑，明月镜新磨。

水调歌头·醉吟　辛弃疾

四坐且勿语，听我醉中吟。池塘春草未歇，高树变鸣禽。鸿雁初飞江上，蟋蟀还来床下，时序百年心。谁要卿料理，山水有清音。

欢多少，歌长短，酒浅深。而今已不如昔，后定不如今。闲处直须行乐，良夜更教秉烛，高会惜分阴。白发短如许，黄菊倩谁簪。

玉蝴蝶·杜仲高书来戒酒，用韵　辛弃疾

贵贱偶然，浑似随风帘幌，篱落飞花。空使儿曹，马上羞面频遮。向空江谁捐玉珮，寄离恨应折疏麻。暮云多，佳人何处，数尽归鸦。

侬家，生涯蜡屐，功名破甑，交友抟沙。往日曾论，渊明似胜卧龙些。算从来人生则乐，休更说日饮亡何。快堪呵，裁诗未稳，得酒良佳。

定风波·大醉归自葛园，家人有痛饮之戒，故书于壁
辛弃疾

昨夜山翁倒载归，儿童应笑醉如泥。试与扶头浑未醒，休问，梦魂犹在葛家溪。

欲觅醉乡今古路，知处，温柔东畔白云西。起向绿窗高处看，题遍，刘伶元自有贤妻。

玉楼春·客有游山者，忘携具，而以词来。病不往，索酒，用韵以答。余时以病不往　辛弃疾

山行日日妨风雨，风雨晴时君不去。墙头尘满短辕车，门外人行芳草路。

城南东野应联句，好记琅玕题字处。也应竹里著行厨，已向瓮边防吏部。

玉楼春·又再和　辛弃疾

人间反复成云雨，凫雁江湖来又去。十千一斗饮中仙，一百八盘天上路。

旧时枫落吴江句，今日锦囊无著处。看封关外水云侯，剩接山中诗酒部。

卜算子·饮酒　辛弃疾

盗跖倘名丘，孔子如名跖。跖圣丘愚直到今，美恶无真实。

简策写虚名，蝼蚁侵枯骨。千古光阴一霎时，且进杯中物。

卜算子·饮酒成病　辛弃疾

一个去学仙，一个去学佛。仙饮千杯醉似泥，皮骨如金石。

不饮便康强，佛寿须千百。八十余年入涅盘，且进杯中物。

卜算子·饮酒不写书　辛弃疾

一饮动连宵，一醉长三日。废尽寒温不写书，富贵何由得。

请看冢中人，冢似当时笔。万札千言只恁休，且进杯中物。

菩萨蛮　沈端节

愁人道酒能消解，元来酒是愁人害。对酒越思量，醉来还断肠。

酒醒初梦破，梦破愁无那。干净不如休，休时只恁愁。

酹江月·括杜工部《醉时歌》　林正大

诸公台省，问先生何事，冷官如许。甲第纷纷粱肉厌，应怪先生
无此。道出羲皇，才过屈宋，空有名垂古。得钱沽酒，忘形欲到尔汝。

好是清夜沈沈，共开春酌，细听檐花雨。茅屋石田荒已久，总待
先生归去。司马子云，孔丘盗跖，到了俱尘土。不须闻此，生前杯酒
相遇。

水调歌头·括杜工部《醉时歌》，送敬则赴袁州教官 林正大

人笑杜陵客，短褐鬓如丝。得钱沽酒，时赴郑老同襟期。清夜沉沉春酌，歌语灯前细雨，相觅不相疑。忘形到尔汝，痛饮真吾师。

问先生，今去也，早归来。先生去后，石田茅屋恐苍苔。休怪相如涤器，莫学子云投阁，儒术亦佳哉。谁道官独冷，衮衮上兰台。

满江红·括杜工部《醉时歌》 林正大

衮衮诸公，嗟独冷、先生宦薄。夸甲第、纷纷粱肉，谩甘寥寞。道出羲皇知有用，才过屈宋人谁若。剩得钱、沽酒两忘形，更酬酢。

清夜永，开春酌。听细雨，檐花落。但高歌不管，饿填沟壑。司马逸才亲涤器。子云识字终投阁。且生前、相遇共相欢，衔杯乐。

沁园春·括刘伯伦《酒德颂》 林正大

大人先生，高怀逸兴，酒肉寓名。纵幕天席地，居无庐室，以八荒为域，日月为扃。贵介时豪，搢绅处士，未解先生酒适情。徒劳尔，谩是非锋起，有耳谁听。

先生挈榼提罂，更箕踞衔杯枕曲生。但无思无虑，陶陶自得，任兀然而醉，恍然而醒。静听无闻，熟视无睹，以醉为乡乐性真。谁知我，彼二豪犹是，蜾蠃螟蛉。

一丛花·括杜工部《饮中八仙歌》 林正大

知章骑马似乘船，落井眼花圆。汝阳三斗朝天去，左丞相鲸吸长

川。潇洒宗之，皎如玉树，举盏望青天。

长斋苏晋爱逃禅，李白富诗篇。三杯草圣传张旭，更焦遂、五斗惊筵。一笑相逢，衔杯乐圣，同是饮中仙。

摸鱼儿·括王绩《醉乡记》 林正大

醉之乡、其去中国，不知其几千里。其土平旷无涯际，其气和平一揆。无寒暑，无聚落居城，无怒而无喜。昔黄帝氏，仅获造其都；归而遂悟，结绳已非矣。

及尧舜，盖亦至其边鄙。终身太平而治，武王得志于周世，命立酒人之氏。从此后，独阮籍渊明，往往逃而至。何其淳寂，岂古华胥，将游是境，余故为之记。

贺新凉·括欧阳公《醉翁亭记》 林正大

环滁皆山也，望西南蔚然深秀者，琅邪也。泉水潺潺峰路转，上有醉翁亭也，亭太守自名之也。试问醉翁何所乐？乐在乎山水之间也。得之心，寓酒也。

四时之景无穷也，看林霏日出云归，自朝暮也。又错饤筹觥宴处，看肴杂然陈也，知太守游而乐也。太守醉归宾客从，拥苍颜白发颓然也。太守谁？醉翁也。

木兰花慢·括李太白《将进酒》 林正大

黄河天上派，到东海、去难收。况镜里堪悲，星星白发，早上人头。人生尽欢得意，把金尊、对月莫空休。天赋君材有用，千金散聚何忧。

请君听我一清讴，钟鼎复奚求。但烂醉春风，古来惟有，饮者名留。陈王昔时宴乐，拼十千、斗酒恣欢游。莫惜貂将换，与消千古闲愁。

酹江月·括东坡《月夜与客饮杏花下》　林正大

杏花春晚，散余芳，著处萦帘穿箔。唤起幽人明月夜，步月褰衣行乐。置酒花前，清香争发，雪挽长条落。山城薄酒，共君一笑同酌。

且须眼底柔英，尊中清影，放待杯行数。莫遣洞箫声断处，月落杯空寂寞。只恐明朝，残红栖绿，卷地东风恶。更须来岁，花时携酒寻约。

江神子·括山谷《题杜子美浣花醉图》　林正大

拾遗流落锦官城，故人情。眼为春，时向百花潭水濯冠缨。韦曲杜陵行乐地，尘土暗，叹漂零。

园翁溪友总比邻，酒盈尊。肯相亲，落日塞驴，扶醉两眉颦。磊落平生忠义胆，请与酒，醉还醒。

南乡子·杜陵醉归手卷　张炎

晴野事春游，老去寻诗苦未休。一似浣花溪上路，清幽；烟草纤纤水自流。

何处偶迟留，犹未忘情是酒筹。童子策驴人已醉，知不？醉里眉攒万国愁。

齐天乐·白酒自酌有感　吴文英

芙蓉心上三更露，茸香漱泉玉井。自洗银舟，徐开素酌，月落空杯无影。庭阴术暝，度　曲新蝉，韵秋堪听。瘦骨侵冰，怕惊纹簟夜深冷。

当时湖上载酒，翠云开处，共雪面波镜。万感琼浆，千茎鬓雪，烟锁蓝桥花径。留连暮景，但偷觅孤欢，强宽秋兴。醉倚修篁，晚风吹半醒。

清平乐·饮山亭留宿　刘因

山翁醉也，欲返黄茅舍。醉里忽闻留我者，说道群花未谢。
脱巾就挂松龛，觉来酒兴方酣。欲借白云为笔，淋漓洒遍晴岚。

西江月·山亭留饮　刘因

看竹何须问主，寻村遥认松萝。小车到处是行窝，门外云山属我。
张叟腊醅藏久，王家红药开多。相留一醉意如何，老子掀髯曰可。

西江月·赠赵棍学酒　刘因

买得鸡泉新酿，病中无客同斟。遣人持送旅窝深，呼取毛翁共饮。
少个散花天女，维摩憔悴难禁。安排走马杏花阴，咫尺春风似锦。

菩萨蛮·饮山亭感旧　刘因

种花人去花应道，花枝正为人先老。一笑问花枝，花枝得几时？
人生行乐耳，今古都如此。急欲卧莓苔，前村酒未来。

渔家傲 杨泽民

未把金杯心已恻，少年病酒还成积。一昨宦游来水国，心知得，陶陶大醉何人识。

日近偶然频燕客，尊前巾帽时攲仄。致得沈疴盟枕席，吾方适，从今更不尝涓滴。

减字木兰花 陆文圭

庚申六月三日，同耶律君璋赵子渊兄弟避暑，饮于玄妙观之荷池。君璋不饮，命歌者歌以劝之。

双鬟耸翠，低护金莲裙罩地。铁石心肠，无奈梅花一点香。

歌声梁绕，流水泠泠云杳杳。白发刘郎，对景须拼醉一场。

沁园春·止酒效稼轩体 张埜

半世游从，到处逢迎，唯尔曲生。喜一尊乘兴，时居乐土；三杯有力，能破愁城。岂料前欢，俱成后患，深悔从来见不明。筼轩下，抱厌厌病枕，恨与谁评。

请生亟退休停，更说是浊贤与圣清。论伐人心性，蛾眉非惨；烁人骨髓，鸩毒犹轻。裂爵焚觞，弃壶毁榼，交绝何须出恶声。生再拜，道苦无大故，遽忍忘情。

前调·夜饮滋玉堂 沈天羽

佳句如何谱，半响间，卷地湍声，斜阳犹故。滋玉堂中寻石友，一似巴山风雨，更一似兰亭清煦。长笛数声吹欲裂，见破云，冰月飞晶宇。客偶聚，星逢五。

荷香习习生芳浦，共凭阑，人面留张，诗肠抵杜。管花管鱼并管鸟，宜酒宜歌宜赋，才合了名人题语。不是腊残惊爆竹，翠红中、禁断青蛙鼓。相笑问，夜未午。

青莲觞咏

唐李白著　明周履靖和

卷之上

◎古乐府七首

将进酒

君不见黄河之水天上来，奔流到海不复回。

君不见高堂明镜悲白发，朝如青丝暮成雪。

人生得意须尽欢，莫使金樽空对月。

天生我材必有用，千金散尽还复来。

烹羊宰牛且为乐，会须一饮三百杯。

岑夫子，丹丘生，进酒杯莫停。

与君歌一曲，请君为我侧耳听。

钟鼓馔玉不足贵，但愿长醉不愿醒。

古来圣贤皆寂寞，惟有饮者留其名。

陈王昔时宴平乐，斗酒十千恣欢谑。

主人何为言少钱，径须沽取对君酌。

五花马、千金裘，呼儿将出换美酒，与尔同销万古愁。

和

君不见少时不乐老大来，芳春一去竟弗回。

君不见红颜双鬓堆绿发，倏尔婆娑更白雪。

偷得浮生且为欢，擎杯慷慨歌明月。

人世功名亦何用，且效渊明归去来。

抚景看花成独乐，兴至狂歌饮百杯。

月与日，没复生，昼夜何肯停。

人生驹过隙，耳畔趑趄总弗听。

衣锦佩玉岂云贵，终日醺然胜常醒。

富贵荣华诚蝶梦，勤苦一生博虚名。

嗤彼尘世不知乐，徒自劳形弗戏谑。

悟其得失了余生，不羡豪雄惟爱酌。

青骢马，紫貂裘，我性弗嗜但嗜酒，沉醉能消万斛愁。

行路难二首 之一

金樽清酒斗十千，玉盘珍馐直万钱。

停杯投箸不能食，拔剑四顾心茫然。

欲渡黄河冰塞川，将登太行雪满山。

闲来垂钓碧溪上，忽复乘舟梦日边。

行路难，行路难，多歧路，今安在？

长风破浪会有时，直挂云帆济沧海。

和

金过北斗银万千，不肯采春费杖钱。

桃花树树间杨柳，娇红嫩绿也徒然。

将驾孤舟风满川，欲涉终南雾漫山。

且登渔艇漾渌水，一夜随流到月边。

行路难，行路难，崎岖道，仍还在。

波涛汹涌静何时，直欲乘槎泛东海。

行路难二首　之二

有耳莫洗颍川水，有口莫食首阳蕨。

含光混世贵无名，何用孤高比云月？

吾观自古贤达人，功成不退皆殒身。

子胥既弃吴江上，屈原终投湘水滨。

陆机雄才岂自保？李斯税驾苦不早。

华亭鹤唳讵可闻？上蔡苍鹰何足道？

君不见吴中张翰称达生，秋风忽忆江东行。

且乐生前一杯酒，何须身后千载名？

和

一叶扁舟荡碧水，朝钓鲈鱼晚采蕨。

闲身终日混鸥凫，夜来枕蓑看明月。

静想当世英豪人，营营至老丧比身。

何如子房归山去，不及太公钓渭滨。

二疏见机名节保，陶潜高志弃官早。

范增忠言若罔闻，韩信功劳何足道。

君不见越中范蠡欲全生，载却西施湖上行。

欢然且醉尊前酒，饮酒赋诗遗清名。

山人劝酒

苍苍云松，落落绮皓。

春风尔来为阿谁，蝴蝶忽然满芳草。

秀眉霜雪颜桃花，骨青髓绿长美好。

称是秦时避世人，劝酒相欢不知老。

各守麋鹿志，耻随龙虎争。

欻起佐太子，汉王乃复惊。

顾谓戚夫人，彼翁羽翼成。

归来商山下，泛若云无情。

举觞酹巢由，洗耳何独清。

浩歌望嵩岳，意气还相倾。

和

涧松青青，峰月皓皓。

溪深谷窅绝轩车，门径悠悠阒瑶草。

桃花十树梅方林，阳和一动花开好。

兴来把酒对花神，吸酒狂歌已忘老。

山间恒自足，懒与世人争。

但知鱼鸟乐，而无宠辱惊。

双鬓易染雪，金丹何日成。

岁月弗我待，春光不世情。

衔杯得真乐，颜酡心自清。

长啸彻云汉，百杯还可倾。

把酒问月

青天有月来几时？我今停杯一问之。
人攀明月不可得，月行却与人相随。
皎如飞镜临丹阙，绿烟灭尽清辉发。
但见宵从海上来，宁知晓向云间没。
白兔捣药秋复春，嫦娥孤栖与谁邻？
今人不见古时月，今月曾经照古人。
古人今人若流水，共看明月皆如此。
唯愿当歌对酒时，月光长照金樽里。

和

清宵气爽把杯时，山月皎皎欲玩之。
为问丹桂可能折，但喜银色恒追随。
谁碾冰轮昭玉阙，碧落辉光相暎发。
举头仰看海峤升，天曙仍从星一没。
婆娑灵树几千春，广寒崔嵬谁与邻。
今年原是旧年月，玩月宁知是旧人。
人生变幻如逝水，贵贱贤愚皆同此。
一樽常喜共良朋，高歌酹酊清光里。

杨叛儿

君歌杨叛儿，妾劝新丰酒。

何许最关人，乌啼白门柳。

乌啼隐杨花，君醉留妾家。

博山炉中沉香火，双烟一气凌紫霞。

和

我歌渊明诗，妇斟桑落酒。

花向座中开，鸟栖绿杨柳。

栖柳复栖花，声色遍山家。

醉把沉檀爇宝鸭，缭绕紫气如云霞。

对酒

蒲萄酒，金叵罗，吴姬十五细马驮。

青黛画眉红锦靴，道字不正娇唱歌。

玳瑁筵中怀里醉，芙蓉帐里奈君何！

和

嗜旨酒，轻绮罗，寻芳日落骞驴驮。

不冠不带不著靴，衔杯兴至还高歌。

吴姬劝酒弗觉醉，化间行乐能几何。

五言古诗二十四首

拟古四首　其一

长绳难系日，自古共悲辛。黄金高北斗，不惜买阳春。

石火无留光，还如世中人。即事已如梦，后来我谁身。

提壶莫辞贫，取酒会四邻。仙人殊恍惚，未若醉中真。

和

百年容易尽，何事苦与辛。华屋盈珠玉，难驻花柳春。

浮萍无定止，堪比尘中人。不似盘石固，犹同梦里身。

诗酒从吾好，合拟相为邻。金丹不足信，此物未还真。

其二

今日风日好，明日恐不如。春风笑于人，何乃愁自居。

吹箫舞彩凤，酌醴鲙神鱼。千金买一醉，取乐不求余。

达士遗天地，东门有二疏。愚夫同瓦石，有才知卷舒。

无事坐悲苦，块然涸辙鲋。

和

风光在春日，冬夏焉能如。人生易聚散，何必愁苦居。

长啸一鼓掌，沽酒烹江鱼。醉米兴无已，击壤乐有余。

于越称范蠡，汉代羡二疏。三杯情少畅，百盏意自舒。

白眼看尘世，徒为沟浍鲋。

其三

仙人骑彩凤，昨下阆风岑。海水三清浅，桃源一见寻。

遗我绿玉杯，兼之紫琼琴。杯以倾美酒，琴以闲素心。

二物非世有，何论珠与金。琴弹松里风，杯劝天上月。

风月长相知，世人何倏忽。

和

谪仙恣豪吟，骑鲸上碧岑。高风不可挹，仙人何处寻。

弗如饮旨酒，兴到鼓瑟琴。酒能陶真性，琴可涵道心。

浪传有千岁，徒言石变金。把盏玩庭花，狂吟对山月。

花月足供欢，美景毋轻忽。

其四

月色不可扫，客愁不可道。玉露生秋衣，流萤飞百草。

日月终销毁，天地同枯槁。蟪蛄啼青松，安见此树老。

金丹宁误俗，昧者难精讨。尔非千岁翁，多恨去世早。

饮酒入玉壶，藏身以为宝。

和

愁来赖酒扫，此意谁能道。欢娱吸百杯，抵醉眠芳草。

三春万木华，秋至成枯槁。花无两月荣，人无百岁老。

何必学修真，愚夫徒探讨。智者悟其机，行乐恨不早。

床头储琼浆，犹胜积金宝。

月下独酌四首　其一

花间一壶酒，独酌无相亲。举杯邀明月，对影成三人。

月既不解饮，影徒随我身。暂伴月将影，行乐须及春。

我歌月徘徊，我舞影零乱。醒时相交欢，醉后各分散。

永结无情游，相期邈云汉。

和

迂拙无他好，惟与杯酒亲。月下临花坐，借花为主人。

香气袭我衣，清影覆我身。行乐弗及时，辜负此芳春。
独酌谩盘桓，毋令至生乱。任教玉漏催，兴高未云散。
山月解人欢，清光满霄汉。

其二

天若不爱酒，酒星不在天。地若不爱酒，地应无酒泉。
天地既爱酒，爱酒不愧天。已闻清比圣，复道浊如贤。
贤圣既已饮，何必求神仙。三杯通大道，一斗合自然。
但得酒中趣，勿为醒者传。

和

开樽花下坐，独酌明月天。绿蚁浮杯中，甘洌如醴泉。
兴狂至壶罄，酩酊不知天。竹林嵇阮辈，至今颂其贤。
畅饮李太白，由来呼谪仙。景仰高风致，意气斯同然。
日夕成清赏，无心冀后传。

其三

三月咸阳城，千花昼如锦。谁能春独愁，对此径须饮。
穷通与修短，造化夙所禀。一樽齐死生，万事固难审。
醉后失天地，兀然就孤枕。不知有吾身，此乐最为甚。

和

隋堤柳如金，洛阳花似锦。看花坐柳边，兴至猖狂饮。
贵贱与否泰，由来自天禀。不若醉芳春，生死谁能审。
陶然明月下，卷石堪为枕。任人呼我颠，谁知我乐甚。

其四

穷愁千万端，美酒三百杯。愁多酒虽少，酒倾愁不来。

所以知酒圣，酒酣心自开。辞粟卧首阳，屡空饥颜回。

当代不乐饮，虚名安用哉。蟹螯即金液，糟丘是蓬莱。

且须饮美酒，乘月醉高台。

和

黄金虽百镒，何如酒盈杯。抚景当剧饮，清风林间来。

明月岂常好，奇花几度开。年华嗟易迈，逝水不复回。

及时弗行乐，富贵皆徒哉。精灵至物化，枯骨伴蒿莱。

且倾一樽酒，优游歌月台。

寻鲁城北范居士失道落苍耳中，见范置酒摘苍耳作

雁度秋色远，日静无云时。客心不自得，浩漫将何之。

忽忆范野人，闲园养幽姿。茫然起逸兴，但恐行来迟。

城壕失往路，马首迷荒陂。不惜翠云裘，遂为苍耳欺。

入门且一笑，把臂君为谁。酒客爱秋蔬，山盘荐霜梨。

他筵不下箸，此席忘朝饥。酸枣垂北郭，寒瓜蔓东篱。

还倾四五酌，自咏猛虎词。近作十日欢，远为千载期。

风流自簸荡，谑浪偏相宜。酣来上马去，却笑高阳池。

和

秋云片片飞，北塞雁归时。昼长无一事，此身何为之。

江水澄似练，清光照芳姿。散步曲径间，扶杖自迟迟。

丹枫飘野岸，　凫鹥集塘陂。苍耳沿道路，　故将罗袂欺。

幽栖范居士，　启户却问谁。爱尔园中蔬，　复喜树头梨。

蔬能供绿酒，　梨消渴与饥。灼灼芙蓉媚，　丛丛菊满篱。

开樽罄幽抱，　兴歌竹枝词。偶成此欢对，　后会安可期。

高怀与明月，　二者皆得宜。饮罢出门去，　风光胜习池。

金陵凤凰台置酒

置酒延落景，　金陵凤凰台。长波写万古，　心与云俱开。

借问往昔时，　凤凰为谁来。凤凰去已久，　正当今日回。

明君越羲轩，　天老坐三台。豪士无所用，　弹弦醉金罍。

东风吹山花，　安可不尽杯。六帝没幽草，　深宫冥绿苔。

置酒勿复道，　歌钟但相催。

和

昔闻金陵胜，　凤凰集高台。乘兴一追玩，　芳樽台上开。

朋侪赏幽致，　策马欢笑来。凤凰解人意，　此日当旋回。

兴侠空世界，　歌狂动上台。大呼壶中酒，　连吸三四罍。

二美知不易，　须当醉百杯。荒丘俱六朝，　宫殿长莓苔。

达者宜行乐，　莫待白发催。

北山独酌，寄韦六

巢父将许由，　未闻买山隐。道存迹自高，　何惮去人近。

纷吾下兹岭，　地闲喧亦泯。门横群岫开，　水凿众泉引。

屏高而在云，　窦深莫能准。川光昼昏凝，　林气夕凄紧。

于焉摘朱果，兼得养玄牝。坐月观宝书，拂霜弄瑶轸。

倾壶事幽酌，顾影还独尽。念君风尘游，傲尔令自哂。

和

不随年少游，买山成清隐。数亩种秋田，依稀愚谷近。

悠悠隔俗尘，人稀车辙泯。苍筠屋外围，碧涧窗前引。

白云停茅檐，深径路无准。岚气日氤氲，猨声哀且紧。

静参造化机，石室究玄牝。松下听涛声，潇然鼓玉轸。

开樽独自酌，凉风吹不尽。君踪遍沧海，不返令吾哂。

独酌

春草如有意，罗生玉堂阴。东风吹愁来，白发坐相侵。

独酌劝孤影，闲歌面芳林。长松尔何知，萧瑟为谁吟。

手舞石上月，膝横花间琴。过此一壶外，悠悠非我心。

和

春光遍郊陌，携壶坐花阴。晴日空中度，花影衣上侵。

悠然成独酌，长啸彻高林。醉来情更逸，把盏对花吟。

酩酊眠芳草，酡颜枕瑶琴。浑忘在宇宙，复完太古心。

秋浦清溪雪夜对酒客有唱山鹧鸪者

披君貂襜褕，对君白玉壶。雪花酒上灭，顿觉夜寒无。

客有桂阳至，能吟山鹧鸪。清风动窗竹，越鸟起相呼。

持此足为乐，何烦笙与竽。

和

身披毛褐褕，醇醪喜盈壶。对雪斟不止，寒威顷尔无。

桂阳来侠客，生平善鹔鸪。一曲宾主洽，促席欢相呼。
把酒赏丽曲，何必闻笙竽。

春日独酌二首　其一

东风扇淑气，水木荣春晖。白日照绿草，落花散且飞。
孤云还空山，众鸟各已归。彼物皆有托，吾生独无依。
对此石上月，长醉歌芳菲。

和

春风吹丽景，花草暎晴晖。幽禽鸣碧树，浪蝶绕枝飞。
达哉陶五柳，三月弃官归。吾亦无外慕，诗酒日相依。
兴来持壶觞，独酌对芬菲。

其二

我有紫霞想，缅怀沧洲间。思对一壶酒，澹然万事闲。
横琴倚高松，把酒望远山。长空去鸟没，落日孤云还。
但恐光景晚，宿昔成秋颜。

和

欲遗尘世想，开樽坐花间。三杯愁可却，一醉情始闲。
高歌莺和调，醉眼看青山。兴至临泉石，薄暮不知还。
凭谁云至乐，岂若酡其颜。

秋夜板桥浦泛月独酌，怀谢朓

天上何所有，迢迢白玉绳。斜低建章阙，耿耿对金陵。

汉水旧如练，霜江夜清澄。长川泻落月，洲渚晓寒凝。

独酌板桥浦，古人谁可征。玄晖难再得，洒酒气填膺。

和

白日如车轮，欲系无长绳。故人贻我酒，味醇胜兰陵。

新蟾悬碧汉，寒影漾江澄。枝头红叶坠，草上玉露凝。

桥浦夜独酌，谢君何能征。且醉今宵酒，高风入我膺。

游谢氏山亭

沦老卧江海，再欢天地清。病闲久寂寞，岁物徒芬荣。

借君西池游，聊以散我情。扫雪松下去，扪萝石道行。

谢公池塘上，春草飒已生。花枝拂人来，山鸟向我鸣。

田家有美酒，落日与之倾。醉罢弄归月，遥欣稚子迎。

和

孤怀伴野鹤，心共白云清。幽栖丘壑里，弗慕华与荣。

诗酒陶真性，泉石涵素情。昔闻谢亭丽，扶杖曲径行。

芳草涧边绿，山花亭畔生。游鱼泳芳沼，好鸟枝头鸣。

主人解我意，留我绿酒倾。醉归明月卜，山妻欢笑迎。

下终南山过斛斯山人宿置酒

暮从碧山下，山月随人归。却顾所来径，苍苍横翠微。

相携及田家，童稚开荆扉。绿竹入幽径，青萝拂行衣。

欢言得所憩，美酒聊共挥。长歌吟松风，曲尽河星稀。

我醉君复乐，陶然共忘机。

和

终南还已暮，林鸟天外归。漫涉崎岖径，云间吐月微。

故人邀我宿，竹下启柴扉。松阴覆古道，花气袭人衣。

欣然憩石榻，叙言杯酒挥。但恨多离别，良会世所稀。

岭猿发长啸，江鸥任忘机。

夜泛洞庭寻裴侍御清酌

日晚湘水绿，孤舟无端倪。明湖涨秋月，独泛巴陵西。

遇憩裴逸人，岩居陵丹梯。抱琴出深竹，为我弹鹍鸡。

曲尽酒亦倾，北窗醉如泥。人生且行乐，何必组与珪。

和

兰舟泛碧水，来去任天倪。波光涵月色，自东复徂西。

追寻裴侍御，不惮勤航梯。主人解我意，漉酒烹只鸡。

倾倒尽五斗，酩酊浑似泥。逢欢且尽兴，岂羡冠簪珪。

春日醉起言志

处世若大梦，胡为劳其生。所以终日醉，颓然卧前楹。

觉来盼庭前，一鸟花间鸣。借问此何时，春风语流莺。

感之欲叹息，对酒还自倾。浩歌待明月，曲尽已忘情。

和

浮生浑似梦，尘世胡劳生。日酣数斗酒，潦倒花前楹。

醒来犹唤酒，幽禽枝上鸣。儿童问谁鸟，晴春啼新莺。

娇声如奏管，美酒复满倾。鸟声与花色，相对多留情。

对酒

劝君莫拒杯，春风笑人来。桃李如旧识，倾花向我开。

流莺啼碧树，明月窥金罍。昨日朱颜子，今日白发催。

棘生石虎殿，鹿走姑苏台。自古帝王宅，城阙闭黄埃。

君若不饮酒，昔人安在哉。

和

达人契酒杯，惜岁弗复来。名花如绮绣，为问几度开。

花开宜玩赏，酒熟应满罍。及时贵行乐，莫待霜雪催。

蒿莱迷汉苑，鹿豕游楚台。秦宫与魏阙，荒芜混尘埃。

兴废总如此，不饮徒嗟哉。

待酒不至

玉壶系青丝，沽酒来何迟。山花向我笑，正好衔杯时。

晚酌东轩下，流莺复在兹。春风与醉客，今日乃相宜。

和

绿鬓易成丝，纵饮犹云迟。待酒不见至，悟我当良时。

酒至对花酌，好鸟鸣在兹。鸟音与高怀，二者欣得宜。

嘲王历阳不肯饮酒

地北风色寒，雪花大如手。笑杀陶渊明，不饮杯中酒。

浪抚一张琴，虚栽五株柳。空负头上巾，吾于尔何有。

和

家无儋石储，酒杯常在手。还笑王历阳，胡为不饮酒。

室中空壶觞，苑内闲花柳。一朝朱颜颓，黄金徒自有。

独酌清溪江石上，寄权昭夷秋浦

我携一樽酒，独上江祖石。自从天地开，更长几千尺。

举杯向天笑，天回日西照。求赖坐此石，长垂严陵钓。

寄谢山中人，可与尔同调。

和

翛然超俗虑，偶踞矶上石。闲观钓鱼叟，得鱼几满尺。

买鱼归家笑，颓檐下斜照。烹鱼酌芳醪，醉后羡鱼钓。

咏寄溪上人，甘与渔同调。

◎七言古诗一首

金陵酒肆留别

风吹柳花满店香，吴姬压酒唤客尝。

余陵子弟来相送，欲行不行各尽觞。

请君试问东流水，别意与之谁短长。

和

瓮头酒熟发馨香，客子登程取次尝。

三叠阳关歌未彻，劝君更进几壶觞。

俄惊残照下林麓，应惜浮生不久长。

卷之下

◎歌十一首

襄阳歌

落日欲没岘山西，倒著接䍦花下迷。

襄阳小儿齐拍手，拦街争唱《白铜鞮》。

旁人借问笑何事，笑杀山公醉似泥。

鸬鹚杓，鹦鹉杯。

百年三万六千日，一日须倾三百杯。

遥看汉水鸭头绿，恰似葡萄初酦醅。

此江若变作春酒，垒曲便筑糟丘台。

千金骏马换小妾，醉坐雕鞍歌《落梅》。

车旁侧挂一壶酒，凤笙龙管行相催。

咸阳市中叹黄犬，何如月下倾金罍？

君不见晋朝羊公一片石，龟头剥落生莓苔。

泪亦不能为之堕，心亦不能为之哀。

清风朗月不用一钱买，玉山自倒非人推。

舒州杓，力士铛，李白与尔同死生。

襄王云雨今安在？江水东流猿夜声。

和

偶寻酒侣步村西，酌我五斗路欲迷。

醉中漫歌紫芝曲，声清恰似白铜鞮。

儿童路上抚掌笑，笑我酩酊浑如泥。

银凿落，琥珀杯。

罄尽床头兴未止，欲醉狂夫须百杯。

斗大黄金盈尺璧，弗换瓮中新绿醅。

眼前一片荒草垅，或是当年歌舞台。

不学少年乘骏骑，还同逸客探芳梅。

今宵且尽尊前酒，应惜年华旦暮催。

壮士腰间佩宝剑，何似我辈酒满罍。

君不见阿房宫阙高百尺，咸阳一炬生苍苔。

言之不觉兴感慨，思之不觉令人哀。

酒星醴泉咸归我肺腑，千钟百斝何须推。

燃楚竹，烹茶铛，七碗玉液清风生。

几同张子乘槎去，致使后人流芳声。

扶风豪士歌

洛阳三月飞胡沙，洛阳城中人怨嗟。

天津流水波赤血，白骨相撑如乱麻。

我亦东奔向吴国，浮云四塞道路赊。

东方日出啼早鸦，城门人开扫落花。

梧桐杨柳拂金井，来醉扶风豪士家。

扶风豪士天下奇，意气相倾山可移。

作人不倚将军势，饮酒岂顾尚书期。

雕盘绮食会众客，吴歌赵舞香风吹。

原尝春陵六国时，开心写意君所知。

堂中各有三千士，明日报恩知是谁。

抚长剑，一扬眉，清水白石何离离。

脱吾帽，向君笑。饮君酒，为君吟。

张良未逐赤松去，桥边黄石知我心。

和

春日阴霾迷黄沙，观之令人兴叹嗟。

垒垒城南几坟墓，番耕畎亩栽桑麻。

一樽绿醑日倾倒，川原悠悠一望赊。

绿树阴阴集暮鸦，芳菲几树碧桃花。

柳绿桃红成别墅，弗羡当年豪士家。

山居幽旷何用奇，生平嗜酒志不移。

一饮几斗过阮籍，赋诗百篇胜伶期。

狂来谩效孙登啸，紫箫欲学子晋吹。

熙熙鼓腹乐清时，海鸥林鹿为相知。

俄然时势不相似，黄土掩覆知是谁。

歌白苎，低翠眉，为欢终日尘脱离。

岸白帽，抚掌笑，倾绿蚁，发长吟。

树头黄鸟伴幽独，泉石优游太古心。

白毫子歌

淮南小山白毫子，乃在淮南小山里。

夜卧松下云，朝餐石中髓。

小山连绵向江开，碧峰巉岩绿水回。

余配白毫子，独酌流霞杯。

拂花弄琴坐青苔，绿萝树下春风来。

南窗萧飒松声起，凭崖一听清心耳。

可得见，未得亲。

八公携手五云去，空余桂树愁杀人。

和

醉里芒村梅颠子，诛茅结屋长林里。

朝采南山芝，暮煮白石髓。

柴门傍磎对竹开，清流曲曲绕户回。

放浪山水内，猖狂衔酒杯。

酕醄不管阶上苔，卧倒枕石未醒来。

莺声昵睆时唤起，飞瀑潺潺聒两耳。

鹿相伴，鸟相亲。

鹤书下辟何肯去，甘为丘壑一散人。

对雪醉后赠王历阳

有身莫犯飞龙鳞，有手莫辫猛虎须。

君看昔日汝南市，白头仙人隐玉壶。

子猷闻风动窗竹，相邀共醉杯中绿。

历阳何异山阴时，白雪飞花乱人目。

君家有酒我何愁，客多乐酣秉烛游。

谢尚自能鸲鹆舞，相如免脱鹔鹴裘。

清晨鼓棹过江去，千里相思明月楼。

和

遥天昨夜白雪飞，清光掩映狂夫须。

四野漫漫银作屋，呼童贳酒满一壶。

朔风萧瑟戛修竹，琼瑶片片堆苍绿。

太白醉后赠历阳，歌之令人豁双目。

清樽泛蚁能销愁，何必追随王子游。

醉来拂袖招鹤舞，卧倒不脱黑狐裘。

颓然睡觉醉初醒，雪消天霁月满楼。

酬岑勋见寻就元丹丘对酒相待以诗见招

黄鹤东南来，寄书写心曲。倚松开其缄，忆我肠断续。

不以千里遥，命驾来相招。中逢元丹丘，登岭宴碧霄。

对酒忽思我，长啸临清飙。謇予未相知，茫茫绿云垂。

俄然素书及，解此长渴饥。策马望山月，途穷造阶墀。

喜兹一会面，若睹琼树枝。忆君我远来，我欢方速至。

开颜酌美酒，乐极忽成醉。我情既不浅，君意方亦深。

相知两相得，一顾轻十金。且同山客笑，与君论素心。

和

瑶华来雁足，言言剖衷曲。对使拆其封，情与意相续。

弗惜路迢遥，贻书一见招。丹丘忽邂逅，开宴歌云霄。

欢然得共酌，林杪来凉飙。意洽情可知，忆我言念垂。

开缄一披览，脱粟疗腹饥。皎皎天上月，清光满庭墀。

良晤喜兹夕，如花满芳枝。感君多好怀，赏我佳兴至。

潦倒同浮白，畅饮成大醉。君意何更厚，愧我敬未深。

道谊拟古昔，交情契兰金。不独此夕嘉，岁晚方见心。

玩月金陵城西孙楚酒楼，达曙歌吹，日晚乘醉著紫绮裘乌纱巾，与酒客数人棹歌秦淮往石头访崔四侍郎

昨玩西城月，青天垂玉钩。朝沽金陵酒，歌吹孙楚楼。

忽忆绣衣人，乘船往石头。草裹乌纱巾，倒被紫绮裘。

两岸拍手笑，疑是王子猷。酒客十数公，崩腾醉中流。

谑浪棹海客，喧呼傲阳侯。半道逢吴姬，卷帘出揶揄。

我忆君到此，不知狂与羞。一月一见君，三杯便回桡。

舍舟共连袂，行上南渡桥。兴发歌绿水，秦君为之讴。

鸡鸣复相招，清宴逸云霄。赠我数百字，字字凌风飙。

系之衣裘上，相忆每长谣。

和

金陵好佳境，湘帘控金钩。城西沽美酒，开樽白玉楼。

卷帘呈夜色，海月悬树头。葛巾岸绿鬓，牙床堆黑裘。

高怀让李白，幽兴胜王猷。饮酒如鲸吸，狂歌似水流。

呼卢忘昼夜，慷慨轻公侯。芳筵遇秦女，握手成揶揄。

温颜低声语，罗袖掩娇羞。崔君不易面，驻楫停兰桡。

浩然发长啸，舣舟东画桥。徜徉罄几斗，绿水相共讴。

参横兴复招，侠气凌九霄。天曙各分散，石头起凉飙。

贻我千余字，撴为长歌谣。

酬中都吏携斗酒双鱼于逆旅见赠

鲁酒若琥珀，汶鱼紫锦鳞。

山东豪吏有俊气，手携此物赠远人。

意气相倾两相顾，斗酒双鱼表情素。

双鳃呀呷鳍鬣张，跋剌银盘欲飞去。

呼儿拂机霜刃挥，红肥花落白雪霏。

为君下箸一餐饱，醉著金鞍上马归。

和

青罇浮绿蚁，赤鲤呈锦鳞。

感谢骚客贻雅意，白衣持赠逆旅人。

为问此日可相遇，剖鱼倾酒话平素。

此宵颇暇叙幽情，倘尔更迁各分去。

官衙阒寂杯可挥，况值遥天雨霏霏。

拼取欢呼罄碧瓮，藜床一枕不须归。

冬夜醉宿龙门觉起言志

醉来脱宝剑，旅憩高堂眠。中夜忽惊觉，起立明灯前。

开轩聊直望，晓雪河冰壮。哀哀歌苦寒，郁郁独惆怅。

傅说版筑臣，李斯鹰犬人。欻起匡社稷，宁复长艰辛。

而我胡为者，叹息龙门下。富贵未可期，殷忧向谁写。

去去泪满襟，举声梁甫吟。青云当自致，何必求知音。

和

樗材难用世，长夏北窗眠。闲观汉文选，余诗不及前。

卑栖休过望，幽怀犹似壮。五十一无闻，此心诚怅怅。

不愿为王臣，甘作岩壑人。半世罹艰厄，一生多苦辛。

自问如斯者，三叹茅檐下。荣达知何时，衷肠不必写。

思之泪沾襟，赋托李白吟。忧怀赖此罄，凄凄诉兹音。

携妓登梁王栖霞山孟氏桃园中

碧草已满地，柳与梅争春。

谢公白有东山妓，金屏笑坐如花人。

今日非昨日，明日还复来。

白发对绿酒，强歌心已摧。

君不见梁王池上月，昔照梁王樽酒中。

梁王已去明月在，黄鹂愁醉啼春风。

分明感激眼前事，莫惜醉卧桃园东。

和

白李与红桃，相持竞芳春。

谩携窈窕秦楼女，犹胜东山劝酒人。

对花当剧饮，老至少不来。

神衰发易白，树古枝欲摧。

君不见世人弗解悟，且暮滚滚风尘中。

自古英雄有谁在，不如把酒坐暄风。

且尽尊前几斗酒，莫管身后西与东。

醉后赠从甥高镇

马上相逢揖马鞭，客中相见客中怜。

欲邀击筑悲歌饮，正值倾家无酒钱。

江东风光不借人，枉杀落花空自春。

黄金逐手快意尽，昨日破产今朝贫。

丈夫何事空啸傲，不如烧却头上巾。

君为进士不得进，我被秋霜生旅鬓。

时清不及英豪人，三尺童儿重廉蔺。

匣中盘剑装鲌鱼，闲在腰间未用渠。

且将换酒与君醉，醉归托宿吴专诸。

和

金鞍骏骑玉为鞭，楚楚英才动客怜。

绮席谩张山驿馆，情深何惜酒家钱。

江花岸柳撩行人，陌上犹逢烂漫春。

囊中黄金不足惜，丈夫落落岂畏贫。

狂来且罄酒几斗，潦倒卸却乌角巾。

君应努力方始进，博取乌纱称绿鬓。

世人谁不羡邹枚，宇内俱闻廉与蔺。

解下鹔鷞且换鱼，满斟高唱欲醉渠。

轰轰尽尔生平志，还期气量效专诸。

金陵江上遇蓬池隐者

心爱名山游，身随名山远。罗浮麻姑台，此去或未返。

遇君蓬池隐，就我石上饭。空言不成欢，强笑惜日晚。

绿水向雁门，黄云蔽龙山。叹息两客鸟，徘徊吴越间。

共语一执手，留连夜将久。解我紫绮裘，且换金陵酒。

酒来笑复歌，兴酣乐事多。水影弄月色，清光愁奈何。

明晨挂帆席，离恨满沧波。

和

欲入散人班，遨游岂惮远。倘入方壶中，此身即弗返。

蓬池喜遇君，留饷胡麻饭。玄谈畅幽情，不觉天已晚。

猿声啸长林，皎月将吐山。缱绻何忍别，据梧松牖间。

意洽难分手，徘徊相晤久。将我鼎内丹，换取一斗酒。

倾樽发狂歌，高怀此时多。荡涤尘间垢，胸中将如何。

晓来长揖去，风帆扬澄波。

◎行八首

乐歌行

乐矣乎，乐矣乎。

君不见纶与钩，扁舟把钓傲公侯。

君不见琴无弦，适意抚弄松窗边。

茅屋三间，悠然临碧涧，且学子真谷口耕秋田。

乐矣乎，乐矣乎。

君不见慷慨谩歌渌水曲，徜徉物外心自足。

岩壑清幽可寄身，遗世高蹈作闲人。

乐矣乎，乐矣乎。

汉时徐稚严君平，隐居抱道不求名。

古来高尚贤达士，情闲潇洒名犹成。

我侪弗沽名，性鲁酷嗜酒。

一壶寄所乐，荣辱我何有。

当歌把酒须及时，嵇康阮籍为相知。

不愿鼎烹太牢肉，亦非囊中脱颖锥。

乐矣乎，乐矣乎。

穿古洞，涉湖滨，曳属持柯去采薪。

行歌鸟道得真乐，却笑尘中碌碌人。

和

笑矣乎，笑矣乎。

君不见曲如钩，古人知尔封公侯。

君不见直如弦，古人知尔死道边。

张仪所以只掉三寸舌，苏秦所以不垦二顷田。

笑矣乎，笑矣乎。

君不见沧浪老人歌一曲，还道沧浪濯吾足。

平生不解谋此身，虚作离骚遣人读。

笑矣乎，笑矣乎。

赵有豫让楚屈平，卖身买得千年名。

巢由洗耳有何益，夷齐饿死终无成。

君爱身后名，我爱眼前酒。

饮酒眼前乐，虚名何处有。

男儿穷通当有时，曲腰向君君不知。

猛虎不看几上肉，洪炉不铸囊中锥。

笑矣乎，笑矣乎。

宁武子，朱买臣，扣角行歌背负薪。

今日逢君君不识，岂得不如佯狂人。

悲歌行

悲来乎，悲来乎。

主人有酒且莫斟，听我一曲悲来吟。

悲来不吟还不笑，天下无人知我心。

君有数斗酒，我有三尺琴。

琴鸣酒乐两相得，一杯不啻千钧金。

悲来乎，悲来乎。

天虽长，地虽久，金玉满堂应不守。

富贵百年能几何，死生一度人皆有。

孤猿坐啼坟上月，且须一尽杯中酒。

悲来乎，悲来乎。

凤凰不至河无图，微子去之箕子奴。

汉帝不忆李将军，楚王放却屈大夫。

悲来乎，悲来乎。

秦家李斯早追悔，虚名拨向身之外。

范子何曾爱五湖，功成名遂身自退。

剑是一夫用，书能知姓名。

惠施不肯干万乘、卜式未必穷一经。

还须黑头取方伯，莫谩白首为儒生。

和

悲来乎，悲来乎。

我生不悲喜酒斟，饮酒不吟悲来吟。

悲来仰天发长笑，霁月光风赏我心。

床头一瓮酒，榻上一张琴。

抚琴酌酒总为乐，一刻清闲抵万金。

悲来乎，悲来乎。

六尺躯，终难久，千顷良田谁世守。

忽朝更易将奈何，得失荣枯世所有。

哀乌啼彻荒垅月，不如生前一杯酒。

悲来乎，悲来乎。

功名有定何妄图，此生碌碌为拙奴。

知白守黑安我命，落落翘然一丈夫。

悲来乎，悲来乎。

乌江项籍方始悔，渔父不肯渡江外。

子房高志入深山，追从赤松身已退。

找拙世无用，何必遗虚名。

愧无奇策安邦国，亦不苦志耽六经。

落魄乾坤成樗朽，自是世人呼狂生。

前有樽酒行二首　其一

春风东来忽相过，金樽绿酒生回波。

落花纷纷稍觉多，美人欲醉朱颜酡。

青轩桃李能几何，流光欺人忽蹉跎。

君起舞，日西夕。

当年意气不肯平，白发如丝叹何益。

和

春花秋月梦里过，黄河之流无回波。

欢娱日少忧愁多，且倾绿醑将颜酡。

韶光有限能几何，急须行乐莫蹉跎。

日升东，忽已夕。

请君思之气自平，碌碌尘中竟何益。

其二

琴奏龙门之绿桐，玉壶美酒清若空。

催弦拂柱与君饮，看朱成碧颜始红。

胡姬貌如花，当垆笑春风。

笑春风，舞罗衣，君今不醉将安归。

和

一轮皓月挂梧桐，玩赏不放酒杯空。

一杯两杯愁尽扫，三罍四罍颜已红。

狂来桐下啸，林杪飘凉风。

飘凉风，拂我衣，我今不醉不言归。

短歌行

白日何短短，百年苦易满。苍穹浩茫茫，万劫太极长。

麻姑垂两鬓，一半已成霜。天公见玉女，大笑亿千场。

吾欲揽六龙，回车挂扶桑。北斗酌美酒，劝龙各一觞。

富贵非所愿，与人驻颜光。

和

夜长苦昼短，斟酒必须满。世事任茫茫，何计短与长。

玄发结高髻，倏尔变雪霜。适遇好怀抱，亦入少年场。

哀哉古贤墓，今已栽柔桑。勿为永久计，逢酒吸千觞。

为问有何术，可能驻韶光。

客中行

兰陵美酒郁金香，玉碗盛来琥珀光。

但使主人能醉客，不知何处是他乡。

和

碧瓮新笭竹叶香，谩倾磁盏泛清光。

旅中倘得倾三斗，何必归家访醉乡。

对酒行

松子栖金华，安期入蓬海。此人古之仙，羽化竟何在。

浮生速流电，倏忽变光彩。天地无雕换，容颜有迁改。

对酒不肯饮，含情欲谁待。

和

陈抟隐华山，张骞槎泛海。二子皆悟道，形质今安在。

杲日升复沉，晴霞散五彩。变幻亦无常，人事岂不改。

过饮弗追欢，韶光不相待。

◎吟三首

梁园吟

我浮黄河去京阙，挂席欲进波连山。

天长水阔厌远涉，访古始及平台间。

平台为客忧思多，对酒遂作梁园歌。

却忆蓬池阮公咏，因吟渌水扬洪波。

洪波浩荡迷旧国，路远西归安可得！

人生达命岂暇愁，且饮美酒登高楼。

平头奴子摇大扇，五月不热疑清秋。

玉盘杨梅为君设，吴盐如花皎白雪。

持盐把酒但饮之，莫学夷齐事高洁。

昔人豪贵信陵君，今人耕种信陵坟。

荒城虚照碧山月，古木尽入苍梧云。

梁王宫阙今安在？枚马先归不相待。

舞影歌声散绿池，空余汴水东流海。

沉吟此事泪满衣，黄金买醉未能归。

连呼五白行六博，分曹赌酒酣驰晖。

歌且谣，意方远。

东山高卧时起来，欲济苍生未应晚。

和

双蹋懒登黄金阙，徙家栖隐九华山。

峰高涧曲人迹少，翛然结屋苍松间。

苍松蔼蔼清风多，把酒松下歌长歌。

因思世态多更变，人生自是江上波。

不须名姓达上国，饮酒哦诗真落得。

我生放达不解愁，兴来秉笔赋登楼。

但知荷钟刘伶趣，不学宋玉赋悲秋。

山妻烹葵为我设，再饮几觞歌白雪。

惟愿一日醉十时，不喜巢由矫其洁。

慷慨好客孟尝君，哀哉麋鹿走荒坟。

寒乌啼彻三更月，宿草凄凄凝白云。

当年富贵今何在？古冢萧疏谁相待。

世人不识造化机，万顷良田变为海。

伤今吊古泪沾衣，却喜五柳挂冠归。

漉酒赋诗全逸志，东篱种菊挹清辉。

无弦琴，音韵远。

白衣九日送酒来，优游栗里乐岁晚。

玉壶吟

烈士击玉壶，壮心惜暮年。

三杯拂剑舞秋月，忽然高咏涕泗涟。

凤凰初下紫泥诏，谒帝称觞登御筵。

揄扬九重万乘主，谑浪赤墀青琐贤。

朝天数换飞龙马，敕赐珊瑚白玉鞭。

世人不识东方朔，大隐金门是谪仙。

西施宜笑复宜颦，丑女效之徒累身。

君王虽爱蛾眉好，无奈宫中妒杀人！

和

心澄似冰壶，兴侠胜少年。

醉狂拔剑自起舞，罗袖翩翩映碧涟。

谩倾五斗桑落酒，高歌潦倒乐芳筵。

衣冠济济豪贵客，输却林泉隐者贤。

逍遥不受樊笼缚，落魄何愁利禄鞭。

狂来吸酒似刘阮，兴至题诗拟浪仙。

生平懒把双眉颦，优游丘壑乐闲身。

不如我辈纵旨酒，酩酊白眼看世人。

江上吟

木兰之枻沙棠舟，玉箫金管坐两头。

美酒樽中置千斛，载妓随波任去留。

仙人有待乘黄鹤，海客无心随白鸥。

屈平辞赋悬日月，楚王台榭空山丘。

兴酣落笔摇五岳，诗成笑傲凌沧洲。

功名富贵若长在，汉水亦应西北流。

和

澄江悠悠荡兰舟，拂拂凉风起渡头。

美人二三酒数斗，杨柳矶边少淹留。

吾志幽旷友麋鹿，闲心一片狎沙鸥。

厌闻俗事聒两耳，愁看白骨埋荒丘。

数斗罄来窄宇宙，一声长啸遍芳洲。

人生浑似黄河水，滔滔东逝无回流。

◎五言律诗十首

对酒忆贺监二首并序

太子宾客贺公于长安紫极宫一见余，呼余为谪仙人，因解金龟换酒为乐。没后，对酒怅然有怀，而作是诗。

其一

四明有狂客，风流贺季真。长安一相见，呼我谪仙人。

昔好杯中物，翻为松下尘。金龟换酒处，却忆泪沾巾。

和

豪吟李太白，性与句皆真。知章逢邂逅，倾盖为故人。

一樽言阔别，五斗扫俗尘。不必金龟换，何须漉葛巾。

其二

狂客归四明，山阴道士迎。敕赐镜湖水，为君台沼荣。

人亡余故宅，空有荷花生。念此杳如梦，凄然伤我情。

和

贺监家四明，长安欢相迎。此时对樽酒，因思昔日荣。

惟余故人迹，物化岂复生。凄然赋新诗，不觉恸衷情。

对酒醉题屈突明府厅

陶令八十日，长歌归去来。故人建昌宰，借问几时回。
风落吴江雪，纷纷入酒杯。山翁今已醉，舞袖为君开。

和

爱菊陶元亮，挂冠赋归来。为问屈明府，何时轩盖回。
雪映松窗白，寒光动玉杯。芳梅先报腊，绿蓴向人开。

见野草中有日白头翁者

醉入田家去，行歌荒野中。如何青草里，亦有白头翁。
折取对明镜，宛将衰鬓同。微芳似相诮，留恨向东风。

和

田家春社散，扶杖出林中。陌上生奇卉，人谓白头翁。
采之置山筐，皤皤鹤发同。勿嫌头尽白，犹自醉春风。

陪宋中丞武昌夜饮怀古

清景南楼夜，风流在武昌。使公爱秋月，乘兴坐胡床。
龙笛吟寒水，天河落晓霜。我心还不浅，怀古醉余觞。

和

秋半蟾光满，名公宴武昌。金樽浮绿蚁，玉露泡银床。
漏永参横汉，窗虚袂染霜。胆临千倚迹，倚马更飞觞。

在水军宴韦司马楼船观妓

摇曳帆在空，清流顺归风。诗因鼓吹发，酒为欢歌雄。

对舞青楼妓，双鬟白玉童。行云且莫去，留醉楚王宫。

和

帆影蔽长空，兰桡趁晚风。笙歌和调雅，樽酒助诗雄。

鬈绿如仙子，颜红胜女童。今宵何必返，扶醉入深宫。

流夜郎至江夏，陪长史叔及薛明府宴兴德寺南阁

绀殿横江上，青山落镜中。岸回沙不尽，日映水成空。

天乐流香阁，莲舟扬晚风。恭陪竹林宴，留醉与陶公。

和

琳宫江畔峙，清影倒波中。钟磬闻绀宇，幢幡扬碧空。

佳宾玩明月，芳席对凉风。酩酊欲归去，禅房别远公。

送别

斗酒渭城边，垆头醉不眠。梨花千树雪，杨叶万条烟。

惜别倾壶醑，临分赠马鞭。看君颍上去，新月到应圆。

和

樽酒驿亭边，今宵拼不眠。舟停犹痛饮，江树已含烟。

倾斝还牵袂，行骖未着鞭。此时重分手，何日复团圆。

洞庭醉后送绛州吕使君果流澧州

昔别若梦中，天涯忽相逢。洞庭破秋月，纵酒开愁容。

赠剑刻玉字，延平两蛟龙。送君不尽意，书及雁回峰。

和

列席洞庭中，使君邂逅逢。清樽舒旅况，明月照离容。

气侠藏神剑，情豪若海龙。今宵送君去，幽梦绕千峰。

广陵赠别

金瓶沽美酒，数里送君还。系马垂杨下，衔杯古道间。

天边看绿水，海上见青山。兴罢各分袂。何须别醉颜。

和

樽盈旧醽醁，宴客广陵边。一骑崎岖外，三杯缱绻间。

凝眸望烟水，回首忆家山。此夕一为别，风霜满客颜。

◎五言绝句九首

陪侍郎叔游洞庭醉后三首　　其一

今日竹林宴，我家贤侍郎。三杯容小阮，醉后发清狂。

和

洞庭期共泛，此夕醉周郎。恍入冰壶里，高歌思欲狂。

其二

船上齐桡乐，湖心泛月归。白鸥闲不去，争拂酒筵飞。

和

月白明如昼，人酣未肯归。夜深天籁寂，独鹤傍船飞。

其三

划却君山好，平铺湘水流。巴陵无限酒，醉后洞庭秋。

和

鸥鸟沙头集，澄波载月流。此宵无尽兴，犹胜习池秋。

铜官山醉后绝句

我爱铜官乐，千年未拟还。要须回舞袖，拂尽五松山。

和

铜官风物好，不醉莫言还。舞袖歌新调，明蟾出远山。

九日龙山饮

九日龙山饮，黄花笑逐臣。醉看风落帽，舞爱月留人。

和

东篱有黄菊，何肯为侍臣。对花倾数斗，秋色伴闲人。

九月十日即事

昨日登高罢，今朝再举觞。菊花何太苦，遭此两重阳。

和

登高情未已，此日复持觞。谁人知此意，无日不重阳。

自遣

对酒不觉暝，落花盈我衣。醉起步溪月，鸟还人亦稀。

和

山川适我兴，海月照我衣。看月浮大白，此味知者稀。

鲁中都东楼醉起作

昨日东楼饮，还应倒接䍦。阿谁扶上马，不省下楼时。

和

西楼同客饮，兴至岸接䍦。醉来忘去住，不记别君时。

送殷淑

痛饮龙筇下，灯青月复寒。醉歌惊白鹭，半夜起沙滩。

和

送客江边酌，风生襟袂寒。醉来歌一曲，明月映前滩。

◎七言绝句二首

答湖州迦叶司马问白是何人

青莲居士谪仙人，酒肆藏名三十春。

湖州司马何须问，金粟如来是后身。

和

白苧村南落魄人，耽诗纵酒度芳春。

世间若问名和姓，五柳先生即此身。

山中与幽人对酌

两人对酌山花开，一杯一杯复一杯。

我醉欲眠君且去，明朝有意抱琴来。

和

山中野席为君开，相对殷勤饮数杯。

酒罢送君归去路，知君何日得重来。

唐宋元明酒词

嘉禾周履靖逸之甫和韵

云间陈继儒仲醇甫校正

金陵荆山书堂梓行

唐宋元明酒词目录

春日睡起【调酒泉子】 张泌

荷亭漫酌【调渔歌子】 顾琼

渔家乐四阕【调渔歌子】 李珣

咏渔四阕【调南乡子】 李珣

咏醉【调醉落魄】 苏轼

元夕夜宴【调一剪梅】 程篁墩

舞酒妓【调凤栖梧】 刘云间

夜宴【调金蕉叶】 柳耆卿

饮兴【调青杏儿】 赵闲闲

春饮【调渔家傲】 周美成

饮兴【调感皇恩】 毛泽民

饮兴【调一年春】 党世杰

将进酒【调小梅花】 贺铸

饮兴【调拂霓裳】 晏同叔

歌妓【调意难忘】 周美成

卷之下

初夏饮兴【调满庭芳】 周美成

禁酿【调木兰花慢】 罗壶秋

咏酒【调浣沙溪】 欧阳永叔

劝酒【调西江月】 黄庭坚

感悟【调西江月】 朱希真

警世【调西江月】 朱希真

咏酒【调鹧鸪天】 晏叔原

冬饮【调桃源忆故人】 张于湖

欢饮【调浪淘沙】 欧阳永叔

歌妓【调南乡子】 赵孟頫

歌饮二阕【调法驾导引】 韩夫人

席中赠妓【调沁园春】 瞿士衡

游西湖【调酹江月】 辛弃疾

游西湖【调贺新郎】 辛弃疾

戒酒辞杯【调沁园春】 辛弃疾

劝饮【调沁园春】 辛弃疾

夜酌荷亭【调蝶恋花】 周权

东坡昔守彭城【调百字谣】 周权

九日举觞【调沁园春】 周权

饮酒【调春云怨】 王世贞

题美人捧觞【调解语花】 王世贞

谢袁履善惠酒【调贺新郎】 王世贞

谢汝钦侄惠酒【调贺新郎】 王世贞

病起饮酒【调朝中措】 王世贞

元旦醉题【调临江仙】 王世贞

问先生酒后如何二阕【调析桂令】 王世贞

和倪云林韵二阕【调江南春】 周履靖

雨夜【调临江仙】 周履靖

寿利川曹封君六秦六阕 周履靖

　　其一【调望仙门】

其二【调千秋岁】

其三【调连理枝】

其四【调万年欢】

其五【调鼓笛慢】

其六【调滞人娇】

卷之上

饮兴【调酒泉子】 司空图

买得杏花，十载归来方始折。假山西畔药栏东，满枝红。

旋开旋落旋成空，白发多情人更惜。黄昏把酒祝东风，且从容。

和

上苑好花，不许庸人将手折。把杯斜倚琐窗东，映杯红。

游蜂狂蝶闹晴空，美景芳辰应可惜。骚人得兴醉春风，任从容。

南楼漫酌【调玉楼春】 欧阳炯

月照玉楼花似锦，楼上醉和春色寝。

绿杨风送小莺声，残梦不成离玉枕。

堪爱晚来韶景甚，宝柱秦筝方再品。

春蛾红脸笑来迎，又向海棠花下饮。

和

日映碧桃如片锦，花色满楼人欲寝。

隔墙时递巧禽声，惊醒逸人清梦枕。

花萼柳丝娇媚甚，古调新诗宜细品。

楼前飞燕绕帘迎，笑坐玉楼窗畔饮。

美人夜醉【调菩萨蛮】 欧阳炯

晓来中酒和春睡，四肢无力云鬟坠。斜卧脸波春，玉郎休恼人。

日高犹未起，为恋鸳鸯被。鹦鹉语金笼，道儿还是慵。

和

月中欢饮人忘睡，晓来行履身将坠。无限好芳春，鸟啼醒醉人。

象床眠懒起，且伴鲛绡被。朱户碧烟笼，逸情方已慵。

赠酒妓【调应天长】 孙光宪

翠凝仙艳非凡有，窈窕年华方十九。

鬓如云，腰似柳，妙对绮筵歌绿酒。

醉瑶台，携玉手，共燕此宵相偶。

魂断晚窗分首，泪沾金缕袖。

和

兴高鲸饮吾还有，十日之中酣八九。

对山花，临岸柳，赖有蛾眉堪侑酒。

步云台，攀桂手，大分此生难偶。

欢饮□期交首，慢相携舞袖。

春宴【调生查子】 孙光宪

春病与春愁，何事年年有。半为枕前人，半为花间酒。

醉金尊，携玉手，共作鸳鸯偶。倒载卧云屏，雪面腰如柳。

和

无虑亦无愁，清酯床头有。醉后哂醒人，醉后频呼酒。

欲开尊，挥素手，此乐应难偶。半倚翠云屏，笑折风中柳。

扁舟泛湖【调定风波】 李珣

志在烟霞慕隐沦，功成归看五湖春。

一叶舟中吟复醉，云水，此时方认自由身。

花鸟为邻鸥作侣，深处，经年不见市朝人。

已得希夷微妙旨，潜喜，荷衣蕙带绝纤尘。

和

不慕功名迹且沦，扁舟时泛曲江春。

兴至开尊成一醉，烟水，谩随鸥鸟乐闲身。

萍藻相亲渔似侣，潜处，缘钩静钓远时人。

自悟鸥夷玄奥旨，心喜，青蓑绿笠却风尘。

夜宴【调生查子】 欧阳彬

竟日画堂欢，入夜重开宴。剪烛蜡烟香，促席花光颤。

待得月华来，满院如铺练。门外簇骅骝，直待更深散。

和

侠客此宵欢，珍味开华宴。盏内郁金香，未醉身先颤。

月上桂梢来，画栋浑如练。浮白共欢呼，还至参横散。

幽居【调定风波】 李珣

十载逍遥物外居，白云流水似相于。

乘兴有时携短棹，江岛，谁知求识不求鱼。

到处等闲邀鹤伴，春岸，野花香气扑琴书。

更饮一杯红霞酒，回首，半钩新月贴清虚。

和

草色幽然溪上居，白苹红蓼日相于。

明月吐山移桂棹，依岛，闲抛香饵钓江鱼。

日逐闲鸥为侣伴，桃岸，卷纶归去枕残书。

老妻慢开宜城酒，聚首，满斟低唱乐空虚。

春宴【调生查子】 孙光宪

为惜美人娇，长有如花笑。半醉倚红妆，软语传青鸟。

眷方深，怜恰好，唯恐相逢少。似这一般情，肯信春光老。

和

喜柳绿花娇，如共人嬉笑。爱杀海棠妆，忽听啼山鸟。

酒杯深，怀更好，毋虑尊中少。且乐此高情，莫待人生老。

兰舟载酒二阕【调南乡子】 李珣

其一

山果熟，水花香，家家风景有池塘。

木兰舟上珠帘卷，歌声远，椰子酒倾鹦鹉盏。

和

新酒熟，芰荷香，扁舟移过碧方塘。

野风吹面浮云卷，渔歌远，醽醁漫斟犀角盏。

其二

新月上，远烟开，惯随潮水采珠来。

棹穿花过归溪口，沽春酒，小艇缆牵垂岸柳。

和

芳沼上，绿荷开，漫携嘉客若耶来。

系兰舟在清江口，罄村酒，汉外月轮悬绿柳。

劝酒【调菩萨蛮】 韦庄

劝君今夜须沉醉，尊前莫话明朝事。珍重主人心，酒深情亦深。

须愁春漏短，莫诉金杯满。遇酒且呵呵，人生能几何。

和

且倾清酝图一醉，无求世上荣华事。焦却利名心，不如杯酒深。

应知来日短，饮醉须斟满。醉去不须呵，问君情若何。

醉归【调天仙子】 韦庄

深夜归来长酩酊，扶入流苏犹未醒。醺醺酒气与兰和。

惊睡觉，笑呵呵。长道人生能几何。

和

休笑吾侪时酩酊，三日之中难一醒。陶然岁月保天和。

心更觉，不须呵。有限年光怎奈何。

春日睡起【调酒泉子】 张泌

春雨打窗，惊梦觉来天气晓。画堂深，红焰小，背兰缸。

酒香喷鼻懒开缸，惆怅更无人共醉。旧巢中，新燕子，语双双。

和

明月照窗，鸡唱一声天未晓。露华深，星渐小，剔银钉。

起来倒却绿醅缸，幽兴且求成大醉。扫心中，无些子，世无双。

荷亭漫酌【调渔歌子】 顾琼

晓风清，幽沼绿，倚栏凝望珍禽浴。画帘垂，翠屏曲，满袖荷香馥郁。好摅怀，堪寓目，身闲心静平生足。酒杯深，光影促，名利无心较逐。

和

碧荷擎，池水绿，几双鸥鹭波心浴。柳垂丝，鸟歌曲，几树奇葩郁郁。畅幽情，舒两目，倾尊倒罍心方足。俗尘多，年命促，堪笑时人急逐。

渔家乐四阕【调渔歌子】 李珣

其一

楚山青，湘水绿，春风澹荡看不足。草芊芊，花簇簇，渔艇棹歌相续。信浮沉，无管束，钓回乘月归湾曲。酒盈尊，云满屋，不见人间荣辱。

和

柳条青，溪藻绿，扁舟一叶生涯足。水悠悠，波浪簇，欸乃歌声断续。身无拘，心不束，兴将羌笛调新曲。不须田，何用屋，醉舞风前忘辱。

其二

荻花秋，潇湘夜，橘州佳景如屏画。碧烟中，明月下，小艇垂纶初罢。水为乡，篷作舍，鱼羹稻饭常餐也。酒盈杯，书满架，名利不将心挂。

和

有春秋，无朝夜，碧山流水堪图画。古矶边，垂柳下，钓满船头方罢。鹭为朋，舟是舍，莼丝鲤鲙时烹也。酡倾瓢，竿且架，酣后俗情难挂。

其三

柳垂丝，花满树，莺啼楚岸春天暮。掉轻舟，出深浦，缓唱渔歌归去。罢垂纶，还酌醑，孤村遥指云遮处。下长汀，临浅渡，惊起一行沙鹭。

和

卷轻丝，维古树，归鸦几阵天将暮。月升山，日沉浦，水鸟沙鸥来去。煮红虾，斟绿醑，谁知渔父情高处。任飘蓬，流远渡，醉眼漫看飞鹭。

其四

九嶷山，三湘水，芦花时节秋风起。水云间，山月里，棹月穿云游戏。鼓清琴，倾绿蚁，扁舟自得逍遥志。任东西，无定止，不议人间醒醉。

和

驾孤舟，浮鸳水，悠悠渔笛篷窗起。月光中，波心里，触藻惊鸥嬉戏。釜烹鱼，杯泛蚁，潇然且乐渔家志。兴无涯，歌不止，且博生平几醉。

咏渔四阕【调南乡子】 李珣

其一

兰棹举，水纹开，竞携藤笼采莲来。

回塘深处遥相见，邀同宴，渌酒一卮红上面。

和

孤艇放，荇萍开，数声欸乃出溪来。

芦风水月时相见，堪开宴，且纵酒杯酡我面。

其二

归路近，扣舷歌，采真珠处水风多。

曲岸小桥山月过，烟深锁，豆蔻花垂千万朵。

和

慢饮酒，且高歌，古来风月让渔多。

绿笠碧蓑随分过，名难锁，笑看荷花开数朵。

其三

倾绿蚁，泛红螺，闲邀女伴簇笙歌。

避暑信船轻浪里，闲游戏，夹岸荔支红蘸水。

和

沽白酒，煮黄螺，维舟把盏恣狂歌。

绿柳岸边清荫里，看鱼戏，醉把钓竿投碧水。

其四

云带雨，浪迎风，钓翁回棹碧湾中。

春酒香熟鲈鱼美，谁同醉？缆却扁舟篷底睡。

和

杨柳月，芰荷风，渔人收钓坐舟中。

村酝沽取香且美，拼沉醉，和衣就寝鼾鼾睡。

咏醉【调醉落魄】　苏轼

醉醒醒醉，凭君会滋味。浓斟琥珀香浮蚁，一到愁肠，别有阳春意。

须将幕席为天地，歌前起舞花前睡。从他落魄陶陶里，犹胜醒醒，惹得闲憔悴。

和

旦日一醉，何人晓真味。新篘满泛杯生蚁，一罄三杯，顿觉宽愁意。

浑忘来去眠花地，鼾鼾一枕风中睡。梦回浑似高阳里，终日陶陶，免却身成悴。

元夕夜宴【调一剪梅】 程篁墩

传柑节候雨初晴，灯满山城，月满山城。画堂围坐夜三更，墙外歌声，席上歌声。

可人添送紫金罍，未解春酲，又犯春酲。不辞扶醉卧前楹，客也多情，主也多情。

和

雪消郊甸四山晴，楼回江城，彩结江城。笙歌簇拥闹深更，市上人声，笛里新声。

小童时进白磁罍，病昨身醒，复助身酲。玉山颓倚在西楹，对景忘情，疏散忘情。

舞酒妓【调凤栖梧】 刘云间

一剪情波娇欲滴，绿怨红愁，长为春风瘦。舞罢金杯眉黛皱，背人倦倚晴窗绣。

脸晕朝生微带酒，催唱新诗，不应频摇手。闲把琵琶调未就，羞郎还又垂红袖。

和

两过林花娇滴滴，惹起新愁，思忆令人瘦。不觉蛾眉愁锁皱，慵将锦字房栊绣。

且把金尊倾绿酒，弦拨相思，往来不停手。幽韵宫商曲始就，更阑人散分罗袖。

夜宴【调金蕉叶】 柳耆卿

厌厌夜饮平阳第，添银烛旋呼佳丽。巧笑难禁，艳歌无间声相继，准拟幕天席地。

金蕉叶泛金波霁，未更阑已尽狂醉。就中有个风流，暗向灯光底，恼遍两行珠翠。

和

今宵宴设华堂第，喜才子佳人风丽。四美铺陈，狂歌畅饮应难继，酩酊和衣倒地。

空庭内皓月光霁，鼓楼中漏促人醉。座间可意人儿，慢道衷肠语，不觉黛眉锁翠。

饮兴【调青杏儿】 赵闲闲

风雨替花愁，风雨罢花也应休。劝君莫惜花前醉，今年花谢，明年花谢，白了人头。

乘兴两三瓯，拣溪山好处追游。但教有酒身无事，有花也好，无花也好，选甚春秋。

和

何用把心愁，尘世事萦扰无休。见机莫把时光负，呼朋邀友，偷闲寻友，及蚤回头。

浮白罄金瓯，不须春日曲江游。若今此日无些事，满斟亦可，浅斟亦可，何必伤秋。

春饮【调渔家傲】　周美成

几日轻阴寒恻恻，东风急处花成积。醉踏阳春怀故国，归未得，黄鹂久住如相识。

赖有蛾眉能暖客，长歌屡劝金杯侧。歌罢月痕来照席，贪闲适，帘前重露成涓滴。

和

雨过芳园花落恻，纷纭满地残红积。座上吴姬色倾国，佳兴得，清歌一曲无人识。

慢把金樽酲侠客，情浓潦倒行欹侧。山月流光满绮席，高怀适，楼头玉漏频频滴。

饮兴【调感皇恩】　毛泽民

多病酒尊疏，饮少辄醉，年少衔杯可追记。无多酌我，醉倒阿谁扶起。满怀明月，冷炉烟细。

云汉虽高，风波无际，何似归来醉乡里。玻璃江山，满载春光花气。蒲萄仙浪，软迷红翠。

和一

追兴俗情疏，且寻一醉，心上闲愁不须记。高歌痛饮，任酕醄扶不起。一腔春思，柳枝腰细。

黄鸟绵蛮，春光相际，芳草如茵卧花里。罗袜轻盈，惹却群芬香气。秦蛾歌出，曲中娇翠。

和二

年迈与时疏，终朝博醉，昔年胜事俱忘记。人毋笑我，醉花前呼不起。满怀幽思，凉飙细细。

尘事纷纭，悠悠无际，休把闲身混忙里。徐步东郊，玩赏晴和天气。徜徉林薮，寻芳拾翠。

饮兴【调一年春】 党世杰

红纱翠蒻春风饼，趁梅驿，来云岭。紫桂岩空琼窦冷，佳人却恨，等闲分破，缥缈双鸾影。

一瓯月露心魂醒，更送清歌助清兴。痛饮休辞今夕永，与君洗尽，满襟烦暑，别作高阳境。

和

今宵共客尝奇饼，看冰鉴，在东岭。阵阵凉飙侵袂冷，消愁排恨，溶溶清彻，射却花枝影。

客欢主乐酣难醒，一曲阳春□狂兴。更爱欢娱莲漏永，雅怀未罄，再期来日，挈榼寻佳境。

将进酒【调小梅花】 贺铸

城下路，凄风露，今人犁田古人墓。岸头沙，带蒹葭，漫漫昔时流水今人家。黄埃赤日长安道，倦客无浆马无草。开函关，闭函关，千古如今不见一人闲。

六国扰，三秦扫，初谓商山遗四老。驰单车，致缄书，裂荷焚芰接武曳长裾。高流端得酒中趣，深入醉乡安稳处。生忘形，死忘名，二豪侍侧刘伶初未醒。

和

郊外路，飘玉露，高低垒垒几坟墓。遍黄沙，满蒹葭，观之未知何代王侯家。纷纷碌碌奔歧道，涉遍崎岖辇芳草。朝秦关，暮燕关，来往驱驰怎得此身闲。

俗事扰，何能扫，堪叹人生容易老。驱轻车，敕诏书，贵荣门第冠盖衣罗裙。何如杯酒花间趣，人世利名天定处。生劳形，博虚名。且将浊酒酣醉还能醒。

饮兴【调拂霓裳】 晏同叔

乐秋天，晚荷花缀露珠圆。风日好，数行新雁贴寒烟。银簧调脆管，琼柱拨清弦。捧觥舡，一声声齐唱太平年。

人生百岁，离别易，会逢难。无事日，剩呼宾友启芳筵。星霜催绿鬓，风露损朱颜。惜清欢，又何妨沈醉玉尊前。

和

睹遥天，一轮明月皓团圆。蝉韵促，草间萤焰破苍烟。山童歌白苎，犹胜抚冰弦。举银舡，兴悠悠同赏乐尧年。

良朋燕集，拚沉醉，又何难。烧银烛，满堂灿烂映华筵。金尊频劝饮，俄顷已酡颜。此宵欢，忽瞻星斗朗照窗前。

歌妓【调意难忘】 周美成

夜染莺黄，爱停歌驻拍，劝酒持觞。低鬟蝉影动，私语口脂香。檐露滴，竹风凉，拼剧饮淋浪。夜渐深，笼灯就月，仔细端相。

知音见说无双，解移宫换羽，未怕周郎。长颦知有恨，贪要不成妆。些个事，恼人肠，试说与何妨。又恐伊寻消问息，瘦减容光。

和

簪翠衣黄，谩将秦瑟鼓，敬客擎觞。花钿堆绿鬓，舞袖散奇香。陈绮席，纳新凉，杯酒泛沧浪。意虽勤，低低细语，浃洽同相。

娇容世上无双，脸红云髻黑，引动才郎。娇声游白雪，淡扫过梅妆。恩爱系，几回肠，明日会无妨。莫把□良辰耽误。辜负时光。

卷之下

初夏饮兴【调满庭芳】　周美成

风老莺雏，雨肥梅子，午阴嘉树清圆。地卑山近，衣润费炉烟。人静乌鸢自乐，小桥外新绿溅溅。凭栏久，黄芦苦竹，拟泛九江船。

年年如社燕，飘流瀚海，来寄修椽。且莫思身外，长近尊前。憔悴江南倦客，不堪听急管繁弦。歌筵畔，先安簟枕，容我醉时眠。

和

杨柳垂阴，古槐浓荫，沼中荷叶初圆。昼长庭静，窗外裊茶烟。开宴漫成一乐，碧波清色彻溅溅。凝眸处，悠悠野调，钦乃起渔船。

萧萧新翠竹，芭蕉展绿，深契良缘。漫把金尊倒，拼醉花前。沉湎风流侠客，醉来时懒听鸣弦。花屏畔，神劳思倦，潦倒且安眠。

禁酿【调木兰花慢】　罗壶秋

汉家糜粟诏，将不醉饱生灵。便收拾银瓶，当垆人去，春歇旗亭。渊明权停种秫，遍人间，暂学屈原醒。天子宜呼李白，妇人却笑刘伶。

提葫芦更有谁听，爱酒已无星。想变春江，蒲桃酿绿，空想芳馨。

温存鸬鹚鹦鹉，且茶瓯淡对晚山青。但结秋风鱼梦，赐酺依旧沈冥。

和

睹周成酒诰，规戒但保心灵。击将破金瓶，毋容人醉，收拾花亭。嵇康停杯罢饮，静中观，彼醉我偏醒。鸿渐堪为益友，此身不近刘伶。提壶鸟结舌难听，饮兴没些星。瓮内蛆生，杯盘蛀积，无恁香馨。停留壶觞尊罍，且汲泉瀹茗对山青。屈子醒醒孤洁，一身空泊江冥。

咏酒【调浣溪沙】　欧阳永叔

堤上游人逐画船，拍堤春水四垂天，绿杨楼外出秋千。

白发戴花君莫笑，六幺催拍盏频传，人生何处似樽前。

和

对对鸳鸯近酒船，飞飞柳絮扬晴天，遥看墙内戏秋千。

呼卢抚掌风前笑，殷勤对客玉杯传，问谁何胜醉花前。

劝酒【调西江月】　黄庭坚

断送一生惟有，破除万事无过。远山横黛蘸秋波，不饮傍人笑我。

花病等闲瘦弱，春愁没处遮栏。杯行到手莫留残，不道月斜人散。

和

醉倒花前谁有，须知春事易过。人情片纸世沤波，何似酒杯乐我。

花貌妖娆怯弱，骚人把盏凭栏。不辞五斗到更残，月落粉墙方散。

感悟【调西江月】　朱希真

世事短如春梦，人情薄似秋云。不须计较苦劳心，万事元来有命。

幸遇三杯酒美，况逢一朵花新。片时欢笑且相亲，明日阴晴未定。

和

尘世幻然一梦，功名富贵浮云。堪嗟痴昧枉劳心，静里三思皆命。

花下擎杯兴美，半轮山月方新。高情日与酒相亲，大数乘除已定。

警世【调西江月】 朱希真

日日深杯酒满，朝朝小圃花开。自歌自舞自开怀，且喜无拘无碍。

青史几番春梦，红尘多少奇才。不须计较与安排，领取而今见在。

和

百岁光阴谁满，名花几落几开。乘时觅兴遣高怀，世路多乖多碍。

试阅庄生蝶梦，休夸倚马高才。机关何用巧铺排，畴昔英雄谁在。

咏酒【调鹧鸪天】 晏叔原

彩袖殷勤捧玉钟，当年拼却醉颜红。

舞低杨柳楼心月，歌尽桃花扇底风。

从别后，忆相逢，几回魂梦与君同。

今宵剩把银釭照，犹恐相逢是梦中。

和

吴姬袅娜把金钟，醽醁光浮琥珀红。

玉貌清辉如宝月，石榴裙底动轻风。

春归后，恨难逢，相思应许尔相同。

朝来试拂菱花照，不比当年花柳中。

冬饮【调桃源忆故人】 张于湖

朔风弄月吹银霰，帘幕低垂三面。酒入玉肌香软，压得寒威敛。

檀槽乍撚么丝慢，弹得相思一半。不道有人肠断，犹作声声颤。

和

半空凛凛飘冰霰，窗外寒风侵面。美酝冽清柔软，满眼寒光敛。

金尊倒尽清歌慢，直待更阑夜半。兴至好怀不断，情暖身无颤。

欢饮【调浪淘沙】 欧阳永叔

今日北地游，漾漾轻舟，波光潋滟柳条柔。如此春来春又去，白了人头。

好妓好歌喉，不醉难休，劝君满满酌金瓯。纵无花前常病酒，也是风流。

和

春兴漫邀游，泛个扁舟，花枝冉冉鸟声柔。波上鸥凫来复去，聚散矶头。

美酒涤清喉，曲妙无休，此宵定拟罄银瓯。叹彻人生能有几，水向东流。

歌妓【调南乡子】 赵孟頫

云拥髻鬟愁，好在张家燕子楼。稀翠疏红春欲透，温柔，多少闲情不自由。

歌罢锦缠头，山下晴波左右流。曲里吴音娇未改，障羞，一朵芙蓉两扇秋。

和

檀板却人愁，此日携尊宴小楼。风引花香罗袂透，轻柔，斟酒清歌兴有由。

新月上楼头，音调悠扬碧水流。一曲衷肠开笑口，害羞，客散更阑隔九秋。

歌饮二阕【调法驾导引】 韩夫人

其一

东风起，东风起，海上百花摇。十八风鬟云半动，飞花和雨着轻绡。归路碧迢迢。

和

韶华起，韶华起，岸畔柳条摇。白李红桃枝上动，风吹花气袭鲛绡。醑酒兴迢迢。

其二

帘漠漠，帘漠漠，天淡一帘秋。自洗玉瓯斟白酒，月华微映足空舟。歌罢海西流。

和

云漠漠，云漠漠，遥望白云秋。漫把金尊倾绿酒，醉看人世等虚舟。如水向东流。

席中赠妓【调沁园春】 瞿士衡

一掬娇春，弓样新裁，莲步未移。笑书生量窄，爱渠尽小；主人情重，酌我休迟。酿朝云，斟量暮雨，能使熬生风味奇。何须去，向花尘留迹，月地偷期。

风流到手偏宜，便豪吸雄吞不用辞。任凌波南浦，惟夸罗袜；赏花上苑，只劝金卮。罗帕高擎，银瓶低注，绝胜翠裙深掩时。华筵散，奈此心先醉，此恨谁知？

　　和

一片芳春，罗袖云鬟，轻把步移。出郊玩赏，莫教兴少；筵前鸟语，白昼迟迟。谩捧金尊，温存细语，最羡幽情分外奇。真难过，约来宵欢乐，会合佳期。

嫦娥桂客堪宜，拟浮白高歌岂肯辞。似宓妃临浦，谁知娇媚；合欢绮席，共倒清卮。檀板轻敲，新声低唱，却是洞房恩爱时。情难散，缱绻醒还醉，莫与人知。

游西湖【调酹江月】　辛弃疾

西风吹雨，战新荷，声乱明珠苍璧。谁把香奁收宝镜，云锦周遭红碧。飞鸟翻空，游鱼吹浪，惯听笙歌席。座中豪气，看君一饮千石。

遥想处士风流，鹤随人去，已作飞仙客。茅舍竹篱今在否，松竹已非畴昔。欲看当年，望湖楼下，水与云宽窄。醉中休问，断肠桃叶消息。

　　和

湖波摇漾，动新荷，清影如珪如璧。凝望遥天开玉镜，鸥鸟闲眠沙碧。绿叶擎空，红葩明浪，异馥飘瑶席。叙延嘉友，必须馨尽三石。

深企往昔名流，但存遗址，想逐蓬莱客。玄鹤白梅留下否，亭榭恨难同昔。睹孤山梅，树丛中径，到而今皆窄。请君休论，往年今日消息。

游西湖【调贺新郎】 辛弃疾

睡觉啼莺晓，醉西湖两峰日日，买花簪帽。去尽酒徒无人问，惟有玉山自倒，任拍手儿童争笑。一骑乘风翩然去，避鱼龙不见波声悄。歌韵远，唤苏小。

神仙路近蓬莱岛，紫云深处，参差禁树烟花绕。人世红尘西障日，百计不如归好，付乐事与他年少。费尽柳金梨雪句，问沉香亭北何时召。心未惬。鬓先老。

和

一望湖光晓，睹春山绛桃绿柳，岸边齐帽。问酒肆开怀斟斝，欢饮左倾右倒，惹得那时人嘲笑。酩酊模糊归去好，慢歌新调角商清悄。凝望处，远山小。

依稀海上仙人岛，六桥亭树，垂杨树树苍烟绕。汀鹭沙鸥浮绿水，小艇采莲真好，看玉手鼓楫应少。我辈兴歌游赏句，询苏公秋夜何年召。情更惬，应难老。

戒酒辞杯【调沁园春】 辛弃疾

杯，汝来前！老子今朝，点检形骸。甚长年抱渴，咽如焦釜；于今昔眩，气似奔雷。汝说刘伶，古今达者，醉后何妨死便埋。浑如此，叹汝于知己，真少恩哉！

更凭歌舞为媒，筹合作平居鸩毒猜。况怨无小大，生于所爱；物无美恶，过则为灾。与汝成言，勿留亟退，吾力犹能肆汝杯。杯再拜，道麾之即去，招则须来。

和

杯，至吾前。野叟朝来，委顿诗骸。为宵欢兴剧，香醪频吸；模糊淹倒，耳不闻雷。总谓山涛，阮咸知慧，不肯将怀抱暗埋。深知感，负却尊罍诚，悃雅情哉。

汲泉烹茗为媒，谢醽醁何须别意猜。偶尔成此害，心中不爱；患无大小，虑恐生灾。感尔休言，请收拾了，情怯何当举尔杯。杯顿首，苦推辞领命，倘呼还来。

劝饮【调沁园春】　辛弃疾

杯，汝知乎？酒泉罢侯，鸱夷乞骸。更高阳入谒，都称齑臼，杜康初筮，正得云雷。细数从前，不堪余恨，岁月都将麹蘖埋。君诗好，似提壶却劝，沽酒何哉。

君言病岂无媒，似壁上雕弓蛇暗猜。记醉眠陶令，终全至乐；独醒屈子，未免沉灾。欲听公言，惭非勇者，司马家儿解覆杯。还堪笑，借今宵一醉，为故人来。

和

杯，劝梅颠。古来酒仙，忘情散骸。那嵇康阮籍，朝昏沉湎，日酕醄得，避却风雷。达者还当，效前欢赏，不必将名利苦埋。须行乐，趁良辰及时，倾倒高哉。

倩花柳解为媒，野鸟去来休教浪猜。想霸王功业，英雄盖世；运乖数尽，自刎罹灾。听劝良言，俗情暂屏，宽着尘怀进几杯。休辞醉，必须成酩酊，老去将来。

夜酌荷亭【调蝶恋花】　周权

数亩宽闲吾老圃。着个茅亭，斗大无多子。水槛水花明楚楚，洒然不受人间暑。

夜悄虚阶初过雨。酒浅香深，风露清如许。沁薄吟襟时挹伫，多情凉月还窥户。

和

万个筼筜围梅圃。筑就清虚，一座幽亭子。透水绿荷花楚楚，玉绳低度无些暑。

倏忽遥天飘细雨。碧玉盘盛，珠露圆如许。纤手擎杯幽然伫，银蟾皎洁来朱户。

东坡昔守彭城，既治决河，乃修筑其城，作黄楼城上，以临河。以土实制水，因名黄楼。楼成，子由作赋，坡翁为书之，刻于石。予回目京师，登楼怀古，并感项籍遗事，末章及之【调百字谣】　周权

登临把酒，问黄楼人去，几番风雨？妙绝颍滨楼卜赋，坡老龙蛇飞舞。千载风流，两翁笑傲，淮泗归谭麈。衣冠安在？我来空自延伫。

下视阛阓喧尘，惨昏烟落日，西风鼙鼓。昔日争雄怀楚霸，百万屯云貔虎。世事茫茫，山川历历，不尽凭阑思。城头今古，黄河日夜东去。

和

当年浮白，最高楼追想，却如骤雨。更笑那英豪作赋，飞絮空中飘舞。留取芳名，二君以作，陈迹谈挥麈。观今谁在？静思令我闲伫。

厌睹纷扰风尘，甚凄其惨戚，军中鼙鼓。却笑当年秦与楚，枉斗苍龙猛虎。俗虑茫茫，人情几历，却恨增愁思。倾杯时饮，静观日月来去。

九日举觞【调沁园春】 周权

说与黄花，九日今朝，同谁举觞。笑指点行囊，虽然羞涩，揭来闹市，怎忍荒凉。螯压橙香，酒浮萸紫，醉脱乌纱鬓欲霜。孤云外，是吾庐三径，归兴偏长。

催人苒苒年光。问役役、浮生着甚忙。自东篱人去，总成陈迹，龙山饮散，几度斜阳。人物凋零，乾坤空阔，世事浮沉醉梦场。登高处，倚西风长啸，任我疏狂。

和

不待重阳，节日随时，皆当倒觞。莫惜钞空囊，高怀休涩，博欢剧饮，趁此余凉。倾郁金香，且吞几盏，莫待青丝变雪霜。苍筠里，结一个茅庐，村静溪长。

休教错过韶光。笑扰扰、浮尘为甚忙。想渊明幽致，令吾空忆。无人落帽。虚度重阳。浮世如云。人生过隙，傀儡纷纭做一场。堪嗟叹，谩登高舒啸，兴饮清狂。

饮酒【调春云怨】 王世贞

风㑊雨愁。渐柳眠无力，花如中酒。睡怯象牙寒悄，幽梦几回浑不就。

燕拶华弦，莺调清管，细谱新词杜鹃嗽。行路方难，归期无据，愁与闷相守。

芳醪点出天公手。解翻寒作暖，撺辰成酉。枕畔华胥暂拖逗。青眼朦胧，一任长门，送来银漏。未举尊前，乍停杯后，半刻也堪白首。

和

无俦不愁。日日寻芳去，看花醉酒。遇即美人儿悄，心想着姻缘未就。绿柳含烟，莺声如管，漫赋芳词可倾酒。行乐良辰，休教错过，富贵无长守。

樽倾绿醑时擎手。不知天与地，那分卯酉。日向芳林中迤逗。追赏清宵。不管谯楼。急催更漏。且乐生前，莫思身后，顷刻雪霜满首。

题美人捧觞【调解语花】 王世贞

檀槽细压，紫溜泠泠，滴碎珠千斛。鹈鹕初赎，谁揸醒、卓女远山黛绿。朱樱小蹙，风袅处山香几曲。捧屈卮徐露春芽，一样纤纤玉。

何事锦围翠簇？只枝头一点，买断金谷，灵犀轻嘱。微酣后，记取夜来题目，双鬟趁逐。扶俺向碧纱厨宿。夸醉乡还傍温柔，此际平生足。

和

新筩满瓮，琥珀光浮，潋滟盈三斛。金龟不赎，乐陶陶、时泛着杯中绿。丹唇半蹙，兴剧处清歌一曲。两手尖尖似笋芽，漫露琅琅玉。

池畔柳垂杏簇。听花间野鸟，巧语幽谷。殷勤低嘱。花屏后，不觉酣迷双目，睡魔驰逐。携手上象牙床宿。语甚温存更和谐，此夜心儿足。

谢袁履善惠酒【调贺新郎】 王世贞

春意归风雨，到如今缓红舒翠，一番重起。况更索居无一事，镇日琴书而已。待醉也、如何得醉；多谢白衣能远致，把葛巾忙却科头倚。胸磊块，故应洗。

琼膏慢入清尊细。似当年掌分茎露，雪消春水。欲折筒荷充泛驾，凭借曲生为驭。直引到、华胥路里；遮莫归来问名姓，道清真袁粲频为主。天下事，任公耳。

和

犹喜残更雨，晓来时浥芳润翠，对花情起。独坐山斋欣寡事，遣兴哦诗而已。断酒也、焉能取醉；心感故人贻雅致，步入空庭开襟斜倚。愁满臆，顷刻洗。

芳樽泻出金光细。若遥天夜垂清露，惠山泉水。兴吸三杯情更畅，欲把海鲸来驾。不肯赴、风尘堆里；休问狂夫讳和姓，是青山深处林泉主。名与利，不须耳。

谢汝钦侄惠酒【调贺新郎】 王世贞

酒债寻常有。闭闲门落花芳昼，独吟搔首。可怪袁君相赠后，镇日唯寻绿友。到骄惹、传杯之手。从事督邮何足较，但醉乡别业吾能受。君不见，洗愁帚。

清狂阮籍天应厚。醉醒时漫开青眼，阿咸为寿。犹有焦生风格旧，试问无功知否。待徙倚临风频嗅。曲沼游鱼堪投馔，况隔帘歌鸟来行酒。洗盏罢，酹杨柳。

和

雅兴吾能有。把芳尊满斟清昼，曲歌一首。莫是刘伶化身后，野鸟山花作友。喜杯斝、何曾停手。尘世事心无计较，羡北海倾樽谁消受。追胜赏，逐尘嚣。

嵇康与酒情甚厚。镇日间倒壶倾斝，介此眉寿。时与黄莺为故旧，巧语绵蛮佳否。几树老梅吾当嗅。紫藿青葵烹成馔，摆列风前慢斟清酒。酩酊后，月上柳。

病起饮酒【调朝中措】 王世贞

是谁嫌我酒闲过，唆得病来磨。无耐业缘尚在，清尊又倚清歌。高阳旧侣频频相劝，不饮如何。屈指乾坤佳事，垆头领取偏多。

和

漫扶藤杖友家过。尊酒病消磨。倾倒此壶兴至，且调一曲高歌。东君雅意殷勤而劝，醉了如何。共对名花追赏，人生快活应多。

元旦醉题【调临江仙】 王世贞

拨乳酪酥新绿泛，金花巧胜初裁。东风殢雨印泥苔。腊随残漏尽，春逐烧痕来。

昨岁贪杯今岁病，病时依旧贪杯。欲填新令雪儿排。小园梅未吐，先报一枝开。

和

桂醑盈杯欣蚁泛，诗题令节应裁。梅花几千暎苍苔。屠苏才掬处，春色入门来。

树上黄莺声已滑，对花堪饮千杯。漫追佳节漫安排。兴高杯不歇，尊罄又当开。

问先生酒后如何二阕【调折桂令】　王世贞

其一

问先生酒后如何。潦倒模糊，偃蹇婆娑。枕底烟霞，杖头日月，门外风波。

尽皇都眼眶看破，望青天信却胡过。好也由他，歹也由他。便做公卿，当甚么麽。

和

问狂夫意兴如何。日日模糊，醉舞婆娑。一榻凉风，半窗好月，何肯奔波。

世情多一时看破，谢苍天落魄而过。誉也凭他，毁也凭他。贵客王公，我睹幺麽。

其二

问先生不饮何如。一点篝灯，数卷残书。冷却扁舟，闷他五柳，淡杀三闾。

太行路都来胸腹，帝京尘满上头颅。睡也忧虞，醒也忧虞。不得酕醄，怎便糊涂。

和

问狂夫近日何如。满瓮香醪，半榻诗书。兴泛兰舟，探花问柳，荡过村间。

曲塘路幽情满腹，乐优游酒醉吾颅。醒也无虞，醉也无虞。甚我徜徉，卧倒当涂。

和倪云林韵二阕【调江南春】 周履靖

其一

春林夜雨朝迸笋，桃李芳菲门径静。主人寂寞对疏棂，帘外交飞双燕影。峭寒风雨罗衣冷，几树梨花开近井。社酒归来倒角巾，攲斜醉步动轻尘。

蝶飞忙，花信急，杜鹃声里春衫湿。韶光撚指嗟何及，倚楼芳草连天碧。几处笙歌满城邑，垂杨系马风前立。请看绿水泛青萍，堪笑随波空自营。

其二

村前万树桃花盛，绿柳垂丝间红杏。呼朋拉友玩芳春，历遍韶华三月景。雕鞍金勒相驰骋，青楼柳巷追佳兴。吴姬袅娜笑欢迎，握手殷勤话更亲。

入兰房，檀麝集，银灯翠管延嘉客。冰盘玉馔陈芳席，金尊潋滟浮琥珀。玉指纤纤调锦瑟，牙床绣帐娱此夕。金鸡三唱促登程，惆怅相看不尽情。

雨夜【调临江仙】 周履靖

疏雨滴蕉声，独对银灯，俗虑凄清。春愁莫遣思纵横，寻巧句，诗成且未评。

当年豪侠成春梦，霜华上鬓心惊。琴调流水散孤情，人生浑逆旅，君醉我还醒。

寿利川曹封君六泰六阕　周履靖

其一【调望仙门】

玉堂开宴祝贤臣，列奇珍，蓬莱此日聚群真。

捧金尊，漫酌松花酒，齐声拜贺千春。

凤孙麟子荷君恩，荷君恩，芳誉播乾坤。

其二【调千秋岁】

玉芝瑶草，桂子兰荪好。华屋畔，祥云绕。筵开龙凤脯，老子同欢笑。如海水汪洋，浩浩应难较。

莫惜芳尊倒，紫诰天边到。跻玉阙，游蓬岛。遐龄祈八百，驻世人常老，还应是善缘佳报。

其三【调连理枝】

八洞群仙到，来祝曹君耄。玉盘珍馐，金杯佳醑，齐称不老。喜今宵，欢庆寿筵前，睹童颜鹤貌。

华屋奇香绕，王母同欢乐。锦瑟瑶笙，朱弦翠管，刘晨阮肇。共登仙，齐上那蓬莱，任逍遥海岛。

其四【调万年欢】

海屋添筹。祝曹侯上寿，黄鹤玄鹿。瑶草仙葩，松柏亭亭嘉木。堂下儿孙似玉，戏莱子娱亲彩服。银盘内凤髓龙肝，劝双亲唱新曲。

欢情得悦慈颜，漫将金斝内，频倒醽醁。共羡君家，顺子孝孙盈目。海上蟠桃已熟，愿岁岁开筵相祝。应知是积德弘深，受人间的仝福。

其五【调鼓笛慢】

昨闻四皓群真，共持火枣交梨膳。来同国舅，如欢佳宴，麻姑频劝。玉烛摇红，仙童奏乐，九天音遍。看遥空好月，当窗皎皎，欣弄盏。

时相荐，百川为寿，羡恩波万重齐卷。乌纱象简，紫袍犀带，公侯佳眷。万里芳声，爱民如子，浙西留恋。愿千秋百岁，金尊玉液，几番持献。

其六【调赚人娇】

瀛海蟠桃，此日花开庭院，华席列排寿宴。嘉宾逸客，共捧金杯献。惟愿祝千万岁，如山远。

贵子登朝，龙孙世鲜；虎榜上，定应高荐。仙词一阕，谩鼓云阳板。如阆苑，曹国舅，年无限。

第三辑

故　事

方　法

抱瓮酿酒

羊稚舒冬日酿酒，令人抱瓮，须臾复易人，速成而味好。(《裴启语林》)

酒丸

郑君酒酿成，因以附子甘草屑内酒中，暴令干，如鸡子大，一丸投一斗水，立成美酒。(《抱朴子》)

酒泉法

黄帝酒泉法，以曲米和药成丹，一斗酒内一升水，藏之千岁，味常好。(《抱朴子》)

清欢

渊明得太守送酒，多以春秋水杂投之，曰："少延清欢。"(《澄怀录》)

醒酒鲭鲊

虞惊为辅国将军，善为滋味，和齐皆有方法。永明八年，迁祠部尚书。世祖幸芳林园，就惊求诸饮食方。惊秘不肯出，上醉后，体不快，惊乃献醒酒鲭鲊一方而已。(《南齐书·虞惊传》)

杜康

杜康善造酒，以酉日死，故酉日不饮酒。焦革善酿，革死，王绩追述其法，以为经，又采仪狄杜康以来善造酒者为谱。(《会客论略》)

二色酒

西门季元造二色酒，白酒中有墨花，斟于器中，花亦不散，其中有肝石故也。崔道旅以金银铜钱来酤，曰："以我三样钱，买君二色酒，欲辞得乎。"(《常新录》)

鱼儿酒

裴晋公盛冬常以鱼儿酒饮客。其法，用龙脑凝结，刻成小鱼形状。每用沸酒一盏，投一鱼其中。(《清异录》)

丑未觞

余开运中赐丑未觞，法用鸡酥栈，羊筒子髓，置醇酒中暖消，然后饮。(《清异录》)

内中酒

内中酒，盖用蒲中酒法也。太祖微时喜饮之。即位后，令蒲中进其方。至今用而不改。(《曲洧旧闻》)

蜜酒

东坡性喜饮，而饮亦不多。在黄州，尝以蜜为酿，又作蜜酒歌，人罕传其法。每蜜用四斤炼熟，入熟汤相搅，成一斗，入好面曲二两，南方白酒饼子米曲一两半，捣细，生绢袋盛，都置一器中，密封之。大暑中冷下，稍凉温下，天冷即热下。一二日即沸，又数日沸定，酒即清可饮。初全带蜜味，澄之半月，浑是佳酎。方沸时，又炼蜜半斤，冷投之，尤妙。予尝试为之，味甜如醇醴，善饮之人，恐非其好也。(《墨庄漫录》)

读书避暑

余家旧藏书三万余卷，丧乱以来，所亡几半。山居狭隘，余地置书囊无几。雨漏鼠啮，日复蠹败。今岁出曝之，阅两旬才毕。其间往往多余手自抄，览之如隔世事。因日取所喜观者数十卷，命门生等从旁读之，不觉至日昃。旧得酿法，极简易，盛夏三日辄成，色如湩醴，不减玉友。仆夫为作之，每晚凉即相与饮三杯而散，亦复盎然。读书避暑，固是一佳事，况有此酿。忽看欧文忠诗，有"一生勤苦书千卷，万事消磨酒十分"之句，慨然有当其心。公名德著天下，何感于此乎？邹湛有言，"如湛辈乃当如公言耳。"此公始退休之时，寄北门韩魏公诗也。(《避暑录话》)

梨酒

仲宾云，向其家有梨园，其树之大者，每株收梨二车。忽一岁盛生，触处皆然，数倍常年，以此不可售，甚至用以饲猪，其贱可知。有谓山梨者，味极佳，意颇惜之，漫用大瓮，储数百枚，以缶盖而泥其口，意欲久藏旋。取食之，久则忘之。及半岁后，因至园中，忽闻酒气熏人。疑守舍者酿熟，因索之，则无有也。因启观所藏梨，则化之为水，清冷可爱，湛然甘美，真佳酝也。饮之辄醉。回回国葡萄酒，止用葡萄酿之，初不杂以他物。始知梨可酿，前所未闻也。(《癸辛杂识》)

白酒

乌桓东胡，俗能作白酒，而不知作曲糵，常仰中国。(《世语》)

东莱人

东莱人性灵，常作酒，多醇醪，而忽更清。(《幽明录》)

勿吉国

勿吉国嚼米酝酒，饮能至醉。(《魏书·勿吉国传》)

赤土国

赤土国以甘蔗作酒，杂以紫瓜根。酒色黄赤，味亦香美，亦名椰浆为酒。(《隋书·赤土国传》)

党项

党项取麦他国以酿酒。(《唐书·西域传》)

马留人

马留人取槟榔沉为酒。(《唐书·南蛮传》)

大麦酒

求大麦于他界，酝以为酒。(《唐书·党项羌传》)

夏鸡鸣酒

夏鸡鸣酒法，秫米二升作糜，曲三升，以水五升搅之，封头。今日作，明日鸡鸣时熟。(《食经》)

醽渌翠涛

魏左相能治酒，有名曰醽渌翠涛。常以大金罂中盛贮，十年饮不歇，其味即世所未有。太宗文皇帝尝有诗赐公，称："醽渌胜兰生，翠涛过玉薤。千日醉不醒，十年味不败。"兰生即汉武百味旨酒也。玉薤炀帝酒名。公此酒本学酿于西人，岂非得大宛之法，司马迁所谓，富人藏万石葡萄酒，数十岁不败者乎？(《龙城录》)

饮法

古之饮酒有杯盘狼藉，扬觯绝缨之说。甚则甚矣，然未有言其法者。国朝麟德中，璧州刺史邓弘庆，始创平索看精四字令，至李稍云而大备，自上及下，以为宜然。大抵有律令，有头盘，有抛打，盖工于举场，而盛于使幕衣冠。有男女杂履舄者，有长幼同灯烛者。外府则立将校而坐妇人，其弊如此。又有击球畋猎之乐，皆溺人者也。(《唐国史补》)

滴淋

南方饮酒，即实酒满瓮，泥其上，以火烧方熟。不然不中饮。既烧，即揭瓶趋虚，泥固犹存，沽者无所知其美恶，就泥上钻小穴，可容箸，以细筒插穴中，沽者就吮筒上，以尝酒味，俗谓之滴淋。无赖小民，空手入市，遍就酒家滴淋，皆言不中，取醉而还。(《投荒杂录》)

米及草子

税波斯拂林等国，米及草子酿于肉汁之中，经数日，即变成酒，饮之可醉。(《西阳杂俎》)

醉之所宜

凡醉有所宜：醉花宜昼，袭其光也。醉雪宜夜，肖其洁也。醉楼宜暑，资其清也。醉水宜秋，泛其爽也。(《醉仙图记》)

葛元

葛元为客致酒，无人传杯，杯自至人前。或饮不尽，杯亦不去。常从帝行舟遇大风；百官船无大小，多濡没，元船亦沦失所在。帝叹曰："葛公有道，亦不能免此乎！"乃登四望山，使人钩船。船没已经宿，忽见元从水上来。既至，尚有酒色，谢帝曰："昨因侍从，而伍子胥见强牵过，卒不得舍去，烦劳至尊，暴露水次。"元每行，卒逢所亲，要于道间树下，折草刺树，以杯器盛之，汁流出泉，杯满即止，饮之皆如好酒。又取土石章草木以下酒，入口皆是鹿脯。其所刺树，以杯承之，杯至即汁出，杯满即止，他人取之，终不为出也。(《神仙传》)

阇婆国

阇婆国饮食丰洁，其酒出于椰子及虾蝚丹树。虾蝚丹树，华人未尝见，或以桄榔槟榔酿成，亦甚香美。昏聘之资，先以椰子酒，槟榔次之，指环又次之。(《宋史·外国传》)

占城国

占城国地不产茶，亦不知酝酿之法，止饮椰子酒。(《宋史·外国传》)

案酒

梅宛陵诗，好用案酒，俗言下酒也，出陆玑草木疏。荇，接余也，白茎，叶紫赤，圆径寸余，浮水上。根在水底，与之深浅。茎大如钗股，上青下白。煮其白茎，以苦酒浸之，脆美可案酒。今北方多言案酒。(《续笔记》)

桂酒

苏子瞻在黄州，作蜜酒，不甚佳，饮者辄暴下。蜜水腐败者尔，

尝一试之，后不复作。在惠州，作桂酒，尝问其二子迈过云："亦一试
之而止。"大抵气味似屠苏酒。二子语及，亦自抚掌大笑。二方未必不
佳，但公性不耐事，不能尽如其节度，姑为好事，借以为诗，故世喜
其名。要之，酒非曲蘖，何可以他物为之。若不类酒，孰若以蜜渍木
瓜楂橙等，为之自可口，不必似酒也。刘禹锡传信方，有桂浆法。善
造者暑月极快美。凡酒用药，未有不夺其味，况桂之烈。楚人所谓桂
酒椒浆者，安知其为美酒，但土俗所尚。今欲因其名以求美，亦过矣。
(《避暑录话》)

夏酿

旧有酿法，盛夏三日辄成，色如湩醴，不减玉友。每晚凉，即饮
三杯，亦复盎然。(《避暑录话》)

菊花酒

今人以椰子浆为椰子酒，而不知椰子花可以酿酒。唐殷尧封寄岭
南张明府诗云："椰花好为酒，谁伴醉如泥。"九日菊酒，以渊明采菊，
白衣送酒得名，而不知西京杂记所载菊花酒。法以菊花舒时，并采茎叶，
杂秫米酿之，至来年九月九日，始熟。此皆目前之事，而未有言者，何
也?(《齐东野语》)

冬至前造酒

凡造酒令，冬至前最佳，胜于腊中，盖气未动故也。(《癸辛
杂识》)

雪醅

酝法言人人殊，故色香味亦不等。酝厚清劲，复系人之嗜。泰州雪醅著名惟旧，盖用州治客次井蟹黄水。蟹黄不堪他用，止可供酿。绍兴间有呼匠辈至都下，用西湖水酿成，颇不逮。有诘之者，云："蟹黄水重，西湖水轻。尝较以权衡得之。"辉向还乡郡，饮所谓雪醅，亦未见超胜，岂秫米日损，水泉日增而致然耶？抑酝法久失其传？大抵今号兵厨，皆有此弊，不但泰之雪醅也。（《清波杂志》）

丁秀才

郎州道士少微，顷在茅山紫阳院寄泊。有丁秀才者，亦同寓宿，举动风味，不异常人，然不汲汲于进取。盘桓数年，遇冬夕，霰雪方甚，二三道士围炉，有脆觚美酝之羡。丁曰："致之何难。"时以为戏言，俄见户开，奋袂而去。少顷，蒙雪而回，提一银榼酒，熟羊一足，云浙帅厨中物。因是吟咏忻笑，掷剑而舞，腾跃遁去，惟银榼存。（《琅嬛记》）

丁綖

有奉议郎丁綖者，某同年进士也。常言其祖好道，多延方士。常任荆南监兵，有一道人，礼之颇厚。丁罢官，道人相送，临行，出一小木偶人，如手指大，谓丁曰："或酒尽时，以此投瓶中。"丁离荆南数程，野次逢故旧，相与饮酒。俄而壶竭，丁试取木偶投瓶中，以纸盖瓶口。顷之，闻木人触瓶纸有声，亟亟开视之，芳酎溢瓶矣。不知后如何。（《续明道杂志》）

作蜜酒格

予作蜜酒格，与真水乱，每米一斗，用蒸饼面二两半，饼子一两半，如常法取酷液，再入蒸饼面一两酿之。二日尝看，味当极辣且硬，则以一斗米炊饭投之。若甜软，则每投更入曲与饼各半两。又三日，再投而熟，全在酿者斟酌增损也，入水少为佳。（《东坡志林》）

茉莉酒法

用三白酒，或雪酒色味佳者，不满瓶，上虚二三寸，编竹为十字或井字，障瓶口，不令有余不足。新摘茉莉数十朵，线系其蒂，悬竹下令齐，离酒一指许，贴用纸，封固，旬日香透矣。（《快雪堂漫录》）

酝酒法

苕溪渔隐曰：酝酒之法，无出月令，数语能尽其要。余尝试之，酒无不佳矣。其语云："秫稻必齐，曲蘖必时，湛炽必洁，水泉必香，陶器必良，火齐必得，用此六物耳。"六一居士《醉翁亭记》云："酿泉为酒，泉香而酒洌"，本此语也。（《苕溪渔隐丛话》）

独酌谣

《复斋漫录》云，陈沈炯《独酌谣》曰："独酌谣，独酌谣，独酌谣。智者不我顾，愚夫余未要。不愚复不智，谁当予见招。所以成独酌，一酌倾一瓢。"白乐天以吴秘监有美酒，多独酌。但蒙书报，不以饮招。故云"君称名士夸能饮，我是愚夫肯见招。"盖用王孝伯读《离骚》饮美酒，并此事也。（《苕溪渔隐丛话》）

花渍酒

《文昌杂录》云，京师贵家，多以酴醾渍酒，独有芬香而已。近年方以楬楂花悬酒中，不惟馥郁可爱，又能使酒味辛冽，始于戚里，外人盖未知也。（《苕溪渔隐丛话》）

酒药

麖麕物国中无禁，自真浦、巴涧滨海等处，率皆烧。山间更有一等石，味胜于盐，可琢以成器。土人不能为醋羹，中欲酸，则着以咸平树叶，树既生荚，则用荚，既生子，则用子。亦不识合酱，为无麦与豆故也。亦不曾造曲，盖以蜜水及树叶酿酒，所用者酒药耳。亦如乡间白酒药之状。（《真腊风土记》）

少延清欢

陶渊明得太守送酒，多以春秋水杂投之，曰，少延清欢数日。（《云仙散录》引《渊明别传》）

新丰酒法

初用面一斗，糖醋三升，水二担，煎浆。及沸，投以麻油、川椒、葱白，候熟，浸米一石。越三日。蒸饭熟。乃以元浆煎，强半。及沸去沫，投以川椒，及油候熟，注缸面，入斗许饭，及面末十升，酵半升。既挠以元饭，贮别缸。以元酵饭同下，入水二担，面二十斤，熟踏覆之。既搅以水，越三日止，四五日可熟，夏月约三二日可热。其初余浆，又加以水浸米。每值酒熟，则取酵以相接续，不必灰曲，只磨木香皮，用清水溲作饼，令坚如石，初无他药。仆尝与危巽斋子骖之新丰，故知其详。危君此时尝禁窃酹以专所酿，戒怀生以全所酿。且终所屦以洁所酿，透风以通其酿，故所酿口佳，而利不亏。是以知一酒政之微，危亦究心矣。昔人《丹阳道中》诗云："昨日新丰市，犹闻旧酒香。抱琴沽一醉，终日卧斜汤。"正其地也。沛中自有旧丰。马周独酌之地。乃长安郊新丰也。(《山家清供》)

胡麻酒

旧闻有胡麻饭，未闻有胡麻酒，盛夏，张整斋招饮竹阁，正午饮一巨觥，清风飒然，绝无暑气。其法渍麻子二升，煎熟略炒，加生姜二两，生龙脑叶一撮，同入炒细研，投以煮酝五升，滤渣去，水浸之，大有所益。因赋之曰："何须更觅胡麻饭，六月清凉却是仙。"《本草》名巨胜云，桃源所有胡麻，即此物也。恐虚诞者自异其说云。(《山家清供》)

醒酒菜

米泔浸琼芝菜，暴以日，频搅，候白净洗，捣烂熟煮，取出投梅花十数瓣，候冻，芼橙为芝斋供。(《山家清供》)

南中酒

南中酝酒，即先用诸药，别浊漉粳米漉干，旋入和米捣熟，即绿粉矣。热水溲而团之，形如馅饳，以指中心刺作一窍，布放簟席上，以枸杞叶罨之。其髓候好弱，一如造曲法。既而以藤篾贯之，悬于烟火之上。每酝一斗，用几个饼子，固有恒准矣。南中地暖，春冬七日熟，秋夏五日熟。既熟，贮以瓦瓮，用粪扫火烧之。(《岭表录异记》)

新州酒

新州多美酒。南方不用曲糵，杵米为粉，以众草兼胡蔓草汁溲，大如卵，置蓬蒿中，荫蔽经月而成。用此合濡为酒，故剧饮之后，既醒，犹头热涔涔，有毒草故也。(《投荒杂录》)

米奇

琉球造酒，则以水渍米，越宿，令妇人口嚼手搓，取汁为之，名曰"米奇。"(《偃曝余谈》)

接花浸酒

杨恂遇花时，就花下取蕊，黏缀于妇人衣上，微用蜜蜡，兼接花浸酒，以快一时之意。(《云仙杂记》引《三堂往事》)

奚奴温酒

宋季参政相公铉翁，于杭将求一容貌才艺兼全之妾，经旬余，未能惬意。忽有以奚奴者至，姿色固美，问其艺，则曰："能温酒。"左右皆失笑，公漫尔留试之。及执事，初甚热，次略寒，三次微温，公方饮。既而每日并如初之第三，公喜，遂纳焉。终公之身，未尝有过不及时。归附后公携入京。公死，囊橐皆为所有，因而巨富，人称曰奚娘子者是也。吁，彼女流贱隶耳，一事精至，便能动人，亦其专心致

志而然。士君子之学为穷理正心修己治人之道，而不能至于当然之极者，视彼有间矣。(《辍耕录》)

琼州酒

琼州人酝酒不用曲蘗。有木曰严树，捣其皮叶，浸以清水，以粳酿和之，或取石榴叶花和酿酝之，数日成酒能醉人。(《枣林杂俎》)

哑酒

施南人燕聚，若饮以哑酒，盖亲而近之之意。此犹蛮俗也。哑酒者，以蜀秫蒸熟，和曲酿之，临饮则分受于尺许高之小坛内，筑令满，设于庐舍之中，预截细竹一枝，约三尺许，通其节，插竖坛上，旁列一盎，用盛新汲之水。客毕至，主人以器挹水注坛，乃让齿德尊者，先就坛次，于竹上哑之。水尽则益，以酒尽为度。【杜诗芦酒"多还醉"注云：糜谷，酿成不醡也，以芦为筒吸而饮之；亦名钩藤酒。是即哑酒也，水多则酒薄，故诗云"多还醉"也。惟工部所咏陇坻以西之俗，第不知其主客酬酢之仪亦同否。】(《闲处光阴》)

炉酒

《齐民要术》作粟米炉酒法：五月六月七月中作之，倍美，受两石以下瓮，以石子二三升蔽瓮底，夜炊粟米饭，即摊之，令冷，夜得露气，鸡鸣乃和之。大率米一石，杀曲一斗，春酒糟末一斗，粟米饭五斗，曲杀若多少，计须减饭。和法痛挼令相杂，填满瓮为限，以纸盖口，砖押上，勿泥之，恐太伤热。五六日后，以手内瓮中，看令无热气，便熟矣。

酒停亦得二十许日，以冷水浇筒饮之，酾出者歇而不美。详其法，即今所谓咂酒。然今法只用小白曲，或小麦大麦糯米，瓶罂中皆得作之，而浇饮以汤。古为芦酒，因以芦筒噏之，故名。今云炉，当是笔误。酾，公县切，以孔下酒也。(《真珠船》)

文 学

邹阳酒赋

梁孝王游于忘忧之馆，集诸游士，各使为赋。邹阳为《酒赋》，其
词曰："清者为酒，浊者为醴。清者圣明，浊者顽骏。皆曲涅丘之麦，
酿野田之米。仓风莫预，方金未启。嗟同物而异味，叹殊才而共侍。
流光醳醳，甘滋泥泥。醪酿既成，绿瓷既启。且筐且漉，载箇载齐。庶
民以为欢，君子以为礼。其品类则沙洛渌酾，程乡若下，高公之清。
关中白薄，青渚萦停。凝醳醇酎，千日一醒。哲王临国，绰矣多暇。
召皤皤之臣，聚肃肃之宾。安广坐，列雕屏。绡绮为席，犀璩为镇。
曳长裾，飞广袖。奋长缨英伟之士，莞尔而即之。君王凭玉几，倚玉
屏，举手一劳，四座之士，皆若哺梁焉。乃纵酒作倡，倾盌覆觞。右
曰宫申，旁亦征扬。只之深不狂。于是锡名饵，祛夕醉，遣朝醒。吾
君寿亿万岁，常与日月争光。"（《西京杂记》）

赵整

整为苻坚黄门侍郎。坚与群臣饮酒，以极醉为限。整乃作《酒德
歌》曰："地列酒泉，天垂酒池。杜康妙识，仪狄先知。纣丧殷邦，桀

倾夏国。由此言之，前危后则。"坚大悦，命书之以为酒戒。(《十六国春秋·赵整传》)

王恭

恭为丹阳尹，迁中书令。会稽王道子，尝集朝士，置酒于东府。尚书令谢石，因醉为委巷之歌。恭正色曰："居端右之重，集藩王之第，而肆淫声，欲令群下何所取则！"石深衔之。(《晋书·王恭传》)

高允

允拜镇军大将军，领中秘书事，被敕，论集往世酒之败德，以为《酒训》。孝文览而悦之，常置左右。(《北史·高允传》)

今日明日

俗好剧语者云，昔有某氏，破产贳酒，少有醒时。其友题其门阊云："今日饮酒醉，明日饮酒醉。"邻人读之不解，曰："今日饮酒醉，是何等语？"于今青衿之子，多不记者。谈薮云：北齐高祖，常宴群臣，酒酣，各令歌武卫斛律丰乐歌曰："朝亦饮酒醉，暮亦饮酒醉，日日饮酒醉，国计无取次。"帝曰："丰乐不谄，是好人也。"(《酉阳杂俎》)

黄花

穆氏立为皇后。先是，童谣曰："黄花势欲落，清觞满杯酌。"言黄花不久也。后主自立穆后以后，昏饮无度，故云清觞满杯酌。(《北齐书·后主皇后穆氏传》)

酒谱

有府史焦革，家善酝酒，冠绝当时。为酒谱一卷，李淳风见而悦之。(《醉仙图记》)

王绩

东皋子王绩，字无功，有《杜康庙碑醉乡记》，备言酒德，竟陵人。(《北梦琐言》)

傅奕

奕为太史令。常醉卧，蹶然起曰："吾其死矣。"因自为墓志曰："傅奕，青山白云人也，因酒醉死，呜呼哀哉！"其纵达皆此类。(《旧唐书·傅奕传》)

元万顷

元万顷为著作郎时，右史胡楚宾，属文敏甚，必酒中，然后下笔。高宗命作文，常以金银杯，酾酒饮之，文成辄赐焉。家居，率沈饮无留贿，费尽复入，得赐而出，类为常。性重慎，未尝语禁中事。人及其醉问之，亦熟视不答。寻兼崇贤直学士卒。(《唐书·文艺传》)

李白

李白客任城，与孔巢父韩准裴政张叔明陶沔，居徂徕山，日沈饮，号"竹溪六逸"。天宝初，南入会稽，与吴筠善。筠被召，故白亦至长安，往见贺知章。知章见其文，叹曰："子谪仙人也。"言于玄宗，召见金銮殿，论当世事，奏颂一篇。帝赐食，亲为调羹。有诏供奉翰林。白犹与饮徒，醉于市。帝坐沉香亭子，意有所感，欲得白为乐章，召入，而白已醉。左右以水颒面，稍解，援笔成文，婉丽精切，无留思。帝爱其才，数宴见。白常侍帝，醉使高力士脱靴，力士素贵，耻之，摘其诗以激杨贵妃。帝欲官白，妃辄沮止。白自知不为亲近所容，益骜放不自修。与知章、李适之、汝阳王琎、崔宗之、苏晋、张旭、焦遂为酒中八仙。恳求还山，帝赐金放还。（《唐书·文艺传》）

十离诗

元相公在浙东宾府，有薛书记酒后争令，以酒器掷伤公犹子，遂出幕。既去作《十离诗》以献：《犬离主》《笔离手》《马离厩》《鹦鹉离笼》《燕离巢》《珠离掌》《鱼离池》《鹰离鞴》《竹离亭》《镜离台》。《犬》诗云："驯扰朱门四五年，毛香足净主人怜，无端咬著亲情客，不得红丝毯上眠。"笔诗云："越管宣毫始称情，红笺纸上撒花琼，都缘用久锋头尽，不得羲之手内擎。"《鹦鹉》诗云："陇西独自一孤身，飞去飞来上锦裀，都缘出语无方便，不得笼中更唤人。"《燕》诗云："出入朱门未肯抛，主人常爱语交交，衔泥污秽珊瑚簟，不得梁间更垒巢。"（《摭言》）

囚酒星

卫元规酒后忤丁仆射。以书谢曰："自兹囚酒星于天狱，焚醉目于秦坑。"（《摭言》）

皇甫湜

湜仕至工部郎中，辨急使酒，数忤同省。求分司东都，留守裴度，辟为判官。度修福先寺，将立碑，求文于白居易。湜怒曰："近舍湜而远取居易，请从此辞。"度谢之，湜即请斗酒，饮酣，援笔立就。(《唐书·皇甫湜传》)

崔橹

崔橹酒后忤陆肱郎中，以诗谢曰："醉时颠蹶醒时羞，曲糵催人不自由，回耐一双穷相眼，不堪花卉在前头。"(《摭言》)

治聋酒

兵部李涛，小字社翁。时李昉为翰林学士，月给内酝。兵部尝因春社，寄昉诗曰："社公今日没心情，为乞治聋酒一瓶，恼乱玉堂将欲遍，依稀巡到第三厅。"社酒号治聋酒。(《贾氏谈录》)

呷大夫

家述常聿修，仕伪蜀为太子左赞善大夫。两人皆滑稽，聿修伺述酒瓮将竭，叩门求饮，未通大道，已见瓢耻，濡笔书壁曰："酒客干喉去，惟存呷大夫。"(《清异录》)

百悔经

闽士刘乙，尝乘醉与人争妓女，既醒惭悔，乃集书籍中凡因饮酒致失贾祸者，编以自警，题曰《百悔经》。自后不饮，至于终身。(《清异录》)

中酒

宋太素尚书《中酒》诗云："中酒事俱妨，偷眠就黑房。静嫌鹦鹉闹，渴忆荔枝香。病与慵相续，心和梦尚狂。从今改题品，不号醉为乡。"非真中酒者，不能知此味也。(《老学庵笔记》)

买酒简

尝见吕相简，与一邻县官托买酒云："今为亲将至，专致钱一千，托沽酒。"又于后批："切不得令厅下人送来，纳钱二百，烦顾一人担来。"(《画墁录》)

唐酒价

真宗问近臣，唐酒价几何，莫能对，丁晋公独曰："斗直三百。"上问何以知之。曰："臣观杜甫诗'速须相就饮一斗，恰有三百青铜钱'。"亦一时之善对。(《中山诗话》)

杜彬

欧文忠在滁州，通判杜彬善弹琵琶，公每饮酒，必使彬为之，往往酒行遂无算，故有诗云："坐中醉客谁最贤，杜彬琵琶皮作弦。"此诗既出，彬颇病之，祈公改去姓名，而人已传，卒不得讳。(《避暑录话》)

李观

李观字泰伯，盱江人，贤而有文，苏子瞻诸公极推重之。素不喜佛，不喜《孟子》，好饮酒作文，古文弥佳。一日，有达官送酒数斗，泰伯家酿亦熟，然性介僻，不与人往还。一士人知其富有酒，然无计得饮，乃作诗数首骂《孟子》，其一云："完廪捐阶未可知，孟轲深信亦还痴，丈人尚自为天了，女婿如何弟杀之！"李见诗大喜，留连数日，所与谈，莫非骂《孟子》也。无何，酒尽，乃辞去。既而又有寄酒者，士人闻之，再往，作《仁义正论》三篇，大率皆诋释氏。李览之笑云："公文采甚奇，但前次被公吃了酒后，极索寞。今次不敢相留，留此酒以自遣怀。"闻者莫不绝倒。(《道山清话》)

僧舍题诗

范尧夫帅陕府，有属县知县，因入村，至一僧寺少憩。既饭，步行廊庑间，见一僧房颇雅洁，阒无人声，案上有酒一瓢，知县者戏书一绝于窗纸云："尔非慧远我非陶，何事窗间酒一瓢？僧野避人聊自醉，卧看风竹影萧萧。"不知其僧俗家先有事，在县理屈坐罪。明日，其僧乃截取窗子，黏于状前，诉于府，且曰："某有施主某人，昨日携酒至房中，值某不在房。知县既至，施主走避，酒为知县所饮，不辞。但有数银杯，知县既醉，不知下落。银杯各有镌识，今施主迫某取之，乞追施主某人，与厅事某人，鞫之。"尧大口："小为僧，法当饮乎？"杖而逐之。且曰："果有失物，令主者自来理会。"持其状以示子侄辈，曰："尔观此，安得守官处不自重！"即命火焚之，对僚属中未尝言及。后知县者闻之，乃修书致谢。尧夫曰："不记有此事，自无可谢。"还其书。(《道山清话》)

颜几

钱塘颜几，字几圣，俊伟不羁，性复嗜酒，无日不饮。东坡先生临郡日，适当秋试，几于场中，潜代一豪子刘生者，遂魁送，举子致讼。下几吏，久不得饮，密以一诗付狱吏，送外间酒友，云："龟不灵身祸有胎，刀从林甫笑中来。忧惶囚系二十日，辜负醺酣三百杯。病鹤虽甘低羽翼，罪龙尤欲望风雷。诸豪俱是知心友，谁遣尊罍向北开。"吏以呈坡，坡因缓其狱，至会赦得免。后数年，一日，醉卧西湖寺中，起题壁间云："白日尊中短，青山枕上高。"不数日而终。(《春渚纪闻》)

范蜀公

范蜀公素不饮酒，又诋佛教。在许下与韩持国兄弟往还，而诸韩皆崇此二事。每燕集，蜀公未尝不与，极饮尽欢，少间，则必以谈禅相勉，蜀公颇病之。苏子瞻时在黄州，乃以书问，救之当以何术，曰："曲蘖有毒，平地生出，醉乡土偶作祟，眼前妄见佛国。"子瞻报之曰："请公试观，能惑之性，何自而生？欲救之心，作何形相？此犹不立，彼复何依？正恐黄面瞿昙，亦须敛衽况学之者耶！"意亦将有以晓公，而公终不领，亦可见其笃信自守，不肯夺于外物也。子瞻此书，不载于集。(《避暑录话》)

六从事

东坡居惠，广守月馈酒六壶，吏尝跌而亡之，坡以诗谢曰："不谓青州六从事，翻成乌有一先生。"(《后山诗话》)

索酒诗

予尝小酿，公闻而见访。后度酿熟，以诗见索云："稍觉香薰鼻，

还思酒入唇。盈缸止三斗，可拨瓮头春。"予因和云："紫貂寒拥鼻，绿蚁细侵唇。莲烛当时事，壶头此日春。"（《孙公谈圃》）

刘原甫诗

余比岁不作诗，旧喜诵前辈佳句，亦忘之。忽记刘原甫诗云："凉风响高树，清露坠明河。虽复夏夜短，已觉秋气多。"若为余言者。起傍池徐步，环绕数十匝，吟咏不能自已。僮仆皆已睡，前此适有以酴醾新酒相饷者，乃蹩起连取三杯饮之，意甚适，不知原甫当时，能如此否？然诗末云："艳肤丽华烛，皓齿扬清歌。临觞不作醉，其如歌者何。"则与吾异。此诗当是在长安时作，恨此一病未除也。（《避暑录话》）

杨士奇诗

"请询陈司业，几月出南都。河上交冰未？江南下雪无？道途多跋涉，尘土著些须。下马须煎涤，呼儿送一壶。"此诗杨阁老士奇知陈司成敬宗自南京考满来京，将至，先令其子迎于道，分赠黄封一壶，而侑此诗。一时传者，谓颔联有相臣体，更于友谊之隆，蔼然见于词表，可以为后人法。又以见前辈之风致云。（《客座新闻》）

繁举

繁举陕人，性嗜酒，工诗。客京师十余年，流落以死。同时有郑云表者，慕举之为人，作诗挽之云："形如槁木因诗苦，眉锁愁山得酒开。"人以为写真云。（《真珠船》）

软饱

诗人多用方言。南人谓睡美为黑甜，饮酒为软饱，故东坡诗曰："三杯软饱后，一枕黑甜余。"（《墨客挥犀》）

卷白波

景文公诗云："镂管喜传吟处笔，白波催卷醉时杯。"读此诗不晓白波事。及观《资暇集》云："饮酒之卷白波，盖起于东汉。既擒白波贼戮之，如卷席然。故酒席仿之，以快人情气也。"疑出于此。余恐其不然。盖白者罚爵之名，饮有不尽者，则以此爵罚之。故班固《叙传》云："诸侍中皆引满举白。"左太冲《吴都赋》云"飞觞举白"，注云："行觞疾如飞也。"太白杯名。又魏文侯与大夫饮酒，令曰："不釂者浮以大白。"于是公乘不仁举白浮君。所谓卷白波者，盖卷白上之酒波耳。言其饮酒之快也。故景文公白波对镂管者，诚有谓焉。按《汉书》黄巾余党，复起西河，白波谷号曰白波贼。众十余万。（《湘素杂记》）

蓝尾酒一

白乐天诗云："岁盏能推蓝尾酒，辛盘先劝胶牙饧。"又云："三盏蓝尾酒，一碟胶牙饧。"而东坡亦云："蓝尾忽惊新火后，遨头要及院花前。"余尝见唐小说载，有翁姥共食一饼，忽有客至，云，使秀才斟泥。于是二人所啖甚微末，乃授客，其得独多，故用贪婪之字。如岁盏屠苏酒，是饮至老大最后所为多，则亦有贪婪之意。以饧胶牙，俗亦于岁旦琥珀饧。以验齿之坚脱然，或用饺子。然二者见之唐之寒食，与今世异乎。（《鸡肋编》）

蓝尾酒二

白乐天诗："三杯蓝尾酒，一碟胶牙饧。"唐人言蓝尾多不同，蓝字多作啉，云出于侯白《酒律》，谓酒巡匝，末坐者连饮三杯为蓝尾。盖末坐远，酒行到常迟，故连饮以慰。以啉为贪婪之意，或谓啉为爁。如铁入火，贵出其色，此尤无稽。则唐人自不能晓此义。晋人多言饮酒有至沉醉者，其意未必真在于酒。盖时方艰难，人各惧祸，惟托于醉，可以疏远世故。陈平曹参以来，俱用此策。《汉书》记陈平于刘项未判之际，日饮醇酒，戏妇人，是真好饮耶？曹参虽与此异，然方欲解秦烦苛，付之清净。以酒杜人，亦是一术。（《石林诗话》）

李适之

杜子美《饮中八仙歌》，贺知章、汝阳王琎、崔宗之、苏晋、李白、张长史旭、焦遂、李适之也。适之坐李林甫谮，求为散职，乃以太子少保罢政事。命下，与亲戚故人欢饮赋诗，曰："避贤初罢相，乐圣且衔杯。为问门前客，今朝几个来？"可以见其超然无所芥蒂之意，则子美诗所谓"衔杯乐圣称避贤"者，是也。适之以天宝五载罢相，即贬死袁州。而子美十载方以献赋得官，疑非相与周旋者，盖但记能饮者耳。惟焦遂名迹，不见他书。适之之去，自为得计，而终不免于死，不能遂其诗意，林甫之怨，岂至是哉。冰炭不可同器，不论怨有浅深也。乃知弃宰相之重，而求一杯之乐，有不能自谋者。欲碌碌求为焦遂，其可得乎？今岘山有适之洼樽，颜鲁公诸人尝为联句，而传不载。其尝至湖州，疑为刺史，而史失之也。（《避暑录话》）

唐人所喜

唐人喜赤酒，甜酒，灰酒，皆不可解。李长吉云："琉璃钟，琥珀浓，小槽酒滴真珠红。"白乐天云："荔枝新熟鸡冠色，烧酒初开琥珀香。"杜子美云："不放香醪如蜜甜。"陆鲁望云："酒滴灰香似去年。(《老学庵笔记》)

何处难忘酒

自唐白乐天始为"何处难忘酒"诗，其后诗人多效之。独近世王景文质所作，隽放豪逸，如其为人，余得其四篇曰："何处难忘酒？蛮夷大不庭。有心扶白日，无力洗沧溟。豪杰将班白，功名未汗青。此时无一盏，壮气激雷霆。""何处难忘酒？奸邪太陆梁。腐儒空有郦，好汉总无张。曹赵扶开宝，王徐卖靖康。此时无一盏，泪与海茫茫。""何处难忘酒？英雄太屈蟠。时违聊置畚，运至即登坛。梁甫吟声苦，干将宝气寒。此时无一盏，拍碎石阑干。""何处难忘酒？生民太困穷。百无一人饱，十有九家空。人说天方解。时和岁自丰。此时无一盏，入地诉英雄。"景文他文极多，号《雪斋集》，大略似是。余又读王荆公《临川集》亦有二篇。其一篇特典重，曰："何处难忘酒？君臣会合时。深堂拱尧舜，密席坐皋夔。和气袭万物，欢声连四夷。此时无一盏，真负《鹿鸣诗》。"二公同一题，而暗呜叱咤，一转于俎豆间，便觉闲雅不侔矣。余尝作一室，环写此诗，恨不多见云。(《桯史》)

灰酒

陆放翁笔记有云："唐人爱饮甜酒、灰酒，如杜子美诗'不放春醪令蜜甜'。"则引证切矣。如灰酒，又引陆龟蒙"酒滴灰香似去年"一句为证。余又哂其不然。盖龟蒙初冬绝句末联云："小炉低幌还遮掩，酒滴灰香似去年。"言初冬围炉饮，酒盏沥滴在灰中而香，仍似去年光景，不是酒似灰香耳。以上句观之，其义昭然。此老精于诗，而不善观诗如此，何哉？(《学斋呫哗》)

四卦

《易》惟四卦言酒，而皆险难时。需，需于酒食。坎，樽酒簋贰。困，困于酒食。未济，有孚于饮酒。(《吹剑录》)

劝醉

《复斋漫录》云，唐李敬方劝醉诗云："不向花前醉，花应解笑人。只因连夜雨，又过一年春。日日无穷事，区区有限身。若非杯酒里，何以寄天真。"杜子美绝句云："二月已破三月来，渐老逢春能几回。莫思身外无穷事，且尽生前有限杯。"二诗虽相缘，而杜则尤其工者也。世所传"相逢不饮空归去，洞口桃花也笑人"之句，盖出于敬方。(《苕溪渔隐丛话》)

田畯醉归图

人得优游田亩，身心无累，把盏即酣，诚生人之佳趣，高蹈之雅致也。若丰筵礼席。注玉倾银，左顾右盼，终日拘挛，惟恐有言语之失，拱揖之误，此则所谓囚饮。张亨父泰题《田畯醉归图》云："村酒香甜鱼稻肥，几家留醉到斜晖。牧奴拽背黄牛载，儿子旁扶阿父归。

鬓短何妨花插帽，身强不厌布为衣。天宽帝力知何有，但觉丰年醒日稀。"读之令人有物外想。(《坚瓠集》)

得诗止酒

宋蔡文忠公齐，性嗜曲蘖，饮量过人，沉酣昼夜，谏者弗听。时太夫人年高，甚以为忧。一日，山东贾存道过之，适文忠宿醒未起。存道乃大书于壁曰："圣君宠重龙头选，慈母恩深鹤发垂。君宠母恩俱未报，酒如成病【一作为患】悔何追！"文忠起见之，大悟，即日痛惩，终身不复至醉。(《坚瓠集》)

题诗劝酒

王梅溪十朋守泉日，会七邑宰，出一绝劝酒云："九重天子爱民深，令尹宜怀恻隐心。今日黄堂一杯酒，使君端为庶民斟。"真山西帅长沙，宴十二邑宰于湘江亭，勉以诗曰："从来官吏与斯民。本是同胞一体亲。既以脂膏供尔禄，须知痛痒切吾身。此邦素号唐朝古，我辈当如汉吏循。今日湘亭一杯酒，便烦散作十分春。"诸宰皆感动。二诗有万物一体意，为民牧者，宜书于座右，期无负九重爱民之意。(《坚瓠集》)

歌词侑酒

户曹之妻与太守有私，一士子知其事。户曹任满，将行，守招其夫妇饮。士子作《祝英台近》付妓，歌以侑酒："抱琵琶，临别语，把酒泪如洗。似恁春时，仓卒去何意。牡丹恰则开园，荼䕷厮勾，便下得一帆千里。好无谓，复恐明日行呵，如何恋得你。一叶船儿，休要

更沉醉。后来梅子青时，杨花飞絮，侧耳听喜鹊声里。"守与妇俱堕泪。其夫不悟。(《坚瓠集》)

淡酒

云间酒淡，有人作《行香子》云："浙右华亭，物价廉平，一道会买个三升。打开瓶后，滑辣光馨。教君霎时饮，霎时醉，霎时醒。听得渊明，说与刘伶，这一瓶约莫三斤。君还不信，把秤来称。有一斤酒，一斤水，一斤瓶。"又《醒睡编》有诗云："数升糯米浅悭量，饭熟全家大小尝。着意满倾三斤水，先头打起一壶浆。冷吞却似金生丽，热饮浑如周发商。昨夜强斟三五盏，几乎泻破肚中肠。"(《坚瓠集》)

一钱觅酒

金陵陈子文藻，号苍厓，家贫嗜酒。一日，囊仅一钱，市酒饮之，作诗自嘲云："苍厓先生屡绝粮，一钱犹自买琼浆，家人笑我多颠倒，不疗饥肠疗渴肠。"(《坚瓠集》)

奇对

陆浚明粢，幼善属对。一日，同陆象孙会客，两客对弈饮酒。客曰："围棋赌酒，一著一酌。"客无以应，粢即曰："坐漏观书，五更五经。"又一客曰："弹琴赋诗，七弦七言。"(《坚瓠集》)

张公吃酒李公醉

郭景初夜出，为醉人所诬。官召景初，诘其状。景初叹曰："谚云

'张公吃酒李公醉'。"官即命作赋，景初云："事有不可测，人当防未然。何张公之饮酒，乃李公之醉焉。清河丈人，方肆杯盘之乐，陇西公子，俄遭酩酊之愆。"官笑而释之。(《坚瓠集》)

狂客索酒

《玄亭闲话》：狂客过豪家索酒，适见有馈鱼蟹者未出，客曰："孟尝门下，焉得无鱼；吏部盘中，定须有蟹。"一女奴速出，将母命答曰："主人不杀，已付校人畜去；上客先期，都为学士尝空。"(《坚瓠集》)

醉客赋诗

康熙中，德兴张德象字德章，省场失利，就太学补试。与二友夜诣市访卜，因入肆沽酒，对月清饮。俄有客落拓造前曰："能与一杯否？"张见其已醉，取杯满斟，置几上，戏之曰："观吾丈姿貌不凡，能赋一诗，然后尽此乎？"客诺之，且请韵。张欲困以险韵，笑曰："只用吞字。"客即高吟一绝云："行尽蓬莱弱水源，今朝忍渴过昆仑。兴来莫问酒中圣，且把金杯和月吞。"举杯一吸而尽。众方惊叹，迹之已无见矣。(《坚瓠集》)

梦携酒楼

陈彦修有姬，一夕梦少年携上酒楼酣饮。少年执板，歌以侑酒，觉犹记云："人生开口笑难逢，富贵荣华总是空，惟有隋堤千树柳，滔滔依旧水流东。"(《坚瓠集》)

杨一清对

杨遂庵十二岁中举，至京，国公尚书，同设席邀饮。尚书国公齐递酒两杯，因曰："手执两杯文武酒，饮文乎？饮武乎？"杨曰："胸藏万卷圣贤书，希圣也，希贤也。"（《坚瓠集》）

屠酥酒

《四民月令》：元日饮屠酥酒，次第当从小起，以年少者起。后汉李膺、杜密，以党人同系狱，值元日，于狱中饮酒，曰："元旦从小起。"《时镜新书》：晋海西令问董勋曰："正旦饮酒，先从小者，何也？"勋曰："俗以少者得岁，先酒贺之。老者失岁，故后饮酒。"刘梦得白乐天元日举酒赋诗，刘云："与君同甲子，寿酒酿先杯。"白云："与君同甲子，岁酒合谁先。"白有《岁假内命酒篇》云："岁酒先拈辞不得，被君推作少年人。"顾况云："不觉老将春共至，更悲携手几人全。还丹寂寞羞明镜，手把屠苏让少年。"裴夷直云："自知年几偏应少，先把屠苏不让春。倘更数年逢此日，还应惆怅羡他人。"成文干云："戴星先捧祝尧觞，镜里堪惊两鬓霜。好是灯前偷失笑，屠苏应不得先尝。"方干云："才酌屠苏定年齿，坐中皆笑鬓毛斑。"东坡云："但把穷愁博长健，不辞最后饮屠酥。"《七修》作屠苏。《四时纂要》：屠苏，孙思邈庵名。《天中记》：屠，割也；苏，腐也。（《坚瓠集》）

酒三平

吴兴沈太学某，倅云间。令吏取酒三瓶，写作三平。吏曰："非此平字。"沈即将平字脚加一踢，曰："三乎也罢。"（《坚瓠集》）

中酒诗

《老学庵笔记》载宋太素尚书中酒诗云："中酒事俱妨，偷眠就黑房。静嫌鹦鹉闹，渴忆荔枝香。病与懒相续，心和梦尚狂。从今改题品，不号醉为乡。"放翁以为非真中酒者，不能知此味。明浙中举子张子兴杰，亦有中酒诗云："一枕春寒拥翠裘，试呼侍女为扶头。身如司马原非病，情比江淹不是愁。旧隶步兵今作敌，故交从事却成仇。淹淹细忆宵来事，记得归时月满楼。"比太素所作，更详切有味。（《坚瓠集》）

醉经斋

明昌中，虞乡麻氏构小斋，题曰醉经。周德卿昂题绝句云："诗书读破自融神，不羡云安曲米春。黄卷至今真味在，莫将糟粕待前人。"（《坚瓠集》）

酒歌

明初，徐州李冠，仿卢仝《茶歌》，作《酒歌》云："蓬壶影里啼青鸟，梦觉华胥春已晓。吴姬携酒叩我门，连声大叫惊邻媪。口传达官不敢名，开封嫩碧光银罂。呼儿不用借盘盏，巨碗亦足张吾兵。一碗入灵府，浑如枯槁获甘雨。二碗和风生，辙鲋得水鳞鬐轻。三碗肝肠热，扫却阴山万斛雪。四碗新新成，挥毫落纸天机鸣。五碗叱穷鬼，成我佳名令人毁。六碗头颅偏，轰雷不觉声连天。七碗玉山倒，枕卧晴霞藉烟草。醒来好恶不自知，宁能更为苍生恼。苍生四海非不多，圣明治化极中和。矧令鼎鼐付房魏，燮理阴阳无偏颇。吾当衔杯偃仰

卧蓬草，解衣鼓腹尧民歌。"（《坚瓠集》）

酒檄

李俊民字用章，金承安五年状元，寻弃职还山，作《酒檄》云："人生贵在意适，我辈况复情钟。念乐事之难兼，须同欲之相济。山堂主人作真率会，斗见在身。掉船寻贺老于稽山，赍具邀渊明于栗里。盗瓮而饮者醉，指瓶而索者尝。伶妇无言，宋犬不吠。乃有忘形尔汝，痛读《离骚》。了一生于蟹螯，视二豪如蜾蠃。以其无公田而种秫，故不待酉岁而乞浆。莫谓宁逢恶宾，亦可便称名士。独不与李将军为地，方且共汪谘议论兵。徒使汝阳涎流，想见子幼耳热。醒犹未解，酿可速倾。得到夫齐，请鉴青州之事；或薄如鲁，未免邯郸之围。惠而不伤，吝则有悔。"（《坚瓠集》）

王秋涧酒榜

王秋涧恽《酒榜》云："伏闻三尺紫箫，吹破金台之月；一竿青旆，飘摇淇水之春。孝先张君，系出豪华，长居纨绮。壮狃五陵之鞭马，老寻中圣之家风。左顾东城，名标新馆。虽借作养廉之地，已大搜破敌之兵。泷春溜于连床，贮秋香于百瓮。与同至乐，任价宽沽。馨翠罂银勺之欢，是非何有；听白雪阳春之曲，风月无边。信不比于寻常，莫等闲而空过。任使高阳公子，从他宫锦仙人。争赍金貂，纷縻剑佩。系马凤凰楼柱，挂缨日月窗扉。白骨苍苔，古人安在。流水逝水，浮世堪惊。况百年浑是者能几回，一月开口者不数日。忍辜妙理，竟作独醒。莫思身后无穷，且斗尊前现在。那愁红雨，春围绣幕之风。来

对黄花，共落龙山之帽。快倾银而注瓦，任枕曲以藉糟。顿空工部之囊，扶上山翁之马。前归后拥，尽日而然。"（《坚瓠集》）

调笑令

《艮斋杂说》：明末一妓，善监酒，席间作《调笑令》，以催干为韵："闻道才郎高量，休让。酒到莫停杯，笑拔金钗敲玉台。催么催，催么催。已是三催将绝，该罚。不揣作监官，要取杯心颠倒看。干么干，干么干。"一座笑赏。（《坚瓠集》）

饮酒赋诗

晏元献与客宴饮，稍阑即罢，遣歌乐，曰："汝曹呈艺已遍，吾当呈艺。"乃具笔札，相与赋诗。米元章邀苏子瞻饮，列纸三百，置馔其傍。每酒一行，伸纸作字一二幅。小史磨墨，几不能供。饮罢，纸亦尽，乃更相移去。先辈风流，即一杯酌间，不忘以词翰相课，亦异乎以饮食游戏相征逐者矣。（《坚瓠集》）

醉翁图赞

黄贞父汝亭《醉翁图赞》曰："酒，好友。闭而眼，扪而口。潦倒衣冠，模糊好丑。多不辞一石，少不辞五斗。提携域外乾坤，断送人间卯酉。破除万事总皆非，沉冥一念夫何有。盖东坡为无漏之仙，而吾呼之为独醒之友。"（《坚瓠集》）

咏酒

林粹夫廷玉《咏酒塞鸿秋词》云："米明王原掌奇门印，曲将军会

摆迷魂阵。水中郎隐坐云安镇，紫令公传示兰陵信。祭遵壶矢威，李白蛮书令。那愁城攻破莫逃命。"（《坚瓠集》）

止酒

辛幼安居山日，尝欲止酒，赋《沁园春》云："杯汝前来，老子今朝，点检形骸。甚长年抱渴，咽如焦釜，于今苦眩，气似奔雷。漫说刘伶，古今达者，醉后何妨死便埋。浑如此，叹汝于知己，其少恩哉！更凭歌舞为媒，算合作平居鸩毒猜。况怨无大小，生于所爱，物无美恶，过则为灾。与汝成言，勿留亟去，吾力犹能肆汝杯。杯再拜，道麾之即去，招则须来。"一日，友人载酒入山，幼安不得，以止酒为解，遂破戒一醉，再韵前调云："杯汝知乎？酒泉罢侯，鸱夷乞骸。更高阳入谒，都称齑臼，社康初筮，正得云雷。细数从前，不堪余恨、岁月都将曲蘖埋。君诗好，似提壶却劝，沽酒何哉。君言病岂无媒，似壁上雕弓蛇暗猜。记醉眠陶令，终全至乐，独醒屈子，未免沉灾。欲听公言，惭非勇者，司马家儿解覆杯。还堪笑，借今宵一醉，为故人来。"（《坚瓠集》）

反止酒

尤悔庵先生有反止酒云："辛稼轩有止酒词。然吾辈酒狂也，又当此时，此中雅宜此君，岂忍囚酒星于天狱，焚醉日于秦坑哉！词曰：'陆醨前来，枚卜功臣，众口交推。彼从事齐州，清为圣德，督邮高县，浊亦贤才。尧舜千钟，仲尼百觚，子路宁辞十榼陪。髡一石，更先生五斗，学士三杯。尝闻上顿长斋，即乘马骑驴事尽佳。况卓家少妇，为君涤器，杨家妃子，为我持罍。山带兰陵，水连桑落，曲部分茅议允谐。咨汝醽，伊俾侯醴泉郡，曰往钦哉。'"(《坚瓠集》)

罪酒

悔庵先生云："余既反止酒，数与醽往来，称肚膈友。已而病惫，呕出心血。医者曰：'是酒之罪也；天有酒星，故倾于西北。地有酒泉，故缺于东南。人有酒肠，故伤于中心。若婉彼药狂，亦如刘将军负锸从之耳。'予惕然。吾待醽不薄，奈何负我，请绝交。于是复召陆生而告之曰：'醽若毋声，以酒为名，乃罪之魁。算持蟹螯者，瓮中就缚，吹龙笛者，水底长埋。金盏才擎，玉山便倒，玩我真如儿戏哉。腐肠药，甚良醑可恋，心腹当灾。今朝焚了糟台，又何问莲花白玉杯。倘君将伐狄，臣当执御，人能击灶，我愿持锤。草夺黄封，驱除绿蚁，主爵壶商赐自裁。醽不道，削汝懿侯职，以警将来。'"(《坚瓠集》)

刘祭酒

《谐语》载明英庙大猎，从官皆戎服弓矢以护畔，应制赋诗。刘祭酒某，误以珚弓为弓珚，太学生贴诗于监门云："猎羽扬长共友僚，珚弓诗倒作弓珚。祭酒如今为酒祭，衔官何以达廷朝。"广东举人王佐，复上诗于刘云："乐羊终是愧巴西，许下维闻哭习脂。岂是先生无好句，弓珚何愧古人诗。"以为能得司成之喜，刘览之愈怒。后王佐刻桐乡诗，具载此首，遂大传其事。(《坚瓠集》)

撒酒风诗

友人传撒【俗作杀。朱望子先生云：合作撒】酒风诗，言母舅撒酒风事，可佐一噱。诗云："娘舅常常撒酒风，今朝撒得介恁凶。踢翻两个糖攒盒，踏扁一双银酒钟。面孔红来干急迸【俗音博亮切】，髭须白得龂【窍】鬖松。傍人问道像何物，好似跳【条】神马阿公。"（《坚瓠集》）

官酒歌

宋南渡，钱塘有官酒库。清明前煮，中秋前发卖，先期以鼓乐妓女，迎酒穿街，观者如市。杨炎正有《钱塘官酒歌》云："钱塘妓女颜如玉，一一红妆新结束。问渠结束意何为，八月皇都新酒熟。玛瑙瓮列浮蛆香，十三库中谁最强。临安大尹索酒尝，旧有故事须迎将。翠翘金凤乌云髻，雕鞍玉勒三千骑。金鞭争道万人看，香尘冉冉沙河市。琉璃杯深琥珀浓，新翻曲调声摩空。使君一笑赐金帛，今年酒赛真珠红。画楼兀突临官道，处处绣旗夸酒好。五陵年少事豪华，一斗十千谁复校。黄金垆下漫徜徉，何曾见此大堤娼。惜无颜公三十万，秆醉令钗十二行。"

臧饮萧文

《南史》：萧介性高简，少交游，惟与族兄视素，及从弟叔等，文酒赏会，时人以比谢氏乌衣之游。初，武帝总延后进二十余人，置酒赋诗，臧盾以诗不成，罚酒一斗。盾饮尽，颜色不变，言笑自若。介染翰便成，文无加点。帝两美之，曰："臧盾之饮，萧介之文，即席之美也。"（《天禄识余》）

倾家酿

晋人所谓"见何次道，令人欲倾家酿"，犹云"欲倾竭家赀，以酿酒饮之"也。故鲁直云"欲倾家以继酌"，韩昌黎借以作篸诗云"有卖直欲假家赀"，此得晋人本意。至朱中行有句云："相逢尽欲倾家酿，久客谁能散橐金。"用家酿对橐金，非也。（《天禄识余》）

借酒诗

予在史馆时，日请良酝酒一斗。然饮少，多有藏者。汤东谷胤绩从予索之，诗曰："兼旬无酒饮，诗腹半焦枯。闻有黄封在，何劳市上沽。"予尝至其第，见其厅事春联云："东坡居士休题杖，南郭先生且滥竽。"后堂曰："片言曾折虏，一饭不忘君。"盖东谷尝从兴济伯礼部尚书杨忠定公（善）奉迎銮舆，故云。其东偏云："暂挂西山笏，闲开北海尊。"其西偏曰："长生惟食粟，老眼渐生花。"而豪侠之气，可以想见矣。（《县笥琐探》）

中酒千金方

尝闻中山武宁王玄孙徐某，一日与画师吴小仙太医孙院使宴饮，命吴画女乐诸子及孙吴陪饮之图。画毕，徐喜曰："惜欠风流题客！"过日，太常卿吕常见而题歌一篇，首曰："吴生画手称绝奇，老我措大能评之；丽人旧读少陵作，此乐独谓君侯宜。"徐曰："不必诔我，但要写当日实事耳。"吕然后铺叙家乐，援引故典，通篇尽佳，末云："吴生吴生欲阐扬，自画白皙居侯旁；如何更着孙思邈，中酒却要千金方？"徐大笑曰："是日果中酒也。"闻者绝倒。予读《九柏薁》果有此歌，吕可

谓善戏，而徐则痴人前不得说梦耳。(《七修类稿》)

凤州酒

文光禄太青（翔凤）戏作口吃诗云："黠子向客共哆口，漆栗笔蜜手柳酒。"本《墨客挥犀》，凤州有三出手柳酒，宣州有四出漆栗笔蜜也。予使蜀过凤县，弹丸小邑，在栈道中，所谓伎手纤白，固无从见之。驿酒殊劣。柳自入栈，亦颇稀少。予近和海盐人陈子文（奕禧）过凤县金悬柳诗云："凤州三绝无纤手，又少旗亭酒共倾；惟有金丝几株柳，临江映驿拂人行。"(《池北偶谈》)

咏旗亭画壁诗

田大令溥一句云："地当梅市宜浮白，诗入梨园亦汗青。"对仗工切。(《两般秋雨庵随笔》)

任城太白酒楼诗

任城太白酒楼诗，多矣。余最爱大兴舒铁云先生七古一篇云："结客须结贺知章，拜士须拜郭汾阳。此时当浮二大白，天地中间一酒国。公不必饮酒楼上眠，楼不必因公被酒传。但道公曾饮此地，至今往往有酒气。七尺之躯百尺楼，出亦愁，入亦愁。作诗尚有杜工部，上书安得韩荆州，除非天津桥南董糟邱。为公屈注庐山瀑，横卷沧海流。汉江三百绿鸭头，黄河之水天。上不再收。感公痛饮日，惜公狂吟身。读公古乐府，知公谪仙人。一斗亦醉一石醉，万古长愁无价卖。海上钓鳌鳌无竿，江上骑鲸鲸无鞍。身不愿封万户侯，但愿一脱千金裘。飞上凤皇台，踢翻鹦鹉洲。沈香亭，花见羞。夜郎国，鬼与谋，须臾汤泉火城貉一邱。惟有青莲花开千秋，我欲醉折花枝当酒筹，而乃眼前突兀见此楼。"奇气郁勃，读之可下酒一斗。(《两般秋雨庵随笔》)

食酒

有阛阓子，作日记册云："某日买烧酒四两食之。"人遂传为笑柄，而不知亦未可非也。《于定国传》曰："定国食酒，数石不乱。"柳子厚《序饮》亦云："吾病痞不能食酒。"则酒之言食，其来有自。(《两般秋雨庵随笔》)

读酒经

数朵蔷薇，袅袅欲笑，遇雨便止。几上移蕙一本，香气浓远，举酒五酌，颓然竟醉。命儿子快读《酒经》一过，并书中郎所作《醉乡调笑引》于末。吾观画工写生，大都于梅花下着水仙，盖其臭味则有然矣。(《梅花草堂笔谈》)

联语

庆仙居大酒缸联云："庆喜升平开酒国，仙居日月驻壶天。""大酒肥鱼豪士兴，缸花杯影美人风。"上六字一一扣定，又系本地风光；相传为胡侍御作，洵聪明吐属矣。(中略)题酒家云："劝君更尽一杯酒，与尔同消万古愁。"(《壶天录》)

糟胥

尝与同人夜话，俞吟香述某尚书一诗，风流蕴藉，可发大噱。尚书故善诙谐，判牍中均杂嘲笑。官漕督时，道出长沙，有善化令已升武冈州牧，置备仪仗，书官衔，误以漕作糟，尚书寄一诗调之云："半生不作醉乡侯，况复星驰速置邮。岂有尚书兼曲部？漫劳明府晋糟邱。读书字要分鱼豕，过客风原异马牛。闻说头衔已升转，武冈可是五缸州？"后见陈子庄廉访《庸闲斋笔记》，亦载此则。尚书即云梦许秋岩也。（《三借庐笔记》）

皇甫韵亭诗

同里皇甫韵亭茂才坤，情怀倜傥，豪于酒。诗笔亦俊，所作随手散弃。偶检箧中，得其遗稿三首，急录之。《咏菊》云："几番疏雨润，老圃菊初黄。月色一篱淡，露华三径凉。秋深人比瘦，夜静影俱香。谁送白衣酒，花前畅引觞。"《题沈镜湖垂钓图》云："江北江南汗漫游，归来逸兴寄扁舟，白苹风急秋将晚，一尺鲈鱼欲上钩。""得鱼换酒且高歌，鹭友鸥宾日日过，爱向水云深处泊，满船明月卧烟蓑。"（《冷庐杂识》）

程筠轩诗

同邑程筠轩茂才拱宽，工诗。晚岁精研医理，求治者踵至，寿臻大耋。诗集散佚，偶于友人案头，见其残稿二首，急录之。《将进酒》云："君饮酒，我歌诗，劝君频举金屈卮。醉乡别有一天地，乐处不许凡人知。左手携刘伶，右手招阮籍。空囊无一钱，杯中之物不可缺。吏部醉卧酒瓮边，翰林自称酒中仙。古人旷达乃如此，肯与礼法之士相周旋。繁花满林，候焉委路。红颜少年，伤心迟暮。人生有酒且须饮，美景良辰莫虚度。明星煌煌照西厢，锦筵银烛添幽光。夜如何其夜未央，清歌一曲累十觥，樽空举瓢酌天浆。"《迁居感赋》云："男儿的是可怜虫，三十头颅未送穷。虚向怀中藏故刺，谁从爨下赐焦桐。酒称大户千钟少，诗号长城五字工。惆怅立锥无地可，满天风雪响哀鸿。"（《冷庐杂识》）

孙春沂

杭州孙春沂贰尹曰点，十园伯父之婿也，工书善弈，豪于饮，兼好吟咏。试北闱，屡荐不售，乃筮仕江苏，非其志也。诗句如"生涯棋局在，心事酒杯知""文字空余知己泪，湖山易动故国心""诗句欲成灯有味，春寒犹在酒无权"，皆清逸可诵。（《冷庐杂识》）

诗酒券

太仓王蓬心太守辰，以画作支酒票。嘉善黄霁青观察安涛，因求题图诗者之多，仿而行之。凡索诗，须以酒将意，名"诗酒券"。作歌纪之，有"彼以酒来我诗去，一纸公然作凭据"之句。（《冷庐杂识》）

泉甘而酒洌

《泊宅编》谓欧阳公作《醉翁亭记》后四十五年，东坡大书重刻，改"泉洌而酒甘"作"泉甘而酒洌"。王渔洋以为实胜原句。今按集中作"泉香而酒洌"，香字不如甘字为佳。（《冷庐杂识》）

陪人饮酒

人问妓女，始于何时。余云："三代以上，民衣食足而礼教明，焉得有妓女？惟春秋时卫使妇人饮南宫万以酒，醉而缚之，此妇人当是妓女之滥觞；不然，焉有良家女而肯陪人饮酒乎？若管仲之女闾三百，越王使罢女为士缝衽，固其后焉者矣。戴敏咸进士过邯郸见店壁题云：'妖姬从古说丛台，一曲琵琶酒一杯；若使桑麻真蔽野，肯行多露夜深来？'"用意深厚，惜忘其姓名。（《随园诗话》）

穿云沽酒图

余亲家徐题客，画《穿云沽酒图》。余题云："玉貌仙人衣带斜，腰间瓶插绿梅花；穿云何事频来往？天上嫌无卖酒家。"后读《王荆公集》，有句云："花前若遇余杭姥，为道仙人忆酒家。"与余意似不谋而合。（《随园诗话》）

酒德

人无酒德而贪杯勺，最为可憎。有某太守在随园赏海棠，醉后竟弛下衣，溲于庭中。余次日寄诗戏之云："香是当年夷射姑，不教虎子挈花奴。但惊赢者此阳也，谁令军中有布乎？头秃公然帻似屋，心长空有腹如瓠。平生雅抱时苗癖，日缚衣冠射酒徒。"（《随园诗话》）

卢梦薇

余岁以家酿馈卢梦薇学师，师率赋一诗为谢，因次其韵答之云："壮怀消尽便成衰，新酿三年即旧醅。学佛未成姑饮酒，也将一滴供如来。【丙申，师前诗有"白水长斋是世尊"句，故作一转语解之。】长生不可学，何处觅炉丹。有酒学今夕，关心惟古欢。烛随人悄悄，梅饱露渿渿【是年冬暖，霜不见白。岁除，梅花尽放）。老矣无他望，相期保岁寒【丁酉】。未能广厦欢寒士，聊且穷年对曲生。岁尽不知人事改，半酣犹听客谈兵【戊戌，岁事倥偬，而师论文不倦。故戏及之】。（《重论文斋笔录》）

黄九烟之饮

上元黄九烟，名周星，其先以育于湘潭周氏，为湘潭人。明进士，入国朝，隐居不出，嗜饮。感愤怨怼，一寓之于诗，尝作《楚州酒人》歌，盖自道也。歌云：酒人酒人，尔从何处来，我欲与尔一饮三百杯。寰区斗大不堪容我两人醉，直须上叩阊阖寻蓬莱。我思酒人昔在青天上，气吐长虹光万丈。手援北斗斟天浆，天厨骆驿供奇酿。两轮化作琥珀光，白榆历历皆杯盘。吸尽银河乌鹊愁，黄姑渴死悲清秋。咄咄酒人非无赖，乘风且访昆仑邱。绿娥深坐槐眉下，万树桃华覆深墅。穆满高歌刘彻吟，一见酒人皆大诧。双成长跽进三觞，大嚼绛雪吞元霜。桃华如雨八骏叫，春风浩浩心飞扬。瑶池虽远崦嵫促，阿母绮窗不堪宿。愿假青鸟探瀛洲，列真酣饮多如簇。天下无不读书之神仙，亦无读书不饮酒之神仙。神仙酒人化为一，相逢一笑皆陶然。陶然此醉堪千古，平原河朔安足数。瑶羞琼糜贱如齑，苍龙可饯麟可脯。兴酣瞋目叫怪哉，海波清浅不盈杯。排云忽复干帝座，撞钟伐鼓轰如雷。金茎玉液沆瀣竭，披发大笑远归来。是时酒人独身横行四天下，上天下地如龙马。百灵奔蹶海岳翻，所向无不披靡者。真宰上诉天帝惊，冠剑廷议集公卿。今者酒人有罪罪不赦，不可杀之反成酒人名。急敕酒人令断酒，酒人惶恐顿首奏陛下，臣有罪死无醒生。帝顾巫阳使扶酒人去，风驰雨骤苍黄谪置楚州城。酒人堕地颇狡狯，读书学剑皆雄快。白皙鬓鬓三十时，戏掇青紫如拾芥。生平一饮富春渚，再饮鹦鹉湖。手版腰章束缚苦，半醒半醉聊支吾。谁知一朝乾坤忽反复，酒人发狂大叫还痛哭。胸中五岳自峨峨，眼底九州何蹙蹙。头颅顿改瓮生尘，酒非酒兮人非人。椎垆破觎吾事毕，那计金陵十斛春。还顾此时天醉地醉人皆醉，丈夫独醒空憔悴。从来酒国少顽民，颂德称功等游戏。不如大诏天下酒徒牛饮鳖饮兼囚饮，终日酩酊淋漓嬉笑怒骂聊快意。请与酒人构一凌云烁日之高堂，以尧舜为酒帝，义农为酒皇。淳于为酒伯，仲尼为酒王。陶潜李白坐两庑，糟粕余子蹲其旁。门外醉乡风拂拂，门内酒泉流汤汤。幕天席地不知黄虞与晋魏，裸裎科跣日飞觞。一斗五斗至百斗。延年益寿乐未央。请为尔更诏西施歌，虞姬舞。荆卿击剑，祢生挝鼓。玉环飞燕传觥筹。周史秦宫奉罍瓴。与尔痛饮三万六千觞，下视王侯将相皆粪土。但愿酒人一世二世传无穷，令千秋万岁酒氏之子孙，人人号尔酒盘古。酒人闻此耳热复颜酡，我更仰天呜呜感慨多。即今万事不得意，神仙富贵两蹉跎，酒人酒人当奈何。噫吁嘻，酒人酒人当奈何，尔且楚舞吾楚歌。(《清稗类钞》)

鬼子酒

嘉庆某岁之冬至前二日，仁和胡书农学士敬设席宴客，钱塘汪小米中翰远孙亦与焉，饮鬼子酒。翌日，严沤盟以二瓶饷小米，小米赋诗四十韵为谢。鬼子酒为舶来品，当为白兰地惠司格口里酥之类。当时识西文者少，呼西人为鬼子，因强名之曰鬼子酒也。是日，黄芗泉亦在座，乃次杭堇浦《道古堂集》中鬼子糕韵为七律。【原诗六十一韵。

内眊字考广韵集韵皆未收入豪韵中，故缺焉，恰成六十韵。】诗云：北风第一买酒鏖，烂醉不计酒价高。巷醪村酿徒喧嚣，安得花采沧州桃。玉堂学士灿宫袍，光禄法酒沾橘柪。还乡不忘短褐绦，诗坛猥许随担篙。开尊昨日折简劳，物聚天美养老饕。酒瓶远寄驿不骚，征典早窘刘郎糕。制自鬼子方法韬，兀然座想难禅逃。佛郎机壤邻红毛，权归提舶同皋牢。方物毕献如旅獒，龙涎之屿篱木壕。加蒙树心汁取淘，无事曲蘖与淅溞。梅花脑子香不臊，波罗有蜜相和挠。槟榔椰子软中熬，柔旨特异刲肠刀。吠琉璃瓶贮可操，燕嘉宾歌食野蒿。碧眸高准首屡搔，拳捷匹似献果猱。五樯帆风来连舠，森卫不使弓受櫜。铜盘照海敢弁髦，送以鱼鸟声取聱。黏天无壁心弗忉，更更针路报匪謷。神祷天主高厥尻，佛山旌次群来敖。酒官罢榷无私糟，欢酾被及岛载鳌。朝市共趁鸡三号，氤氲别调瀛洲膏。买朴法比行隔槽，忙到饮事供吾曹。我生弱冠弄柔毫，依人一昔风转翱。身行万里讵足豪，机心不解施桔槔。文章枉说五采缫，燕秦楚蜀穷所遭。归来鱼生范釜镣，井上活计于陵螬。未经沧海漫欢嗷，不分一旦嘉会叨。远越瑶琨卑葡萄，积忧解去荼蓼薅。一杯吞尽重洋涛，颂之语碎暂啾嘈。才薄何能配褒皋，运斤所喜人逢猰。鬼奴常使双瓶挑，止酒肯赋柴桑陶。（《清稗类钞》）

黄仲则欣然命酌

乾隆某岁之中秋，无月而雨，黄仲则方坐吟愁叹。至初更后，忽有携酒食至者，欣然命酌，即用《中秋夜雨》韵赋一诗云：狂喜下阶趋欲蹶，岂意今宵百无阙。满堂酒气飘氤氲，一缕心烟起萧勃。渴羌奋吸老饕嚼，杂沓雨声同不歇。壶觞匪惠惠及时，快意真无憾毫发。痴童睡醒惊抹眵，似有神厨运倏忽。主人定梦羊触蔬，坐客休惊犬争骨。杖如可化愁高寒，绳便堪梯怖飘兀。何如痛饮随自然，不共浮云香出没。五史街鼓惨忽沈，帘隙看天暗光发。一度愁乡与睡乡，倾尽千觞已飞越。愿借君觞更属君，人生几度阴晴月。（《清稗类钞》）

舒铁云饮女儿酒

舒铁云尝于河东都转刘松岚席上饮女儿酒。时松岚将出京，铁云为诗纪之，并以送行。诗曰：越女作酒酒如雨，不重生男重生女。女儿家住东湖东，春槽夜滴真珠红。旧说越女天下白，玉缸忽作桃花色。不须汉水酸葡萄，略似兰陵盛琥珀。不知何处女儿家，三十三天散酒花。题诗幸免入醋瓮，娶妇有时逢曲车。劝君更尽一杯酒，此夜曲中闻折柳。先生饮水我饮醇。老女不嫁空生口。（《清稗类钞》）

黎愧曾咏闽酒

长汀黎士宏，字愧曾，以周栎园侍郎尝作《闽茶曲》，乃作《闽酒曲》以俪之。诗云：板门官柳拂波流，也向春朝半月游。数尽红衫分队队，赍钱齐上谢公楼【唐张九龄诗"谢公楼上好醇酒，五百青蚨买一斗。"楼在城南为士女观临之所】。长枪江米接邻香，冬至先教办压房。灯子才光新月好，传笺珍重唤人尝【汀俗于冬至日，户皆造酒，而乡中有压房一种尤为珍重。藏之经时，待嘉宾而后发也】。社前宿雨暗荆门，接手东邻隔短垣。直待韩婆风力软，一卮阳鸟各寒温【长江呼冷风为"韩婆风"，乡人鬻炭者，户祀韩婆，盖误以寒为韩也。值岁暖则倒置韩婆水中，谓能变寒风，使其炭速售。阳鸟酒名，酿之隔岁。至阳鸟啼时始饮者】。新泉短水柏香浮，十斛梨香载扁舟。独让吴儿专价值，编蒲泥印冒苏州【上杭酒之佳者曰短水，犹缩水也。载货郡巾冒名三白，然香气甘洌，竟能乱真矣】。闻分饮部酒如潮，三合东坡满一蕉。让却登坛银海子，久安中户注风消【汀人以薄酒为"见风消"】。曾酌当垆细埔中，高帘短柳逆糟风。近无人乞双头卖，几户朱碑挂半红【上酒为双头，其次者名半红，延邵江三郡皆同称】。谁为狡狯试丹砂，却令红娘字酒家。怪得女郎新解事，随心乱插两三花【酿家每当酒熟时，其色变如丹砂，俗称"红娘过缸酒"。谓有神仙到门则然，家以吉祥之兆。竞插花赏之】。(《清稗类钞》)

咂嘛酒

海宁杨次也太守守知，尝饮咂嘛酒而甘之，作歌云：杨花吹雪满地铺，杏花一片红模糊。榆钱簸风风力软，芳林处处闻啼鸪。青旗斜漾茅屋底，天然好景难临摹。我留此地一事无，太平之世为羁口，东邻西舍相招呼。殷兄张丈相与俱，醵钱买醉黄公垆。麦缸鹅黄新酿熟，味醇气郁过醍醐。彭亨翠瓺如鬈舻，细管尺五裁霜芦。低头吸同渴羌饮，一口欲尽鸳鸯湖。白波倒卷东海沸，渴虹下注西江枯。碧筒不用弯象鼻，龙头屡泻鲛盘珠。须臾瓶罄罍亦耻，春意盎盎浮肌肤。刘伶大笑阮籍哭，直欲跃入壶公壶。吾皇圣德蠲逋租，吏胥不扰民欢娱。今年更觉酒味好，百钱一斗应须酤。盲娼丑似东家嫫，琵琶筝阮声调粗。有时呼来弹一曲，和汝拊缶歌乌乌。青天作幕地作席，醉倒不用旁人扶。乐哉边氓生计足，白羊挛乳驴将驹。买刀买犊劝耕锄，女无远嫁男不奴。含哺鼓腹忘帝力，岁岁里社如赐酺。安得龙眠白描手，画作击壤尧民图。次也，康熙时人。(《清稗类钞》)

金启托于酒

会稽金启，字奕山，依其姑夫谢某于平凉具任，延师教之。师强令习帖括，不竟学而好为诗。于是私购少陵、昌黎、东坡集窃诵之，王一元见而善之。一元字畹仙，江南人，以进士为灵台令。著书等身，所为岁寒咏物词，为时传诵。启少于一元，而一元乐与之游，为忘年交，启诗亦自是日进。居无何，谢以亏帑黜，姑亦死，启从其家属侨居三原城西，郁思感愤，无所放其意，而托于酒，往往举觞自劝，亦或与耕夫野老，倾壶尽欢，举人情所极不能忘者，皆一醉忘之。醉而醒，则作诗。诗成复饮，至极醉。客或有事。欲与言，辄饮以酒，旋出诗。人亦相忘，竟与抵掌歌呼，酣嬉颠倒而去，终莫得言。(《清稗类钞》)

姚绂斋松下独酌

姚麟祥，号绂斋，乾隆初之仁和诸生也。好饮，尝于松下独酌而为诗，题曰《问松歌》。诗云：南山之麓有古松，修柯老干摩苍穹。夜静响风雨，月出蟠乱龙。苍髯郁郁连书屋，瓮头松花酒初熟。新醅凸眼般清，新韭堆盘眉样绿。酒昇岁列青松前，且歌且饮人中仙。酒醒却在松下坐，酒醉还于松下眠。明朝欲起还复倒，头着松根身藉草。仰舒白眼问高松，昨宵醉后歌谁好。松不能言空讯汝，松鼠啾啾代松语。须臾鼠亦惊避人，但见松针落如雨。日高归去不用扶，手中提得空酒壶。风来松杪作鼓吹，送我高阳一酒徒。(《清稗类钞》)

杨吟云劝酒

海宁杨吟云大令咏好饮，尝作《劝酒歌》以寄友人。歌云：我笑弃缙生，伥伥何处走。我哀长沙客，悒悒惟速朽。纵博成。都负弩归，萧闲何似临邛缶。身后名。实时酒，此中得失君知否。世事纷纷等弈棋，独对一卮开笑口。春过三月定须残，人到六十已云寿。屏除一切障，仗此扫愁帚。随意答韶华，勿放持杯手。天子三呼且不闻，丞相一怒夫何有。孰云伤我生，糟肉乃更久。孰云废我时，壶中具卯酉。莫谓囊无钱，金貂暂向黄公叩。莫谓座无宾，旧侣宁落高阳后。好花寂寂笑醒人，大地茫茫卧醉叟。处裈虮虱任佗驰，带角蜗牛徒自吼。泛水取碧筒，登山携红友。但得樽中长不空，那期肘上大加斗。归来记取击君背，俗物忍断真可丑。（《清稗类钞》）

黄仲则对酒而歌

《对酒歌》，黄仲则所作也。其一云：仓仓皇皇，壮士泣路旁。欲上太行兮冰折毂，乃浮沧溟兮水浩浩其无梁【一解】。有何神之君，辁彼飞练。缥旗流云兮闪骑电。明明在前，倏乃无见【二解】。朝吁暮哈，邪气内陷，肝肠四摧。匪有此七尺而谁之哀【三解】。青天为车，日月为轮。载我百年，辗转苦辛。我欲摧之，为朝餐之薪【四解】。其二云：纠兮结兮，有气如霓。知不可久留兮，吐吐苦饥【一解】。谁谓殇子夭，彭咸为寿。驱车出郭门，狐九尾，蛇两首。啖人骨如饴。古人云，死欲速朽【二解】。渺虑八埏，灵光四来。我乃逐于物而颜灰【三解】。尧舜在上，许由洗耳。凤凰不祥，羽毛祸体【四解】。乃云少原之野，阆风之邱。有晦蒹为圃兮，垒玉为楼。不见夫西王母之载胜穴处兮，夫何有异乐之可求【五解】。（《清稗类钞》）

江桐叩好独酌

乾隆时。仁和江桐叩通守清好饮，且好独酌。一日，酒后为诗四章。其一云：顷来爱独酌，颇得酒中趣。既无酬酢劳，亦无谐谑连。形骸且自外，看核岂必具。得酒欣满斟，小醉宜浅注。近时饮酒人，饮亦循世故。天趣苟不存，焉得安余素。因兹谢朋好，沈冥未为误。其二云：油然方酣适，偶念古人书。全章或遗忘，数语记有余。在口自咀诵，惬理心独娱。庭前海石榴，舒丹耀吾庐。其下有萱草，抽花媚阶除。一觞且独进，慨此芳岁徂。四十而无闻，不饮将焉如。其三云：毁誉本无端，闭门省愆尤。穷达自我命，通塞皆有由。但见得者乐。不见失者忧。得失两不化，身灭愿未酬。有愿必酬之，造物穷其谋。解此颇自得，泛泛此闲鸥。无酒苦寂寞，有酒不暇愁。将来百无虑，吾当营糟邱。其四云：何以观造化，我身来去是。既来就不去，万物同兹理。荣枯随所值，妄念生忧喜。结则为屯云，散则为覆水。千秋万代人，殊涂而同轨。吾将埋吾轮，沉醉卧不起。其五云：人生如一舟，大小各殊量。置舟风水中，夷险各殊向。顺风与下水，快处乃多妨。得势矜喧阗，失势任飘荡。生负重载，复岂成坐助。未知收帆时，前途保无恙。其六云：家贫苦无书，有书苦不熟。中年多遗忘，掩卷如未读。一心营百虑，螟蛣食嘉谷。亦知求放心，中断烦屡续。独于饮酒时，恬然见来复。（《清稗类钞》）

舒铁云劝酒

《劝酒歌》，舒铁云赠吾渔璜农部祖望，和宋左彝助教大樽而作也。诗云：

饥寒在身前，功名在身后。悠悠行路难，不如饮醇酒。

磊落执戟郎，支离灌园叟。空余书一卮，未乞湖三亩。

欲证须菩提，嚼蜡关其口。将封狼居胥，投笔掣其肘。

夜月啼青鹃，浮云幻苍狗。飘然掷一官，拔剑出门走。

峨峨黄金台，酒债寻常有。道逢宋如意，旧是荆卿友。

脱裘黄公垆，荷锸青山薮。醒笑东阿王，醉叱北平守。

羽声寒萧萧，东瑟间西缶。风尘起十丈，云梦吞八九。

美人颜如花，罗裳响琼玖。的的开朱唇，纤纤出素手。

蒲桃夜光杯，殷勤为君寿。上言神仙难，下言富贵朽。

不饮君何为，君意岂否否。我本燕赵士，烂醉狂歌久。

题诗入醋瓮，著书覆酱瓿。何当封酒泉，作杯大于白。

细积买春钱，高拥扫愁帚。不嫌丞相瞋，时向车茵呕。

愿为先生欢，请取唾壶叩。刘伶据其左，李白坐以右。

三客将奈何，二豪竟谁某。忆昔春明门，识君意良厚。

君雁正南飞，余马亦东首。江南寄梅花，江北折杨柳。

萍合本无根，瓜分宁有偶。录别感穷通，击节忘好丑。

相从和而歌，一字沽一斗。(《清稗类钞》)

百益酒

嘉庆朝，李许斋太守饮百益酒而甘之，乃作诗。题有"仙醴回春"四字，倪又锄太守和诗，乃以四字冠首。诗云：仙草携来碧玉峰，制成佳酿配重重。壶中一点人间酌，延得九天春意浓。醴泉何事竞夸奇，恃有琼觞饮便宜。漫说延年无妙术，到微醺处益方知。回转生机一盏陈，沉疴顿减速如神。垆头多少停车问，妙处医人不醉人。春和迅疾转蓬壶，太守题来大笔濡。我亦垂涎思解渴，杖头却笑乏青蚨。于是方丌卿人令小继之以作，诗云：曾开黄酒制奇珍，况复经营配药匀。漉到甘时绵岁月，酌来醲处倍精神。一壶春酝长生草，百载年延不老。身橡笔题成贤太守，仙浆玉醴总难伦。(《清稗类钞》)

倪潜斋买醉炉头

嘉庆时，海宁有倪潜斋者，名心田，性放旷，好韵语，日与陈霞庄买醉炉头，白眼玩世。有时晨炊烟断，饥肠辘辘，手一编，自若也。尝为《饮酒诗》四律，诗云：漫将荷锸笑刘伶，天上谁知有酒星。似我可同彭泽醉，劝渠莫学左徒醒。平生真觉糟邱乐，此话休教恶客听。好语门前乞文者，肯携琴酒眼常青。胸襟毕竟酒徒真，潦倒粗疏任客瞋。未疗饥肠先疗渴，只愁瓶罄不愁贫。饮中岂有成仙者，借此原多失意人。时复中之聊尔尔，亡忧君术固通神。击筑吹篪杂狗屠，妇人醨酒笑豪粗。物能作病将安用，事到难平不可无。君亦未知其趣耳，我惟行乐在兹乎。只因块垒胸中满，拍案狂歌倒一壶。迅上吴须身后名，拍浮自足了平生。壮怀勃塞消无术，愁阵坚牢赖有兵。止酒王琨真鄙啬，倾家次道最多情。醉乡亦是人间世，正好陶陶乐太平。(《清稗类钞》)

蒋芸轩嗜酒

道咸间，富阳蒋芸轩茂才琴山性豪迈，嗜酒。一日，大醉而为歌曰：彭泽我为师，供奉我为友。得鱼且忘筌，一杯时在手。天空地阔何悠悠，人生百年三万六千余春秋。华屋兮山丘，妻孥兮马牛。马牛奔走朝复暮，秋月春花等闲度。身家念重性命轻，草亡木卒惊朝露。朝露晞，试回首，不如意事常八九。人生行乐须及时，何如尊前一杯酒。君不见屈灵均，世浊怀独清，世醉怀独醒。屈愿独醒，我愿长醉。醉来尝拥花月睡，醉时欢乐醒时愁。何必矫矫与世相怨怼。世事颠倒如转蓬。庸耳俗目岂有真，是非在其中。天无私覆，地无私载，达人知命，何论穷通。穷兮通兮乐陶然，开尊把酒问青天。不知莽莽天地，始于何代，终于何年。我欲乘槎日月边，日月远望遮云烟。我欲垂钓广漠渊，渊深鱼伏难钩连。今朝有人射猎北山前，驱鹰逐犬招我随执鞭。为我谢日，我今倦矣醉欲眠。（《清稗类钞》）

功　效

酒薄

鲁酒薄而邯郸围。【注:《音义》曰,楚宣王朝诸侯,鲁恭公后至而酒薄,宣王怒。恭公曰:"我周公之后,勋在王室。送酒已失礼,方责其薄,毋乃太甚!"遂不辞而还。宣王乃发兵,与齐攻鲁。梁惠王常欲击赵而畏楚,楚以鲁为事,故梁得围邯郸,言事相因也。】(《庄子》)

鲁酒薄

楚会诸侯,鲁赵皆献酒于楚王。主酒吏求酒于赵,赵不与,吏怒,乃以赵厚易鲁薄者责之。楚王以赵酒薄,遂围邯郸。故曰:鲁酒薄而邯郸围。(《淮南子》)

食善马肉饮酒

初,缪公亡善马,岐下野人,共得而食之者三百余人。吏逐得,欲法之。缪公曰:"君子不以畜产害人。吾闻食善马肉,不饮酒伤人。"乃皆赐酒而赦之。(《史记·秦本纪》)

扁鹊

扁鹊过齐，齐桓侯客之。入朝见曰："疾在肠胃，酒醪之所及也。"
(《史记·扁鹊传》)

曹参

平阳侯曹参，代萧何为汉相国，举事无所变更，一遵何约束，日
夜饮醇酒。卿大夫已下，吏及宾客，见参不事事，来者皆欲有言。至
者参辄饮以醇酒，间之，欲有所言，复饮之醉而后去，终莫得开说以
为常。相舍后园近吏舍，吏舍日饮歌呼，从吏恶之，无如之何，乃请
参游园中。闻吏醉歌呼，从吏幸相国召按之。乃取酒张坐饮，亦歌呼
与相应和。(《史记·曹相国世家》)

千日酒

狄希中山人也，能造千日酒，饮之亦千日醉。时有州人姓玄名
石，好饮酒，欲饮于希家，翌日往求之。希曰："我酒发来未定，不敢
饮君。"石曰："纵未熟，且与一杯得否？"希闻此语，不免饮之。既尽，
复索曰："美哉可更与之。"希曰："且归，别日当来。只此一杯，可眠千
日也。"石即别，似有怍色。旋至家，已醉死矣。家人不知，乃哭而葬
之。经三年，希曰："玄石必应酒醒，宜往问之。"既往石家，语曰："石
在否？"家人皆怪之曰："玄石亡来，服已阕矣。"希惊曰："酒之美矣，
而致醉眠千日，计日今合醒矣。"乃命家人凿冢，破棺看之，即见冢上
汗气彻天。遂命发冢，方见张目开口，引声而言曰："快哉醉我也！"因
问希曰："你作何物也？令我一杯大醉，今日方醒。日高几许矣？"墓上

人皆笑之，被石酒气冲入鼻中，亦各醉卧三月。世人之异事，可不录乎？（《搜神记》）

君山不死酒

君山上有美酒数斗，得饮之，即不死为神仙。汉武帝闻之，斋居七日，遣乐巴将童男女数十人来求之，果得酒进御。未饮，东方朔在旁，窃饮之，帝大怒，将杀之。朔曰，"使酒有验，杀臣亦不死；无验，安用酒为！"帝笑而释之。寺僧云，春时往往闻酒香，寻之莫知其处。（《湘州记》）

冒重雾行

王尔、张衡、马均，昔冒重雾行，一人无恙，一人病，一人死。问其故，无恙人曰："我饮酒。病者食，死者空腹。"（《博物志》）

阮籍酣饮

籍为景帝大司马从事中郎，高贵乡公即位，封关内侯。本有济世志，属魏晋之际，天下多故，名士少有全者，籍由是不与世事，遂酣饮为常。钟会数以时事问之，欲因其可否而致之罪，皆以酣醉获免。（《晋书·阮籍传》）

冷酒

秀拜尚书令，加左光禄大夫。创制朝仪，广陈刑政，朝廷多遵用之，以为故事。在位四载，为当世名公。服寒食散，当饮热酒，而饮

冷酒，泰始七年薨。（《晋书·裴秀传》）

顾荣

荣历尚书郎、太子中舍人、廷尉。正恒纵酒酣畅，谓友人张翰曰："惟酒可以忘忧，但无如作病何耳。"齐王冏召为大司马主簿。冏擅权骄恣；荣惧及祸，终日昏酣，不综府事，以情告友人长乐冯熊。熊谓冏长史葛旟曰："以顾荣为主簿，所以甄拔才望，委以事机，不复计南北亲疏，欲平海内之心也。今府大事殷，非酒客之政。"旟曰："荣江南望士，且居职日浅，不宜轻代易之。"熊曰："可转为中书侍郎。荣不失清显，而府更收实才。"旟然之，白冏，以为中书侍郎。在职不复饮酒。人或问之，曰："何前醉而后醒耶？"荣惧罪，乃复更饮。（《晋书·顾荣传》）

阮裕

籍族弟裕，弱冠辟太宰掾。大将军王敦命为主簿，甚被知遇。裕以敦有不臣之心，乃终日酣觞，以酒废职。敦谓裕非当世实才，徒有虚誉而已。出为溧阳令，复以公事免官，由是得远敦难，论者以此贵之。（《晋书·阮籍传》）

温峤

峤为王敦左司马。敦阻兵不朝，多行陵纵，谏峤不纳，于是谬为设敬，综其府事，深结钱凤为之声誉。会丹阳尹缺，峤说敦自选其才。敦问峤谁可作者，峤曰："愚谓钱凤可用。"凤亦推峤，峤伪辞之，敦不从，表补丹阳尹。峤犹惧钱凤为之奸谋，因敦饯别，峤起行酒，至凤前，凤未及饮，峤因伪醉，以手版击凤帻坠，作色曰："钱凤何人，温太真行酒，而敢不饮！"敦以为醉，两释之。临去言别，涕泗横流，出阁复入，如是再三，然后即路。及发后，凤入说敦曰："峤于朝廷甚密，而与庾亮深交，未必可信。"敦曰："太真昨醉，小加声色，岂得以此便相谗贰！"由是凤谋不行。(《晋书·温峤传》)

蔡顺

蔡顺字君仲。母饮酒吐呕，恐母中毒，尝吐验之。(《晋书·孝子传》)

刘义季

衡阳文王义季，为荆州刺史，加散骑常侍，进号征西大将军，领南蛮校尉。义季素嗜酒，自彭城王义康废后，遂为长夜之饮，略少醒日。太祖累加诘责，义季引愆陈谢，上诏报之曰："谁能无过，改之为贵耳。此唯伤事业，亦自损性命，世中比比，皆汝所谙。近长沙兄弟，皆缘此致故。将军苏徽，耽酒成疾，旦夕待尽。吾试禁断，并给药膳，至今能立也，自是可节之物，但嗜者不能立刻裁割耳。晋元帝人主，尚能感王导之谏，终身不复饮酒。汝既有美尚，加以吾意殷勤，何至不能慨然，深自勉励，乃复须严相割裁，坐诸纷纭，然后少止者，幸可不至此。一门无此酣法，汝于何得之？临书叹塞。"义季虽奉此旨，酣纵如初，遂以成疾，上又诏之曰："汝饮积食少，而素羸多风，常虑至此，今果委顿。纵不能以家国为怀，近不复顾性命之重，可叹可恨！岂复一条本望，能以理自厉，末欲相苦耳。今遣孙道引就杨佛等，令晨夕视汝，并进止汤食，可关怀虚受，慎勿隐避吾饱尝。见人断酒，无它慊吸，盖是当时甘嗜，冈己之意耳。今者忧惮，政在性命，未暇及美业，复何为吾煎毒至此邪！"义季终不改，以至于终。(《宋书·武三王传》)

谢超宗

太祖以超宗为义兴太守升明二年，坐公事免，诣东府门自通。其日风寒惨厉，太祖谓四座曰："此客至，使人不衣自暖矣。"超宗既坐，饮酒数瓯，辞气横出。太祖对之甚欢，报为骠骑咨议。(《南齐书·谢超宗传》)

萧颖达

颖达为通直散骑常侍，既处优闲，尤恣声色。饮酒过度，颇以此伤生。(《梁书·萧颖达传》)

毛喜

喜为信威将军。初，高宗委政于喜，而皇太子好酒德，每共幸人为长夜之宴，喜尝为言。又后主为始兴王所伤，及疮愈而自庆，置酒于后殿，引江总以下展乐赋诗，醉而命喜。喜见之不怿，欲谏而后主已醉。喜升阶，佯为心疾，仆于阶下，移出省中。后主醒乃疑之，谓江总曰："我悔召毛喜，知其无疾，但欲阻我欢宴，非我所为，故奸诈耳。"乃以喜为永嘉内史。(《陈书·毛喜传》)

风病

天赐第五子修义，颇有文才。性好酒，每饮连日，遂遇风病，神

明昏丧。(《魏书·汝阴王天赐传》)

宇文亮

颢子导，导子亮，为秦州总管，进位柱国。晋公护诛后，亮心不自安，惟纵酒而已。高祖手敕让之。(《周书·邵惠公颢传》)

黄胶

贺知章忽鼻出黄胶数盆，医者谓饮酒之过。(《从容录》)

乌蛇酒

李丹之弟患风疾，或说乌蛇酒可疗，乃求黑蛇，生置瓮中，酖以曲蘖，戛戛蛇声，数日不绝。及熟，香气酷烈，引满而饮之，斯须悉化为水，惟毛发存焉。(《唐国史补》)

刘禹锡

白乐天入关，刘禹锡正病酒。禹锡乃馈菊苗虀、芦菔鲊，取乐天六班茶二囊，余以醒酒。(《澄怀录》)

陆龟蒙

陆龟蒙初病酒，再期乃已。其后客至，挈壶置杯，不复饮。(《唐书·隐逸传》)

常梦锡

常梦锡为翰林学士，刚直不附，贵近侧目。或谓曰："公罢直私门，

何以为乐?"常曰:"垂帏痛饮,面壁而已。"盖冯魏擅权之际也。(《南唐近事》)

夏侯峤

峤判吏部选事,景德元年,以选人俟对崇政殿,暴中风眩,亟诏取金丹上尊酒饵之。(《宋史·夏侯峤传》)

刘完素

刘完素尝遇异人陈先生,以酒饮守真,大醉。及寤,洞达医术,若有授之者。(《金史·方技传》)

管辂

管辂顿倾三斗而清辩绮粲。扬雄酒不离口而《太玄》乃就。(《抱朴子》)

狐

嘉靖间,有隶事于州庭者,州守使沽隶沽酒一瓮,置内衙外。因他去,及还,瓮无滴酒,甚骇。其傍见有若白猫者,方酣卧,酒气袭人。隶曰:"若殆盗吾酒矣。"缚置瓮中,封之,携归家,殛之。忽瓮中作人语曰:"我狐也,学道万年,我非易,幸无我害。"隶恚曰:"酒为官沽,汝今饮,我贫,何以偿?"狐曰:"幸出我,偿以物,可乎?"隶曰:"可。"乃出之。既出,请隶所愿。隶曰:"愿日得百钱耳。"狐约而去,后率如约给钱。(《昌平州志》)

佛图澄

佛图澄，少学道，妙通玄术。常与石季龙升中台，澄忽惊曰："变，变，幽州当火灾。"仍取酒噀之。久而笑曰："救已得矣。"季龙遣验幽州，云："尔日火，从四门起，西南有黑云来，骤雨灭之。雨亦颇有酒气。"(《晋书·艺术传》)

瓶盏病

嗜饮者无早晚，无寒暑。乐固醉，愁亦如之。闲固醉，忙亦如之。看核有无，醪醴善否，一不问。典当抽那，借贷赊荷，一不恤。日必饮，饮必醉。醉不厌，贫不悔。俗号瓶盏病，遍揭《本草》，细检《素问》，只无此一种药。(《清异录》)

黄觉

黄觉旅舍见道士共饮，举杯之际，道士以箸蘸酒于案上，写吕字。觉悟其为洞宾也，遂肃然起敬。道士又于袖中出大钱七，小钱三，曰："数不可益也。"又与药十许，岁曰，以酒磨服之，可终岁无疾。如其言，至七十余，药亦尽。作诗云："床头历日无多了，屈指明年七十三。"于是岁卒。(《括异志》)

醒酒草

明皇与贵妃幸华清宫，因宿酒初醒，凭妃子肩，同看木芍药。上亲折一枝，与妃子递嗅其艳。帝曰："不惟萱草忘忧，此花香艳，尤能醒酒。"(《开元天宝遗事》)

噀酒救火

后汉栾巴，噀酒救成都火，郭宪噀酒救齐国火，晋佛图澄噀酒救幽州火。(《续鸡肋》)

登高饮菊花酒

《续齐谐记》云：汝南桓景随费长房游，长房谓景曰："九月九日，汝家当有灾厄。急令家人作绛囊，盛茱萸，悬臂登高，饮菊花酒，此祸可消。"景举家登山，夕还，见鸡犬皆暴死。(《续事始》)

社酒治聋

世言社日饮酒治聋，不知何据。《石林燕语》载五代李涛春社从李昉求酒诗云："社公今日没心情，为乞治聋酒一瓶。恼乱玉堂将欲遍，依稀巡到第三厅。"时昉为翰林学士，有月给内库酒，故涛从乞之。(《坚瓠集》)

引人箸胜地

王卫军（荟）云："酒正自引人箸胜地！"(《世说新语》)

五茄皮酒

李中丞郊园菊花盛开，五茄皮酒甚清冽，恨未能饮也。中丞云："疟有魔，一醉即去。"予曰："魔若好酒，当必复来。"(《游居柿录》)

酒灭火

雷敩曰：海中有兽，名曰猏。其髓入油中，油即沾水，水中生火，不可救止，以酒喷之，即灭。不可于屋下收。故曰，水中生火，非猬髓而莫能。李时珍曰：此兽之髓，水中生火，与樟脑相同，其功当与樟脑相似。按史载在一夷主人，有献猛火油者，其油得水愈炽，以攻城烧人楼橹，或即此物。敩云：以酒喷之即灭，当亦其御之之法，不可不知也。樟脑，韶州所产，猛火油亦南人所为，岂即是物所造耶？（《蒿庵闲话》）

行　游

黄圣人

钦弟琎，琎子志，成都王颖，表为中书监，留邺参署相府事。王浚攻邺，志劝颖奉天子还洛阳。时甲士尚万五千人，志夜部分至晓，众皆成列，而程太妃恋邺不欲去，颖未能决。时有道士姓黄，号曰圣人，太妃信之，乃使呼入。道士求两杯酒，饮干，抛杯而去，于是志计始决。(《晋书·卢钦传》)

高灵

谢公安在东山，朝命屡降而不动，后出为桓宣武温司马，将发新亭，朝士咸出瞻送。高灵时为中丞，亦往相祖，先时多少饮酒，因倚如醉，戏曰："卿屡违朝旨，高卧东山，诸人每相与言，'安石不肯出，将如苍生何？'今亦苍生将如卿何？"谢笑而不答。(《世说新语》)

宋武帝

宋武帝少时，诞节嗜酒。自京都还，息于逆旅。逆旅妪曰："室内有酒，自入取之。"帝入室，饮于盎侧，醉卧地。时司徒王谧，有门生居在丹徒，还家，亦至此逆旅。逆旅妪曰："刘郎在室内，可入共饮酒。"此门生入室，惊出，谓妪曰："室内那得此异物！"妪遽入，见帝已觉矣。妪密问向何所见。门生曰："见有一物，五采如蛟龙，非刘郎。"门生还，以白谧，谧戒使勿言，而与结厚。(《宋书·符瑞志》)

双柑斗酒

戴颙春携双柑斗酒，人问何之，曰："往听黄鹂声。此俗耳针砭，诗肠鼓吹，汝知之乎?"(《高隐外书》)

袁粲

袁粲位任虽重，无经世之略。疏放好酒，步屟白杨郊野间。道遇一士大夫，便呼与酣饮。明日此人谓被知顾，到门求通。粲曰："昨饮酒无偶，聊相要耳。"竟不与相见。尝作五言诗云："访迹虽中宇，循寄乃沧洲"，盖其志也。(《南齐书·高帝纪》)

王晏

晏为尚书令，轻浅无防虑，望开府，数呼相工自视，云当大贵。与宾客语，好屏人请间。上闻之，疑晏欲反，乃召晏于华林省诛之。晏未败数日，于北山庙答赛，夜还。晏既醉，部伍人亦饮酒，羽仪错乱，前后十余里中，不复相禁制，识者云，此势不复久也。(《南齐书·王晏传》)

韦粲

粲为散骑常侍，闻侯景作逆，便倍道赴援。至豫章，就内史刘孝

仪共谋之。时孝仪置酒，粲怒，以杯抵地曰："贼已渡江，便逼宫阙。韦粲今日，何情饮酒！"即驰马出。(《梁书·韦粲传》)

蔡凝

蔡凝给事黄门侍郎。后主尝置酒，会群臣，欢甚。将移宴于弘范宫，众人咸从，唯凝与袁宪不行。后主曰："卿何为者？"凝对曰："长乐尊严，非酒后所过，臣不敢奉诏。"众人失色，后主曰："卿醉矣。"即令引出。(《陈书·文学传》)

李元忠

灵曾孙元忠，拜南赵郡太守，好酒无政绩。及齐神武东出，元忠便乘露车，载浊酒奉迎。神武闻其酒客，未即见之。元忠下车独坐，酌酒擘脯食之，谓门者曰："本言公招延俊杰，今闻国士到门，不能吐哺辍洗，其人可知。还吾刺，勿复通也。"门者以告，神武遽见之。(《北史·李灵传》)

韩世谔

擒子世谔。杨元感之作乱也，引世谔为将。及元感败，为吏所拘。时帝在高阳，送诣行所。世谔日令守者市酒殽以酣畅，扬言曰："吾死在朝夕，不醉何为。"渐以酒进守者，守者狎之，遂饮，令致醉，世谔因得逃，奔山贼。(《隋书·韩擒传》)

孟浩然

孟浩然隐鹿门山采访使韩朝宗，约浩然偕至京师，欲荐诸朝。会故人至，剧饮欢甚，或曰："君与韩公有期。"浩然叱曰："业已饮，遑恤他！"卒不赴。朝宗怒辞行，浩然不悔也。（《唐书·文艺传》）

卧酒

虞松方春，以谓握月担风，且留后日吞花卧酒，不可过时。（《曲江春宴录》）

立功治酒

惠元为京西兵马使，镇奉天。德宗初，河南大扰，诏移兵万二千，戍关东。帝御望春楼誓师，因劳遣诸将，酒至神策将士，不敢饮，帝问故。惠元曰："初发奉天，臣之帅张巨济与众约：'是役也，不立功，毋饮酒！'臣不敢食其言。"（《唐书·阳惠元传》）

张浚

昭宗诏浚为河东行营兵招讨制置使。帝置酒安喜楼临饯，浚饮酣，泣下曰："陛下偪于贼，臣愿以死除之。"杨复恭闻不怿，率中尉等饯长乐坂，以酒属浚。浚不肯举。是役也，浚外幸成功而内制复恭，故衔之。（《唐书·张浚传》）

耶律迭刺

耶律乙辛父迭刺，家贫，服用不给。乙辛生，适在路，无水以浴，回车破辙，忽见涌泉。迭刺自以得子，欲酒以庆，闻酒香于草棘间，得二榼，因祭东焉。（《辽史·奸臣传》）

石曼卿

石曼卿一日谓秘演曰："馆俸清薄，不得痛饮。且僚友镪之殆遍，奈何？"演曰："非久，引一酒主人奉谒，不可不见。"不数日，引一纳粟中监簿者，高赀好义，宅在朱家曲，为薪炭市评，别第在繁台寺西房，缗日数十千。常谓演曰："某虽薄有涯产，而身迹尘贱，难近清贵。慕师交游，尽馆阁名士，或游奉有阙，无吝示及。"演因是携之，以谒曼卿。便令置宫醪十担为贽，列酝于庭，演为传刺。曼卿愕然问曰："何人？"演曰："前所谓酒主人者。"不得已，因延之，乃问甲第何许。生曰："一别舍，介繁台之侧。"其生亦翔雅，曼卿闲语演曰："繁台寺阁，虚爽可爱，久不一登。"其生离席曰："学士与大师，果欲登阁，乞预宠谕。下处正与阁对，容具家蔌，在阁迎候。"石因诺之。一日休沐，约演同登。演预戒生，生至期，果陈具于阁，器皿精核，冠于都下。石演高歌褫带，饮至落景。曼卿醉喜曰："此游可纪。"以盆渍墨，濡巨笔，以题云："石延年曼卿，同空门诗友老演登此。"生拜扣曰："尘贱之人，幸获陪侍，乞挂一名，以光贱迹。"石虽大醉，犹握笔沉虑，无其策以拒之，遂目演，醉舞伴声讽之曰："大武生牛也，捧砚用事可也。"竟不免题云："牛某捧砚。"故永叔后以诗戏曰："捧砚得全牛。"（《湘山野录》）

松江渔翁

松江渔翁者，不知其姓名。每棹小舟，游长桥，往来波上，扣舷饮酒，酣歌自得。（《宋史·隐逸传》）

笔人

许昌笔人郭纯，隶业甚精，远人多求之。所入日限五千，数足，不论早暮，闭肆出游，恣其所之，尽醉始回，虽寒暑不失。一日，大雨，先子至西湖。见郭夫妇并酩酊笑歌而来，因谓曰："何不家居饮酌为安乎？"郭笑曰："家中非无酒，但饮之不佳耳。"识者或伟之。(《过庭录》)

慎东美

慎东美字伯筠，秋夜待潮于钱塘江沙上，露坐，设大酒樽，及一杯，对月独饮，意象傲逸，吟啸自若。顾子敦适遇之，亦怀一杯，就其樽对酌。伯筠不问，子敦亦不与之语，酒尽各散去。(《老学庵笔记》)

杨妃

东坡《海棠》诗云"只恐夜深花睡去，更烧银烛照红妆"，事见《太真外传》。曰，上皇登沉香亭，召太真妃子，时卯酒未醒，命力士使侍儿扶掖而至。妃子醉韵残妆，鬓乱钗横，不能再拜。上皇笑曰："岂妃子醉，是海棠睡未足耳。"(《冷斋夜话》)

金世祖

世祖每战，未尝被甲，先以梦兆候其胜负。尝乘醉骑驴入室中，明日见驴迹，问而知之，自是不复饮酒。(《金史·世纪》)

许古

古为补阙，俄迁左司谏，致仕，居伊阳，郡守为起伊川亭。古性嗜酒，老而未衰。每乘舟出村落间，留饮或十数日不归。及溯流而上，老稚争为挽舟，数十里不绝。其为时人爱慕如此。(《金史·许古传》)

唐子畏

《桐下听然》：华学士鸿山察，舣舟吴门，见邻舟一人独设一壶，斟以巨觥，科头向之极骂；既而奋袂举觥，作欲吸之状，辄攒眉置之，狂叫拍案，因中酒欲饮不能故也。鸿山注目良久曰："此定名士。"询之，乃唐解元子畏。喜甚，肃衣冠过谒。子畏科头相对，谈谑方洽，学士浮白属之，不觉尽一觞，因大笑极欢。日暮，复大醉矣。当谈笑之际，华家小姬，隔帘窥之而笑。子畏作娇女篇贻鸿山，鸿山作中酒歌答之。后人遂有佣书获配秋香之诬。袁中郎为之记，小说传奇，遂成佳话。又子畏同祝京兆醉坐生公石，见可中亭有贵人分韵赋诗，乃衣襤褛如乞儿，倚柱而听。数刻未落一韵，格格苦思。句成，二人相视而哂。贵人怒曰："乞何为者？岂能诗耶？"对曰："能。"解元口吟，京兆操觚，须臾数百言，有"七里山塘迎晓骑，几番春雨湿征衫"之句。掷笔索酒，酣饮而去。贵人惊异，以为遇仙，对人艳称之。后知之，惭恚，卒有棘闱之谮。(《坚瓠集》)

燕京酒肆

金人从徽宗至燕京，行至平顺州，止驿舍。时以七夕，官中于驿作酒肆，纵人会饮。帝于室中，见一胡妇，携数女子，皆俊目艳丽，或歌或舞，或吹笛持酒劝客，所得钱物，率归胡妇。稍不及，辄以杖击之。少顷，官遣吏赍酒饮帝，胡妇不知为帝也，亦遣一横笛女子入室，对帝呜咽不成曲。帝问女子曰："吾与汝为乡人，汝东京谁氏女也?"女顾胡妇稍远,乃曰:"我百王宫魏王女孙也。先嫁钦慈太后侄孙,京城陷,被掳至此,卖与豪门作婢。遭主母诟挞,转鬻于此,俾在此日夕求酒食钱物。若不及,即以棰楚随之。"言讫,问帝曰:"官人亦是东京人,想亦被掳来此也?"帝但泣下遭之。后此女流落至粘罕处,传纯孝在云中府,于粘罕席上见之,不胜悲悼,作词云:"疏眉秀盼,向春风,犹是宣和妆束。贵气盈盈姿态巧,举止况非凡俗。宋室宗姬,秦王幼女,曾嫁钦慈族。干戈横荡,事随天地翻覆。一笑邂逅相逢,劝人饮酒,旋旋吹横竹。流落天涯俱是客,何必平生相熟。旧日荣华,如今憔悴,付与杯中绿。兴亡休问,为伊且尽船玉。"(《坚瓠集》)

挽衣共饮

《何氏语林》:张丞相商英,字天觉,召自荆湖。适刘跛子与客饮市桥,闻车骑甚都,起观之。跛子挽丞相衣,使且共饮。因作诗曰:"迁客湖湘召赴京,车蹄迎迓一何荣。争如与子市桥饮,且免人间宠辱惊。"时赏其俊爽。跛子青州人,拄一拐,每岁至洛阳范家园看花。为人噱谈有味,大范与二十金,曰:"跛子吃半角。"小范与十金,曰:"吃硵矣。"刘诗谢曰:"人生四海皆兄弟,酒肉林中过一生。"(《坚瓠集》)

醉翁亭

庆历间,欧阳公谪守滁阳,筑醒心、醉翁两亭于琅琊幽谷,令幕官谢希深绛,杂植花草。谢以状问名品,公批纸尾云:"浅红深白宜相间,先后仍须次第栽。我欲四时携酒去,莫教一日不花开。"未几,徙扬州,别滁诗云:"花光浓郁柳轻明,酌酒花前送我行。我亦宜如常日醉,莫教弦管作离声。"(《坚瓠集》)

春酒亭

次襄阳，吊同年王绣岭尊人，为留一日，憩于春酒亭。初予过此，绣岭同步，至汉上一别墅，语予曰："老父宦滇，早晚归来，当为游息之所，幸为我取一亭名。"予曰："春酒。"一用"春酒介眉寿"之意，一以此地近汉水，用李白"此江若变作春酒"句也。绣岭然之。及绣岭与予同成进士，其尊人卒于滇，绣岭以艰先归。至是再过春酒亭，已为安厝黄肠之所矣。（《游居柿录》）

饮于生藏

林视公自为生藏，每佳日，命仆夫荷艳携一卷诗，日造饮其所。人过问之，林笑答曰："卜吾真宅，爱此寂居。游云翩翩，古今无期。"闻者谓有刘参军陶彭泽之风。（《今世说》）

吴蔺次

吴蔺次萧散自得，陶然于酒，所至偕故交、文士、名娼、高衲，放浪于山巅水涯。每醉，辄歌吟笑乐，诙调终夜，酒痕淋漓，头伏几案。与之游者，至忘寝食。（《今世说》）

翁逢春

翁逢春游临安，辇橐中金二千于寓庑下。一日被酒，归蹴金，伤其趾，遽怒呼曰："吾明日用汝不尽，不复称侠。"遂遍召故人游士，及妖童艳娼之属，期诘旦集湖上。是日权你舫西泠桥，令数十百人，置酒高会，所赠遗缠头无算。抵暮，问守奴余金几何，则已告尽矣。（《今世说》）

陶然亭雅会

赵味辛司马，洪稚存太史，张船山太守，吴山尊学士，同官京朝，文酒过从，极一时朋簪之盛。预订每遇大雪，不相招邀，各集南下洼之陶然亭，后至者任酒资。(《清稗类钞》)

洪稚存遇宴阑座

洪稚存负才傲物，清狂自喜。在京时，尝游陶然亭，遇素不识者宴客，洪即阑座，即浮一大白，曰，"如此东君如此酒，老夫怀抱几时开。"一笑径去，盖袭改杨廉夫句也。【廉夫为张士诚强止于宏文馆。以指写尘桌一绝云：山前日日风尘起。海上年年御酒来。如此风尘如此酒。老夫怀抱几时开。】(《清稗类钞》)

俞佩兮颓然大醉

俞佩兮既穷困，纵酒自放，遇事愤懑，饮辄倍，径颓然大醉，醉则忘其所之。一日，以某事不平，呼酒尽醉，踉跄夜走，误入万山中。虎声四起，撼山谷，始畏惕。步履如飞。抵山麓居民家，乃免，距所饮地六十里矣。(《清稗类钞》)

许竹溪浮数大白

钱塘许竹溪广文聿，与魏柳洲、夏身山、吴太初、余秋室、金竹坡、范鉴湖交契，联社分题，殆无虚日。一日，鉴湖业碧轩藤花盛开，招同人饮花下，宵分月上，众皆泥醉。竹溪与柳洲、身山、竹坡各浮数大白，酕醄出门，月下行吟互答。柳洲失足堕地，竹溪掖之。未起，亦堕地。身山辈拊掌大笑，笑声中复有堕地者，则身山也。众复大笑。（《清稗类钞》）

薛慰农与酒人拇战

同治丙寅，谭复堂以全椒薛慰农观察时雨将去杭州，与同人觞之于湖舫，风日清佳，吟啸甚适。至孤山放鹤亭，有酒人张坐，薛不通名氏，径与拇战，同人继之。脱略形骸，想见晋宋间人风致，亦仅尔尔。（《清稗类钞》）

洪文卿醉而踽踽行

光绪中，苏州洪文卿学士钧，既以状元通籍，乞假归，微服作狭邪游。夜阑，饮醉，返家踽踽行，路遇巡逻者，诘其何故中宵踯躅。洪怒，掌其颊，巡逻者出绳，缚之去。洪倒卧地甲家，黎明始醒，大骇而呼。地甲识为洪，叩头请罪，洪无言出。（《清稗类钞》）

伯麟留许亭史小酌

仁和许亭史广文心坦，有伯伦之好，花酣月大，辄携杖头钱，就酒家，拉故人泥饮，或醉卧坊巷，至风露砭骨，乃醒。儿童拍手拦街，阳阳然，若不知其诮之也。嘉庆时，以计偕客居京师，有友死于酒者，为文吊之，辞极诡丽，为时所传诵。一日，徘徊僧庐中，而伯相国麟适至，僧麾之，使避去。相国问为谁，僧以姓名对，相国惊曰："许先生耶？吾愿见久矣。"亟遣仆马邀至邸中，张灯命酌，相得甚欢。盖相国爱才，且亦嗜洪饮也。（《清稗类钞》）

赵壶石嗜酒

赵清，字涟公，别号壶石，世居诸暨之浃水上。负至性，嗜酒，有神解。好从同里刘翼明、徐田、张侗、张素、李澄中游。所至，则友人储樽酒，垩壁待之。入门，辄脱帽狂呼，浮大白，同声歌《渭城》，东坡所谓三叠之音，东武独宛转凄断。酒酣苦吟，东西走，数十八默无声。移时，诗乃成，墨淋漓满壁上。则又乘醉和歌，走入龙湫卧象间。卧象者，九仙之奥窔诸山，名流开创地也。康熙丁巳春，东莱赵涛往游，酒人王咸熙、陈献真、徐田、张侗昆季皆从之。山中人预酿酒十余石，向夕月出，角饮争圭峰下。壶石辄携颜瓢，以次接饮，至夜分，众皆大醉，伏不起。乃祖臂露胁下瘤，张髯高歌，震林谷，独尽十余瓢，鼾鼾睡矣。醒则念母王夫人，急策驴径归。(《清稗类钞》)

官　政

赵充国

充国为后将军卫尉。上初置金城属国，以处降羌，诏举可护羌校尉者。时充国病，四府举辛武贤小弟汤。充国遽起奏，汤使酒不可典蛮夷，不如汤兄临众。时汤已拜受节，有诏更用临众。后临众病免，五府复举汤。汤数醉酗羌人，羌人反畔，卒如充国之言。(《汉书·赵充国传》)

驭吏

吉居相位，上宽大。吉驭吏耆酒，数逋荡。尝从吉出，醉欧丞相车上。西曹主吏白欲斥之，吉曰："以醉饱之失去士，使此人将复何所容。西曹地忍之。此不过污丞相车茵耳。"遂不去也。此驭吏边郡人，习知边塞发奔命警备事。尝出，适见驿骑，持亦白囊，边郡发奔命书，驰来至。驭吏因随驿骑至公交车刺取，知虏入云中代郡，遽归府见吉白状。因曰："恐虏所入边郡，二千石长吏，有老病不任兵马者，宜可豫视。"吉善其言，召东曹案边长吏，琐科条其人。未已，诏召丞相御史，问以虏所入郡吏。吉具对，御史大夫卒遽不能详知，以得谴让。

而吉见谓忧边思职，驭吏力也。吉乃叹曰："士亡不可容，能各有所长。向使丞相不先闻驭吏言，何见劳勉之有！"（《汉书·丙吉传》）

王生

龚遂为渤海太守，数年，上遣使者征遂，议曹王生愿从。功曹以为王生素耆酒，亡节度，不可使。遂不忍逆，从至京师。王生日饮酒，不视太守。会遂引入宫，王生醉，从后呼曰："明府且止，愿有所白。"遂遣问其故，王生曰："天子即问君何以治渤海，君不可有所陈对，宜曰，皆圣主之德，非小臣之力也。"遂受其言，既至前，上果问以治状，遂对如王生言，天子说其有让。（《汉书·循吏传》）

吴良

良初为郡吏，岁旦，与掾史入贺。门下掾王望，举觞上寿，谄称太守功德。良于下坐，勃然进曰："望佞邪之人，欺谄无状，愿勿受其觞。"太守敛容而止。宴罢，转良为功曹。（《后汉书·吴良传》）

嚼复嚼

桓帝之末，京都童谣曰："茅田一顷中有井，四方纤纤不可整。嚼复嚼，今年尚可后年铙。"案，易曰："嚼复嚼者，京都饮酒相强之辞也。言食肉者鄙，不恤王政，徒耽宴饮歌呼而已也。"（《后汉书·五行志》）

费祎

《祎别传》曰：孙权每别酌好酒以饮祎，视其已醉，然后问以国事，

并论当世之务，辞难累至，祎辄辞以醉，退而撰次所问，事事条答，无所遗失。(《三国蜀志·费祎传注》)

酒者难改

彬迁弋阳太守，以母丧去官。益州监军位缺，朝议用武陵太守杨宗及彬。武帝以问散骑常侍文立。立曰："宗彬俱不可失。然彬多财欲而宗好酒，惟陛下裁之。"帝曰："财欲可足，酒者难改。"遂用彬。(《晋书·唐彬传》)

祖逖

逖为预州刺史，爱人下士。尝大会耆老，中坐流涕曰："吾等老矣，更得父母，死将何恨。"乃歌曰："幸哉遗黎免俘虏，三辰既朗遇慈父，元酒忘劳甘瓠脯，何以咏恩歌且舞。"其得人心如此。(《晋书·祖逖传》)

阮孚

籍兄子咸，咸子孚，避乱渡江，元帝以为安东参军。蓬发饮酒，不以王务婴心。时帝既用申韩以救世，而孚之徒，未能弃也。虽然不以事任处之，转丞相从事中郎，终日酣纵，恒为有司所按，帝每优容之。琅邪王裒为车骑将军，镇广陵，高选纲佐，以孚为长史。帝谓曰："卿既统军府，郊垒多事，宜节饮也。"孚答曰："陛下不以臣不才，委之以戎旅之重，臣偁俛从事，不敢有言者，窃以今王莅镇，威风赫然，皇泽遐被，贼寇敛迹，氛祲既澄，日月自朗。臣亦何可燃火不息，正应端拱啸咏，以乐常年耳。"(《晋书·阮籍传》)

禁酿

勒伪称赵王，以百姓始复业，资储未丰，于是重制禁酿。郊祀宗庙，皆以醴酒行之。数年，无复酿者。(《晋书·石勒载记》)

王蕴

王蕴为都督浙江东五郡镇军将军，会稽内史。蕴素嗜酒，末年尤甚。及在会稽，略少醒日。然犹以和简为百姓所悦。(《晋书·外戚传》)

王道子

会稽王道子，领徐州刺史，太子太傅。孝武帝不亲万机，但与道子酣歌为务，姆姆尼僧，尤为亲昵，并窃弄其权。凡所幸接，皆出自小竖。郡守长吏，多为道子所树立。既为扬州总录，势倾天下，自是朝野奔凑。中书令王国宝，性卑佞，特为道子所宠昵。官以贿迁，政刑谬乱。又崇信浮屠之学，用度奢侈，下不堪命。太元以后，为长夜之宴，蓬首昏目，政事多阙。桓元尝候道子，正遇其醉，宾客满坐，道子张目谓人曰："桓温晚涂欲作贼，云何?"元伏地流汗，不得起。长史谢重举板答曰："故宣武公黜昏登圣，功超伊霍，纷纭之议，宜裁之听览。"道子颔曰："侬知，侬知!"因举酒属元，元乃得起。由是元益不自安，切齿于道子。(《晋书·简文三子传》)

戴洋

戴洋，吴兴长城人也。年十二，遇病死，五日而苏。说死时天使其为酒藏吏，授符录，给吏从幡麾，将上蓬莱、昆仑、积室、太室、

恒、庐、衡等诸山，既而遣归。(《晋书·艺术传》)

罗君章

罗君章为桓宣武（温）从事，谢镇西（尚）作江夏，罗既至，初不问郡事，径就谢，数日饮酒而还。桓公问有何事，君章云："不审公谓谢尚何似人？"桓公曰："仁祖是胜我许人。"君章云："岂有胜公人而行非者？故一无所问。"桓公奇其意，而不责也。(《世说新语》)

孔觊

觊为寻阳王子房冠军长史，加宁朔将军，行淮南宣城二郡事。其年复除安陆王子绥冠军长史，江夏内史，复随府转后军长史如故。觊为二府长史，典签咨事，不呼不敢前，不令去不敢去。虽醉日居多，而明晓政事，醒时判决未尝有壅。众咸云："孔公一月二十九日醉，胜他人二十九日醒也。"世祖每欲引见，先遣人觇其醉醒。(《宋书·孔觊传》)

张融

融为长沙王镇军，竟陵王征北咨议，并领记室司徒从事中郎。永明二年，总明观讲敕，朝臣集听。融扶入就榻，私索酒饮之。难问既毕，乃长叹曰："呜呼仲尼，独何人哉！"为御史中丞到抚所奏，免官，寻复。(《南齐书·张融传》)

张氏

乐部郎胡长命妻张氏，事姑王氏甚谨。太安中，京师禁酒，张以姑老且患，私为酝之，为有司所纠。王氏诣曹自告曰："老病须酒，在家私酿。王所为也。"张氏曰："姑抱老患，张主家事。姑不知酿，其罪在张。"主司疑其罪，不知所处。平原王陆丽以状奏，高宗义而赦之。（《魏书·列女传》）

源怀

贺子怀，为使持节，加侍中行台，巡行北边六镇，恒燕朔三州。时怀朔镇将元尼须，与怀少旧，贪秽狼藉，置酒请怀，谓怀曰："命之长短，由卿之口，岂可不相宽贷？"怀曰："今日之集，乃是源怀与故人饮酒之坐，非鞫狱之所也。明日公庭，始为使人检镇将罪状之处。"尼须挥泪而已。（《魏书·源贺传》）

任城王顺

云子澄，澄子顺，为齐州刺史，自负有才，不得居内，每怀郁怏，遂纵酒欢娱，不亲政事。（《魏书·任城王云传》）

薛孤延

延为左厢大都督，与诸军将讨颍州。延专监造土山，以酒醉，为敌所袭据。颍州平，诸将还京师，宴于华林园。世宗启魏帝，坐延于阶下以辱之。后兼领军将军，出为沧州刺史，别封温县男邑三百户。齐受禅，别赐爵都昌县公。性好酒，率多昏醉，而以勇决善战，每大军征讨，常为前锋，故与彭刘韩潘同列。（《北齐书·薛孤延传》）

崔日用

日用拜兵部侍郎，宴内殿，酒酣，起为回波舞，求学士，即诏兼修文馆学士。（《唐书·崔日用传》）

裴谞

漼从祖弟宽，宽子谞，拜河东租庸盐铁使。时关辅旱，谞入计，帝召至便殿，问榷酤利，岁出内几何。谞久不对，帝复问；曰："臣有所思。"帝曰："何邪？"谞曰："臣自河东来，涉三百里而农人愁叹，谷菽未种。诚谓陛下轸念元元，先访疾苦，而乃责臣以利。孟子曰：'治国者，仁义而已，何以利为！'故未敢即对。"帝曰："微公言，朕不闻此。"拜左司郎中，数访政事。（《唐书·裴漼传》）

王涯

涯同中书门下平章事，合度支盐铁为一使，兼领之，乃奏罢京畿榷酒钱，以悦众。俄检校司空，兼门下侍郎，罢度支。（《唐书·王涯传》）

柳浑

浑以右散骑常侍罢政事。浑清俭不营产利，免后数日，置酒召故人，出游酣肆乃还，旷然无黜免意。（《唐书·柳浑传》）

薛戎

戎累迁浙东观察使，所部州，触酒禁者罪当死，橘未贡先鬻者死，戎弛其禁。（《唐书·薛戎传》）

王仲舒

仲舒除江西观察使。初，江西榷酒，利多佗州十八。民私酿，岁抵死不绝。谷数斛，易斗酒，仲舒罢酤钱九十万，吏坐失官息钱五十万，悉产不能偿。仲舒焚簿书，脱械，不问。(《唐书·王仲舒传》)

王著

著周世宗朝充翰林学士，少有俊才。世宗以幕府旧僚，眷待尤厚，屡欲相之，以其嗜酒，故迟留久之。(《宋史·王著传》)

耶律制心

隆运侄制心，守上京，时酒禁方严，有捕获私酤者，一饮而尽，笑而不诘。卒之日，部民若哀父母。(《辽史·耶律隆运传》)

耶律义先

义先为南院宣徽使。时萧革同知枢密院事，席宠擅权，义先疾之。因侍宴，言于帝曰："革狡佞喜乱，一朝大用，必误国家。"言甚激切，不纳。他日，侍宴，上命群臣博，负者罚一巨觥。义先当与革对，怃然曰："臣纵不能进贤退不肖，安能与国贼博哉！"帝止之曰："卿醉矣。"义先厉声诟不已。上大怒，赖皇后救得解。翌日，上谓革曰："义先无礼，当黜之。"革对曰："义先天性忠直，今以酒失，而谁敢言人之过。"上谓革忠直，益加信任。义先郁郁不自得，然议事未尝少沮。(《耶律义先传》)

王班

田景咸，宋初为左骁卫上将军。在邢州日，使者王班至，景咸劝班酒曰："王班请满饮。"典客曰："是使者姓名也。"景咸悟曰："我意'王班'是官尔，何不早谕我。"闻者笑之。（《宋史·李万全传附录》）

李铉

德裕为西川都巡检使，归朝，奏转运使礼部郎中李铉，尝醉酒，言涉指斥。上怒，驿召铉下御史案之。铉言德裕在蜀日，屡以事请求，多拒之，皆有状。御史以闻，太祖悟，止坐铉酒失责，授左赞善大夫。（《宋史·丁德裕传》）

王嗣宗

嗣宗以秘书丞通判澶州，上言："本州榷酤斗量，校以省斗，不及七升，民犯法酿者，三石以上坐死，有伤深峻。臣恐诸道率如此制，望如自今并准省斗定罪。"从之。（《宋史·王嗣宗传》）

李惟清

惟清为主客员外郎，上问民间苦乐不均事，惟清言："前在荆湖，民市清酒务，官酿转鬻者，斗给耗二升。今三司给一升，民多他图，而岁课甚减。"诏复其备。（《宋史·李惟清传》）

孔承恭

承恭为大理寺丞，免官归田里。太宗即位，复授旧官。时初榷酒，

以承恭监西京酒曲，岁增课六千万，迁大理正。(《宋史·孔承恭传》)

吕文仲

文仲与陈尧叟并兼关西巡抚使。时内品方保吉专干榷酤，威制郡县，民疲吏扰，变易旧法，讼其掊克者甚众。文仲等具奏其实，太宗怒，亟召保吉，将劾之，反为保吉所讼，下御史验问。文仲所坐皆细事，而素巽懦，且耻与保吉辩对，因自诬伏，遂罢职。(《宋史·吕文仲传》)

黄观

淳化中，俨为计使，黄观为判官。俨知观不饮酒，一日，聚食，亲酌以劝观。观为强饮之。有顷，都监赵赞召观议事，观即往。赞曰："饮酒耶？"观以实对。翌日，俨与赞密奏观嗜酒，废职。(《宋史·董俨传》)

何蒙

蒙通判庐州时，郡中火燔廨舍，榷务俱尽。蒙假民器，贷邻郡曲米为酒。既而课增倍，户部使上其状，诏赍缗钱奖之。(《宋史·何蒙传》)

索湘

湘充河北转运使，属郡民有干酿，岁输课甚微，而不逞辈因之为奸盗，湘奏废之。(《宋史·索湘传》)

段少连

少连太常博士，降秘书丞，监涟水军酒税。(《宋史·段少连传》)

秦羲

羲领发运使事，改供备库副使，献议增榷酤，岁十八万缗。所增既多，尤为刻下。会岁旱，诏罢之。(《宋史·秦羲传》)

孙继邺

孙继邺初以三班奉职，监涔阳酒税。会宜州陈进反，曹利用辟以自随，为前驱。(《宋史·曹利用传附录》)

宋庠

庠知审刑院。密州豪王澥私酿酒，邻人往捕之。澥绐奴曰："盗也。"尽使杀其父子四人，州论奴以法，独澥不死。宰相陈尧佐右澥，庠力争，卒抵澥死。(《宋史·宋庠传》)

司马池

池为秘书省著作郎，监安丰酒税。(《宋史·司马池传》)

刁约

刘沆为集贤相，欲以刁约为三司判官，与首台陈恭公议不合，刘再三言之，恭公始见允。一日，刘作奏札子怀之，与恭公上殿。未及有言，而仁宗曰："益州重地，谁可守者？"二相未对，仁宗曰："知定州宋祁其人也。"陈恭公曰："益俗奢侈，宋喜游宴，恐非所宜。"仁宗曰："至如刁约，荒饮无度，犹在馆；宋祁有何不可知益州也！"刘公惘然惊惧，于是宋知成都，而不敢以约荐焉。(《东轩笔录》)

李绚

绚知润州，徙洪州。时五溪蛮寇湖南，择转连使，帝曰："有馆职善饮酒者，为谁？今安在？"辅臣未谕，帝曰："是往岁城邛州者，其人才可用。"辅臣以绚对，遂除湖南转运使。绚乘驿至邵州，戒诸部按兵，毋得动，使人谕蛮以祸福。蛮罢兵，受约束。复修起居注，权判三司盐铁勾院，复纠察在京刑狱，以右正言知制诰，奉使契丹，知审官院，迁龙图阁直学士，起居舍人，权知开封府，治有能名。绚夜醉，晨奏事酒未解，帝曰："开封府事剧，岂可沉湎于酒邪？"改提举在京诸司库务，权通判吏部流内铨。（《宋史·李绚传》）

赵师民

师民三迁刑部郎中，复领宗正卒。师民勤于吏治，政有惠爱。尝欲论榷酤诸弊，会仁宗不豫而止。（《宋史·赵师民传》）

杨光辅

安国父光辅，教授兖州，请监兖州酒税。（《宋史·杨安国传》）

吕溱

溱以侍读学士知徐州，赐宴资善堂，遣使谕曰："此特为卿设，宜尽醉也。"溱豪侈自放，简忽于事，与都转运使李参不相能，还判流内铨。参劾其借官曲作酒等事，下大理议。外廷纷然，谓溱有死罪。帝知其过轻，但贬秩知和州。（《宋史·吕溱传》）

钱公辅

公辅历户部判官，知明州衙。前法以三等差次，劳勤应格者，听指酒场以自补。富者足欲，而贫者日困，充募益鲜，额有不足，至役乡民破产，不供费。公辅取酒场官鬻之，分轻重以给役者，不复调民。同修起居注，进知制诰。(《宋史·钱公辅传》)

吕嘉问

嘉问权户部判官，管诸司库务，行连灶法于酒坊，岁省薪钱十六万缗。(《宋史·吕嘉问传》)

吕中复

中复提举玉隆观，起知荆南，坐过用公使酒免。(《宋史·吕中复传》)

刘几

温叟孙几，以秘书监致仕。间与人语边事，谓张耒曰："比见诏书，禁边吏夜饮。此曹一旦有急，将使输其肝脑，此平日禁其为乐，为今役者，不亦难乎。夫榷牛酿酒，丰犒而休养之，非欲以醉饱为德，所以增士气也。"耒敬识其语。(《宋史·刘温叟传》)

张商英

熙宁中，周师厚为湖北提举，常平张商英监荆南盐院。师厚移官，有供给酒数十瓶，阴俾张卖之。张言于察访蒲宗孟，宗孟劾其事，师厚坐是降官。后数年，商英为馆职，属举子判监于舒亶。亶缴奏其简，商英坐是夺官。始舒亶为县弓手节级，废斥累年矣，熙宁中，张商英为御史，力荐引之，遂复进用甚峻，至是反攻商英。然亦世所谓报应者也。(《东轩笔录》)

范子奇

雍子宗杰，宗杰子子奇，知河阳，召权户部侍郎，删酒户苛禁。(《宋史·范雍传》)

何常

常知秦州察访，方邵劾其越法货酒，借米曲于官，而毁其历。狱具，责昭化军节度副使。(《宋史·何常传》)

蒲卣

卣提举潼州路刑狱，有议榷酤于泸叙间云，岁可得钱二十万。卣言先朝念此地夷汉杂居，弛榷禁以惠安边人，今之所行，未见其利，乃止。(《宋史 蒲卣传》)

郑刚中

刚中为四川宣抚副使，弛夔路酒禁。(《宋史·郑刚中传》)

张焘

焘提举万寿观，兼侍读。先是，禁中既有内酒库酿，殊胜酤卖，其余颇侵大农。焘因对言酒库酤良酝，以夺官课。上曰："卿言可谓责

难于君。"明日诏罢之。(《宋史·张焘传》)

留正

正知成都府，岁减酒课三十八万。(《宋史·留正传》)

李椿

椿以敷文阁待制致仕。越再岁，上命待制显谟阁，知潭州，湖南安抚使。累辞不获，乃勉起，至则抚摩雕瘵，复酒税法，人以为便。(《宋史·李椿传》)

李焘

焘进敷文阁学士，老病乞骸骨。时闻四川乞减酒课额，犹手札赞庙堂行之。病革致仕。(《宋史·李焘传》)

赵方

方起自儒生，帅边十年，持军严，每令诸将饮酒勿醉，当使日日可战。(《宋史·赵方传》)

项安世

安世知鄂州。俄淮汉师溃，薛叔似以怯懦为侂胄所恶。安世因贻侂胄书，其末曰："偶送客至江头，饮竹光酒，半醉，书不成字。"侂胄大喜曰："项平父乃尔闲暇。"遂除户部员外郎，湖广总领。(《宋史·项安世传》)

赵希怿

希怿知太平州，习知其民利病，遂损折市价，减榷酤额，以苏民力。（《宋史·宗室传》）

李诚之

诚之至蕲州。先是，酒库月解钱四百五十千以献守，诚之一无所受，寄诸公帑，以助兵食。（《宋史·李诚之传》）

袁彦纯

袁彦纯尹京，专一留意酒政。煮酒卖尽，取常州宜兴县酒，衢州龙游县酒，在都下卖。御前杂剧，三个官人，一曰京尹，二曰常州太守，三曰衢州太守。三人争座位，常守让京尹曰："岂宜在我二州之下？"衢守争曰："京尹合在我二州之下。"常守问云："如何有此说？"衢守云："他是我两州拍户。"宁庙亦大笑。（《贵耳集》）

高定子

定子监资州酒务，丁母忧。服除，差知长汀县。前是酒酤，贷秩于商人，定子给钱以籴，且宽榷酤，民以为便。四川总领所治利，州倚酒榷以佐军用，吏奸盘错，定子躬自究诘，酒政遂平。后来者复欲增课，定子曰："前以吏蠹，亦既革之。今又求益，是再榷也。"乃止。（《宋史·高定子传》）

杨瑾

理宗绍定中，杨瑾摄华亭，弛酒税。（《续文献通考》）

沈次卿

沈次卿者，吴兴人，待制之后，常登赵斋之门。赵尹京使，提督十三酒库，课以增羡而人不怨咨。常言比较自有捷法，既不害物，自可沮劝。其法使拍户于本府入钱给由，诣诸库打酒，仍使自择所向。遇比较则萃诸库，而视其所售之多寡，取其殿最之尤者，加之赏罚。诚令不烦，激厉自倍，真不易之良法也。(《癸辛杂识》)

毛硕

硕为河东南路转运使，上言："顷者定立商酒课，不量土产厚薄，户口多寡，及今昔物价之增耗，一概理责之。故监官被系，失身破家，折佣逃窜，或为奸吏盗有实钱，而以赊券输官。故河东有积负至四百余万贯，公私苦之。请自今禁约酒官，不得折准赊贷，惟许收用实钱，则官民俱便。"至今行之。(《金史·毛硕传》)

梁肃

高旭除平阳酒使，肃奏曰："旭儒士，优于治民。若使坐列肆榷酒酤，非所能也。臣愚，以为诸道盐铁使，依旧文武参注，其酒税使副，以右选三差俱最者为之。"上曰："善。"(《金史·梁肃传》)

武都

武都知大兴府，醉酒，以亵衣见诏使，坐是解职。(《金史·循吏传》)

古里甲石伦

石伦为郑州同知防御使，与防御使裴满羊哥部内，酤酒不偿直，

皆除名。(《金史·古里甲石伦传》)

禁酒

太祖高皇帝，元至正十八年十一月，发仓赈宁越贫民，令禁酒。
(《大政纪》)

渌溪源

桂阳东界侠公山下有渌溪源，官常取此水为酒。(《荆州记》)

酤酒

藩郡带钤司酤酒，不限数，惟会稽则不然，必有由也。(《西溪丛语》)

官榷酒酤

官榷酒酤，其来久矣。太宗皇帝深恐病民，淳化五年三月戊申，诏口："天下酒榷，先遣倖者监管，官墓民掌之，减常课之十二，使其易办，吏勿复预。"盖民自鬻，则取利轻，吉凶聚集，人易得酒，则有为生之乐，官无讥察警捕之劳，而课额一定，无敢违欠，公私两便。然所入无赢余，官吏所不便也。新法既行，悉归于公。上散青苗钱于设厅，而置酒肆于谯门。民持钱而出者，诱之使饮，十费其二三矣。又恐其不顾也，则命娼女坐肆，作乐以蛊惑之。小民无知，争竞斗殴，官不能禁，则又差兵官列柳杖以弹压之，名曰设法卖酒。此设法之名所由始也。太宗之爱民，宁损上以益下。新法惟剥下奉上，而且诱民为恶，陷民于罪，岂为民父母之意乎？今官卖酒，用妓乐如故，无复弹压之制，而设法之名不改。州县间无一肯厘正之者，何耶？（《燕翼贻谋录》）

公使酒

祖宗旧制，州郡公使库钱酒，专馈士大夫入京往来，与官罢任旅费。所馈之厚薄，随其官品之高下，妻孥之多寡。此损有余补不足，周急不继富之意也。其讲睦邻之好，不过以酒相遗，彼此交易，复还公帑。苟私用之，则有刑矣。治平元年，知凤翔府陈希亮自首，曾以邻州公使酒私用，贬太常少卿，分司西京。乃申严其禁：公使酒相遗，不得私用，并入公帑。其后祖无择坐以公使酒三百小瓶遗亲故，自直学士谪授散官安置，况他物乎！故先世所历州郡，得邻郡酒，皆归之公帑，换易答之，一瓶不敢自饮也。（《燕翼贻谋录》）

榷酤

榷酤创始于汉，至今赖以佐国用。群饮者惟恐其饮不多，而课不羡也。为民之蠹，大戾于古。今祭礼宴飨馈遗，非酒不行。田亩种秫，三之一供酿材曲蘖，犹不充用。州县刑狱，与夫淫乱杀伤，皆因酒而致。甚至设法集妓女，以诱其来，尤为害教。龟山杨中立虽有是说。徒兴叹焉，曾无策以革其弊。（《清波杂志》）

榷酒

汉始，文帝初榷酒酤。（《续事始》）

宋孝宗

光尧内禅，寿皇穷天下之养以奉，经营德寿宫，数倍大内，巧丽无匹。宫内设立小市，因不免有私酿者。右正言袁孚奏北内私酤，光尧大怒。帝谓袁曰："昨太上怒甚。"宫中夜宴，太上遣赐酒一壶，御笔亲书"德寿私酒"四字，因寝其奏。事见《桯史》。又当时征敛无节，装载者，必须夤缘宫掖字样，乃可以免。辛稼轩云："曾见粪船旗号。"见《宋稗类钞》。于此见高宗之庇护，而孝宗之体贴入微也。乃其后不得于其子妇，"天寒，官家且饮酒"一语，恶妇口吻，千载犹堪切齿矣！（《两般秋雨庵随笔》）

蜀秫

余居三河乡间时，有前在家教读师某君来作宰。一日，相过小饮，询余："今岁果歉乎？"余曰："歉甚。"曰："粮价日见增昂，子谓将以何法平之？"余指杯中酒曰："戒酒。"某君曰："请闻其说。"余曰："此方民食，不问贫富，率以蜀秫为常餐。今蜀秫一斗直至三千【东钱也。于制钱为五百，引则官引】，其故在烧锅贾，恐春末价更高，不遗余力而来。境内有烧锅十二家，烧酒之器曰甑，日各例烧一甑，用蜀秫十二石，麦面二百四五十斤。合十二家之糜费，曲姑不计，蜀秫日需百四十四石。且其中尚有双灶双甑者【俗谓之两个桶】。公如暂禁烧酒，或裁汰私烧，何患粮价不平耶？"某君曰："容徐思之。"（《闲处光阴》）

酒禁

《酒诰》云：文王诰教小子，有正有事，无彝酒。越庶国饮，惟祀，德将无醉。又云：厥或告曰群饮，汝勿佚，尽执拘以归于周，予其杀。
《周官》萍氏，掌几酒谨酒，故汉兴有酒禁。三人以上，无故群饮，罚
金四两。不但恐糜米谷，且备酒祸也。后世因为榷酤之法，官务之课，
虽事不尽善，而古意略存。今千乘之国，以及十室之邑，无处不有酒
肆，米谷耗贵，淫斗繁兴，皆职于是。倘能酌量往制，严立禁条，不
患谷价不平，讼词不简也。(《真珠船》)

店　肆

司马相如

文君夜亡奔相如，相如乃与驰归成都。家居徒四壁立，文君久之不乐曰："长卿第俱如临邛，从昆弟假贷，犹足为生，何至自苦如此。"相如与俱之临邛，尽卖其车骑，买一酒舍酤酒，而令文君当炉。相如身自着犊鼻裈，与保庸杂作，涤器于市中。卓王孙闻而耻之，为杜门不出。昆弟诸公，更谓王孙曰："有一男两女，所不足者，非财也。今文君已失身于司马长卿，长卿故倦游，虽贫，其人材足依也，且又令客，独奈何相辱如此。"卓王孙不得已，分予文君僮百人，钱百万，及其嫁时衣被财物。文君乃与相如归成都，买田宅为富人。(《史记 司马相如传》)

酒酸

人有市酒而甚美者，置表甚长。然至酒酸而不售，问里人其故。里人曰："公之狗甚猛，而人有持器而欲往者，狗辄迎而啮之，是以酒酸不售也。"士欲白万乘之主，用事者迎而啮之，亦国之恶狗也。(《韩诗外传》)

狗猛

宋人有酤酒者，升概甚平，遇客甚谨，为酒甚美，悬帜甚高，然不售，酒酸。怪其故，问其所知，问长者杨倩。倩曰："汝狗猛耶？""狗猛则酒何故而不售？"曰："人畏焉。或令孺子怀钱挈壶瓮而往酤，而狗迓而龁之，此酒所以酸而不售也。"夫国亦有狗；有道之士，怀其术而欲以明万乘之主，大臣为猛狗，迎而龁之，此人主之所以蔽胁，而有道之士所以不用也。(《韩子》)

王道子

道子使宫人为酒肆，沽卖于水侧，与亲昵乘船，就之饮宴，以为笑乐。(《晋书·简文三子传》)

刘昉

昉进位柱国，封舒国公。遇京师饥，上令禁酒。昉使妾赁屋，当垆沽酒。治书侍御史梁毗劾奏昉曰："臣闻处贵则戒之以奢，持满则守之以约。昉既位列群公，秩高庶尹，縻爵稍久，厚禄已淹，正当戒满归盈，鉴斯止足。何乃规曲蘖之润，竞锥刀之末。身昵酒徒，家为迪薮。若不纠绳，何以肃厉。"有诏不治。(《隋书·刘昉传》)

当垆为业

蜀之士子莫不酤酒，慕相如涤器之风乎？陈会郎中家，以当垆为业，为不扫街，官吏殴之。其母甚贤，勉以进修，不许归乡，以成名为期。每岁糇粮纸笔，衣服仆马，皆自成都赍致。郎中业八韵，唯《螳螂赋》大行。太和元年及第。李相固言，览报状，处分厢界，收下酒旆，阖其户，家人犹拒之。逶巡贺登第，乃圣善奖训之力也。后为白中令子婿，西川副使，连典彭汉两郡而终。（《北梦琐言》）

徐鸡爪

艺祖从世宗征淮南，有徐氏世以酒坊为业，上每访其家，必进美酒，无小大，奉事甚谨。徐氏知人望已归，即从容属异日计。上曰："汝辈来，吾何以验之？"徐氏曰："某全家人手指节不全，不过存中节，世谓'徐鸡爪'。"迨上登极，诸徐来，皆愿得酒坊，许之。今西枢曾布，其母朱氏，即徐氏外甥，亦无中指节，故西枢亦然。世以其异，故贵，不知其气所传，自外氏诸徐也。（《孙公谈圃》）

酒坊火

建隆二年三月丙申，内酒坊火，酒工死者三十余人，乘火为盗者五十人，撷斩二十八人，余以宰臣谏，获免。酒坊使左承规，副使田处岩，以酒工为盗，坐弃市。闰月巳巳，幸玉津园，谓侍臣曰："沉湎非令仪，朕宴偶醉，恒悔之。"（《宋史·太祖纪》）

许洞

洞咸平三年进士，解褐雄武军推官，辄用公钱，除名，归吴中。数年，日以酤饮为事，常从民坊赊酒，一日，大署壁作酒歌数百言，乡人争往观，其酤数倍，乃尽捐洞所负。（《宋史·许洞传》）

鲁宗道

宗道为谕德时，居近酒肆。尝微行就饮肆中，偶真宗亟召，使者及门，久之，宗道方自酒肆来。使者先入约曰："即上怪公来迟，何以为对？"宗道曰："第以实言之。"使者曰："然则公常得罪。"曰："饮酒人之常情，欺君臣子之大罪也。"真宗果问，使者具以宗道所言对。帝诘之，宗道谢曰："有故人自乡里来，臣家贫无杯盘，故就酒家饮。"帝以为忠实，可大用。(《宋史·鲁宗道传》)

胥持国

胥持国为枢密副使卒，上问平章政事张万公曰："持国今已死，其为人竟何如？"万公对曰："持国素行不纯，谨如货酒乐平楼一事可知矣。"上曰："此亦非好利。如马琪位参政，私鬻省酝，乃为好利也。"(《金史·佞幸传》)

酒楼

凡京师酒店门首，皆缚彩楼欢门，惟任店入其门，一直主廊，约百余步，南北天井两廊，皆小阁子。向晚，灯烛荧煌，上下相照，浓妆妓女数百，聚于主廊槏面上，以待酒客呼唤，望之宛若神仙。北去杨楼以北，穿马行街，东西两巷，谓之大小货行，皆工作伎巧所居。小货行通鸡儿巷妓馆，大货行通笺纸店。白矾楼后改为丰乐楼。宣和间，更修三层相高，五楼相向，各有飞桥栏槛，明暗相通，珠帘绣额，灯烛晃耀。初开数日，每先到者，赏金旗。过一两夜，则已元宵。则每一瓦陇中，皆置莲灯一盏。内西楼后来禁人登眺，以第一层下视禁中。大抵诸酒肆瓦市，不以风雨寒暑，白昼通夜，骈阗如此。州东宋门外，仁和店、姜店。州西宜城楼、药张四店、班楼，余梁桥下刘楼，曹门蛮王家、乳酪张家。州北八仙楼，戴楼门张八家园宅正店，郑门河王家、李七家正店，景灵宫东墙长庆楼。在京正店七十二户，此外不能遍数，其余皆谓之脚店。卖贵细下酒，迎接中贵。饮食则第一白厨，州西安州巷张秀以次，保康门李庆家，东鸡儿巷郭厨，郑皇后宅后宋厨，曹门博筒李家，寺东骰子李家，黄胖家。九桥门街市酒店，彩楼相对，绣旆相招，掩翳天日。政和后来，景灵宫东墙下长庆楼尤盛。(《东京梦华录》)

袁樵

宝庆丙戌，袁樵尹京，于西湖三贤堂卖酒。有人题壁曰：和靖东坡白乐天，三人秋菊荐寒泉。而今满面生尘土，却与袁樵趁酒钱。(《古杭杂记》)

酒店

酒肆店，宅子酒店，花园酒店，直卖店，散酒店，庵酒店，罗酒店，除官库子库脚店之外，其余皆谓之拘户，有茶饭店，包子店。所曰庵店者，谓有娼妓在内，可以就欢，而于酒阁内暗隐藏卧床也。门前红栀子灯上，不以晴雨，必用箬簟盖之，以为记认。其他大酒店，娼妓只伴坐客而已，欲买欢，则多往其居。(《古杭梦游录》)

酒馆扁对

《暖姝由笔》：正德间，朝廷开设酒馆，酒望云："本店发卖四时荷花高酒。"犹南人言莲花白酒也。又有二扁，一云"天下第一酒馆"，一云"四时应饥食店"。(《坚瓠集》)

崔氏酒垆

五代时，有张逸人尝题崔氏酒垆云："武陵城里崔家酒，地上应无天上有。云游道士饮一斗，醉卧白云深洞口。"自是酤者愈众。(《坚瓠集》)

乌衣女子

宋绍兴中，杭都酒肆，有道人携乌衣椎髻女子，买斗酒独饮。女子歌曰："朝元路，朝元路，同驾玉华君。千岁载红花一色，人间遥指是祥云，回望海光新。"二叠云："东风起，东风起，海上百花摇。十八风鬟云欲动，飞花和雨着轻绡，归路碧迢迢。"三叠云："帘漠漠，帘漠漠，天淡一帘秋。自洗玉瓯斟白酒，月华微映是空舟，歌罢海西流。"或疑歌词非人世语，记之，以问一道士曰："此赤城韩夫人作《法驾导引》也。乌衣女子盖龙云。"(《坚瓠集》)

土曲

江西余干县有一酒家，常施一道人酒，不索酒钱。道士曰："吾有以报之。"引至一处，指其土曰："此可代曲为酒，岁省造曲若干缗也。"至今其土取之不竭。(《坚瓠集》)

酒保

《鹖冠子》曰："伊尹酒保，立为世师。"酒保之名，始见于此，亦犹《韩非》目伊尹为庖宰也。（《坚瓠集》）

酒狂

唐许碏登楼饮酒，题诗于壁曰："阆苑花前是醉乡，误翻王母九霞觞。群仙拍手嫌轻薄，谪向人间作酒狂。"题毕，乘云而去。（《坚瓠集》）

题壁

康熙庚子竹垞偕粤东诗人屈翁山，会饮杭州酒楼，拍浮屡日，大醉题壁云："毋轻视此楼，秀水朱十南海屈五，曾留此住宿，后有登者，作仙人黄鹤楼可也。庚子九月晦日。"余谓是举出自竹垞，自是雅事。若末生晚学，妄拟前辈风流，便狂放不可向迩矣。李太白着宫锦袍，醉眠长安市上，纯是烂漫天真，千古岂容第二人，装点此番举动。（《郎潜纪闻》）

五柳居

余幼时游西湖，见酒楼号五柳居者，壁上题诗甚多，不久即圬去。惟西穆先生一首，墨沈淋漓，字写《争坐位帖》，历七八年如新。酒楼主人及来游者，皆护存之，敬其为名士故也。题是《冬日同樊榭放舟湖上，念栾城赤凫都已下世，弥觉清游之足重也，分韵同作》云："一角西山雪未消，镜光清照赤阑桥。小分寒影看梅色，半入春痕是柳条。

闲里安排尘外迹，酒边珍重故人招。孤烟落日空台榭，岁晚重来话寂寥。"后四十年余再至湖上，则壁诗无存。西穆、樊榭久归道山，而酒楼主人，亦不知名士为何物矣。惟陈庄壁上有蒋用庵侍御《酬王梦楼招游》一首云："六朝风物正妍和，珍重乌篷载酒过。一串歌珠人似玉，四围峦翠水微波。狂夫兴不随年减，旧雨情于失路多。争奈严城宵漏急，未知今夜月如何。"（《随园诗话》）

刘文恪公

刘文恪公权之酒户极洪。官京朝时，非前门涌金楼之酒不饮。罢相南归，门人史望之尚书致俟，核公饮数于楼肆，据公邸第自取者，五十年中，不下二十余万钱。燕会馈遗，不计也。（《燕下乡脞录》）

当卢

文君当卢，卢字不从土，盖卖酒区也。颜师古曰："卖酒之处，累土为垆，以居酒瓮，四边隆起，其一面高形如煅炉，故名，非温酒垆也。"（《群碎录》）

饮也

南海黎二樵以诗书画得名。以赴京兆试，过南雄岭，酒肆主人闻其名，乘其醉后，以绢素乞书堂额。时适闻邻厅有大饮声，即命取来，大书"饮也"二字，盖取谐声之义。由是"饮也"二字，风行粤东，凡墟场、庆会、篷寮、酒肆之座中，必有"饮也"二字。（《清稗类钞》）

品　名

洪梁之酒

汉武帝思怀往者李夫人不可复得。时始穿昆灵之池，泛翔禽之舟，帝自造歌曲，使女伶歌之。时日已西倾，净风激水，女伶歌声甚道，因赋《落叶哀蝉》之曲曰："罢袂兮无声，玉墀兮尘生。虚房冷而寂寞，落叶依于重扃。望彼美之女兮，安得感余心之未宁。"帝闻唱动心，闷闷不自支持，命龙膏之灯，以照舟内，悲不自止。亲侍者觉帝容色愁悲，乃进洪梁之酒，酌以文螺之卮。卮出波祇之国，酒出洪梁之县。此属右扶风，至哀帝废此邑。南人受此酿法。今言云阳出美酒，两声相乱尔。(《拾遗记》)

瑶琨碧酒

武帝起神明台，上有九天道，金床象席，琥珀镇杂玉为簟。帝坐良久，设甜水之冰，以备沐濯酌瑶琨碧酒。(《洞冥记》)

皆明之国

宣帝地节元年，乐浪之东，有皆明之国来贡其方物，言其乡在扶桑之东，见日出于西方。其国昏昏常暗，宜种百谷，名曰融泽，方三千里，五谷皆良。有醇，和麦为曲以酿酒，一醉累月，食之凌冬可袒，其国献之。(《汉书·拾遗记》)

酎

汉制，宗庙八月饮酎，用九酝太牢，皇帝侍祠。以正月旦作酒，八月成，名曰酎。一曰九酝，一名醇酎。(《西京杂记》)

醉龙

蔡邕因醉路卧，人名曰"醉龙"。(《龙城录》)

酒徒

时苗为寿安令，谒治中蒋济。济醉，不见之。归而刻木为人，书曰"酒徒蒋济"，以弓矢射之。牧长闻之，不能制。(《独异志》)

酒重水轻

愉从子严，字彭祖，祖父奕全椒令，明察过人时有遗其酒者，始提入门。奕遥呵之曰："人饷吾两罂酒，其一何故非也？"检视之，一罂果是水。或问奕何以知之，笑曰："酒重水轻，提酒者手有轻重之异故耳。"(《晋书·孔愉传》)

青州从事

桓公有主簿，善别酒，辄令先尝。好者谓"青州从事"，恶者谓

"平原督邮"。青州有齐郡，平原有华县；从事言至齐，督邮言至华。（《典论》）

顾建康

顾宪之，宋元徽中为建康令，性清俭，强力为政，甚得民和。故京师饮酒者，得醇旨辄号为"顾建康"，言醋清且美焉。（《梁书·止足传》）

缥醪酒

太宗与浩语，至中夜，赐浩御缥醪酒十觚，水精戎盐一两，曰："朕味卿言，若此盐酒，故与卿同其旨也。"（《魏书·崔浩传》）

天禄大夫

王世充僭号，谓群臣曰："朕万几繁壅，所以辅朕和气者，唯酒功耳，宜封'天禄大夫'，永赖醇德。"（《清异录》）

葡萄酒

唐平高昌，得马乳葡萄，造酒，京师始识此酒之味。（《演繁露》）

芦酒

关右塞上，有黄羊无角，色类獐鹿，人取其皮以为衾褥。有夷人造嗜酒，以荻管吸于瓶中。老杜《送从弟亚赴河西判官》诗云："黄羊饫不膻，芦酒多还醉。"盖谓此也。（《鸡肋编》）

宜春酒

泌以学士知院事，请废正月晦，以二月朔为中和节，民间里间，酿宜春酒，以祭勾芒神，祈丰年。帝悦。(《唐书·李泌传》)

换骨醪

宪宗采凤李花，酿换骨醪。晋国公平淮西回，黄钯金瓶，恩赐二斗。(《叙闲录》)

太平君子

穆宗临芳殿，赏樱桃，进西凉州葡萄。帝曰："饮此顿觉四体融和，真'太平君子'也。"(《清异录》)

簇酒

辛洞好酒而无资，常携榼登人门，每家取一盏投之，号为簇酒。(《叙闲录》)

碧芳酒

房寿六月捣莲花，制碧芳酒。(《叩头录》)

玉浮梁

旧闻李太白好饮玉浮梁，不知其果何物。余得吴婢，使酿酒，因促其功，答曰："尚未熟，但浮梁耳。"试取一盏至，则浮蛆酒脂也。乃悟太白所饮，盖此耳。(《清异录》)

百氏浆

酒不可杂饮，饮之，虽善酒者亦醉，乃饮家所深忌。宛叶书生胡
适，冬至日延客，以诸家群遗之酒为具。席半，客恐，私相告戒。适
疑而问之，一人曰："某惧君为'百氏浆'。"（《清异录》）

瓷宫集大成

雍都，酒海也。梁奉常和泉病于甘，刘拾遗玉露春病于辛，皇甫
别驾庆云春病于酺。光禄大夫致仕韦炳，取三家酒搅合，澄窖饮之，
遂为雍都第一，名瓷宫集大成。瓷宫谓耀州倩榼。（《清异录》）

苏合香酒

王文正太尉，气羸多病。真宗面赐药酒一瓶，令空腹饮之，可以
和气血辟外邪。文正饮之，大觉安健，因对称谢。上曰："此苏合香酒
也。每一斗酒，以苏合香丸一两同煮，极能调五脏，却腹中诸疾。每
冒寒夙兴，则饮一杯。"因各出数榼赐近臣，自此臣庶之家，皆效为之，
外合香丸，盛行于时。此方本出《广济方》，谓之白术丸，后人亦编入
《千金》《外台》，治疾有殊效。予于良方，叙之甚详，然昔人未知用
之。钱文僖公集《箧中方》，苏合香丸，注云："此药本出禁中，祥符中
尝赐近臣。"即谓此也。（《墨客挥犀》）

红友

坡公元丰七年，自黄量移汝海。五月，访张文定公于瑞。七八月
间，留连金陵，过阳羡。九月，抵宜兴通真观侧郭知训提举宅，即公

所馆。往年邑簿朱冠卿续编《图经》云:"五十五里,地名黄土村,坡公尝与董秀才步田至焉。地主以酒见饷,谓坡曰:'此红友也。'坡言此人知有红友,不知有黄封,真快活人也。"(《游宦纪闻》)

养生主

唐庚子西谪惠州时,自酿酒二种。其醇和者,名"养生主";其稍冽者,名"齐物论"。(《墨庄漫录》)

白堕

《洛阳伽蓝记》载河东人刘白堕,善酿酒,虽盛暑,曝之日中,经旬不坏。今玉友之佳者,亦如是也。吾在蔡州,每岁夏以其法,造寄京师亲旧,陆走七程不少变。又尝以饷范德孺于许昌,德孺爱之,藏其一壶,忘饮,明年夏,复见发视如新者。白堕酒当时谓之鹤觞,谓其可千里遗人,如鹤一飞千里。或曰骑驴酒,当是以驴载之而行也。白堕乃人名,子瞻诗云"独看红叶倾白堕",恐难便作酒用。吴下有馈鹅设客,用王逸少故事,言请过共食右军,相传以为戏。倾曰白堕,得无与食右军为偶耶。(《避暑录话》)

蔷薇露

寿皇时,禁中供御酒,名蔷薇露。赐大臣酒,谓之流香酒,分数旋取旨。盖酒户大小,已尽察矣。(《老学庵笔记》)

冰堂酒

承平时,滑州冰堂酒为天下第一,方务德家有其法。(《老学庵笔记》)

索郎

试莺家多美酿。试莺不善饮，时为宋迁索取。试莺恒曰："此岂为某设哉，只当索与郎耳。"因名酒曰"索郎。"后人谓索郎为桑落反音，亦偶合也，恐非本指。（《琅嬛记》）

栗弋国

栗弋国出众果，其土水美，故葡萄酒特有名焉。（《后汉书·西域传》）

瑶琨

瑶琨去玉门九万里，有碧草如麦，割之以酿酒，则味如醇酎。饮一合，三旬不醒。但饮甜水，随饮而醒。（《洞冥记》）

桂醪

有远飞鸡，夕则还依人，晓则才飞四海。朝往夕还，常衔桂枝之实，归于南山。或落地而生，高七八尺，众仙奇爱之，锉以酿酒，名曰"壮醪"。尝一滴，举体如金色。仙道尝饵黄桂之酒。（《洞冥记》）

西域

西域有葡萄酒，积年不败。彼俗云，可十年饮之，醉弥月乃解。人中酒不醒，治之以汤，自溃即愈。汤亦作酒气味也。（《博物志》）

金浆醪

梁人名酒曰金浆醪。（《西京杂记》）

若下酒

长兴若下酒。有若溪，南曰上若，北曰下若，并有村。村人取若下水以酿酒，醇美胜云阳。【又】宜春泉水《地道记》曰，宜春县出美酒，随岁贡上。（《吴录》）

巴乡清一

永安宫西有巴乡村，善酿酒，谓之巴乡清。（《荆州记》）

巴乡清二

巴乡村村人善酿酒，故俗称巴乡清。（《水经注》）

桑落酒

平阳民有姓刘名堕者，宿擅工酿，采挹河流，酝成芳酎悬食。同枯枝之年，排于桑落之辰，故酒得其名矣。然香醑之色，清白若滫浆焉。别调氛氲，不与他同。兰薰麝越，自成馨逸。方土之贡选，最佳酌矣。自王公庶友，牵拂相招者，每云索郎，有顾思同旅语。索郎反语为桑落也。更为籍征之隽句，中书之英谈。（《水经注》）

葡萄酒

高昌国多葡萄酒。（《隋书·西域高昌国传》）

林邑国

俗以槟榔汁为酒。（《唐书·林邑国传》）

椰树花酒

俗以椰树花为酒。其树生花长三尺余，大如人脑，割之收汁，以成酒，味甘，饮之亦醉。(《唐书·诃陵国传》)

高昌葡萄酒

其国谷麦岁再熟，有葡萄酒。(《唐书·高昌传》)

白薄

关中有酒名白薄。(《初学记》)

坐客酒

坐客酒者，平旦酿，食时熟。坐客待酒熟，故以为名。(《食经》)

郎官清

李肇命酒为"郎官清"；刘跂命酒为"玉友"；唐子西名酒之和者曰"养生主"，劲者曰"齐物论"；杨诚斋名酒之和者曰"金盘露"，劲者曰"椒花雨"。(《龙城录》)

梨花春

杭州其俗酿酒，趁梨花时熟，号梨花春。故白公杭州《春望》诗云："红袖织绫夸柿蒂，青旗沽酒趁梨花。"(《长庆集》)

上樽

糯米一斗，得酒一斗，为上樽。稷米一斗，得酒一斗，为中樽。

粟米一斗，得酒一斗，为下樽。(《白孔六帖》)

郑人

郑人以荥水酿酒，近邑与远郊，美数倍。(《唐国史补》)

富水

酒则有郢州之富水，乌程之若下，荥阳之土窟春，富平之石冻春，剑南之烧春，阿东之乾和葡萄，岭南之灵溪、博罗，宜城之九酝，浔阳之溢水，京城之西市腔，虾蟆陵之郎官清、阿婆清。又有三勒浆，类酒，法出波斯，三勒者，谓庵摩勒、毗梨勒、诃梨勒。(《唐国史补》)

梨花春

禄州俗，酿宜趁梨花时，熟号梨花春。(《醉仙图记》)

张果

张果晦乡里世系以自神，隐中条山。玄宗召果密坐，谓高力士曰："吾闻饮堇无苦者，奇士也。"时天寒，因取以饮果。三进，颓然曰："非佳酒也。"乃寝。顷，视齿燋缩，顾左右取铁如意击堕之，藏带中。更出药傅其龈，良久，齿已生，粲然骈洁，帝益神之。(《唐书·方技传》)

铁甸人

铁甸人能酿糜为酒，醉则缚之而睡，醒而后解，不然，则杀人。(《五代史·四夷附录》)

紫酒青酒

于阗国以葡萄为酒。又有紫酒、青酒，不知其所酿，而味尤美。（《五代史·四夷附录》）

三佛齐国

三佛齐国，其地颇类中土，有花酒、椰子酒、槟榔酒、蜜酒，皆非曲蘖所酝，饮之亦醉。（《宋史·外国传》）

五木

苏秀道中有地名五木，出佳酒，故人以五木名之然。白乐天为杭州太守日，有诗序云："钱湖州以若下酒，李苏州以五酘酒，相次寄到。"诗云："劳将若下忘忧物，寄与江城爱酒翁。铛脚三州何处会，瓮头一盏几时同。倾如竹叶盈樽绿，饮作桃花上面红。莫怪殷勤最相忆，曾陪西省与南宫。"仆尝以此问于仆之七舅氏，云："酘字与羖同意，乃今之羊羔儿酒也。详其诗意，当以五羔为之，以是酒名故从酉云。乐天诗云'竹叶盈樽绿'，谓苕丁酒取竹有绿之意也；'桃花上面红'，谓五酘酒取桃花五叶也。后人不知，转其名为五木，盖失之矣。"仆检韵中酘字，乃窦同音，注云"重酿酒也"，恐酘难转而为木。（《懒真子》）

般若汤

僧谓酒为般若汤，谓鱼为水梭花，鸡为钻篱菜，竟无所益，但欺而已。世常有之，人有为不义而文之以美名者，与此何异哉。（《东坡志林》）

抛青春

退之诗曰："百年未满不得死，且可勤买抛青春。"《国史补》云："酒有郢之富春，乌程之若下春，荥阳之土窟春，富平之石冻春，剑南之烧春。"杜子美亦云："闻道云安曲米春，才倾一盏便醺人。"裴铏作《传奇》，记裴航事，亦有酒名松醪春。乃知唐人名酒多以春，则抛青春亦是酒名也。（《东坡志林》）

家酿

晋人所谓："见何次道，令人欲倾家酿。"犹云欲倾竭家赀，以酿酒饮之也。故鲁直云："欲倾家以继酌。"韩文公借以作《篸诗》云："有卖直欲倾家赀。"王平父《谢先大父赠篸》诗亦云："倾家何计效韩公。"皆得晋人本意。至朱行中舍人，有句云："相逢尽欲倾家酿，久客谁能散橐金。"用家酿对橐金，非也。（《老学庵笔记》）

酒性

或问酒因毒药乌头之类以酿造，故能醉人。客驳之曰："非也。乌头之类，何尝醉人乎？盖酒因米曲相反而成。稻花昼开，麦花夜开，子午相反之义，故酒能醉人。"予难之曰："南方作醋，亦多米麦而造，缘何醋不醉乎？况又北方有葡萄酒、梨酒、枣酒、马奶酒，南方有蜜酒、树汁酒、椰浆酒，皆得醉人，岂米麦相反而然耶？"或人与客咸自愧，因谓之曰："酒味辛甘，酝酿米麦之精华而成之者也。至精纯阳，故能走经络而入腠理。酒饮入口，未尝停胃，遍循百脉，是以醉后气息必粗，瘢痕必赤。能饮者多至斗石而不辞。使若停留胃中，胃之量岂能容受如许哉？醋不能醉人，因其味酸，属阴性，收敛止蓄，不惟不能醉人，亦不能多饮。其他诸物之酒，皆不由米麦，然悉系至精纯阳之性，不离乎辛甘之味，故可使人醉也。且葡萄、梨、枣、蜜，不酝酿成酒，则不能醉。马奶未成酒，亦不能醉。惟椰浆及树汁，独不须酝酿，是自然之性也。”（《蠡海集》）

龙膏酒

上好神仙不死之术，而方士田佐元僧大通，皆令入宫禁，以炼石为名。时有处士伊祁元解，缜发童颜，气息香洁。常乘一黄牝马，才高三尺，不啗刍粟，但饮醇酎。不施缰勒，唯以青毡藉其背。常游历青兖间，若与人款曲。语话千百年事，皆如目击。上知其异人，遂令密召入宫，处九华之室，设紫茭之席，饮龙膏之酒。紫茭席色紫而类茭叶，光软香净，冬温夏凉。龙膏酒黑如纯漆，饮之令人神爽。此本乌弋山离国所献。（《杜阳杂编》）

般若汤

僧谓酒为般若汤，鲜有知其说者。予偶读《释氏会要》，乃得其说，云：“有一客僧，长庆中届一寺，呼净人酤酒。寺僧见之，怒其粗暴，夺瓶击柏树，其瓶百碎。其酒凝滞着树，如绿玉，摇之不散。僧曰：‘某常持般若经，须倾此物一杯。’即讽咏浏亮，乃将瓶就树盛之，其酒尽落器中，略无孑遗，奄然流啜，斯须器瓜酣畅矣。”酒之廋辞，其起此乎。（《墨庄漫录》）

曲秀才

道士叶法善，精于符箓之术，上累拜为鸿胪卿，优礼待焉。法善居元真观，尝有朝客数十人诣之，解带淹留，满座思酒。忽有人叩门，云曲秀才。法善令人谓曰："方有朝寮，未暇瞻晤，幸吾子异日见临也。"语未毕，有一秀才，傲睨直入，年二十余，肥白可观。笑揖诸公，居末席，伉声谈论，援引古今。一席不测，恐耸观之。良久暂起，如风旋转。法善谓诸公曰："此子突入，语辩如此，岂非魑魅为惑乎，试与诸公避之！"曲生复至，扼腕抵掌，论难锋起，势不可当。法善密以小剑击之，随手失坠于阶下，化为瓶榼。一座惊愕，遽视其所，乃盈瓶酝酿也。咸大笑饮之，其味甚嘉，坐客醉而揖其瓶曰："曲生风味不可忘也。"（《传信记》）

游仙酒

女仙晓晕能酿游仙酒，饮之而卧，梦历蓬莱、赤水，遇安期、王乔、王母、飞琼之属。采芝为车，驱龙为马，无所不至。又睹金书玉简，字光灼烁，多至言妙道。初觉不转身，尚能记一二策，时有梵语者，则不能记耳。今人有游仙咒曰："果齐寝炁八垓台戾如律令敕！"诵七遍，书符酒上饮卧，亦能如是。（《琅嬛记》）

醉龙珠

郎玉嗜酒而家赤贫，遇仙女于嵩山中，投以一珠曰："此醉龙珠也，诸龙含之以代酒，味逾若下。"玉甫视珠，而女忽不见矣。（《琅嬛记》）

张开光

张开光尝与母及弟出游，独留妪守舍。俄有道士，敝衣冠，疥癣被体，直入裸浴酒瓮中。妪不能拒。既暮，出游归，渴甚，闻酒芳烈，亟就瓮中饮。妪心恶道士，不敢白，而但不饮。居数日，开光与母弟，拔宅而去。(《集仙传》)

金兰

余性不能酒，士友之饮少者，莫余若，而能知酒者，亦莫余若也。顷数仕于朝，游王公贵人家，未始得见名酒。使北，至燕山，得其宫中酒，号金兰者，乃大佳。燕西有金兰山，汲其泉以酿。及来桂林，而饮瑞露，乃尽酒之妙，声震湖广，则虽金兰之胜，未必能颉颃也。(《桂海虞衡志》)

瑞露

瑞露，帅司公厨酒也。经抚所前有井，清烈，汲以酿，遂有名。旧南库中白山泉，近年只用井，酒仍佳。(《桂海虞衡志》)

古辣泉

古辣泉，古辣本宾横间墟名，以墟中泉酿酒，既熟，不煮，埋之地中，日足取出。(《桂海虞衡志》)

老酒

老酒，以麦曲酿酒，密封藏之，可数年。士人家尤贵重，每岁腊

中，家家造酢，使可为卒岁计。有贵客则设老酒冬酢以示勤，婚娶亦以老酒为厚礼。(《桂海虞衡志》)

胡麻酒

旧闻有胡麻饭，未闻有胡麻酒。盛夏张整斋招饮竹阁，正午饮一巨觥，清风飒然，绝无暑气。其法，渍麻子二升，煎熟略炒，加生姜二两，生龙脑叶一撮，同入炒，细研，投以煮酏五升，滤查去水浸之，大有所益。因赋之曰：“何须便觅胡麻饭，六月清凉却是仙。”《本草》名巨胜云。桃源所有胡麻，即此物也。恐虚诞者，自异其说云。(《山家清供》)

郫筒酒

郫人刳行之大者，倾春酿于筒，苞以藕丝，蔽以蕉叶。信宿，馨香达于林外，然后断之以献，俗号郫筒酒。(《成都古今记》)

糜饮酒

糜饮枣出真陵山，食一枚，大醉经年不醒。东方朔尝游其地，以一斛进上，上和诸香作丸，大如芥子，每集群臣，取一丸，入水一石，顷刻成酒，味如醇醪，谓之糜饮酒，又谓之真饮酒、仙芰酒，香经旬不歇。(《缉柳编》)

美人酒

美人酒，于美人口中含而造之，一宿而成，尤奇。(《真腊风土记》)

酒名

玉井秋香、芗林秋露【向伯恭】、黄娇【段子新】、莼绿春【范方元】、翁仲云【易毅夫】、清无底、金盘露【软腰者】、桃花雨【芳洌者】、银光【胡长子】、露云【范至能】、桂子香【杨万里诚斋自酿名今列香】、孟氏在。(佩楚轩客谈·续曲洧旧闻》)

荆南乌程

《艺苑雌黄》云：张景阳《七命》云："乃有荆南乌程，豫北竹叶。"说者以荆南为荆州耳。然乌程县今在湖州，与荆州相去甚远。南五十步有箬溪，夹溪悉生箭箬。南岸曰上箬，北岸曰下箬。居人取下箬水，酿酒醇美，俗称"箬下酒"。刘梦得诗云"骆驼桥畔苹风起，鹦鹉杯中箬下春"，即此也。荆溪在县南六十里，以其水出荆山，因名之。张玄之山墟名云："昔汉荆王贾登此山，因以为名。"故所谓荆南乌程，即荆溪之南耳。若以为荆州，则乌程去荆州三千余里，封壤大不相接矣。苕溪渔隐曰："余以《湘州图经》考之，乌程县以古有乌氏程氏居此，能酝酒因此名焉。其荆溪则在长兴县西南六十里，此溪出荆山。张协《七命》云'酒则荆南乌程'，荆南则此荆溪之南也。《艺苑雌黄》引长兴县南五十步箬溪水，酿酒醇美，称箬下酒，以为乌程酒，反以梦得诗为证，皆误矣。"(《苕溪渔隐丛话》)

桑落酒

《后史补》云：河中桑落坊有井，每至桑落时，取其寒暄得，所以井水酿酒，甚佳，故号桑落酒。旧京人呼为桑郎，盖语讹耳。庾信诗

云:"蒲城桑落酒，灞岸菊花秋。"白居易诗云:"桑落气薰珠翠暖，柘枝声引筦弦高。"(《苕溪渔隐丛话》)

红酒

苕溪渔隐曰:"江南人家造红酒，色味两绝。李贺《将进酒》云'小槽酒滴真珠红'，盖谓此也。乐天诗亦云:'燕脂酌蒲萄。'蒲萄，酒名也，出太原，得非亦与江南红酒相类者乎?"(《苕溪渔隐丛话》)

四等酒

酒有四等，第一等唐人呼为蜜糖酒，用药曲，以蜜及水，中半为之。其次者土人呼为朋牙四者，乃一等树叶之名也。又其次以米或以剩饭为之，名曰包棱角，盖包棱角者米也。其下有糖鉴酒，以糖为之。又入港滨水人，有菱酱酒，盖有一等菱叶，生于水滨，其浆可以酿酒。(《真腊风土记》)

魏徵善治酒

魏左相能治酒，有名曰醽醁翠涛，常以大金罍内贮盛，十年饮不歇，其味即世所未有。太宗文皇帝，尝有诗赐公，称:"醽醁胜兰生，翠涛过玉薤。千日醉不醒，十年味不败。"兰生即汉武帝百味旨酒也。玉薤，炀帝酒名。公此酒本学酿于西胡人，岂非得大宛之法，司马迁所谓富人藏万石蒲萄酒，数十岁不败者乎。(《龙城录》)

碧筒酒

暑月命客棹舟莲荡中。先以酒入荷叶束之，又包鱼鲊他叶内。候舟回，风薰日炽，酒香鱼熟，各取酒及鲊作供，真佳适也。坡云："碧筒时作象鼻弯，白酒微带荷心苦。"坡守杭时，想屡作此供也。（《山家清供》）

罍耻

饮酒以酒尽谓之罍耻。《诗经》曰："瓶之罄矣，维罍之耻。"（《释常谈》）

屠苏酒

正月旦日，世俗皆饮屠苏酒，自幼及长，或写作屠酥酒。《千金方》云，"屠苏之名，不知何义。"按梁宗怀《荆楚岁时记》云："是日进椒柏酒，饮桃汤，服却鬼丸，敷于散，次序从小起。"注云："以过腊日，故崔实月令过腊一日，谓之小岁。"又云："小岁则用之汉朝，元正则行之晋世。盖汉尝以十月为岁首也。"又云："敷于散，即胡洽方云许山赤散，并有斤两，则知敷于音讹转而为屠苏，小岁讹而为自小起云。"（《云麓漫抄》）

酒树

面树则南中桄榔也。桄榔树大者，出面百斛。又交趾望县橡树皮中，有如白米屑者，似面，可作饼。又《蜀志》：莎木峰头生叶出面，一树可得石许。今蕨草亦有粉，可作饼饵。肉树出五台山，其形如桃，质如玉，煮一滚，压去水食之，味如猪肉。又端溪亦有肉树。酒树则

椰也。椰似酒，味甘而薄。枸楼国仙浆，亦取之树腹中。又青田核以水贮之，少顷成酒，乃真酒树也。(《坚瓠集》)

甜酒

《齐民要术》云："勿使米过，过则酒甜。"白乐天诗："户大嫌甜酒。"苏东坡诗："酸酒如齑汤，甜酒如蜜汁。"《北山酒经》云："北人不善投甜，所以饮多令人膈上懊恼。"是酒味忌甜也。然梁元帝云："银瓯贮山阴甜酒，时复进之。"杜工部诗："不放香醪如蜜甜。"口之于味，亦有不同。(《坚瓠集》)

蓝尾酒

《容斋四笔》引白乐天《元日对酒》诗云："三杯蓝尾酒，一楪胶牙饧。"又："老过占他蓝尾酒，病余收得到头身。""岁盏后推蓝尾酒，春盘先劝胶牙饧。"《荆楚岁时记》云："胶牙者，取其坚固如胶也。而蓝尾之义，殊不可晓。"《河东记》载：申屠澄与路傍茅舍中老父妪及处女，环火而坐。妪自外挈酒壶至曰："以君冒寒，且进一杯。"澄因揖逊曰："始自主人翁。"即巡澄，当婪尾。盖以蓝为婪，常婪尾者，谓最在后饮也。《石林燕语》云："唐人言蓝尾，蓝字多作啉，出于侯白《酒肆律》，谓酒巡匝末，连饮三杯为蓝尾。盖末坐远，酒行到常迟，连饮以慰之，故以啉为贪婪之意。"《七修》云："蓝，淀也。"《说文》云："淀，滓垽也。浑浊也。"据此，则蓝尾酒乃酒之浊脚，如尽壶酒之类，故有尾字之义。知此，则乐天之诗，及少蕴所谓酒巡匝末，俱通矣。(《坚瓠集》)

桑落酒

桑落酒，相传九月九日作。水米曲，皆以三十为准，熟于桑落之辰，故名桑落。张伯起《谭辂》云："西羌有桑落河，出马乳酒羌人兼葡萄压之。晋宣帝时常来献，九日赐百官饮之。"则似桑落又地名，非时也。又见《杂记》载：河中桑落坊有井，桑落时取其水酿酒，甚佳。似又兼地与时矣。庾信乞酒诗"蒲城桑落酒，灞岸菊花天"，又似出蒲州。（《坚瓠集》）

酒色

酒有以绿为贵者，白乐天所谓"倾如竹叶盈尊绿"是也。有以黄为贵者，老杜所谓"鹅儿黄似酒"是也。有以白为贵者，乐天所谓"玉液黄金卮"是也。有以碧为贵者，少陵所谓"重碧酤新酒"是也。有以红为贵者，李长吉所谓"小槽夜滴珍珠红"是也。广中所酿酒，谓之红酒，其色殆类胭脂。《酉阳杂俎》载：贾琳家苍头，能别水，常乘小艇，于黄河中以瓠匏接河源水以酿酒，经宿酒如绛，名为昆仑觞。是又红酒之尤者也。（《坚瓠集》）

渊明瘗酒

李君实先生，载江州绝无佳酒，官厨排当，则仰建昌之麻姑，或远籍苏州之三白。世乃传庐山下多渊明瘗酒，有发而饮之者，香美不可言。余以为渊明至贫，得酒辄醉，安所得余酒而藏之耶？当是道术好奇士，特为此以寓其戏，而世妄以为渊明耳。（《坚瓠集》）

苏石异饮

苏子美、石曼卿辈，饮名有五，曰：鬼饮、了饮、囚饮、鳖饮、巢饮【一名鹤饮】。鬼饮者，夜不燃烛。了饮者，挽歌哭泣而饮。囚饮者，露顶围坐。鳖饮者，以槁自束，引首出饮，饮复就束。巢饮者，饮于木杪。海虞陈锡玄先生戏益之，有六，曰：号饮、偷饮、跪饮、枷饮、牛饮、狗饮。号饮者，阮籍饮酒二斗，举声一号是也。偷饮者，毕卓盗樽是也。跪饮者，刘伶跪祝引酒是也。枷饮者，北齐高季式留司马消难饮，索车轮互括其颈，命酒引满相劝是也。牛饮者，商辛为酒池肉林，一鼓而牛饮者三千人是也。狗饮者，胡母辅之辈，闭户酣饮，光逸脱衣露头狗窦中大叫，遂得入饮是也。饮名虽新，不若文字饮，醉红裙，知己相聚，斗筲之器成千钟之为酣适也。（《坚瓠集》）

醉石

人知有平泉之醒石，而不知有栗里之醉石。《庐山记》：陶渊明所居栗里，两山间有大石，仰视悬瀑，可坐十余人，号曰醉石。（《坚瓠集》）

少陵诗意

《鹤林玉露》杜少陵诗："莫笑田家老瓦盆，自从盛酒长儿孙，倾银注玉惊人眼，共醉终同卧竹根。"盖言瓦盆盛酒，与倾银壶而注玉杯者，同一醉也。由是推之，蹇驴布鞯，与骏马金鞍同一游；松床筇簟，与绣帷玉枕同一寝。知此，则贫贱富贵可以一视矣。昔有仆嫌其妻之陋者，主人闻之，召仆至，以银杯瓦盏各一酌酒饮仆，问曰："酒佳乎？"对

曰："佳。"曰："银杯者佳乎？瓦盏者佳乎？"对曰："皆佳。"主人曰："杯
有精粗，酒无分别，汝既知此，则无嫌于汝妻之陋矣！"仆悟，遂安其
室。少陵诗意正如此。(《坚瓠集》)

嘲酸酒

《醒睡编》酸酒诗："隔壁人家酿酒浆，钻入鼻孔折人肠。宾朋对坐
攒眉饮，妯娌相邀闭眼尝。宜煮虾鱼宜拌肉，好烧芋艿好藏姜。劝君
收向厨中去，莫把区区作醋缸。"(《坚瓠集》)

白酒

古人酒以红为恶，白为美。盖酒红则浊，白则清。故谓薄酒为红
友，而玉醴玉液，琼饴琼浆等名，皆言白也。梁武帝诗云"金杯盛白
酒"，正言白酒之美。近来造酒家，以白面为曲，并春白秫，和洁白之
水为酒，久酿而成，极其珍重，谓之"三白酒"。于是呼数宿而成之浊
醪曰"白酒"，使诗词家不敢用白酒字，失其旨矣。(《天香楼偶得》)

弹琴

弹琴之人，风致清楚，但宜啜茗，间或用酒发兴，不过微有醺意
而已。若堆醴酪，罗荤腥，荡情狂饮，致成醉者之状以事琴，此大丑，
最宜戒也。(《考槃余事》)

酒政

梅雨既时，心情舒畅。偶阅中郎《酒政》，大都依仿宣尼无量不

及乱之旨，温克为务者耶？然不知政有方，而饮无方。譬之嵇谈阮啸，各尽所长，斯为圣耳。如中郎言，殆是游方之内矣。至其评列诸人，亦何尝不自适哉，政何用焉。虽然，大雅不作，瓦缶杂鸣，则愿请中郎而政。评附后：

　　刘元定如雨后鸣泉，一往可观，苦其易竟。

　　陶孝若如俊鹰猎兔，击搏有时。

　　方子公如游鱼狎浪，喁喁终日。

　　丘长孺如吴牛啮草，不大利快，容受颇多。

　　胡仲修如徐娘风情，追念其盛时。

　　刘元质如蜀后主思乡，非其本情。

　　袁平子如武陵年少说剑，未入战场。

　　龙君超如德山未遇龙潭时，自著胜地。

　　袁小修如狄青破昆仑关，以少服众。（《梅花草堂笔谈》）

试酒

　　生平无酒才而善解酒理，能以舌为权衡也。今夜许仲嘉出新酿尝客，予爱其醇滑似不从喉间下者，盖所谓和而力，严而不猛者欤？然滑故应尔，而微少新兴。岂出厩之驹，遂无翩翩试步之性耶？张时可曰："异美甚，恐其不耐久。"时可之才十倍余，其言如此，故曰："余能以舌而权衡者也。"放饮酣甚，遂不成寐，戏命桐书之。（《梅花草堂笔谈》）

甜酒灰酒

　　《三山老人语录》言"唐人好饮甜酒"，引子美"人生几何春与夏，不放香醪如蜜甜", 退之"一尊春酒甘若饴, 丈人此乐无人知"为证。予则以为非好甜酒, 此言比酒如蜜之好吃耳; 子美、退之善饮者也, 岂好甜酒耶? 古人止言醇醪, 非甜也; 故乐天诗云"量大厌甜酒, 才高笑小诗", 是矣。又尝见一诗云"古人好灰酒", 引陆鲁望"酒滴灰香似去年"; 予则以为灰酒甚不堪人, 亦未然也。且陆诗上句曰"小炉低幌还遮掩", 意连属来, 似酒滴于炉中, 有灰香耳。然题乃初冬三绝, 句又似之。昨见宋罗大经《鹤林玉露》载:"南容太守王元邃, 以白酒之和者, 红酒之劲者, 相合为一, 杀以白灰一刀圭, 饮之风味顿奇; 遂有长篇曰:'小槽真珠太森严, 兵厨玉友专甘醇。使君袖有转物手, 鸱鹦枸中平等分。更凭石髓媒妁之, 混融并作一家春。'"据此, 果是用灰, 又不特用干灰, 乃石灰耳。予以二酒相和, 味且不正, 兼之石灰苦烈, 何好之有? 罗王相饮, 以为风味顿奇, 或者二人之性自偏也; 陆饮灰酒, 或亦性之使然耶?(《七修类稿》)

蓝尾酒

"蓝尾"二字, 洪容斋引白乐天之诗及《燕语》等言, 以解二字, 俱无下落; 虽得后饮之意, 只为末座饮之在后也。自又曰:"唐人亦不能晓。"殊不知不识其事, 当求其字: 蓝, 淀也;《说文》云:"淀, 滓浑也。"滓浑者, 浑浊也。据此, 则"蓝尾酒"乃酒之浊脚, 如尽壶酒之类, 故有尾字之义。知此, 则乐天"三杯蓝尾酒。一楪胶牙饧""岁盏后推蓝尾酒, 春盘先劝胶牙饧", 则少蕴所谓酒巡匝末, 俱通矣。(《七修类稿》)

屠苏酒

屠苏，本古庵名也，当从广字头，故魏张揖作《广雅》，释庵以此"廇廗"二字；今以为孙思邈之庵名，误矣。孙公特书此二字于己庵，未必是此"屠苏"二字。解之者又因思邈庵出辟疫之药，遂曰"屠绝鬼气，苏醒人魂"，尤可笑也！其药予尝记之，因方上有之，今曰酒名者，思邈以屠苏庵之药与人作酒之故耳。药用大黄，配以椒桂，似即崔实《月令》所载"元日进椒酒"意也。故屠苏酒亦从少至长而饮之，用大黄者。予闻山东一家五百余口，数百年无伤寒疫症；每岁三伏日，取葶苈一束阴干，逮冬至日为末，元旦五更蜜调，人各一匙，以饮酒，亦从少起；据葶苈亦大黄意也。孙公必有神见。今录方于左：

大黄、桔梗、白术、肉桂各一两八钱，鸟头六钱，菝葜一两二钱。

右锉为散，用袋盛，以十二月晦日日中悬沉井中，令至泥；正月朔旦，出药，置酒中煎数沸，于东向户中饮之，先从少起，多少任意。一方加防风一两。(《七修类稿》)

酒一

酴，酒母也；醴，一宿成也；醪，浑汁酒也；酎，三薰酒也；醨，薄酒也；醑，旨酒也；曰醅，曰酦，白酒也；曰酿，曰酘，造酒也；买之曰沽，当肆曰垆，酿之再亦曰酦，漉酒曰酾；酒之清曰醥，厚曰醹；相饮曰酌，相强曰浮，饮尽曰釂，使酒曰酗，甚乱曰酱，饮而面赤曰酡，病酒曰酲；主人进酒于客曰酬，客酌主人曰酢，独酌而醉曰醮，出钱共饮曰醵，赐民共饮曰酺，不醉而怒曰奰（音婢）。(《七修类稿》)

酒二

桑落酒，秦人讹桑为丧，改称秦酒。徐宗伯学谟曰："予忆十五年前，京师贵人席，最珍丧落酒。"当是时已多避忌，亦未闻避桑作何称者，而今秦酒之名，为俑者谁哉？痛乎人情，盖习软媚世，江河下矣。且桑落酒名极雅，本无所触犯，而且易之，又何有于他事哉！可发一噱。(《枣林杂俎》)

酒价酒味

唐人白乐天诗"共把十千沽斗酒"，李白诗"金尊斗酒沽十千"，王维诗"新丰美酒斗十千"，许浑诗"十千沽酒留春醉"；一斗酒卖十千钱，价乃昂贵若是。惟少陵诗"速令相就饮一斗，恰有三百青铜钱"，此则近理。按唐《食货志》云："德宗建中三年，禁民酤，以佐军费，置肆酿酒，斛收值三千。"又杨松玠《谈薮》，载北齐卢思道常云："长安酒贱，斗价三百。"此皆可证也。汉酒价每斗一千，《典论》曰："孝灵帝末年，有司酤酒，一斗直千文。"较之唐，且三倍有奇矣。或曰：唐人好饮甜酒，引子美诗曰"人生几何春与夏，不放醇酒如蜜甜"，退之诗曰"一尊春酒甘若饴，丈人此乐无人知"为证。不知以酒比饴蜜者，谓其醇耳，非谓甜也。白公诗曰："甘露太甜非正味，体泉虽洁不芳馨。"又曰："户大嫌甜酒，才高笑小诗。"又曰："瓮揭开时香酷烈，瓶封贮后味甘辛。"然则不好甜酒之证明矣。借曰好之，亦非大户可知，古今口味，岂有异嗜哉。(《两般秋雨庵随笔》)

魔浆

梁武帝《断酒肉文》云:"酒是魔浆。"可与"福水"二字的对,盖一颂一戒也。又谚谓酒曰:"其益如毫,其损如刀。"旨哉斯言!(《两般秋雨庵随笔》)

绍兴

绍兴酒,各省通行,吾乡之呼之者,直曰绍兴,而不系酒字。以人而比,则昌黎、少陵;以物而比,则隃糜、朱提;俱以地名,可谓大矣。(《两般秋雨庵随笔》)

品酒

嘉庆癸酉,余偶憩云林寺。次日独游羧光,遇一老僧,名致虚,善气迎人。与之谈,颇相得,亦略知文墨。坐久,余欲下山。老僧曰:"居士得毋饥否?蔬酌可乎?"余方谦谢,僧已指挥徒众,立具伊蒲。泥瓮新开,酒香满室,盖时业知余之好饮也。一杯入口,甘芳浚冽,凡酒之病无不蠲,而酒之美无弗备。询之,曰:"此本山泉所酿也,陈五年矣。老僧盖少知酿法,而又喜谈米汁禅,此盖自奉之外,藏以待客者。"于是觥斝对酌,薄暮始散。又乞得一壶,携至山下,晚间小酌。次日,僧又赠一瓻,归而饮于家,靡不赞叹欲绝。廿年神往,何止九日口香,此生平所尝第一次好酒也。此外不得不推山西之"汾酒""潞酒",然禀性刚烈,弱者恶焉,故南人勿尚也。于是乎不得不推绍兴之"女儿酒";"女儿酒"者,乡人于女子初生之年,便酿此酒,迨出嫁时始开用之,此各家秘藏,并不售人。其花坛大酒,悉是赝本。且近日人家萧索，酿此者亦复寥寥，能得其真东浦水作骨，而三四年陈者，已是无等等咒矣。道光甲申，余归自京师，汪小米表弟，拉饮"庚申酒"；"庚申酒"者，小米令叔眷西先生家所藏者也。眷西尊人，旧贮二十坛，殁后，其家亦胥忘之。眷西又汴游十余载，遂无人问鼎。而藏酒之室，又极邃密，终日扃牡，更无人知而窥之者；以故二十年来，丸泥如故。眷西归，始发之，所存止及坛之半；正简斋先生所谓"坛高三尺酒一尺，去尽酒魂存酒魄"是也。色香俱美，味则淡如。因以好新酒四分掺之，则芳香透脑，胶饧盏底，其浓厚有过于毁光酒，而微苦不冽，自其小病。此生平所尝第二次好酒也。仆逢曲流涎，到处不肯轻过，闻之人语曰："不吃奔牛酒，枉在江南走。"余过其地，沽而试焉。呜呼，天下有如此名过其实，庸恶陋劣之名士乎？论其品格，亦止如苏州之"福贞"，惠泉之"三白"，宜兴之"红友"，扬州之"木瓜"，镇江之"苦露"，邵宝之"百花"，苕溪之"若下"，而其甜其腻则又过之，此真醉乡之魔道也。而其中矫矫独出者，则有松江之"三白"，色微黄梅清，香沁肌骨，惟稍烈耳。又记某年，余游萧山时，主甲人周姓，名镇祁，情极款洽，作平原十日之留。口，山种酒，曰"梨花春"，俗名酒做酒曰"梨花春"，盖三套矣。余饮一杯后，主人即将杯夺去。主人巨量，止饮二小杯。是日余竟沉醉一天，因思古人所谓千日九酝者，亦即此类，特其一年三年之醉，则未免神奇说其耳。余居广东始兴，一年有余，彼处有所谓"冬酒"者，味虽薄而喜不甚甜，故尚可入口，中秋以后方有，来年二三月便不可得。询之土人，曰："此煮酒也。今日入瓮，第三日即可饮，半月坏矣。"一日，有曾姓乡绅，邀余山中小酌，举杯相劝。余视之，浅绿色，饮之清而极鲜，淡而弥旨，香味之妙，其来皆有远致，诧以为得未曾有。急询何酒？曰："冬酒也。"问："那得如许佳？"曰："陈六年矣。"余又叩以乡人不能久藏之言，曰："乡人贪饮而惜费，夫安得有佳者。此酒始酿，须黑江某山前一里内之水，不可杂以他流。再选名曲佳蘖，合而成之，何患其不能陈？余家酿此五十余年，他族省穑，不肯效为之也。"此余生平所尝第三次好酒也。余三十年来，沉湎于酒，脏腑之地，受病已深，近日损之又损，以至于无。而结习所存，不能忘也。因历忆生平饮境而一纪之。宋俞文豹《吹剑录》云："《易》惟四卦言酒，而皆在险难。需，需于酒食，坎，樽酒簋贰，困，因于酒食，未济，有孚于余饮酒。"可见酒乃人生之至险也，可不戒哉！（《两般秋雨庵随笔》）

酒树糖树

缅甸有酒树、糖树。酒树，实如椰子，剖之皆酒色，莹白而甘，能醉人。糖树，细叶柔干，以刀刺其本，涓涓不已，色味如饧，食之令人饱。见《怡宁杂记》。（《两般秋雨庵随笔》）

高淳酒

邢孟贞者，名昉，高淳人，少负远志，年十九，为诸生，试辄高等。一日，为衡文者署其卷曰"太狂"，阅末艺曰"更狂"，不之录也。孟贞曰："士为文，得以狂名足矣，何问其他！"遂谢去，一意于诗歌古文，出游四方，与海内名流相角逐，诗愈工，归而筑室石臼湖滨。家贫，取石臼水为淳酒，沽之以给食。湖水清。酒美，高淳酒由此名。所著有《石臼前后》两集。（《初月楼闻见录》）

酒佳

鲁温卿席上，嫌酒不佳，调主人云："诗近老成多带辣，酒逢寒士不嫌酸。"俞又陶喜席上酒佳，谢主人云："疏花似月将残夜，好友如醇欲醉时。"(《随园诗话》)

赵酒鬼

有诸生群集鸾坛问功名者，鸾书曰："赵酒鬼到。"众皆詈曰："我等请吕仙，野鬼何敢干预，行将请天仙剑斩汝矣！"鸾乃止而复作曰："洞宾道人过此，诸生何问？"诸生肃容再拜，叩问科名。鸾书曰："多研墨。"于是各分砚研之，顷刻盈碗，跪请所用。鸾曰："诸生分饮之，听我判断。"众乃分饮讫，鸾大书曰："平时不读书，临时吃墨水。吾非吕祖师，依然赵酒鬼！"诸生大惭而毁其坛。(《客窗闲话》)

德州酒

德州罗酒，亦北酒之佳者。渔洋诗云："玉井莲花作酒材，露珠盈斛汲新醅。消凉暗着康王水，风韵还宜叔夜杯。"山妻亦称吉州酒色白清，味洁鲜，东坡所谓着错水也，屡入篇咏。官京师仿为之。德州又有露酒，色如黛漆，味比醍醐，俗呼墨露，见查悔余诗注，问之德州人不知也。沧州酒止吴氏、刘氏、戴氏诸家，余不尽佳。盖藏至十年者，味始清冽，市中安可得耶？按罗侍御钦瞻，崇祯丁丑进士，官御史，巡按河南，刚直有声，嗜饮，传酿法，色味双绝，至今犹呼罗酒。沧州城外酒楼，背城面河，列屋而居。明末，有三老人至楼上剧饮，不与值，次日复来饮，酒家不问也；三老复醉，临行，以余酒沥栏干外河中，水色变，以之酿酒，味芳冽。仅数武地耳，过此南北水皆不佳。刘紫亭凤翔为余言之甚确。予在京师，紫亭岁致沧酒，非市中物也。渔洋答谢方山诗："白家乌帽重屏里，初试经泥小火炉。恰是陵州酒船到，不愁风雨阻前沽。""酒车冒雪远冲泥，尺素殷勤谢傅题。一树山查红破蕊，花前催进玉东西。"此渔洋晚岁之笔，颇得酒中三昧，风致可想。(《茶余客话》)

评酒评诗

甲戌春，同乡宴寓斋，哄饮竟一昼夜，歌咏之余，谐谑同作。吴山夫仿石公之说，评诸子曰："尚友如廉颇据鞍，不肯下人。北泉如香槽滴酒，不甚汹涌，而涓涓不休。吾山如神鱼纵壑，或出或入，出人意表。大冶如韩信将兵，多多益善。东冶如横潦之水，一泄而尽。宾南如精卫填海，每不自量。璜水如李陵败北，一以当千。南生如诸葛出师，鞠躬尽瘁，死而后已。若仆则如老僧持戒律，百魔不能破，又如严颜有断头将军，无降将军也。"予曰："请以评诸公之诗可乎？山夫如光武遇小敌怯，遇大敌勇。尚友如齐东大鸟，三年不鸣，鸣则惊人。南生如凌波仙子，一步一止，令人目荡魂兴。冰璜如玉卮无当，价值千金。大冶如黄河之水，滚滚而来。东岩如秋鹰盘空，不肯轻击。宾南如隐娘剑术，一击不中。耻为再击。若仆则如春雨淋漓，不择地而施，沐膏者固多，而怨咨者亦不少也。"(《茶余客话》)

屠苏

屠苏，皆谓酒名也。考之诸赋诸诗，乃屋之平而非楼阁者也。或

前人于平屋中酿酒而佳，遂以为名。而孙思邈遂有屠苏酒方，盖袭其名也。实为屋名，而非酒名。(《遁翁随笔》)

醉如泥

醉如泥，南海有虫无骨，名曰泥，在水中则活，失水则醉，如一堆泥，故时人讥周泽曰：一日不斋醉如泥。(《群碎录》)

中酒

中酒有曰恶，李后主诗"酒恶时拈花蕊嗅"，盖乡语。也又曰倒壶。(《群碎录》)

甜酒

《齐民要术》云："勿使米过，过则酒甜。"白乐天诗云："户大嫌甜酒。"苏东坡诗云："酸酒如齑汤，甜酒如蜜汁。"《北山酒经》云："北人不善投甜，所以饮多令人膈上懊恼。是酒味忌甜也。"然梁元帝云："银瓯贮山阴甜酒，时复进之。"杜工部诗云："不放香醪如蜜甜。口之于味，亦有不同。"(《真珠船》)

各动物之酒

陆师农云：薄荷，猫之酒也。犬，虎之酒也。桑葚，鸠之酒也。芒草，鱼之酒也。(《岛居随录》)

莲花白

瀛台种荷万柄，青盘翠盖，一望无涯。孝钦后每令小阉采其蕊，

加药料，制为佳酿，名莲花白，注于瓷器，上盖黄云缎袱，以赏亲信之臣。其味清醇，玉液琼浆，不能过也。(《清稗类钞》)

沈梅村饮女儿酒

熊元昌饷沈梅村大令以越酿一盛，外施藻绘，绝异常樽。询之，曰，此女儿酒也。凡越人遣嫁之夕，必以羊酒先之，故名女儿酒。此即其婿家转遗者，视他酒尤佳。梅村饮而甘之，赞不绝口。(《清稗类钞》)

裘文达嗜丁香酒

江右出丁香酒，甚清冽。裘文达公日修嗜之，曾致之京邸。一日，程文恭公退朝访文达，文达出酒饮之，信口云："冲寒来饮丁香酒。"文恭应声云："怀远还思丙穴鱼。"因相与大笑，乃复饮至亭午而散。(《清稗类钞》)

钱箨石与客小酌

钱箨石侍郎载与汪孟钔、祝维诰诸人宴集，惟酒两尊，白煮豆腐两大椽，分韵赋诗，陶然终日。归田以后，故人门下士招饮即赴。或醵钱游南湖，不过四五人，人不过百钱，小酌也。箨石能饮，然居家惟饮烧酒，又不以小盏而以巨杯，一杯适三饮而尽。尝谓吴子修曰："果烧酒佳乎？黄酒佳乎？"子修曰："烧酒佳。"曰："然。"又曰："子知小饮佳乎？巨觥连引佳乎？"曰："大口饮佳。"曰："然。"盖黄酒价贵，不足至醉，即烧酒而浅斟细酌，亦不足以尽醉也。其孙恬斋太史昌龄，简雅有祖风，某与子修访之，为具酒馔，恬斋以仓卒无肴为辞。某曰："觞酒豆肉，以比令祖【指箬石】宴集，不太侈靡矣乎？"宾主粲然。（《清稗类钞》）

金粟香陆武园饮猿酒

粤西平乐等府，山中多猿，善采百花酿酒。樵子入山，得其巢穴者，其酒多至数百石。饮之，香美异常，名曰猿酒。漓江两岸间猿尤多，粤寇时，沿江炮火震惊，猿迁越深山邃谷间，罕有至江岸者。江阴金粟香，平湖陆武园皆尝饮之。粟香有句云："岩暖猿搜花酿酒，林深狸撄果为粮。"武圆亦有句云："猿入深山为避乱，桃源何地属秦人。"（《清稗类钞》）

李文忠饮世界第一古酒

李文忠公负中外重名，西人称之曰东方俾士麦。晚年历聘各国，使节所莅，人摩肩，车击毂，虽贩夫牧竖，莫不辍业聚观，争以一见颜色为快。仕北洋人民最久。尝有德国海军人员，至津投谒，语文忠曰："某所乘军舰，于世界海军中称巨击。中堂，手创贵国海军者也。某请粪除敝舰，敬迓使节，倘亦中堂所乐观乎？"文忠喜诺，订期而别。至日，飓风骤作，巨雨如注，德舰寄碇处，距大沽口二十余里。文忠既至大沽，舶为飓风所阻，不获驶傍德舰，乃以无线电达德帅，德帅复电，云已遣舢板奉迓，但中堂高位耆年，不畏涉险否？幕府诸人有尼其行者，文忠不欲示外人以馁，偕翻译一人，毅然登舟。舟以水兵八人击桨，一人执舵，虽巨浪山涌，而舢板出入风涛，疾于飞隼。俄顷，已抵德舰。舰中鸣炮如雷，军乐骤作。德帅握手致敬曰:"中堂信人哉！以中堂耆英重镇，而冒险精神，迈越青年，尤为钦佩。"文忠逊谢，坐既定，德帅执瓶酒亲注于杯，为文忠晋颂辞毕，曰:"中堂冒涉风涛，惠临敝舰，鄙人绛灌无文，不足以娱乐嘉宾。"乃以余酒寘文忠前曰:"不腆敝产，敬效野人献曝之忱，祝中堂归途余福。"文忠虽起谢，颇异德帅以残酒相饷。归署，译其文，始知此酒酿于西历十五世纪，已阅四百余岁，值英金二百镑，约我国银币二千余圆，为世界第一古酒，宜德帅以之作缟纻也。(《清稗类钞》)

饮 令

齐侯酒令

齐侯置酒令曰："后者罚饮一经程。"（《韩诗外传》）

公乘不仁

魏文侯与大夫饮酒，使公乘不仁为觞政，曰："饮不嚼者，浮以大白。"文侯饮而不嚼尽，公乘不仁举曰："浮君。"君视而不应，侍者曰："不仁退，君已醉矣。"公乘不仁曰："《周书》曰'前车覆，后车戒'，盖言其危。为人臣者不易，为君亦不易。君已设令，令不行，可乎？"君曰"善"，举白而饮。饮毕曰："以公乘不仁为上客。"（《说苑》）

蛇足

楚柱国昭阳将兵攻齐。陈轸适为秦使齐，往见昭阳曰："人有遗其舍人一卮酒者，舍人相谓曰：'数人饮此，不足以遍，请遂画地为蛇，蛇先成者独饮之。'一人曰：'吾蛇先成。'举酒而起曰：'吾能为之足。'及其为之足而后成，人夺之酒而饮之，曰：'蛇固无足；今为之足，是非蛇也。'"（《史记·楚世家》）

军法

齐悼惠王次子章，尝入侍燕饮，高后令章为酒史。章自请曰："臣将种也，请得以军法行酒。"高后曰："可。"酒酣，章进歌舞。顷之，诸吕有一人醉，亡酒，章进拔剑斩之而还，报曰："有亡酒一人，臣谨行军法斩之。"太后左右大惊，业已许其军法，亡以罪也。因罢酒。（《汉书·高五王传》）

王规

规除中书黄门侍郎，敕与陈郡殷钧、琅邪王锡、范阳张缅，同侍东宫，俱为昭明太子所礼。湘东王时为京尹，与朝士宴集，属规为酒令。规从容对曰："自江左以来，未有兹举。"特进萧琛、金紫傅昭在座，并谓为知言。（《梁书·王规传》）

三台送酒

刘公《嘉语录》曰：三台送酒。盖因北齐文宣毁铜雀台，宫人怕促，呼上三台，因以送酒。《资暇》云：三台三十拍促，曲名。昔邺中有三台，石季伦游宴之地，近乐工造此曲促饮也。又一说，蔡邕自治书御史，累迁尚书，三日之间，周历三台，乐府制此曲以悦邕。三说未知孰是。（《续事始》）

卷白波

《资暇集》云：起于东汉初，抢白波贼，戮之，如席卷。故酒席仿之，以快人情气也。（《续事始》）

流杯

《晋书》束皙曰，昔周公卜洛，流水以泛酒。故逸诗曰"羽觞随流波。"其后三月三日，曲水流杯，即其遗事。（《续事始》）

诵诗谱

杨安国判监，集学官饮，必诵诗谱以侑酒，举杯属客曰："诗之兴也，谅不于上皇之世，且饮酒。"裴如晦亦举杯曰："古者，伏羲氏之王天下也，不能饮矣。"一坐皆笑，而杨不悟。（《贡父诗话》）

酒令来历

后汉贾逵尝作酒令。唐最盛，本朝欧公作九射格，不别胜负，饮酒者皆出于适然。陈述古亦尝作酒令，馆阁有小酒令一卷。（《宾退录》）

欧阳行令

欧阳公席间行令，作诗两句，须犯徒以上罪者。一云："持刀哄寡妇，卜海劫尚人。"一云："月黑杀人夜，风高放火天。"欧公云："酒粘衫袖重，花压帽檐偏。"或问之。答曰："当此时，徒以上罪亦做了。"（《坚瓠集》）

雅令相戏

万历中，袁中郎【宏道】令吴日，有江右孝廉某来谒。其弟现为部郎，与袁有年谊，置酒舟中款之，招长邑令江菉萝【盈科】同饮，将偕往游山。舟行之次，酒已半酣，客请主人发一口令。中郎见船头置一水桶，因云："要说一物，却影合一亲戚称谓，并一官衔。"指水桶云："此水桶，非水桶，乃是木员外的箍箍（哥哥）。"盖谓孝廉为部郎之兄也。孝廉见一舟人，手持笤帚，因云："此笤帚，非笤帚，乃是竹编修的扫扫（嫂嫂）。"时中郎之兄伯修【宗道】，弟小修【中道】，正为编修也。菉萝属思间，见岸上有人捆束稻草，便云："此稻草，非稻草，乃是柴把总的束束（叔叔）。"盖知孝廉原系军籍，有族子现为武弁也。于是三人相顾大笑。(《坚瓠集》)

闲忙令

宋真宗祥符中，命词臣撰《日本国祥光记》。当直者学不优，以张君房代笔，传宣甚急，而张适醉倒樊楼，促之不醒，紫薇大窘。杨大年、钱希白戏作《闲忙令》以诮之："世上何人号最闲？司监拂衣归华山。世上何人号最忙？紫薇失却张君房。"(《坚瓠集》)

四书陈二

明末，吴郡有妓曰陈二，四书最熟，人称"四书陈二"。一日，与诸名士同饮，共说口令，欲言有此语无此事者。众皆引俗谚。二云"缘木求鱼"，众称赏。一少年故折之，曰："乡人守篽者，皆植木于河中，而栖身于上以搜罟，岂非有是事乎？"罚二酒。二饮讫，复云："挟泰山以超北海。"众竞叹赏之，少年卒无以难。(《坚瓠集》)

郡侯口令

崇祯间，吾苏郡侯陈公【洪谧】，与司李倪公【长玗】，吴邑侯牛公

【若麟】，同坐公馆，候谒上官。有一庠生曾姓者，与一监生鲁姓者，乘间来白事。二生既去，陈公曰："吾因二生之姓曾与鲁两字，戏拈得一口令在此，曰：'曾与鲁，好似知县与知府。头上脚下一般的，只是腰里略差些。'"盖谓一腰金，一腰银也。牛鹤沙即应声云："某亦就二生，一为青衿，一为例监，作一口令，曰：'衰与哀，好似监生与秀才。头上脚下一般的，只是肚里略差些。'"陈公称善。倪公未及答，良久，伯屏忽笑云："吾昨偶断一僧尼奸事，今以二事配合成令，可发一笑。"乃曰："斋与齐，好似和尚与女尼。头上脚下一般的，只是两股之内略差些。"三人大笑。(《坚瓠集》)

苏陈酒令

昔东坡酒令，一曰："孟尝门下三千客，大有同人"，一曰："光武师渡滹沱河，既济未济"，一曰："刘宽婢羹污朝衣，家人小过"。坡曰："牛僧孺父子犯罪，先斩小畜，后斩大畜"，当时指荆公也。本朝陈询忤权贵谪之，同僚送行，众为说令。陈询曰："轟字三个车，余斗字成斜；牛牛牛，远上寒山石径斜。"高岱曰："品字二个口，水酉宁成酒；口口口，劝君更尽一杯酒！"询自言曰："蟲字三个直，黑出字成黜；直直直，行焉往而不三黜。"吁！苏陈二人，俱有意为口舌，故起而复踣也。(《七修类稿》)

盗酒令

予尝同群士会饮，有行令欲以犯盗事为对者，遂曰："发冢可对窝家。"继者曰："白昼抢夺对昏夜私奔。"众曰："私奔，非盗也。"继者争曰："此虽名目不伦，原情得非盗而何？"一人曰："打地洞可对开天窗。"
众又曰："开天窗，决非盗事矣。"对者笑而解曰："今之敛人财而为首
者，克减其物，谚谓开天窗，岂非盗乎？"众哄而笑。又一人曰："尤有
好者，如三橹船正好对四人轿。"众方默想，彼则曰："三橹船固载强
盗，而四轿所抬，非大盗乎？"众益哄焉。坐有四轿之客，不乐，予曰：
"泾渭不伦；清者，当称四科入四辅，轿云乎哉！浊者岂曰盗焉？真可
谓四兽矣！"众然之而乐。(《七修类稿》)

毛诗酒令

向在友人家小饮，行一酒令，须四言《毛诗》二句，合成一花，
要并头、并蒂、连理，如"宜尔子孙，男子之祥"，隐宜男，此并头花
也。"驾彼四牡，颜如渥丹"，隐牡丹，此并蒂花也。"不以其长，春日
迟迟"，隐长春，此连理花也。此令甚新。(《两般秋雨庵随笔》)

四书令

忆少时集驾部许周生先生宅，为长夜之饮。席间举四子书为令，
以两句凑成古人姓名，而此二字只许书中一见者。"曹交问曰，植其杖
而芸"(曹植)；"爱及姜女，曲肱而枕之"(姜肱)；"孟子自范之齐，
以追蠡"(范蠡)；"会计当而已矣，反其旄倪"(计倪)；"昔者公刘好
货，晨门曰"(刘晨)；"井上有李，文理密察"(李密)；"而在萧墙
之内也，公孙衍"(萧衍)；诸如此类。又集四声句"何以报德""康
子馈药""天下大悦""君子上达""兄弟既翕""妻子好合""兵刀既
接""能者在职"，诸人苦思，仅得八句耳。(《两般秋雨庵随笔》)

酒令

蔡宽夫诗话，谓"唐人饮酒必为令，有举经句字相属文重者，曰'火炎昆冈'，乃有'土圭测景'酬之，此亦不可多得也"云云。余尝与友人宴饮，效此为令，仅得二句，曰"山出器车"，曰"一二臣卫。"（《冷庐杂识》）

叶馨陔先生

同邑明经叶馨陔先生绥祖，学识渊通，兼达世故。里有争竞者，以数语解纷，皆屈服。嗜酒，喜交游。每当良辰令节，招集朋好，酣饮忘疲。恒出新意，为觞政，以娱宾。入其座者，辄流连不能去。家素封，以是中落。晚岁授徒自给，心绪抑郁，年未及六十而卒。其自挽云："半生豪气销杯酒，垂老愁怀托砚田。"盖纪实也。先生于余为父辈姻，且比邻而居，幼尝侍谈宴，记其酒令数则：

一字三笔，而四子书中只一见者：个【若有一个臣】、勺【一勺之多】、弋【弋不射宿】。古钱四字备四声者：大泉五十，永通万国，天福镇宝，正德通宝。二物并称，有奇偶之分者：冠履，钗钏，帕袖，枷箸，屏对。成语三字叠韵者：典浅显，轻清灵，皱透瘦，手柳酒。古人姓名，三字同一韵者：田延年，高敖曹，王方庆，刘幽求。一字分两字，而三字同在一韵者：虹、螮、祺、祎、伸、谖、憎。（《冷庐杂识》）

玉烟

沪上校书玉烟，慧甚，善行酒，凡饮席必来典觞，且能使意之所属，曲为照顾，令不苦饮。张宏轩尝曰："如玉烟者，可称倾城悦名士

矣。"(《今世说》)

葛生

葛生者，屡试不售，纳粟入监，以狂生自居，好饮酒使气。下元节，随族众祀墓，食祭余而醉。众皆避去，星月已上，兴犹未尽，盘桓于丛冢间。忽睹西北茂林中，隐隐有三四人，席地饮酒。生喜而前，见三男一女，皆沉吟构思，若有所作，然皆非文士。生呼曰："公等豪兴，容狂生否？"一老者似曾相识，起迎曰："葛先生来矣，汝等勿班门弄斧，贻笑方家。"众皆拱生入座，酌之，酒饭皆冷。生曰："公等为诗耶？文耶？某愿领教。"众曰："鄙人何以能文，欲凑酒令耳。"生请令式，老者指少女曰："此红姑娘，吾乡名妓，渠所出令，要说一字，拆之则成姓名，合之则成事业，须切身分，泛则受罚，故难处耳。"一人曰："予得之矣。'林二小当禁卒'，何如？"妓首肯。一人曰："白七当皂隶。"一人曰："丘八是兵。"妓皆颔之。生曰："金同是铜匠。"妓者曰："铜臭则有之，匠则不切。"罚以巨觥。生苦思不得，争执前言不谬。妓曰："敬为先生代。"倩笑曰："牛一是监生耳。"生大怒，挥拳，众皆长啸一声，冷风侵肌，毛发皆竖，生不禁自倒，作猪吼，觉口鼻间全被填塞，而手足苦不得动。有笑者曰："红姐给此等文人吃土，在所应得，吾恐填塞心孔，将来连金同亦不能道矣。"哄然大笑。生正胀闷欲绝，遥闻火枪声，众始散。幸猎户来，扶救之，生始得命，而狂气顿除。(《客窗闲话》)

八仙会

华亭黄之隽，康熙辛丑进士。在翰林日，聚同巷八人，为八仙会，以杜少陵饮中姓氏为上八仙，人取其一以自署。又以世俗所传钟离洞宾辈分署之，为下八仙。彼以上八仙呼，此以下八仙应，故为参错，不得呼姓字。称谓错者，罚饮，时号酒仙。著《香屑集》十八卷，皆集唐人句，为古今体诗九百三十余首，对偶工整，浑若天成，可谓前无古人，后无来者。(《熙朝新语》)

朱竹垞

朱竹垞检讨研经博学，上彻九重。其所著述，固已风行海内矣。即一二绪余，亦有颖异独绝者。幼时，塾师举王瓜使属对，即应声曰后稷。师怒之而心服其对之工。在京师时，与人会饮，各举古人男女成对者为酒令，得"太白小青，无咎莫愁，灌夫漂母，武子文君，东野西施"等字。又尝举四书一句，合四声，得"康子馈药，兵刃既接"二语。又除夕集唐作对联云："且将酩酊酬佳节，未有涓埃答圣朝。"罢官后，集联云："圣朝无弃物，余事作诗人。"(《熙朝新语》)

四书集名

嘉庆甲子乙丑间，同人岁为消寒雅集，集必征文考献，或出新意，定为觞政，不能者罚以巨觥。迄今几四十年，朋辈凋零殆尽，其酒令亦并遗忘，今略记二则录之，皆所谓连理枝也。一以四书二句，以上句末字，下句首字，合一药名：道不远人，参也鲁【人参】；诸侯之宝三，七里之郭【三七】；白雪之白，微子去之【白微】；臧武仲以防，风乎舞雩。【防风】；不知为不知，母命之【知命】；殷鉴不远，志于道【远志】；仍旧贯，众皆悦之【贯众】；方寸之木，贼夫人之子【木贼】；颜路请子之车，前日于齐【车前】；事亲为大，黄衣狐裘【大黄】；仁者如射，干戈戚扬【射干】；长一身有半，夏日则饮水【半夏】；譬诸草木，通国皆称不孝焉【木通】；愿车马，勃如战色【马勃】；与其弟辛，夷子思以易天下【辛夷】。一以四书二句，（依前式）合一县名（可合者甚多，今录其新颖者）：事孰为大，兴于诗【大兴】；苟日新，阳虎欲见孔子【新阳】；教者必以正，定而后能虑【正定】；不俟驾而行，唐虞禅【行唐】；诗可以兴，山径之蹊间【兴山】；止子路宿，迁于负夏【宿迁】；远之则有望，江汉以濯之【望江】；大夫以旌，德不孤【旌德】；绥之斯来，安而后能虑【来安】；君子之所以教者五，河不出图【五河】；而未尝有显者来，凤鸟不至【来凤】；所恶于上，犹之于人也【上犹】；彼以其富，阳货欲见孔子【富阳】；草上之风必偃，师也辟【偃师】；遂有南阳，城非不高也【阳城】；吾师之未能信，宜民宜人【信宜】；诚不以富，民之为道也【富民】；五十以学易，门人治任将归【易门】；德之不修，文行忠信【修文】；颠而不扶，风乎舞雩【扶风】。（《重论文斋笔录》）

猜枚

元人姚文奂诗云："晓凉船过柳洲东，荷花香里偶相逢。剥将莲子猜拳子，玉手双开不赌空。"猜拳赌空，皆诗料也。即今酒令之猜枚，前后不放空也。（《茶余客话》）

四书酒令

辛巳冬，举消寒会，酒令集《四书》语作联句，自一字至十余字，凡数百联。癸未冬，紫坪入都，复举是令。因阅《查浦辑闻》，纪朱竹

垞行酒令，举成语一句，合平上去入者，即"天子圣哲"类也。竹垞举
"康子馈药，兵刃既接"二句。查浦思索竟夜不得，心火迸发，左耳遂
聋。同人因复举为酒令，予与紫坪即席引数十句，不知查浦何以窘迫
至是。而竹垞亦仅思得二句，殊不可解。附录于后：

君子上达	何以报德	妻子好合	兄弟既翕	天下大悦
能者在职	邦有道谷	泾以渭浊	忘我大德	生有圣德
充耳琇实	神保是格	瞻彼旱麓	王道正直	言以道接
沉湎冒色	雷夏既泽	天九地十	咸仰朕德	宏父定辟
天祸郑国	天子建德	端冕搢笏	天子令德	惟彼四国
君子是职	天子建国	公子御悦	司马仲达	萌者尽达
寒暖燥湿	毋有障塞	元酒在室	钟鼓既设	天子下席
君子进德	天子视学	天子用八（《茶余客话》）		

量　能

淳于髡

淳于髡滑稽多辩，数使诸侯，未尝屈辱。齐威王之时，喜隐，好为淫乐长夜之饮，沉湎不治。置酒后宫，召髡赐之酒，问曰："先生能饮几何而醉？"髡对曰："臣饮一斗亦醉，一石亦醉。"威王曰："先生饮一斗而醉，恶能饮一石哉？其说可得闻乎？"髡曰："赐酒大王之前，执法在傍，御史在后，髡恐惧，俯伏而饮，不过一斗，径醉矣。若亲有严客，髡帣韝鞠膝，侍酒于前，时赐余沥，奉觞上寿，数起饮，不过二斗，径醉矣。若朋友交游，久不相见，卒然相睹，欢然道故，私情相语，饮可五六斗，径醉矣。若乃州闾之会，男女杂坐，行酒稽留，六博投壶，相引为曹，握手无罚，目眙不禁，前有堕珥，后有遗簪，髡窃乐此，饮可八斗而醉二参。日暮酒阑，合尊促坐，男女同席，履舄交错，杯盘狼藉，堂上烛灭，主人留髡而送客，罗襦襟解，微闻芗泽，当此之时，髡心最欢，能饮一石。故曰，酒极则乱，乐极则悲，万事尽然。言不可极，极之而衰，以讽谏焉。"齐王曰："善。"乃罢长夜之饮，以髡为诸侯主客。宗室置酒，髡尝在侧。（《史记·滑稽列传》）

三日仆射

周伯仁风德雅重，深达危乱，过江积年，恒大饮酒，尝经三日不醒。时人谓之"三日仆射。"（《世说新语》）

诸阮

诸阮皆能饮酒，仲容至宗人间共集，不复用常杯斟酌，以大瓮盛酒，围坐，相向大酌。时有群猪来饮，直接去上，便共饮之。（《世说新语》）

王瞻

瞻历吏部尚书。瞻性率亮，居选部，所举多行其意。颇嗜酒，每饮或竟日，而精神益朗。瞻不废簿领，高祖每称瞻有三术，射、棋、酒也。（《梁书·王瞻传》）

谢举

举字言扬，中书令览之弟也。幼好学，能清言，与览齐名。起家秘书郎，迁太子舍人，轻车功曹史秘书丞，司空从事中郎，太子庶子家令，掌东宫管记，深为昭明太子赏接，尝侍宴华林园。高祖访举于览，览对曰："识艺过臣甚远，惟饮酒不及于臣。"高祖大悦。（《梁书·谢举传》）

酒因境多

梁徐君房劝魏使尉瑾酒，一噏即尽，笑曰："奇快！"瑾曰："卿在邺饮，未尝倾卮。武州已来，举无遗滴。"君房曰："我饮实少，亦是习惯，微学其进，非有由然。"庾信曰："庶子年之高卑，酒之多少，与时升降，不可得而度。"魏肇师曰："徐君年随情少，酒因境多，未知方十复作，若为轻重。"（《酉阳杂俎》）

刘藻

藻涉猎群籍，美谈笑，善与人交，饮酒至一石不乱。太和中，为东道别将，辞于洛水之南。高祖曰："与卿石头相见。"藻对曰："臣虽才非古人，度亦不留贼房而遗陛下，辄当酾曲阿之酒，以待百官。"高祖大笑曰："今未至曲阿，且以河东数石赐卿。"（《魏书·刘藻传》）

高绍廉

绍廉性粗暴，能饮酒，一举数升，终以此薨。（《北齐书·文宣四王传·陇西王绍廉传》）

裴政

政在周授刑部下大夫，转少司宪。明习故事，又参定周律。能饮酒，至数年不乱。（《隋书·裴政传》）

柳謇之

机从子謇之，朝廷以其有雅望，善谈谑，又饮酒至石不乱，由是每梁陈使至，辄令謇之接对。（《隋书·柳机传》）

马周

周博州茌平人，少孤，家窭狭，嗜学，善诗春秋。资旷迈，乡人以无细谨薄之。武德中，补州助教，不治事，刺史达奚恕，数咎让，周乃去，客密州。赵仁本高其才，厚以装，使入关，留客汴。为浚仪令崔贤所辱，遂感激而西，舍新丰，逆旅主人不之顾。周命酒一斗八升，悠然独酌，众异之。（《唐书·马周传》）

崔恭礼

崔器曾祖恭礼，尚馆陶公主，为驸马都尉，貌丰伟，饮酒至斗不乱。（《唐书·酷吏传》）

李迥秀

大亮族孙迥秀，拜兵部尚书卒。迥秀少聪悟，喜饮酒，虽多不乱，当时称其风流。（《唐书·李大亮传》）

上顿

王忱嗜酒，一醉或连日不醒，自号"上顿。"时人以大饮为上顿。（《朝野佥载》）

卢齐卿

承庆弟承泰，承泰子齐卿，拜幽州刺史，喜饮酒，逾斗不乱，宽厚乐易，士友以此亲之。（《唐书·卢承庆传》）

宇文融

融进黄门侍郎，同中书门下平章事。既居位，日引宾客故人与酣饮。然而神用警敏，应对如响，虽天子不能屈。(《唐书·宇文融传》)

李适之

李适之累迁刑部尚书，喜宾客，饮酒至斗余不乱。夜宴娱，昼决事，案尤留辞。(《唐书·宗室宰相传》)

胡证

证拜岭南节度使，卒。证膂力绝人，晋公裴度未显时，羸服私饮，为武士所窘。证闻，突入，坐客上，引觥三釂，客皆失色。因取铁灯檠，摘枝叶，柭令其跗横膝上，谓客曰："我欲为酒令，饮不釂者，以此击之！"众唯唯，证一饮辄数升，次授客，客流离盘杓，不能尽。证欲击之，诸恶少叩头请去。证悉驱出，故时人称其侠。(《唐书·胡证传》)

潘峛

梁太祖初兼四镇，先主遣押衙潘峛持聘。峛饮酒一石不乱，每攀宴饮，礼容益庄，梁祖爱之。饮酣，梁祖曰："押衙能饮一盘器物乎？"峛曰："不敢。"乃簇在席器皿，次第注酌，峛并饮之。峛愈温克，梁祖谓其归馆，多应倾写困卧，俾人侦之。峛簪笋箨冠子，秤所得酒器，涤而藏之。他日，又遣押衙郑顼持聘。梁祖问以剑阁道路，顼极言危峻。梁祖曰："贤主人可以过得。"顼对曰："若不上闻，恐误令公军机。"梁祖大笑。此亦近代使令之美者也。(《北梦琐言》)

百杯

唐高测,彭州人,聪明博识,文翰纵横。至于天文历数,琴棋书画,长笛胡琴,率皆精巧,乃梁朝朱异之流。尝谒高燕公,上启事,自序其要云:"读书万卷,饮酒百杯。"燕公曰:"万卷书不暇征召,百杯酒得以奉试。"乃饮以酒,果如所言。僖宗皇帝幸蜀,因进所著书,除秘校,卒于威胜军节度判官。(《北梦琐言》)

陆扆

陆相扆,出典夷陵时,有士子修谒,相国与之从容,因命酒劝。此子辞曰:"天性不饮酒。"相国曰:"如诚所言,已校五分矣。"盖平生悔吝,若有十分,不为酒困,自然减半也。(《北梦琐言》)

三杯

博为御史大夫,为人廉俭,不好酒色。自微贱至富贵,食不重味,案上不过二杯。(《后汉书·牛博传》)

卢植

植性刚毅,有大节,常怀济世志,不好辞赋,能饮酒一石。(《后汉书·卢植传》)

石余

华歆能剧饮至石余不乱,众人微察,常以其整衣冠为异。(《世语》)

满宠

世语曰：王凌表宠年过耽酒，不可居方任。帝将召宠，给事中郭谋曰："宠为汝南太守，豫州刺史，二十余年，有勋方岳，及镇淮南，吴人惮之。若不如所表，将为所窥。可令还朝，问以方事以察之。"帝从之。宠既至，进见，饮酒至一石不乱。帝慰劳之，遣还。(《三国魏志·满宠传注》)

诸葛原

诸葛原字景春，亦学士，好卜筮，数与辂共射覆，不能穷之。景春与辂别，戒以二事，言："卿性乐酒，量虽温克，然不可保，宁当节之。卿有冰镜之才。所见者妙，仰观虽神，祸如膏火，不可不慎。持卿叡才，游于云汉之间，不忧不富贵也。"辂言酒不可极，才不可尽，吾欲持酒以礼，持才以愚，何患之有也。(《管辂别传》)

张尚

纮子元，元子尚，孙皓时为侍中中书令，以事下狱。(注《环氏吴纪》曰：孙皓性忌胜己，而尚谈论，每出其表，积以致恨。后问："孤饮酒以方谁？"尚对曰："陛下有百觚之量。"皓云："尚知孔丘之不王，而以孤方之。"因此发怒，收尚。尚书岑昏，率公卿已下百余人，诣宫叩头请罪，尚得减死。)(《张纮传》)

八斗

涛饮酒至八斗方醉。帝欲试之，乃以酒八斗饮涛，而密益其酒，

涛极本量而止。(《晋书·山涛传》)

皇甫真

皇甫真安定人，慕容恪拜真为太尉侍中。真性清俭寡欲，不营产业，饮酒至石余不乱。(《晋书·慕容载记》)

冯跋

跋有大度，饮酒一石不乱。(《晋书·冯跋传》)

孔稚珪

稚珪风韵清疏，好文咏，饮酒七八斗。与外兄张融，情趣相得，又与琅邪王思远，庐江河点，点弟引，并款交，不乐世务。(《南齐书·孔稚珪传》)

谢瀹

瀹领太子中庶子，豫州中止。永泰元年，转散骑常侍，太子詹事。其年卒。初，兄朏为吴兴，瀹于征虏渚送别，朏指瀹口曰："此中唯宜饮酒。"瀹建武之初，专以长酣为事，与刘瑱、沈昭略以觞酌交饮，各至数斗。(《南齐书·谢瀹传》)

酒魔

昔元载不饮，群僚百种强之，辞以鼻闻酒气已醉。其中一人谓："可用术治之。"即取针挑元载鼻尖，出一青虫，如小蛇，曰："此酒魔也，

闻酒即畏之。去此何患?"元载是日已饮一斗,五日倍是。(《亓山记》)

日饮数杯

陈抟后唐长兴中,举进士,不第。尝遇孙君仿獐皮处士二人者,高尚之人也,语抟曰:"武当山九室岩可以隐居。"抟往栖焉,因服气辟谷,历二十余年,但日饮数杯,移居华山云台观。(《宋史·隐逸传》)

瓮精

螺川人何画,薄有文艺,而屈意于五侯鲭。尤善酒,人以"瓮精"诮之。(《清异录》)

王审琦

审琦素不能饮,尝侍宴太祖,酒酣,仰祝曰:"酒,天之美禄;审琦,朕布衣交也。方与朕共享富贵,何靳之不令饮邪!"祝毕,顾谓审琦曰:"天必赐卿酒量,试饮之勿惮也。"审琦受诏,饮十杯无苦,自此侍宴,常引满。及归私家,即不能饮,或强饮,辄病。(《宋史·王审琦传》)

薛居正

居正拜门下侍郎平章事,加左仆射昭文馆大学士卒。居正气貌瑰伟,饮酒至数斗不乱。(《宋史·薛居正传》)

钱俨

钱俶异母弟俨,历金州观察使。善饮酒,百厄不醉。居外郡,尝

患无敌。或言一军校差可伦拟，俨问其状，曰："饮益多，手益恭。"俨曰："此亦变常，非善饮也。"（《宋史·吴越钱氏世家》）

赵贺

贺少时，尝丧明。久之。遇异医，辄愈。喜饮酒，至终日不乱。（《宋史·赵贺传》）

曹翰

翰为左千中卫上将军卒，翰阴狡多智，饮酒至数斗不乱。每奏事上前，虽数十条，皆默识不少差。（《宋史·曹翰传》）

钱昱

钱昱为郢州团练使卒。昱聪敏能覆棋，工琴画，饮酒至斗余不乱，善谐谑。生平交旧，终日谈宴，未曾犯一人家讳。（《宋史·吴越钱氏世家》）

白超

张咏自益州寄书与杨大年，进奏院监官窃计之云："益州近经寇乱，大臣密书相遗，恐累我。"发视之，无它语，纸尾批云："近日'白超'用事否？"乃缴奏之。真宗初亦讶之，以示寇准，准微笑曰："臣知开封府有伍伯，姓白，能用杖，都下但翘楚者，以'白超'目之。每饮，席浮大觥，遂以为况。"真宗方悟而笑。（《谈苑》）

石延年

石延年历太子中允，喜剧饮。尝与刘潜造王氏酒楼，对饮终日，不交一言。王氏怪其饮多，以为非常人，益奉美酒肴果。二人饮啖自若，至夕无酒色，相揖而去。明日，都下传王氏酒楼有二仙来饮，已乃知刘石也。延年虽醋放，若不可撄以世务，然与人论天下事，是非无不当者。(《宋史·文苑传》)

宋真宗

真宗饮酒，三斗不乱。一日，召辅臣赐饮，至三斗，复进巨觥，觥退而酒出，诏贮之三瓶中，杂未饮酒，以赐辅臣。明日开视之，不能辨也。辅臣既对，问上所以。上笑曰："古人谓酒有别肠，岂虚言哉。"(《闻见近录》)

李仲容

李侍读仲容，魁梧善饮，两禁号为"李万回"。真庙饮量，近臣无拟者，欲敌饮，则召公。公居常寡谈，颇无记性，酒至酣，则应答如流。一夕，真宗命巨觥，俾满饮，欲剧观其量。引数，大醉起，固辞曰："告官家撤巨器。"上乘醉问云："何故谓天子为官家？"遽对曰："臣尝记蒋济《万机论》，言三皇官天下，五帝家天下，兼三五之德，故曰官家。"上甚喜，从容数杯。上又曰："正所谓'君臣千载遇'也。"李亟曰："臣惟有'忠孝一生心'。"纵冥搜不及于此。(《湘山野录》)

韩稚圭

韩稚圭善饮，后以疾，饮量殊减。吴资政云："道书云'人多用于所长'，有旨哉。"(《邻几杂志》)

钱明逸

钱明逸每宿戒，必诘其谒者曰："是吃酒？是筵席？"筵席客无数人，巡酒一味食也。吃酒客不过三五人，酒数斗，磁盏一只，青盐数粒，席地而坐，终日不交一谈，恐多酒气也。不食，恐分酒地也。翌日，问其旨否，往往不知其志不在味也。终日倾注，无涓滴挥洒，始可谓之酒徒。其视揖让饮酒，如牢狱中。（《画墁录》）

邵雍

邵雍自号安乐先生，旦则焚香燕坐，晡时酌酒三四瓯，微醺即止，常不及醉也。（《宋史·道学传》）

三蕉叶

东坡云："吾兄子明，饮酒不过三蕉叶。吾少时望见酒盏而醉，今亦能三蕉叶矣。"（《东坡志林》）

百杯

李公泽每饮酒，至百杯即止。诘旦见宾客，或回书简，亦不病酒，亦无倦色。（《道山清话》）

蔡攸

蔡攸尝侍徽宗曲宴禁中，上命连沃数巨觥，娄至颠仆，赐之未已。攸再拜以恳曰："臣鼠量已穷，逮将委顿，愿陛下怜之。"上笑曰："使卿若死，又灌杀一司马光矣。"始知温公虽遭贬斥于一时，而九重固自

敬服如此。(《挥尘余话》)

宋汝为

汝为俶傥尚气节，博物洽闻，饮酒至斗，未尝见其醉。(《宋史·宋汝为传》)

镇阳士人

镇阳有士人，嗜酒，日常数斗。至午后，饮兴一发，则不可遏，家业由是残破。一夕，大醉，呕出一物如舌，初视无痕窍，至常日欲饮时蠢然而起。家人沃之以酒，立尽，至常日所饮之数而止，遂投之猛火中，忽爆烈为十数片，士人自此恶酒。(《遁斋闲览》)

吾也而

吾也而充北京东京广宁盖州平州泰州开元府七路征行兵马都元帅，佩虎符。宪宗问饮酒几何，对曰："惟所赐。"时有一驸马都尉在侧，素以酒称，命与之角饮。帝大笑，赐锦衣名马。(《元史·吾也而传》)

酒池

文王饮酒千钟，孔子百觚。圣人胸腹小大，与人均等。若饮千钟，宜食百牛，能饮百觚，则能食十羊，使文王身如防风，孔子身如长狄。文王孔子，率礼之人，垂誉后世，岂千钟百觚耶！纣车行酒，骑行炙，二十日为一夜。按纣以酒为池，因谓车行酒。以肉为林，因谓骑行炙耳。或是覆酒滂沱于地，因以为池，酿酒积糟，因以为丘。悬肉似林，

因言肉林也。(《论衡》)

狂花病叶

或有勇于牛饮者，以巨觥沃之，既撼狂花，凋病叶。饮流谓目瞤者为狂花，目睡者为病叶。又酒徒谓不饮者欢场之害马。(《醉乡日月》)

曾桀

曾公桀，伟仪雄干，善饮喜啖，人莫测其量。张英国辅欲试之，密使人围其腹，作纸俑，置厅事后，命苍头视公饮。饮几许，如器注俑中。乃邀公饮，竟日，俑已溢，别注瓮中，又溢，公神色不动。夜半，英国具舆从送归第，属使者善侍之，意公必醉，坐伺使者返命。公归，亟呼家人设酒劳舆隶，公取觞复大酌，隶皆醉，公方就寝。英国闻之大惊。(《异林》)

孔元方

孔元方，许昌人也，常服松脂、茯苓、松实等药，老而益少，容如四十许人。郗元节、左元放皆为亲友，俱弃五经当世之人事，专修道术。元方仁慈，恶衣蔬食，饮酒不过一升，年有七十余岁。道家或请元方会同饮酒，次至元方，元方作一令，以杖拄地，乃手把杖倒竖，头在下，足向上，以一手持杯例饮，人莫能为也。(《神仙传》)

鸡舌香

饮酒者嚼鸡舌香则量广，浸半天回则不醉。(《云仙杂记》)

酒神

酒席之士，九吐而不减其量者为酒神。(《云仙杂记》)

漱口

以清水漱口，饮酒至斗不乱。或曰酒毒自齿入也。(《续博物志》)

一石

汉人有饮酒一石不乱。予以制酒法较之，每粗米二斛，酿成酒六斛六升。今酒之至醲者，每秫一斛，不过成酒一斛五升。若如汉法，则粗有酒气而已。能饮者饮多不乱，宜无足怪。然汉之一斛，亦是今之二斗七升。人之腹中，亦何容置二斗七升水耶？或谓石乃钧石之石，百二十斤，以今秤计之，当三十二斤，亦今之三斗酒也。于定国饮酒数石不乱，疑无此理。(《梦溪笔谈》)

黄州酒

王黄州诗云："刺史好诗兼好酒，山民名醉又名吟。"而黄州呼醉为沮，呼吟为垠，不知呼醉吟竟是何名也。黄州厮役多无名，止以第行为称，而便称为名。余自罢守宣城，至今且二年，所过州府数十，而有佳酒者，不过三四处。高邮酒最佳，几似内法，问之其匠，故内库匠也。其次陈州琼液酒。陈辅郡之雄，自宜有佳匠。其次乃黄州酒，可亚琼液而差薄。此谪官中一幸也。平生饮徒，大抵止能饮五升已上，未有至斗者。惟刘仲平学士，杨器之朝奉，能大杯满釂。然不过六七升，醉矣。晁无咎与余，酒量正敌，每相遇，两人对饮，辄尽一斗，

才微醺耳。(《明道杂志》)

石

名生于实，凡物皆然。以斛于石，不知起何时，自汉以来始见之。石本五权之名，汉制，重百二十斤为石，非量名也，以之取民赋禄，如二千石之类。以谷百二十斤为斛，犹之可也。若酒言石，酒之多少，本不系谷数，从其取之醇醨。以今准之，酒之醇者，斛止取七斗，或六斗，而醨者多至于十五六。若以谷百二十斤为斛，酒从其权名，则当为酒十五六斗。从其量名，则斛当谷百九十斤。进退两无所合。是汉酒言石者，未尝有定数也。(《石林四笔》)

轩辕集

罗浮先生轩辕集，年过数百，而颜色不老。立于床前，则发垂至地。坐于暗室，则目光可长数丈。每采药于深岩峻谷，则有毒龙猛兽，往来卫护。或晏然居家，人有具斋邀之，虽一日百处，无不分身而至。或与人饮酒，则袖出一壶，才容一二升。纵客满座，而倾之弥日不竭。或他人命饮，即百斗不醉。夜则垂发于盆中，其酒沥沥而出，曲蘖之香，辄无减耗。(《杜阳杂编》)

醉时

东坡云：陶潜诗"但恐多谬误，君当恕醉人"，此未醉时说也。若已醉，何暇忧误哉。然世人言醉时是醒时语，此最名言。张安道饮酒初不言盏数，与刘潜、石曼卿饮，但言当饮几石而已。欧公盛年时，能饮百盏，然常为安道所困。圣俞亦能百许盏，然醉辄高叉手，而语弥温谨。此亦知所不足而勉之，非善饮者。善饮者淡然与平时无少异。若仆者又何其甚，饮一盏而醉，醉味与数君何异，亦无所羡耳。（《苕溪渔隐丛话》）

古人酒量

汉丁定国为廷尉，饮酒至数石不乱。冬月治请谳饮酒，益精明。郑康成饮酒一斛。卢植能饮一石。晋周颛饮酒一石，刘伶一石五斗解酲。前燕皇甫真饮石余不乱。后魏刘藻一石不乱。南齐沈文季饮至五斗，妻王锡女，饮酒亦至三斗，对饮竟日，而视事不废。邓元起饮至一斛不乱。北史柳謇之饮一石不乱。陈后主与子弟日饮一石。孔珪饮酒七八斗。（《续鸡肋》）

饮酒有定数

酒有别肠，非可演习而能。传记载：元载闻酒即醉，一人取针挑其鼻间，出一小虫，曰："此酒魔也，出之能饮。"试之，果饮之二斗。《七修》载：南阳胡长子，素不能饮，梦神授以酒药一丸，吞之，遂日饮数百杯不醉。又《学圃识余》载：浙有儒生，夜宿神庙，神留饮。生辞以素性不饮，神乃命吏取生文簿验之，果无酒肠。取朱笔于簿所图形像，为画酒肠一条，命第饮此。生在席饮至一壶不醉，后遂能饮。乃知酒量实天所定，不可强也。（《坚瓠集》）

曾、陈、佻善饮

永乐朝有夷使善饮，举朝无能胜者。或言曾学士棨，成祖遂召与饮。竟日，夷使已醉，而荣穆然无酒容。成祖闻之曰："只这酒量，亦可作我朝状元。"《七修》载宁波陈敬宗，性善饮。一日召宴，预使内侍铸铜人，如公躯干，虽指爪中皆空虚者，如其饮注铜人中。内侍报曰"铜人已满"，遂使归，令内侍随其后以观。至家散堂，复与内侍饮焉。又孝宗朝，蓝州佽武人输粟入京师。时西陵侯称善饮，人有言武人可以为敌，遂召与饮。初冬新醅方熟，共有二缸，对饮一缸尽，西陵不复知人事矣，武人畅怀自酌，复罄一缸。真可谓酒有别肠也。(《坚瓠集》)

酒评

袁中郎既为《觞政》，复与方子公辈以饮户相角，因为酒评：刘元定如雨后鸣泉，一往可观，苦其易境。陶孝若如俊鹰猎兔，击搏有时。方子公如游鱼呷浪，喁喁终日。丘长孺如吴牛啮草，不大利快，容受颇多。胡仲修如徐娘风情，追念其盛时。刘元质如蜀后主思乡，非其本情。袁平子如五陵少年说剑，未识战场。龙君超如德山未遇龙潭时，自着胜地。袁小修如狄青破昆仑关，以奇跟众。(《坚瓠集》)

南极仙翁

《白鹤外史》：盛大有（年）吴下弈手第一。游昆陵，有扶乩请仙者，仙至，盛请对弈。局未半，仙云："我已负一子半。子弈诚高，我将往邀仙辈中更高者来。"乩即寂然。盛乃率己意填补，果已胜一子半。少顷，又一仙来对弈，弈毕，盛负一子半。仙称盛弈，人间第三手也。盛问仙是天上第几乎，仙曰："犹是第七手耳。"问何仙最高，曰：

"惟有南极仙翁，天上无对。"《杂纪》载南极仙翁曾在宋元祐时降灵汴京酒肆，与人豪饮，酒量无敌。是仙翁棋力酒量，两擅其胜矣。(《坚瓠集》)

酒蟹

《漱石闲谈》：金睢邓某，以素封冠其乡，善饮啖，每饭米五升，豚肉一肘，鹅鸡鸭各一只，杂俎与酒不计，大约一饭须数十斤，日必重餐。遇逋负者，能具丰馔享之，辄焚其券。有佃户负其租数多，治具召之。鹅为猫所食，即杀猫以充杂俎。邓以为甘而食之，此后即不能多食矣。识者谓其腹有肉鼠，鼠见猫即死，故不能多食也。常闻能饮者，腹有酒蟹。则善啖者有肉鼠，亦无足异。肉鼠、酒蟹，可为的对。(《坚瓠集》)

善饮

古人嗜酒，以斗为节。十斗一石，量之极也。故善饮若淳于髡、卢植、蔡邕、张华、周颤之辈，未有逾一石者。独汉于定国，饮至数石不乱，此是古今第一高阳矣。时如寇莱公、石曼卿、刘潜、杜默，皆以饮称雄者，其量恐亦不下古人也。近代酒人，不知视昔云何。但缙绅之中，能默饮百杯以上，不动声色者，即足以称豪矣。以耳目所睹记，若曾学士棨，冯司成衍，胡总制宗宪，汪司马道昆，皆自负无对者，而其它猥琐不论也。曾学士至铸铜与身等，见其所饮内之，至铜人溢出，而尚未醉。冯司成放春榜，每进士陪一杯，遂讫三百杯，兴未尽，复于中择善饮者五人，与立酬酢，又百余爵。五人皆踉跄不胜，而冯无羔也。胡在浙中迎乡榜亦然。汪司马每饮，大小尊罍错陈，以尽一几为率。啜之至尽，略无余沥，亦裴弘泰之匹矣。然汪尝言，善饮者必自爱其量，每见人初即席，便大吸者，辄笑之，亦可谓名言也。（《五杂俎》）

易醉

朝来饮酒，不满三蕉叶，彻体都醉。当由左臂作楚，神气不足以堪之邪？吾寓清署中，多卯饮，饮常五合，陶陶而已，今何为至此，吾虫臂也？被之以年，而楚若是，饮宜削耳。倩语我，风日甚新，因移席庭间，昏然便睡。闻鹊噪声，内自喜，谓可占今日疾愈也。吾衰乎？吾衰乎？壬子十月记。（《梅花草堂笔谈》）

酒乃天禄

《石林燕语》载："王审琦微时，与太祖相善，后以佐命功，情好尤切；性不能饮，每会燕，太祖不乐。一日，酒酣，举杯祝曰：'审琦布衣之好，万共享富贵，酒乃大禄，何惜不赐饮耶？'祝毕，顾审琦曰：'第试饮之。'审琦不得已，饮尽无苦。自是侍燕即能饮，退还私第，则如初。"观此，量实天定，非演习而至。余又尝见南阳花客胡长子，日饮数百杯未醉，疑其有术；私询其仆并同行者云："素不能饮，偶梦神授酒药一丸，遂尔如是。"益信其天分也。（《七修类稿》）

蜂腰

纪交达会试时，出孙端人宫允人龙门下。孙豪于酒，尝憾文达不能饮，戏之曰："东坡长处，学之可也，何并其短处亦刻画求似？"及公典试，得葛临溪太史正华，酒量冠一世。公亟以书报孙，孙覆札云："吾再传而得此君，闻之起舞。但终憾君是蜂腰耳。"承平士大夫，诗场酒社，谐谑风流，令人慨慕。(《郎潜纪闻》)

酒仙

卢西宁少有异秉，断乳后，不食他物，昼夜饮酒三五升，一吸辄尽。家人谓之酒仙。(《今世说》)

银瓢

宋俗，上元夜张灯饮酒。睢阳司氏，巨族也，张银瓢，容酒数斗，约能胜饮者，持瓢去。群少皆醉卧，窘甚。时漏下三鼓，会贾静子服龙衣，驾鹿车，自百里外至。忽叱咤登阶，举满一饮，即掷瓢付奴持之，不通姓名，坐宾骇散。(《今世说》)

日可三升

张敉庵姿容瑰伟，饮啖日可三升。兴至，蒱博争道，独酌引满，呼小僮挝鼓奏伎，奋褎激昂，大噱不止。(《今世说》)

愿

盛此公尝愿此生得一少年，如张绪、卫玠、王子晋，能饮一斗不醉。得一老缁老黄，能痛饮酒，记天宝遗事。得一迟暮佳人，能歌《离骚》，舞三尺剑，醉读《南华·秋水篇》。(《今世说》)

张闲鹤

张闲鹤性简旷，嗜饮，多少进辄醉，醉喜画兰，勃勃有生气。陆子黄尝得所画，悬之素壁，忽发香满室中。陆异之，因额其处曰兰堂。（《今世说》）

酒人巨量

江左酒人推顾侠君嗣立第一，居秀野园结社。家有酒器三，大者容三十斤，其两递杀。凡入社者，各尽三器，然后入座。因署其门曰："酒客过门，延入与三雅，诘朝相见决雌雄。匪是者毋相溷！"酒徒望见，慑伏而去。亦有鼓勇者，三雅之后，无能为矣。在京师日，聚同时酒人，分曹较量，亦无敌手。一时方近云觐，庄书田楷，缪湘芜沅，黎宁先致远，皆万人敌也。以予所见，励侍郎滋大宗万，李臬司宁人治运，陈太仆句山兆仑，涂侍郎石溪逢震，顾京兆息存汝修，亦颇论觞政，足称后劲。近人则素尚书尔讷，索侍郎琳，亦一时之雄。（《茶余客话》）

徐林鸿

徐征士林鸿，善鉴赏，别书画伪真，兼善饮。尝过颜御史豹文别业，御史知其大户，出罍尊贮酒，容一斗，宾客多避席，征士连举者三。御史曰："此何年制也？"征士笑曰："北齐文宣帝天保六年，避暑晋阳宫所作也。"验其下款识，果然。（《燕下乡脞录》）

陈幼吕纵饮

上元陈幼吕名昭，喜为诗，豪于酒。每与彭警庵昕、刘西廷戬纵饮连日，辄以巨瓮盛酒，用大觥，狂饮之。饮酣，尝同登故王城紫金山，口占为诗，慷慨怀古。且曰："吾辈皆少孤，值困苦，不获以文业自振，继前人光，然利人济物之心未忘也，科名付诸儿曹可耳。"(《清稗类钞》)

郭虞邻放浪于酒

即墨郭虞邻处士廷翼为副都御史琇之子，无贵介习，放浪于酒。年甫三十，绝意仕进，筑慕云楼藏书，闭门读之，言不及世事。客至，饮以酒，自饮巨觥，为一队，座客以次角。尝制酒床，出饮他家，则舁床以随。日暮大醉，舁而归，以为常。(《清稗类钞》)

吴谷人沃人以巨觥

吴谷人祭酒锡麒，洪量无偶，方为诸生时，居杭州山山儿巷。值献岁，列酒瓮无算，招朋痛饮，竟昼夜而酒未罄，乃舁至门外，人过其门，以巨觥沃之。能饮者去而复来，不能者至委顿乞免。(《清稗类钞》)

夏薪卿自放于酒

钱塘夏薪卿通守曾传，筮仕吴门，以方心淡面，弗谐俗好，益颓然自放于酒。偶还里门，入铁花吟社。未几，殁于吴中，生平善饮。吴兴金彦翘亦大户，多蓄酒器，有犀角鼎，极精妙。尝会饮，薪卿已醉，彦翘谓之曰："能再尽三鼎，即以鼎赠君。"遂引满者三。怀之以归，因自号醉犀生。(《清稗类钞》)

刘武慎好汾酒

刘武慎公长佑，在官勤恳，治事接宾客，未尝有倦容。而好饮，且必汾酒，尝独酌，一饮可尽十余斤。左手执杯，右手执笔，判公牍，无或讹。或与客会饮，虽不拇战，而殷勤劝盏，宴毕客退，仍揖让如仪也。(《清稗类钞》)

姚春蘧雄于酒

浙人姚春蘧，名庆恩，张勤果公妹婿也。以诸生官河南知府，旋从勤果于塞上，雄于酒，量可一石。有赠妓句云："江东无我谁能酒，香国除卿不算花。"(《清稗类钞》)

王步光饮后寡言

王步光，名琮兴，常宁人，豪于饮。饮后，辄慎讷寡言。(《清稗类钞》)

王元瀚升席较酒量

王渐，字元瀚，临江人。少落魄不羁，日与酒徒剑客引满、呼白、击剑、拓戟、以为乐，而家产益落，其父兄患之。渐于是聚书数千卷，闭户诵读，目数行下，一过，辄终身不忘。比三年，作为文章歌诗，以示里中耆宿，始大惊，皆不信为其自作也。既而游金陵，金陵富豪王氏闻渐善饮，白下有道士亦能引无算爵，为设席，要道士共酌，以观其量。即升席，命赞者实酒置瓮中，起揖道士，捧瓮若鲸之吸川，一饮而尽。复命实酒酬道士，道士饮既，渐再实酒如前，命道士先饮，道士强饮。道士强饮至半，谢不胜。渐笑曰："是何足与饮！"乃更酌大杯，尽一石，谈笑终席，不至醉，众乃叹服。渐每麻履布袍，简绝礼法，至贤士大夫家，辄登堂，中席坐，不让，或不交一谈而去。士大夫知其才，皆畏敬之。(《清稗类钞》)

董小宛罢酒嗜茶

冒辟疆既纳董小宛为姬，及殒，辟疆忆之。尝告人曰："姬能饮，自入吾门，见余量不胜蕉叶，遂罢饮。每晚，侍荆人数杯而已。而嗜茶与余同性，又同嗜芥片，每岁，半塘顾子兼择最精者缄寄，具有片甲蝉翼之异，文火细烟，小鼎长泉，必手自吹涤。余每诵左思《娇女诗》吹嘘对鼎䰯之句，姬为解颐，至'沸乳看蟹目鱼鳞，传瓷选月魂云魄'，尤为精绝。每花前月下，静试对尝，碧沈香泛，真如木兰沾露，瑶草临波，备极卢陆之致。东坡云'分无玉碗捧蛾眉'，余一生清福，九年占尽，九年折尽矣。"(《清稗类钞》)

屠修伯寒夜独饮

道光某岁春，杭人陈季竹与程拜五同读书于西湖灵隐之白衲庵。屠修伯龁尹秉亦诣焉。与拜五初未相识，居既久，因得与之寄情觞咏，放浪乎龙泓鹫峰之间。季竹故不善饮，而性好人饮，拜五饮甚豪，而为人朴厚有真趣，至醉不乱，始识其为酒人也。修五未入山之前数日，有李荫人者，亦以游山至庵，与拜五痛饮而去。及夕，修伯归，寒夜独饮，乃作诗以怀之。(《清稗类钞》)

祸 乱

齐惠栾高氏

昭公十年，齐惠栾高氏皆嗜酒，信内多怨，强于陈鲍氏而恶之。夏，有告陈桓子曰："子旗子良，将攻陈鲍。"亦告鲍氏。桓子授甲而如鲍氏，遭子良醉而骋。遂见文子，则亦授甲矣。使视二子，则皆将饮酒，桓子曰："余虽不信，闻我授甲，则必逐我。及其饮酒也，先伐诸。"陈鲍方睦，遂伐栾高氏。(《左传》)

易内

襄公二十八年，齐庆封好田而嗜酒，与庆舍政，则以其内实迁于卢蒲嫳氏，易内而饮酒。数日，国迁朝焉。(《左传》)

伯有

襄公三十年，郑伯有耆酒，为窟室而夜饮酒击钟焉。朝至未已。朝者曰："公焉在?"其人曰："吾公在壑谷。"皆自朝布路而罢。既而朝，则又将使子晳如楚，归而饮酒。庚子，子晳以驷氏之甲，伐而焚之，伯有奔雍梁。醒而后知之，遂奔许。(《左传》)

酒池糟堤

桀作瑶台，罢民力，殚民财，为酒池糟堤，纵靡靡之乐，一鼓而牛饮者三千人。(《通鉴前编》)

子反

昔者，楚共王与晋厉公战于鄢陵，楚师败而共王伤其目。酣战之时，司马子反渴而求饮，竖谷阳操觞酒而进之，子反曰："嘻，退，酒也。"谷阳曰："非酒也。"子反受而饮之。子反之为人也，嗜酒而甘之，勿能绝于口，而醉。战既罢，共王欲复战，令人召司马子反，司马子反辞以心疾。共王驾而自往，入其幄中，闻酒臭而还。曰："今日之战，不谷亲伤，所恃者，司马也。而司马又醉如此，是亡楚国之社稷，而不恤吾众也。不谷无复战矣。"于是还师而去。斩司马子反，以为大戮。故竖谷阳之进酒，不以仇子反也。其心忠爱之，而适足以杀之。(《韩子》)

赵盾

灵公饮赵盾酒，伏甲将攻盾。公宰示眯明知之，恐盾醉不起，而进曰："君赐臣，觞三行，可以罢。"欲以去赵盾，令先毋及难。(《史记·晋世家》)

醒

景公饮酒醒，三日而后发。晏子见曰："君病酒乎？"公曰："然。"晏子曰："古之饮酒也，足以通气合好而已矣。故男不群乐以妨事，女不群乐以妨功。男女群乐者，周觞五献，过之者诛。君身服之，故外无怨治，内无乱行。今一日饮酒，而三日寝之，国治怨乎外，左右乱乎内。以刑罚自防者，勤乎为非；以赏誉自劝者，惰乎为善。上离德行，民轻赏罚，失所以为国矣。愿君节之也。"（《晏子》）

弦章

景公饮酒，七日七夜不止。弦章谏曰："君欲饮酒七日七夜，章愿君废酒也。不然，章赐死。"晏子入见，公曰："章谏吾曰，愿君之废酒也，不然，章赐死。如是而听之，则臣为制也；不听，又爱其死。"晏子曰："幸矣，章遇君也。令章遇桀纣者，章死久矣。"于是公遂废酒。（《晏子》）

无礼一

景公饮酒酣，曰："今日愿与诸大夫为乐饮，请无为礼。"晏子蹴然改容曰："君之言过矣！群臣固欲君之无礼也，力多足以胜其长，勇多足以弑君，而礼不使也。禽兽以力为政，强者犯弱，故曰易主。今君去礼，则是禽兽也。群臣以力为政，强者犯弱，而日易主，君将安立矣！凡人之所以贵于禽兽者，以有礼也。故诗曰，人而无礼，胡不遄死！礼不可无也。"公湎而不听。少间，公出，晏子不起。公入，不起。交举则先饮。公怒，色变，抑手疾视，曰："向者，夫子之教寡人无礼之不可也；寡人出入不起，交举则先饮，礼也？"晏子避席再拜稽首而请曰："婴敢与君言而忘之乎？臣以致无礼之实也。君若欲无礼，此是已。"公曰："若是，孤之罪也。夫子就席，寡人闻命矣。"觞三行，遂

罢酒。盖是后也，饬法修礼，以治国政，而百姓肃也。（《晏子》）

无礼二

齐景公纵酒，醉而解衣冠，鼓琴以自乐，顾左右曰："仁人亦乐此乎？"左右曰："仁人耳目犹人，何为不乐乎。"景公曰："驾车以迎晏子。"晏子闻之，朝服而至。景公曰："今者寡人此乐，愿与大夫同之。"晏子曰："君言过矣。自齐国五尺已上，力皆能胜婴与君，所以不敢者，畏礼也。故自天子无礼，则无以守社稷。诸侯无礼，则无以守其国。为人上无礼，则无以使其下。为人下无礼，则无以事其上。大夫无礼，则无以治其家。兄弟无礼，则不同居。人而无礼，不若遄死。"景公色愧，离席而谢曰："寡人不仁无良，左右淫湎寡人，以至于此。请杀左右，以补其过。"晏子曰："左右无过。君好礼，则有礼者至，无礼者去。君恶礼，则无礼者至，有礼者去。左右何罪乎！"景公曰："善哉！"乃更衣而坐，觞酒三行，晏子辞去，景公拜送。诗曰：人而无礼，胡不遄死！（《韩诗外传》）

桀纣

赵襄子饮酒，五日五夜不废酒，谓侍者曰："我诚邦士也。夫饮酒五日五夜矣，而殊不病。"优莫曰："君勉之，不及纣二日耳。纣七日七夜，今君五日。"襄子惧，谓优莫曰："然则吾亡乎？"优莫曰："不亡。"襄子曰："不及纣二日耳，不亡何待？"优莫曰："桀纣之亡也，遇汤武；今天下尽桀也，而君纣也，桀纣并世，焉能相亡。然亦殆矣。"（《新序》）

范昭

晋平公欲伐齐，使范昭往观焉。景公觞之，饮酒醉。范昭曰："请君之弃樽。"公曰："酌寡人之樽，进之于客。"范昭饮之。晏子曰："彻樽更之。"樽觯具矣。范昭佯醉不悦而起舞，谓太师曰："能为我调成周之乐乎？吾为子舞之。"太师曰："冥臣不习。"范昭趋而出，归以报平公曰："齐未可伐也。"（《说苑》）

药酒

苏秦见燕王曰："臣闻客有远为吏，而其妻私于人者，其夫将来，其私者忧之。妻曰：'勿忧，吾已作药酒待之矣。'居三日，其夫果至，妻使妾举药酒进之。妾欲言酒之有药，则恐其逐主母也，欲勿言乎，则恐其杀主父也，于是乎佯僵而弃酒。主父大怒，笞之五十。"（《史记·苏秦传》）

彝酒

绍绩昧醉寐而亡其裘。宋君曰："醉足以亡裘乎？"对曰："桀以醉亡天下，而《康诰》曰'毋彝酒'者，彝酒，常酒也。常酒者，天子失天下，匹夫失其身。"（《韩子》）

长夜饮

魏公子无忌，破秦军，威振天下。秦王患之，乃行金万斤于魏，求晋鄙客，令毁公子于魏王。魏王果使人代公子将。公子自知再以毁废，乃谢病不朝，与宾客为长夜饮。饮醇酒，多近妇女。日夜为乐，饮者四岁，竟病酒而卒。（《史记·信陵君传》）

灌夫骂座

夫为太仆，与长乐卫尉窦甫饮，轻重不得，夫醉搏甫。甫，太后昆弟，上恐太后诛夫，徙为燕相。数岁，坐法免，家居长安。夫为人刚直使酒，不好文学，喜任侠，已然诺。家居，卿相侍中宾客益衰。及窦婴失势，亦欲倚夫，引绳排根，生平慕之后弃者。夫尝有服，过丞相蚡，蚡从容曰："吾欲与仲孺过魏其侯，会仲孺有服。"夫曰："将军乃肯幸临，况魏其侯，夫安以服为解。请语魏其具，将军旦日蚤临。"蚡许诺。夫以语婴，婴与夫人益市牛酒，夜洒扫，张具，至旦。平明，令门下候司。至日中，蚡不来。婴谓夫曰："丞相岂忘之哉？"夫不怿曰："夫以服请，不宜。"乃驾自往迎蚡。蚡特前戏许夫，殊无意往。夫至门，蚡尚卧也。于是夫见曰："将军昨日幸许过魏其，魏其夫妻治具，至今未敢尝食。"蚡悟谢曰："吾醉，忘与仲孺言。"乃驾往，往又徐行，夫愈益怒。及饮酒酣，夫起舞，属蚡。蚡不起，夫徙坐，语侵之。婴乃扶夫去谢蚡。蚡卒饮至夜，极欢而去。元光四年春，蚡言灌夫家在颍川，横甚，民苦之，请案之。上曰："此丞相事，何请。"夫亦持蚡阴事，为奸利，受淮南王金，与语言。宾客居间，遂已，俱解。夏，蚡取燕王女为夫人。太后诏召列侯宗室，皆往贺。婴过夫，欲与俱。夫谢曰："夫数以酒失过丞相，丞相今者又与夫有隙。"婴曰："事已解。"强与俱。酒酣，蚡起为寿，坐皆避席伏。已，婴为寿，独故人避席，余半膝席。夫行酒至蚡，蚡膝席曰："不能满觞。"夫怒，因嘻笑曰："将军贵人也，毕之。"时蚡不肯，行酒次至临汝侯灌贤，贤方与程不识耳语，又不避席。夫无所发怒，乃骂贤曰："平生毁程不识，不直一钱，今日长者为寿，乃效女儿曹咕嗫耳语！"蚡谓夫曰："程李俱东西宫卫尉，今众辱程将军，仲孺独不为李将军地乎？"夫曰："今日斩头穴胸，何知程李。"坐乃起更衣，稍稍去。婴去戏夫，夫出。蚡遂怒曰："此吾骄灌夫罪也。"乃令骑留夫，夫不得出，藉福起，为谢，案夫项令谢。夫愈怒，不肯顺。蚡乃戏骑缚夫，置传舍，召长史曰："今日召宗室有诏，劾灌夫骂坐不敬，系居室，遂其前事。"遣吏分曹，逐捕诸灌氏，皆得弃市罪。（《汉书·灌夫传》）

班伯

班伯以侍中光禄大夫养病，赏赐甚厚，数年未能起。会许皇后废，班健伃供养东宫，进侍者李平为健伃，而赵飞燕为皇后，伯遂称笃。久之，上出，过临候伯，伯惶恐，起视事。自大将军薨后，富平定陵侯张放淳于长等，始爱幸，出为微行。行则同舆执辔，入侍禁中，设宴饮之会。及赵李诸侍中皆引满举白，谈笑大噱。时乘舆幄坐，张画屏风，画纣醉踞妲己，作长夜之乐。上以伯新起，数目礼之，因顾指画而问伯："纣为无道，至于是乎？"伯对曰："书云，乃用妇人之言，何有踞肆于朝，所谓众恶归之，不如是之甚者也。"上曰："苟不若此，此图何戒？"伯曰："沉湎于酒，微子所以告去也。式号式呼，大雅所以流连也。《诗》《书》淫乱之戒，其原皆在于酒。"上乃喟然叹曰："吾久不见班生，今日复闻谠言。"（《汉书·叙传》）

酒亡

永始元年，九月丁巳，晦，日有食之。谷永以京房易占对曰："元年九月日蚀酒亡，节之所致也。独使京师知之，四国不见者，若日湛

涵于酒，君臣不别，祸在内也。"（《汉书·五行志》）

刘玄

玄字圣公，弟为人所杀，圣公结客欲报之。客犯法，圣公避吏于平林。（注：《续汉书》曰，时圣公聚客，家有酒，请游徼饮。宾客醉歌，言朝亭两都尉，游徼后来，用调羹味。游徼大怒，缚捶数百。）更始为天子，日夜与妇人，饮宴后庭。群臣欲言事，辄醉不能见。时不得已，乃令侍中坐帷内与语。诸将识非更始声，出皆怨曰："成败未可知，遽自纵放若此！"韩夫人尤嗜酒，每侍饮，见常侍奏事，辄怒曰："帝方对我饮，正用此时持事来乎！"起抵破书案。（《后汉书·刘玄传》）

宋迁母

巴郡宋迁母，名静，往阿奴家饮酒。迁母坐上失气，奴谓迁曰："汝母在坐上，何无宜适。"迁曰："肠痛误耳。人各有气，岂止我。"迁骂，奴乃持木枕击迁，遂死。（《风俗通》）

吕布

布从袁术，遣高顺攻刘备于沛，破之。曹操遣夏侯惇救备，为顺所败。操乃自将击布，至下邳，堑围之，壅沂泗以灌其城。三月，上下离心。其将侯成，使客牧其名马，而客策之以叛。成追客得马，诸将合礼以贺成。成分酒肉，先入诣布而言曰："蒙将军威灵，得所亡马，诸将齐贺，未敢尝也，故先以奉贡。"布怒曰："布禁酒而卿等酝酿，为欲因酒共谋布耶！"成忿惧，乃与诸将共执陈宫、高顺，率其众降。布

与麾下登白门楼，兵围之急，布乃降。(《后汉书·吕布传》)

虞翻

权既为吴王，欢宴之末，自起行酒。翻伏地，阳醉不持。权去，翻起坐。权于是大怒，手剑欲击之，侍坐者莫不遑遽。惟大司农刘基，起抱权，谏曰："大王以三爵之后，手杀善士，虽翻有罪，天下孰知之。且大王以能容贤畜众，故海内望风。今一朝弃之，可乎！"权曰："曹孟德尚杀孔文举，孤于虞翻何有哉！"基曰："孟德轻害士人，天下非之。大王躬行德义，欲与尧舜比隆，何得自喻于彼乎！"翻由是得免。权因敕左右，自今酒后言杀，皆不得杀。(《三国吴志·虞翻传》)

张昭

孙权拜昭为绥远将军，封由拳侯。权于武昌临钓台饮酒，大醉。权使人以水洒群臣曰："今日酣饮，惟醉堕台中，乃当止耳。"昭正色不言，出外车中坐，权遣人呼昭还，谓曰："为共作乐耳，公何为怒乎？"昭对曰："昔纣为糟丘酒池，长夜之饮，当时亦以为乐，不以为恶也。"权默然有惭色，遂罢酒。(《三国吴志·张昭传》)

王蕃

孙皓初，蕃为常侍。甘露二年，丁忠使晋还，皓大会群臣，蕃沉醉顿伏，皓疑而不悦，举蕃出外。顷之请还，酒亦不解。蕃性有威严，行止自若。皓大怒，呵左右殿下斩之。(《三国吴志·王蕃传》)

韦曜

孙皓即位，曜为侍中。皓每飨宴，无不竟日。坐席无能否，率以七升为限。虽不悉入口，皆浇灌取尽。曜素饮酒，不过二升。初见礼异，时常为裁减，或密赐荼荈以当酒。至于宠衰，更见偪强，辄以为罪。又于酒后，使侍臣难折公卿，以嘲弄侵克，发摘私短以为欢。时有愆过，或语犯皓讳，辄见收缚，至于诛戮。曜以为外相毁伤内长，尤恨使不济济，非佳事也，故但示难问经义言论而已。皓以为不承用诏，命意不忠尽，遂积前后嫌忿，收曜付狱。（《三国吴志·韦曜传》）

贺邵

邵会稽山阴人，孙皓时为中书令，领太子太傅。皓凶暴骄矜，政事日弊，邵上疏谏，有曰："昔高宗思佐，梦寐得贤；而陛下求之如忘，忽之如遗，故常侍王蕃，忠恪在公，才任辅弼，以醉酒之间，加之大戮。近鸿胪葛奚，先帝旧臣，偶有逆迕，昏醉之言耳，三爵之后，礼所不讳，陛下猥发雷霆，谓之轻慢，饮之醇酒，中毒陨命。自是之后，海内悼心，朝臣失图。仕者以退为幸，居者以出为福，诚非所以保光洪绪，熙隆道化也。"（《三国吴志·贺邵传》）

周顗

顗为尚书左仆射。帝宴群公于西堂，酒酣，从容曰："今日名臣共集，何如尧舜时邪！"顗因醉厉声曰："今虽同入主。何得复比圣世！"帝大怒而起，手诏付廷尉，将加戮，累日方赦之。及出，诸公就省，顗曰："近日之罪，固知不至于死。"寻代戴若思为护军将军。尚书纪瞻，置酒请颙及王导等。颙荒醉失仪，复为有司所奏，诏曰："颙参副朝右，职掌铨衡，当敬慎德音，式是百辟。屡以酒过，为有司所绳。吾亮其极欢之情，然亦是濡首之诚也。颙必能克己复礼者，今不加黜责。"颙在中朝时，能饮酒一石。及过江，虽日醉，每称无对。偶有旧对从北来，颙遇之欣然，乃出酒二石共饮，各大醉。及颙醒，使视客，已腐胁而死。（《晋书·周颙传》）

刘曜

曜少而淫酒。末年尤甚。石勒至，曜将战，饮酒数斗，常乘赤马，无故局顿，乃乘小马。比出，复饮酒斗余，至于西阳门，执阵就平。勒将石堪，因而乘之，师遂大溃。曜昏醉奔退，马陷石渠，坠于冰上，被疮十余通，中者三，为堪所执，送于勒所。曜曰："石王忆重门之盟不？"勒使徐光谓曜曰："今日之事，天使其然，复云何邪。"幽曜于河南丞廨，使金疮医李永疗之，归于襄国。曜疮甚，勒载以马舆，使李永与同载。北苑市三老孙机上礼求见曜，勒许之。机进酒于曜曰："仆谷土关右，称帝皇。当持重，保土疆。轻用兵，败洛阳。祚运穷，天所亡。开大分，持一觞。"曜曰："何以健邪，当为翁饮。"勒闻之，凄然改容曰："亡国人足令老叟数之。"（《晋书·刘曜载记》）

符生

生即伪位，耽湎于酒，无复昼夜。群臣朔望朝谒，罕有见者。或至暮方出，临朝辄怒，惟行杀戮。动月昏醉，文奏因之遂寝。后符坚与吕婆楼率麾下三百余人，鼓噪继进，宿卫将士皆舍杖归坚，生犹昏

寐未寤。坚众继至，引生置于别室，废之为越王，俄而杀之。生临死犹饮数斗，昏醉无所知矣。（《晋书·苻生载记》）

祖台之

祖台之与王荆州书："君须复饮，不废止之，将不获已耶？通人达士，累于此物。"（《晋书·冯跋传》）

晋孝武帝

帝溺于酒色，为长夜之饮。末年，长星见，帝心甚恶之，于华林园举酒祝之曰："长星劝汝一杯酒，自古何有万岁天子邪!"太白连年昼见，地震水旱为变者相属。醒日既少，而傍无正人，竟不能改。（《晋书·孝武帝纪》）

吕纂

纂僭即天王位，游田无度，荒耽酒色。其太常杨颖谏曰："自陛下龙飞，疆宇未辟，崎岖二岭之内，纲维未振于九州岛。当兢兢夕惕，经略四方，成先帝之遗志，拯苍生于荼蓼。而更饮酒过度，出入无恒，宴安游盘之乐，沉湎樽酒之间，不以寇仇为虑，窃为陛下危之。糟丘酒池，洛汭不返，皆陛下之殷鉴。臣蒙先帝夷险之恩，故不敢避干将之戮。"纂曰："朕之罪也；不有贞亮之士，谁匡邪僻之君。"然昏虐自任，终不能改。常与左右，因醉驰猎于坑涧之间。（《晋书·吕纂载记》）

陈咏之

竟陵王诞在石头城。陈咏之蒙诞采录随从，恒见诞与左右小人庄庆傅元祀，潜图奸逆，恐一旦事发，横罹其辜，密以告建康右尉黄宣达，希以自免。元祀弟知咏之与宣达来往，自嫌言语漏泄，即具以告诞。诞大怒，令左右饮咏之酒，逼使大醉，因言咏之乘酒骂詈，遂被害。(《宋书·文五王传》)

常山王遵

常山王遵好酒，坐醉乱失礼，赐死。(《魏书·诏成子孙传》)

卢元缉

元缉凶率好酒，曾于妇氏饮宴，小有不平，手刃其客。(《魏书·卢元缉传》)

李会

元护子会，除宣威将军给事中，顽骏好酒。其妻南阳太守清河房伯玉女，甚有姿色，会不答之，房乃通于其弟机。因会饮醉，杀之。(《魏书·李元护传》)

高孝瑜

初，孝瑜养于神武宫中，与武成同年，相爱。及武成即位，礼遇特隆。帝在晋阳，手敕之曰："吾饮汾清二杯，劝汝于邺酌两杯。"其亲爱如此。……介朱御女名摩女，本事太后，孝瑜先与之通，后因太子婚夜，孝瑜窃与之言。武成大怒，顿饮其酒三十七杯。体至肥大，腰带十围。使娄子彦载以出，酖之于车。至西华门，烦热躁闷，投水而

绝。(《北齐书·文襄六王传》)

炀帝

大业十一年，炀帝自京师如东都，至孝乐宫，饮酒大醉，因赋五言诗，其卒章曰："徒有归飞心，无复因风力。"令美人再三吟咏，帝泣下沾襟，侍御者莫不欷歔。帝因幸江都，复作五书诗曰："求归不得去，真成遭个春。鸟声争劝酒，梅花笑杀人。"帝以三月被弑，即遭春之应也。(《隋书·五行志》)

申渐高一

渐高优人。周本自吴时有威望，烈祖虑其难制，因内宴，引鸩酒赐本。先觉之，辄取御杯，均酒之半，以进曰："愿以此上千万寿，庶明君臣一心。"烈祖失色，左右莫知所为。渐高托俳戏舞袂升殿，曰："敕赐臣。"渐高并饮之，纳杯怀中而出。烈祖密遣中人持药解之，不及，脑裂而卒。(《南唐书·申渐高传》)

申渐高二

魏王知训，徐温之子，烈祖曲宴，引金觞赐酒曰："愿我弟百年长寿。"魏意烈祖宴，引他器均之曰："愿与陛下各享五百岁。"烈祖不饮，久之，申渐高乘诙谐，并而饮之，内金钟于怀袖，亟趋而出。到家，脑溃而终。(《江表志》)

朱秀才

朱秀才遂宁府人，虔余，举进士，有《杨妃别明皇赋》最佳。然狂于酒。陇州防御使巩咸，乃蜀将也，朱生以乡人下第谒之。巩亦使酒，新铸一剑，乃曰："如何得一汉试之。"朱便引颈，俄而身首异处。惜哉，死非其所！即陆公之戏，诚哉善言也。(《北梦琐言》)

王曦

王审知子曦，常为牛饮，群臣侍酒，醉而不胜有诉，及私弃酒者，辄杀之。诸子继柔弃酒，并杀其赞者一人。(《五代史·闽世家》)

刘玢

刘隐弟龚，龚子玢。玢立，果不能任事，龚在殡，召伶人作乐，饮酒宫中，裸男女以为乐。其弟洪熙，日益进声妓，诱玢为荒恣，阴遣陈道庠养勇士，习为角抵，以献玢。玢宴长春宫以阅之。玢醉起，道庠等随至寝门，拉杀之。洪熙改名晟，既弑玢，遂自立。尝夜饮大醉，以瓜置伶人尚玉楼项，拔剑斩之，以试剑，因并斩其首。明日酒醒，复召玉楼侍饮，左右曰："已杀之。"晟叹息而已。(《五代史·南汉世家》)

郭威

太祖姓郭氏，名威，为人负气好使酒。尝游于市，市有屠者，常以勇服其市人。威醉呼屠者，使进几割肉，割不如法，叱之，屠者披其腹示之曰："尔勇者，能杀我乎？"威即前取刀刺之。一市皆惊，威颇自如。(《五代史·周太祖记》)

陈亮

陈亮才气超迈，落魄酒醉，与邑之狂士饮。醉中戏为大言，言涉犯上。一士欲中亮，以其事首闻。事下大理笞掠，亮诬服为不轨。孝宗阴遣左右，廉知其事，及奏入取旨，帝曰："秀才醉后妄言，何罪之有！"亮遂得免。(《宋史·儒林传》)

祸泉

置之瓶中，酒也。酌于杯，注于肠，善恶喜怒交矣，祸福得失歧矣。倘夫性昏志乱，胆胀身狂，平日不敢为者为之，平日不容为者为之。言腾烟焰，事堕阱机，是岂圣人贤人乎。一言蔽之，曰祸泉而已！(《清异录》)

赐酖

金长姑嫁慈溪姚氏，姚母能诗，出外为女傅。康熙间，某相国以千金聘往教女公子，到府住花园中，极珠帘玉屏之丽。出拜两姝，容态绝世，与之语，皆吴音，年十六七，学琴学诗，颇聪颖。夜伴女傅眠，方知待年之女，尚未侍寝于相公也。忽一夕二女从内出，面微红问之，曰："堂上夫人赐饮。"随解衣寝，未二鼓，从帐内跃出，抢地呼天，语呶呶不可辨，颤仆片时，七窍流血而死。盖夫人赐酒时，业已酖之矣。姚母踉跄弃资装，即夜逃归。常告人云："二女年长者尤可惜，有自嘲一联云：'量浅酒痕先上面，兴高琴曲不和弦。'"(《随园诗话》)

吴趼人纵酒自放

南海吴趼人年四十，浪迹燕齐，既郁郁不得志，乃纵酒自放。每独酌大醉，则引吭高诵《史记·游侠传》，邻舍妇孺恒窃窥而笑之，卒以沉湎致肺疾。返沪三年，日从事于学务，心力交瘁，病益剧，而纵饮如故也。一日，遨游市上，途遇其友某，遽语之曰："吾殆将死乎？吾向饮汾酒，醰醰有味，今晨饮，顿觉棘喉刺舌，何也？吾禄其不永矣。"某慰藉之，掉臂不顾，径回舍，趺坐榻上，微吟陶靖节诗"浮沉大化中，不恋亦不惧"二句。声未终而目瞑矣。(《清稗类钞》)

器　用

琉璃碗

王公与朝士共饮酒，举琉璃碗谓伯仁曰："此碗腹殊空，谓之宝器，何邪？"答曰："此碗英英，诚为清彻，所以为宝耳。"（《世说新语》）

铜器

汉章帝西巡，得铜器于岐山，似酒樽，诏在道晨夕，以为百官热酒。（《宋书·符瑞志》）

三雅

荆州牧刘表，跨有南土，子弟骄贵，并好酒，为三爵：大曰伯雅，次曰仲雅，小曰季雅。伯受七升，仲受六升，季受三升。又设大针以坐端，客有醉酒寝地，辄以劖刺验其醒醉，是丑于赵敬侯以筒酒灌人也。大驾都许使光禄大夫刘松，北镇袁绍军，与绍子弟宴饮，松以盛夏三伏之际，昼夜酣饮。二方化之，故南荆有三雅之爵，河朔有避暑之饮。（《史典论》）

简雍

先主拜雍为昭德将军。时天旱禁酒，酿者有刑。吏于人家索得酿具，论者欲令与作酒者同罪。雍与先主游观，见一男女行道，谓先主曰："彼人欲行淫，何以不缚？"先主曰："卿何以知之？"雍对曰："彼有其具，与欲酿者同。"先主大笑，而原欲酿者。雍之滑稽，皆此类也。（《三国蜀志·简雍传》）

鹊尾杓

陈思王有鹊尾杓，柄长而直，置之酒樽。凡王欲劝饮者，呼之则尾指其人。（《朝野金载》）

蛇影

广尝有亲客，久阔不复来。广问其故，答曰："前在坐蒙赐酒，方欲饮，见杯中有蛇，意甚恶之，既饮而疾。"于时河南听事壁上，有角漆画作蛇，广意杯中蛇，即角影也。复置酒于前处，谓客曰·"酒中复有所见否？"答曰："所见如初。"广乃告其所以，客豁然意解，沉疴顿愈。（《晋书·乐广传》）

皂荚树杯

葛仙翁斩皂荚树为杯，以盛酒，酒味益妙。（《神仙传》）

何点

求弟点，少不仕。永明元年，征中书郎。豫章王命驾造门，点从后门逃去。竟陵王子良闻之曰："豫章王尚不屈，非吾所议。"遗点嵇叔夜酒杯，徐景山酒枪以通意。点常自得，遇酒便醉，交游宴乐不隔也。（《南齐书·何求传》）

白虎樽

永明元年元日，有小人发白虎樽，既醉，与笔札，不知所道，直云忆高帝，敕原其罪。（《南齐书·五行志》）

酒柤

永元三年，拜爱妃潘氏为贵妃。潘氏服御，极选珍宝，主衣库旧物不复周用，贵市民间金银宝物，价皆数倍。京邑酒柤，皆折使输金，以为金涂。（《南齐书·东昏侯纪》）

沙门

长安沙门，种麦寺内，御骢牧马于麦中。帝入观马，沙门饮从官酒。从官入其便室，见大有弓矛矜楯，出以奏闻。帝怒曰："此非沙门所当与。"盖吴通谋规害人耳。命有司案诛一寺，阅其财产，大得酿酒具。（《魏书·释老志》）

碧筒杯

历城北，有使君林。魏正始中，郑公悫三伏之际，每率宾僚，避暑于此。取大莲叶，置砚格上，盛酒二升，以簪刺叶，令与柄通，屈茎上轮菌，如象鼻传嗡之，名为碧筒杯。历下学之，言酒味杂莲气，

香冷胜于水。(《酉阳杂俎》)

祖珽

文宣为并州刺史，署珽开府仓曹参军。珽性不羁放纵，曾至胶州刺史司马世云家饮酒，遂藏铜叠二面。厨人请搜诸客，果于珽怀中得之，见者以为深耻。后为神武中外府功曹，神武宴寮属于坐，失金叵罗，窦太君令饮酒者皆脱帽，于珽髻上得之。(《北齐书·祖珽传》)

黍酒

子艺黍登场，岁不过数石，以供祭祀冠婚宾客之酒也。成礼则止，子之室酒不绝。(《中说天地篇》)

朱提瓶

回纥，贞观三年始来朝，献方物。天子方招宠远夷，作绛黄瑞锦文袍，宝刀珍器，赐之。帝坐秘殿，陈十部乐，殿前设高坫，置朱提瓶，其上潜泉浮酒，自左阁涌坫趾注之瓶，转受百斛镡缶。回纥数千人饮毕，尚不能半。又诏文武五品官以上祖饮尚书省中。渠领共言，生荒陋地，归身圣化天，至尊赐官爵，与为百姓，依唐若父母。然请于回纥突厥部，治大涂，号参天至尊道，世为唐臣。乃诏碛南鹏鹈泉之阳，置过邮六十八所，具群马湩肉，待使客，岁内貂皮为赋。(《唐书·回鹘传》)

酒窟

苏晋作曲室为饮所，名酒窟。又地上每一砖，铺一瓯酒，计砖约

五万枚。晋曰:"率友朋次第饮之,取尽而已。"(《醉仙图记》)

蓬莱盏

李适之有酒器九品:蓬莱盏,海川螺,舞仙盏,瓟子卮,幔卷荷,金蕉叶,玉蟾儿,醉刘伶,东溟样。蓬莱盏上有山,象三岛,注酒以山没为限。舞仙盏有关捩,酒满则仙人出舞,瑞香球子落盏外。(《逢原记》)

醒酒花

贵妃每宿酒初消,多苦肺热。凌晨傍花枝,口吸花露润肺。明皇与贵妃幸华清宫,因宿酒初醒,凭妃子肩,同看木芍药,上亲折一枝,与妃子递嗅其艳。帝曰:"不惟萱草忘忧,此花香艳,尤能醒酒。"(《开元天宝遗事》)

常持满

汝阳王琎,家有酒法,名《甘露经》。饮叶静能,静能曰:"有一生徒能饮,当令来谒。"翌日,有通谒者,曰:"进士常持满。"见之,侏儒也,谈胚晖之道,饮以酒五斗,醉倒,乃是一瓮。(《河东记》)

王琎

汝阳王琎,取云梦石,甃泛春渠以蓄酒,作金银龟鱼,浮沉其中,为酌酒具,自称"酿王",兼"曲部尚书"。(《醉仙图记》)

洞天瓶

虢国夫人，就屋梁上，悬鹿肠于半空，筵宴，则使人从屋上注酒于肠中，结其端，欲饮则解开，注于杯中，号"洞天圣酒将军"，又曰"洞天瓶"。(《云仙杂记》)

鸩杯

肃宗召禄山饮，教宫人进鸩杯。禄山将饮，会燕衔泥堕杯中，禄山疑，乃不饮。(《真珠船》)

偏提

元和初，酌酒犹用樽杓，所以丞相高公，有斟酌之誉。虽数十人，一樽一杓，挹酒而散，了无遗滴。居无何，稍用注子，其形名罃，而盖觜柄皆具。太和九年后，中贵人恶其名同郑注，乃去柄安系，若茗瓶而略异，目之曰偏提。论者亦利其便。(《资暇录》)

汕囊

白氏履道里，宅有池水，可泛舟。乐天每命宾客，绕船以百十油囊，悬酒炙，沉水中，随船而行。一物尽，则左右又进之，藏盘筵于水底也。(《穷幽记》)

酒胡

卢汪门族甲天下，举进士不第，诗曰："怅惘兴亡系绮罗，世人犹自选青娥；越王解破夫差国，一个西施已太多。"晚年失意，作酒胡子

歌曰："胡貌类仁，倾侧不定。缓急由人，不在酒胡。酒胡一滴不入肠，空令酒胡名酒胡。"(《摭言》)

玉杯

张易为太子宾客，方雅真率，而好乘醉陵人。尝侍宴昭爱宫，储后持所爱玉杯，亲酌易酒，捧玩勤至，有不顾之色。易张目排座，抗音而让曰："殿下轻人重器，不止亏损至德，恐乖圣人慈俭之旨。"言讫，碎玉杯于殿柱，一座失色。储后避席而谢之。(《南唐近事》)

酒池

秦酒池在长安故城中。庙记曰："长乐宫中有鱼池，酒池。池上有肉炙树，秦始皇造，汉武行舟于池中。酒池北起台，天子于上观牛饮者三千人。"又曰："武帝常欲夸羌胡，饮以铁杯，重不能举，皆抵牛饮。"《西征赋》云："酒池监于商辛，追覆车而不悟。"(《三辅黄图》)

丰侯

射为罚爵，名丰，作人形。丰国名，其君以酒亡，因戴盂以戒酒，故崔骃《酒箴》云："丰侯沈酒，荷罂负缶，自僇于世，图形戒后。"(《三礼图》)

白莲花盏

嘉祐中，有王永年者，娶宗女，求举于窦卞杨绘，得监金耀门书库。永年尝置酒延卞绘，出其妻间坐。妻以左右手，掬酒以饮卞绘，

谓之"白莲花盏",可谓善体物者也。(《墨庄漫录》)

银瓶

别儿怯不花为宣徽使,加开府仪同三司。宣徽所造酒,横索者众,岁费陶瓶甚多。别儿怯不花奏制银瓶以贮,而索者遂止。(《元史·别儿怯不花传》)

金莲杯

杨铁崖耽好声色,每于筵间见歌儿舞女,有缠足纤小者,则脱其鞋,载盏以行酒,谓之金莲杯,予窃怪其可厌。后读张邦基《墨庄漫录》,载王深辅道《双凫诗》云:"时时行地罗裙掩,双手更擎春潋滟。傍人都道不须辞,尽做十分能几点。春柔浅蘸葡萄暖,和笑劝人教引满。洛尘忽涴不胜娇,划蹋余莲行款款。"观此诗,则老子之疏狂,有自来矣。(《辍耕录》)

解语杯

至正庚子秋七月九日,饮松江泗滨夏氏清樾堂上。酒半,折正开荷花,置小金卮于其中,命歌姬捧以行酒。客就姬取花,左手执枝,右手分开花瓣,以口就饮,其风致又过碧筒远甚。余因名为解语杯,坐客咸曰然。(《辍耕录》)

酒价一

丁晋公对真庙唐酒价以三百,亦出于一时耳。若李白"金樽清酒斗十千",白乐天"共把十千酤一斗",又"软美仇家酒,十千方得斗",又"十千一斗犹赊饮,何况官供不著钱",又崔辅国"与酤一斗酒,恰用十千钱"。(《芥隐笔记》)

酒价二

丁谓参知政事,真宗尝问唐酒价几何,谓对以每升三十。上曰:"何以知?"谓引杜诗云:"速来相就饮一斗,恰有三百青铜钱。"上喜其对。后余因看李太白诗,有"金樽美酒斗十千"之句,以为李杜同时,何故诗句所言酒价顿异。客有戏噱者,曰:"太白谓美酒耳,恐杜老不择饮,而醉村店压茅柴耳。"坐皆大笑。然亦近理也。(《学斋呫哔》)

玉盘酒器

王可交棹渔舟入江,遇一彩舫。有道士七人,玉冠霞帔,侍从十余人,鬌角云鬓,面前各有青玉盘酒器。呼可交上舫,命与酒吃。侍者泻酒于尊,酒再三不出。道士曰:"酒灵物,若得入口,当换其骨。泻之不出,亦命也。"一人曰:"与栗吃。"俄取二栗与之。其栗青赤有光如枣,长二寸许,啮之有皮,非人间之栗,肉脆面甘。可交食栗之后,绝谷逾静,若有神助。(《五色线》)

酒具

山径兀,以蹇驴载酒,讵容毋具,旧有偏提,犹今酒鳖,长可尺五而扁,容斗余,上窍出入犹小钱大,长可五分,用塞,设两环,带以革,唯漆为之。和靖翁送李山人,故有"身上祗衣粗直裰,马前长带古偏提"之句。今世又有大漆葫芦，隔以三酒，下果皿，中上以青丝络负之，或副以书箧，可作一担，加以雨具及琴，皆可，较之沈存中游山具，差省矣。唯酒杯当依沈制，用银器。(《山家清事》)

玉盏

韩魏公知北都，有中外亲献玉盏一只，云耕者入冢而得，表里无纤瑕可指，盖绝宝也。公以百金答之，尤能宝爱。开燕召漕使显官，特设一桌，覆以绣衣，致玉盏其上，且将用之酌酒，遍劝坐客。俄为吏将误触台倒，玉盏俱碎，坐客皆愕然。吏将伏地待罪，公神色不动，笑谓坐客曰："物破亦自有时。"谓吏将曰："汝误也，非故也，何罪之有。"公之量宽大厚重如此。(《厚德录引刘斧翰府名谈》)

鼻饮杯

南边人习鼻饮。有陶器如杯碗，旁植一小管，若瓶嘴，以鼻就管吸酒浆。暑月以饮水，云水自鼻入咽，快不可言。邕州人已如此，记之以发览者一胡卢也。(《桂海虞衡志》)

牛角杯

海旁人截牛角令平，以饮酒，亦古兕觥遗意。(《桂海虞衡志》)

注子偏提

元和初，酌酒用尊杓，无何，改为注子。其形如罂而盖嘴，柄其背。元和中，贵人仇士良恶其名同郑注，乃去其柄，安系若茗瓶，而

小异之。目曰偏提。(《续事始》)

酒筹

古人饮酒击博，其箭以牙为之，长五寸。箭头刻鹤形，谓之六鹤齐飞。今牙筹亦其遗意。唐人诗云："城头稚子传花枝，席上搏拳握松子。"则今人催花猜拳，唐时已有之矣。(《坚瓠集》)

金叵罗

《桐下听然》载：明某某二相公侍讲筵，咨询既久，上顾小黄门："先生们甚劳。"命赐酒。内侍出二金叵罗，甚大。杯中镌字云："门下晚生某进。"某者，相公名，盖以媚巨珰没入之物也。二相惭惧，叩头趋出。上目之而笑，未数日，予告，亦愧于金钱，辱于挞市矣。(《坚瓠集》)

饮器

《史记》："赵襄子杀智伯，漆其头以为饮器。"读者谓头骨不可为器以饮，故注者多谓溲便器，如虎子之属。惟刘氏注云："酒器。"《集览正误》以为非。按《吕氏春秋》："襄子与魏桓韩康期而击智伯，断其头以为觞，谓之觞，非酒器而何?"又《汉书·匈奴传》："单于以老上单于所破月支王头为饮器者，共饮血盟。"若溲便器，则不可盛血饮矣。(《坚瓠集》)

犀角酒斗

叶圣野先生襄，有犀角酒斗，傍刻魁星像，右手执银而失笔。坐客偶言，试官受财，魁星只以银锭効用。朱云子【隗】先生，即席赋《沁园春》词曰："咄斗魁公，何事怀金，投笔归来。怪日居角亢，守他金库，奎临财帛，赶上银堆。路鬼揶揄，波臣憔悴，岂是文章竟颠哉。叹毛锥子，见孔方兄至，那敢推排。空教气涌如雷，任块垒浇他三百杯。有王图先达，吴融负屈，刘贲下第，裴李高魁。银气冲天，管花落地，倒却西园文雅台。但准备，得腰缠万贯，稳取三台。"（《坚瓠集》）

酒旗

《韩非子》云："宋人酤酒，悬帜甚高。"酒市有旗，始见于此。《唐韵》谓之帘，或谓之望子，《水浒传》有"无三不过望"语。宋《窦革酒谱》有《帘赋》，警句云："无小无大，一尺之布可缝；或素或青，十室之邑必有。"（《坚瓠集》）

软金杯

金明昌初，有劈橙为软金杯者，章宗赋《生查子》词曰："风流紫府郎，痛饮乌纱岸。柔软九回肠，冷怯玻璃碗。纤纤白玉葱，分破黄金弹。借取洞庭春，飞上桃花面。"（《坚瓠集》）

鞋杯词一

许少华《鞋杯词》云："借足下权为季雅，向尊前满注流霞。沾唇分外香，入掌些儿大。鹦鹉鸬鹚总让他，把一个知味人儿醉杀。"（《坚瓠集》）

鞋杯词二

嘉靖中，临朐冯汝行【惟敏】，少负才名，领乡荐，知涞水县，改教润州，迁保定府通判。因仕不得显秩，肮脏归海滨，以文酒自娱乐。作《鞋杯词》曰："高擎彩凤一钩香，娇染轻罗三寸长，满斟绿蚁十分量。窍生生，小酒囊。莲花瓣露泻琼浆。月儿牙弯环在腮上，锥儿把团圈在手掌，笋儿尖签破了鼻梁。钩乱春心，洗遍愁肠。抓辘辘滚下喉咙，周流肺腑，直透膀胱。举一杯恰像小脚儿轻跷肩上，咽一口好疑是妙人儿吮乳在胸膛。改样风光，着意珍藏。切不可指甲儿掐坏了云头，口角儿漏湿了鞋帮。"词颇切当，惜不使廉夫见之也。(《坚瓠集》)

瓵经

"借书一痴，还书一痴。"痴乃瓵之伪也。昔人谓借书还书，皆佐以一瓵酒。瓵，盛酒器也，大者一石，小者五斗。黄山谷致诗胡朝清："愿公借我藏书目，时送一鸱开锁鱼。"东坡和陶诗："不持两鸱酒，肯借一车书。"按师古云："鸱夷革囊以盛酒。"鸱、瓵字，盖通用者。酒器又有名经者，小瓶细颈，环口修腹，以酒贻人，则云"酒一经，酒二经。"有人饷人酒柬云："五经在门。"主人误为束带出肃之，乃五小瓶酒耳。李君实《饮酒诗》有"登楼客在传三雅，问字人来挹五经"之句。(《坚瓠集》)

青田核

乌孙国有青田核，如五六升瓠，空之盛水，俄而成酒。宋有刘章者，得二枚，集宾设之，一核才尽，一核又熟，可供二十客。(《坚瓠集》)

判子诗

北京宣武门外归义寺，士人夫送行之地。嘉靖中，刑部郎中苏志皋，饯客至寺，壁间有李镇所画《判子图》，乃脱靴为壶，令一鬼执而斟之，一鬼于判后窃饮。苏戏题诗云："芭蕉秋影送婆娑，醉里觥筹射鬼魔。到底不知身后事，酆都城外更如何？"时光禄少卿高东谷与苏善，夜梦绿衣使者揖曰："苏司寇嘲戏太重，求为解之。"高次日告于苏，苏告以归义之故，相笑而去。夜复梦绿衣曰："以公与苏司寇交厚，专为求解，何置不言？"高明日，拉苏至归义。苏复题云："蟠桃频窃酒频倾，总是区区儿女情。莫道不知身后事，目光如电照幽冥。"是夕，高复梦绿衣来谢云。（《坚瓠集》）

偏提

偏提，即注子，唐改曰偏提。据《说郛》云，犹今酒鳖。（《天禄识余》）

衢尊

尊，酒器也。六尊为衢。（《天禄识余》）

酒器名

五代伪闽王王延庆，以银叶作杯，柔弱如冬瓜片，名曰"醉如泥"。东坡在蜀时，以巨竹尺许，裁为双筒，谓之"文尊"。（《天禄识余》）

素书倚酒

《太宵经》云："朱仲尝以素书，倚酒于女几家。几盗写学其术。"女几，陈市酒家妇也。倚酒，犹言质酒。（《天禄识余》）

垆

文君当卢，卢字不从土，盖卖酒区也。颜师古曰："卖酒之处，累土为垆，以居酒瓮，四边隆起，其一面高形如煅炉，故名。非温酒垆也。"（《眉公群碎录》）

九尾觥

泰兴季御史家有古玉觥，质如截肪，中作盘螭。螭有九尾，作柄处螭首如血赤，觥底有窍，与尾通。九尾皆虚空，宛转相属，注酒皆满，人以为鬼工。（《池北偶谈》）

祥酒帘

长白祥药圃鼎，乾隆丙戌进士，由工部主事，累官至布政使。尝作酒帘诗云："送客船停枫叶岸，寻春人指杏花村。"都下盛传，呼为"祥酒帘"。（《两般秋雨庵随笔》）

幂酒缸

《知稼翁集注》："临安人以黜卷幂酒缸，可与覆酱瓿作的对。"（《两般秋雨庵随笔》）

行酒之法

行酒，以碧筒为最雅，鞋杯则俗矣。虢国夫人，以鹿肠悬于梁间，结其两头，实酒其中，欲饮则去其结，而以口就吸之，虽豪而实不韵。金章宗以软金叶，薄如冬瓜片，制为酒器，令饮者愈吸愈不尽。名曰"醉如泥"，但不知其制法若何。宋杨某，谄事卜绘，令其妻以两手捧酒，就其口饮之，名曰"白玉莲花盏"，抑何无耻！(《两般秋雨庵随笔》)

银杯

孙雨人学博同元，家藏宫僚雅集酒器，以白金作觜杯，如梅花形，重二十八两有奇，外界乌丝，内镌诸公姓氏、名号、爵里于底，以量之大小分属焉。首汤潜庵斌，河南睢州人；次沈绎堂荃，江南华亭人；次郭快圃棻，直隶清苑人；次王昊庐泽宏，湖北黄冈人；次耿逸庵介，河南登封人；次田子湄喜霁，山西代州人；次张孰复英，安徽桐城人；次李山公录予，顺天大兴人；次朱即山阜，浙江山阴人；次王阮亭士槇，山东新城人；共计十事。(《两般秋雨庵随笔》)

罍尊

徐大文名林鸿，海宁人，大学士益都冯公客，佳山堂六子之一也。康熙戊午，应博学鸿词荐，后历游南北，为大府主章奏。客贵州时，劝巡抚因民之俗，立瞿公式耜张公同敞祠，为作神弦迎送至曲，主人欢忭，华冠绣衣，击铜鼓鸣铁笛歌焉。曲终，苗童犵女，皆感慨泣下。大文善鉴赏，别书画礼器伪真，兼善饮。尝过顾御史豹文别业，御史

出罍尊，贮酒可容一斗，酌大文。大文连举者三。御史曰："此何年制
也？"大文笑曰："北齐文宣帝天保六年避暑晋阳宫所作也。"验其下款
识，果然。大文善为诗，婉丽近齐梁。卒时年六十有九，其葬也，朱
锡鬯铭之。（《初月楼闻见录》）

玉瓮

承光殿南，乾隆十年建石亭，以置元代玉瓮。按《辍耕录》：黑玉
酒瓮，玉有白章，随其形刻为鱼兽出没波涛之状。其大可贮酒三十余
石，径四尺五寸，高二尺，围圆一丈五尺。至元二年告成，敕置广寒
殿云。其后屡易朝代，废置某道院中，以为酱瓿。有工部侍郎三和者，
善博古物，于道院见之，因贱价赎以归，进上，仍置故处。纯皇御制
《玉瓮歌》，以纪其事，命廷臣赓和。以郑虎文之诗为最，其词曰："天
启圣瑞玉瓮出，惟圣克受昭声歌。臣愚未睹法宫宝，伏读睿藻心为摹。
瓮广三尺容五石，随形窅突浮圆荷。刻划类铸象鼎物，长风蹴踏万里
波。腥涎怪物走蛟鼍，呀呷睒瞩腾鼋鼍。阳冰不冶阴火闷，怪变灭没吞
江河。伊谁铲削运鬼斧，或巨灵掌吴刚柯。吾思此玉当在璞，磈然万
古藏嵯峨。百灵孕含胚太极，润及草木辉岩阿。原为圣役剖凿出，宛
转人世袭白窠。那知德薄不能有，供玩耳目羞婵婀。如延津剑泗水鼎，
神物终化理不诐。于时恭承陛下圣，万方贡献声猗那。人无遗贤物鲜
弃，希世宝肯终烟萝。熊熊龙气光烛夜，乃迹而得归搜罗。转敕内府
输杅贯，千金易致驷马驮，陈之广殿重图训，莫如金瓯无倾陂。龙翔
凤翥发天唱，四十八人鸣相和。呜呼隐见会有遇，委弃道院岁已多。
冬菹实腹泥没足，学士凭吊资吟哦。拂拭偶及光万国，经天不掩同义

娥。甄幽拔隐寄深慨，谁其会者空摩挲。异物且贵况奇士，努力明盛无蹉跎。"(《啸亭杂录》)

成窑酒杯

成窑酒杯，有名高烧银烛照红妆者，一美人持灯看海棠也。锦灰堆者，折枝花果堆四面也。鸡窑者，上画牡丹下画子母鸡也。秋千杯者，士女秋千也。龙舟杯者，斗龙舟也。高士杯者，一面画茂叔爱莲，一面画渊明对酒也。娃娃杯者，五婴相戏也。其余满架葡萄，及香草、鱼藻、瓜茄、八吉祥、优钵罗花、西蕃莲、梵书，名式不一，皆描画精工，点色深浅，磁色莹洁而坚。鸡缸宝烧碗朱砂盘最贵，价在宋磁之上。朱竹垞称芳草鸡缸，当亦牡丹之类，余旧藏酒器，皆鸡冠花下子母鸡凡五。其式必多，当不止此数种也。(《茶余客话》)

杯衬之始

今人饮酒，杯下衬以托子，未知所昉。冯益都相国宴诸鸿词翰林于万柳堂，酒醣，指此为问。汪苕文以为古无此制是也。毛大可称即古之舟也，引《周礼》注疏为证。益都命走马取书，似有所幸，然与杯不相属。予见宋李济翁《资暇录》一则云："始建中，蜀相崔宁之女，以茶杯无衬，病其熨手，取碟子承之。既啜而杯倾，乃以蜡环碟子中央，其杯遂定。即命匠以漆环代蜡，进于蜀相。崔大奇之，为制名而词于宾友，人人以为便，于是传者更环其底，愈新其制，以至百状。此为茶器而设。"《资暇录》引此云："贞元初，青郓油绘为荷叶形，以衬茶碗，别为一家之碟。今人多云托子始此非也。蜀相即升平崔家。"

按此与今之杯托制甚合，前人有辨之者。《周礼》司尊彝之职曰六彝，皆有舟。郑康成曰，舟尊下台，似非今酒杯之制也。西河一时强论耳。（《茶余客话》）

酒经

陶人之为器，有酒经焉。晋安人盛酒似瓦壶之制，小颈环口，修腹受一斗。凡馈人书一经，或二经，或五经。他境人不达其义，闻五经至，束带迎于门，乃至是酒五饼为五经也。（《群碎录》）

妓鞋行酒

元杨铁崖好以妓鞋纤小者行酒。此亦用宋人例。而倪元镇以为秽，每见之，辄大怒避席去。隆庆间，何元朗觅得南院王赛玉红鞋，每出以觞客，座中多因之酩酊。王弇州至作长歌以纪之。元镇洁癖，固宜有此，晚年受张士诚粪溃之酷，可似引满香尖时否？（《敝帚斋余谈》）

妓以金盏饮盛心壶

布衣盛心壶，性偶宕，工诗善书。有某名妓慕其名，以秋柳画扇索题，题二句云："腰瘦那堪迎送苦，眼枯都为别离多。"妓大叹赏，愿以终身许之。是夕，留髡畅饮，杯盏皆金制，酒酣眼热，以一盏置于怀。妓觉之，太息良久，为之惋惜者再三，终身之愿乃寝。（《清稗类钞》）

汪槐塘与宴于端华堂

乾隆甲申，杭州有集里中同康熙甲申生者六人，宴于端华堂，钱塘汪槐塘上舍沆与焉。酒半，出顺治纪元所制银杯，命后甲申所诞哲嗣，奉以寿客，肇举齐年之会。远希会昌元丰诸老之高风，甚盛事也。槐塘有诗，用以纪实。诗云："枌榆五老衡宇邻，过从步屧不隔旬。惟予穉秕玷后尘，柯山居士齿冠伦。一麾出守犹逡巡，诸公衮衮佩印绅。甘棠之碑树嶙峋，政成遄归狎钓纶。宰官偶现遨头身，比部心恋鹤发亲。遗荣一疏兰陔循，暇续八社罗众宾。登堂拜母展华茵，小同揖客词恂恂。问年先后齐甲申，改席擎出凿落银。紫芝煌煌烂若新，开国纪元第一春。良工制巧铭词谆，觞行疾若下阪轮。插芳咀甘淆迭陈，笑言和怿音叩錞。竹溪人物逊此辰，方今圣治被八垠。缅酋行见隶仆臣，咏歌太平娱夕晨。山屏水镜湖之滨，篮舆栗杖莫惮频。岁寒令德保松筠，嘉会勿替耄耋臻。"（《清稗类钞》）

谏　诚

郭舒

刘弘牧荆州，引舒为治中。弘卒，王澄闻其名，引为别驾。澄终日酣饮，不以众务在意，舒常切谏之。荆土士人宗廞，尝因酒忤澄，澄怒叱左右棒廞。舒厉色谓左右曰："使君过醉，汝辈何敢妄动！"澄恚曰："别驾狂邪？诳言我醉！"因遣掐其鼻，灸其眉头。舒跪而受之，澄意少释，而廞遂得免。（《晋书·郭舒传》）

李雄

雄僭即帝位，尝酒醉而推中书令，杖大官令。丞相杨褒进曰："天子穆穆，诸侯皇皇，安有天子而为酗也！"（《晋书·李雄载记》）

周伯仁

明帝在西堂，会诸公饮酒，未大醉，帝问："今名臣共集，何如尧舜？"时周伯仁为仆射，因厉声曰："今虽同人主，复那得等于圣治！"帝大怒还内，作手诏满一黄纸，遂付廷尉令收，因欲杀之。后数日，诏出周，群臣往省之，周曰："近知当不死，罪不足至此。"（《世说新语》）

王茂弘

元帝过江，犹好酒，王茂弘与帝有旧，常流涕谏，帝许之，命酌酒一酣，从是遂断。（《世说新语》）

陆玩

陆玩拜司空，有人诣之，索美酒，得便自起，泻箸梁柱间地，祝曰："当今乏才，以尔为柱石之用，莫倾人栋梁！"玩笑曰："戢卿良箴。"（《世说新语》）

王绂

绂除晋阳令，加宁远将军，颇为显祖所知待。帝尝与左右饮酒，曰："快哉大乐！"绂对曰："亦有大乐，亦有大苦。"帝曰："何为大苦？"绂曰："长夜荒饮不寐，亡国破家，身死名灭，所谓大苦。"帝默然。（《北齐书·王绂传》）

毁杯

文宣溺于游宴，帝忧愤表于神色，文宣觉之，谓帝曰："但令汝在，我何为不纵乐。"帝唯啼泣拜伏，竟无所言。文宣亦大悲，抵杯于地曰："汝以此嫌我，自今敢进酒者斩之！"因取所御杯，尽皆坏弃，后益沉湎。（《北齐书·孝昭纪》）

高浚

永安简王浚，进爵为王。文宣末年，多酒，浚谓亲近曰："二兄今因酒败德，朝臣无敢谏者。大敌未灭，吾甚以为忧。欲乘驿至邺，面谏，不知用吾不。"人有知，密以白，帝见衔。(《北齐书·高祖十一王传》)

高德政

德政迁尚书右仆射，显祖末年，纵酒酣醉，所为不法。德政屡进忠言，后召德政饮，不从，又进言于前，谏曰："陛下道我寻休，今乃甚于既往，其若社稷何！其若太后何！"帝不悦。(《北齐书·高德政传》)

宇文护

护太祖之兄，邵惠公颢之少子也。天和七年，帝御文安殿，见护讫，引护入含仁殿，朝皇太后。先是，帝于禁中见护，常行家人之礼。护谒太后，太后必赐之坐，帝立侍焉。至是，护将入，帝谓之曰："太后春秋既尊，颇好饮酒，喜怒之间，时有乖爽。比虽犯颜屡谏，未蒙垂纳。兄今既朝拜，愿更启请。"因出怀中《酒诰》以授护曰："以此谏太后。"护既入，如帝所戒，读示太后。未讫，帝以玉珽自后击之，护踣于地。时卫王直，先匿于户内，乃出斩之。(《周书·晋荡公护传》)

李纲

纲拜太子少保，上书太子曰："殿下饮酒过量，非养生之道，凡为人子，务孝谨以慰上心，不宜听受邪说，与朝廷生惎间。"太子览书不怿。(《唐书·李纲传》)

李景伯

怀远子景伯，景龙中为谏议大夫。中宗尝宴侍臣及朝集使，酒酣，令各为回波辞。众皆为谄佞之辞，及自要荣位，次至景伯，曰："回波尔时酒卮，微臣职在箴规，侍宴既过三爵，喧哗窃恐非仪。"中宗不悦，中书令萧至忠称之曰："此真谏官也。"（《旧唐书·李怀远传》）

准敕断酒

安禄山受帝眷爱，常与妃子同食，无所不至。帝恐外人以酒毒之，遂赐金牌子，系于臂上。每有王公宴召，欲沃以巨觥，禄山即以牌示之，云："准敕断酒。"（《开元天宝遗事》）

阳城

阳城及进士第，乃去隐中条山，与弟阶域，常易衣出。尝绝粮，遣奴求米。奴以米易酒，醉卧于路。城怪其故，与弟迎之。奴未醒，乃负以归。及觉，痛咎谢。城曰："寒而饮，何责焉。"德宗召城，拜右谏议大夫。初，城未起，搢绅想见风采，既兴草茅，处谏诤官，士以为且死职，天下益惮之。及受命，它谏官论事，苛细纷纷，帝厌苦。而城漫闻得失且熟，犹未肯言。韩愈作《诤臣论》讥切之。城不屑，方与二弟延宾客，日夜剧饮。客欲谏止者，城揣知其情，强饮客。客辞，即自引满。客不得已，与酬酢，或醉仆席上。城或先醉，卧客怀中，不能听，客语无得关言。及裴延龄诬逐陆贽张滂李充等，帝怒甚，无敢言。城闻，上疏极论延龄罪，慷慨引谊，申直贽等，累日不止。闻者寒惧，城愈励。（《唐书·卓行传》）

李嗣昭

李嗣昭本姓韩氏，汾州大谷县民家子也。太祖取之，命其弟克柔，养以为子。为人短小，而胆勇过人。初喜嗜酒，太祖尝微戒之，遂终身不饮。太祖爱其谨厚，常从用兵，为内衙指挥使。(《五代史·义儿传》)

冯道

明宗问宰相冯道："卢质近日吃酒否？"对曰："质曾到臣居，亦饮数爵。臣劝不令过度。事亦如酒，过即患生。"崔协强言于坐曰："臣闻食医心镜酒极好，不假药饵，足以安心神。"左右见其肤浅，不觉哂之。(《北梦琐言》)

滕中正

中正拜右谏议大夫，权御史中丞。雍熙元年春，大宴，上欢甚，以虚盏示群臣。宰相言饮酒过度，恐有失仪之责，上顾谓中正曰："今君臣相遇，有失者勿弹劾也。"因是伶官盛言宴会之乐。上曰："朕乐在时平民安。"是冬，乾明节，群臣上寿，酒三行，上目中正曰："三爵之饮，实惟常礼，朕欲与群臣更举一卮，可乎？"中正曰："陛下圣恩甚厚，臣敢不奉诏。"殿上皆称万岁。(《宋史·滕中正传》)

张咏

咏为御史中丞，天节斋会，丞相大僚，有酒失者，咏奏弹之。(《宋史·张咏传》)

薛奎

奎历参知政事。真宗时，数宴大臣，至有沾醉者，奎谏曰："陛下即位之初，励精万几而简宴幸。今天下诚无事，而宴乐无度，大臣数被酒，无威仪，非所以重朝廷也。"真宗善其言。(《宋史·薛奎传》)

王曙

曙方严简重，有大臣体。初，钱惟演留守西京，欧阳修、尹洙为官属。修等颇游宴，曙后至，尝厉色戒修等曰："诸君纵酒过度，独不知寇莱公晚年之祸邪！"修起对曰："以修闻之，莱公正坐老而不知止尔！"曙默然，终不怒。及为枢密使，首荐修等，置之馆阁。(《宋史·王曙传》)

唐三藏

艾子好饮，少醒日。门生相与谋曰："此不可以谏止，唯以险事休之，宜可诚。"一日，大饮而哕，门人密抽彘肠，致哕中，持以示曰："凡人具五脏，方能活。今公因饮，而出一脏，止四脏矣，何以生耶！"艾子熟视而笑曰："唐三藏犹可活，况有四耶！"(《艾子杂说》)

岳飞

飞死时，洪皓在金国中蜡书驰奏，以为金人所畏服者惟飞，至以父呼之。诸酋闻其死，酌酒相贺。飞少豪饮，帝戒之曰："卿异时到河朔乃可饮。"遂绝不饮。(《宋史·岳飞传》)

金熙宗

皇统二年五月癸巳，不视朝。上自去年荒于酒，与近臣饮，或继以夜。宰相入谏，辄饮以酒曰："知卿等意。今既饮矣，明日当戒。"因复饮。（《金史·熙宗纪》）

完颜勖

勖拜平章政事时，上日与近臣酉饮，或继以夜，莫能谏之。勖上疏谏，乃为止酒。（《金史·始祖以下诸子传》）

大氏

海陵母大氏，尊为皇太后。海陵生日，宴宗室百官于武德殿，大氏欢甚，饮尽醉。明日，海陵使中使奏曰："太后春秋高，常日饮酒不过数杯，昨见饮酒沉醉，儿为天子固可乐，若圣体不和，则子心不安，其乐安在。至乐在心不在酒也。"（《金史·后妃传》）

徒单贞

徒单贞正隆二年同判大宗正事。海陵将伐宋，诏朝官除三国人使宴饮，其余饮酒者死。六年正月四日，立春节，益都尹京，安武节度使爽，金吾上将军阿速饮于贞第。海陵使周福儿赐土牛，至贞第见之，以告。海陵召贞诘之曰："戎事方殷，禁百官饮酒，卿等知之乎？"贞等伏地请死。海陵数之曰："汝等若以饮酒杀人太重，固当谏。古人三谏不听，亦勉从君命。魏武帝军行，令曰：'犯麦者死，'已而所乘马入麦中，乃割发以自刑。犯麦，微事也，然必欲以示信。朕为天下主，法不能行于贵近乎！朕念慈宪太后子四人，惟朕与公主在，而京等皆近属，曲贷死罪。"于是杖贞七十，京等三人，各杖一百，降贞为安武军节度使，京为滦州刺史，爽归化州刺史。(《金史·逆臣传》)

完颜昂

昂在海陵时，纵欲沉酗，辄数日不醒。海陵闻之，常面戒不令饮，得间辄饮如故。大定初，还自扬州，妻子为置酒私第，未数行，辄卧不饮。其妻大氏，海陵庶人从母姊也，怪而问之。昂曰："吾本非嗜酒者，但向时不以酒自晦，则汝弟杀我久矣。今遇遭明时，正当自爱，是以不饮，"闻者称之。(《金史·完颜昂传》)

徒单克宁

克宁拜右丞相，上使徒单怀忠谕之曰："凡人醉时醒时，处事不同。卿今日亲宾庆会，可一饮。过今日，可勿饮也。"(《金史·徒单克宁传》)

完颜守纯

荆王守纯拜平章政事，上戒谕守纯曰："始吾以汝为相者，庶几相辅，不至为人讥病耳。汝乃惟饮酒耽乐，公事漫不加省，何耶？"又曰："吾所以责汝者，但以崇饮不事事之故，汝勿过虑，遂至夺权。今诸相皆老臣，每事与之商略，使无贻物议足矣。"(《金史·宣宗诸子传》)

耶律楚材

楚材拜中书令，事无巨细，皆先白之。帝素嗜酒，日与大臣酗饮，楚材屡谏不听，乃持酒槽铁口进曰："曲蘖能腐物，铁尚如此，况五脏乎!"帝悟，语近臣曰："汝曹爱君忧国之心，岂有如吾图撒合里者邪!"赏以金帛，敕近臣日进酒三钟而止。(《元史·耶律楚材传》)

伯颜

伯颜知枢密院事，出镇和林。时成宗以皇孙奉诏抚军北边，举酒以饯曰："公去将何以教我?"伯颜举所酌酒曰："可慎者惟此与女色耳!"(《元史·伯颜传》)

脱脱一

木华黎子速浑察，速浑察子撒蛮，撒蛮子脱脱，幼失怙，稍长，直宿卫，世祖亲诲导，以嗜酒为戒。成宗即位，其宠顾为尤笃，常侍禁闼，出入惟谨，退语家人曰："我昔亲承先帝训饬，令毋嗜饮，今未能绝也。岂有为人知过，而不能改者乎? 自今以往，家人有以酒至吾前者，即痛惩之。"帝闻之喜曰："扎刺儿台如脱脱者无几，今能刚制于酒，真可大用矣。"即拜资德大夫。(《元史·木华黎传》)

脱脱二

永乐八年十月，忠顺王脱脱沉湎于酒，陵辱朝使，遣指挥毋撒等戒谕之。(《大政纪》)

拜住

拜住母怯烈氏，年二十二，寡居守节。初，拜住为太常礼仪院使，一日，入内侍宴，英宗素知其不饮，是日强以数卮。既归，母戒之曰："天子试汝量，故强汝饮，汝当日益戒惧，无酗于酒。"（《元史·拜住传》）

切谏

太宗素嗜酒，晚年尤甚，日与大臣酣饮。耶律文正王数言之，不听。一日，持酒槽之金口以进曰："此乃铁耳，为酒所蚀，尚致如此，况人之五脏，有不损耶！"上说，赐以金帛，仍敕左右，日惟进酒三钟而止。夫以王之切谏不已，而上终纳之，可谓君明臣良者矣。（《辍耕录》）

谭莹

《南海县志·谭莹传》载，程侍郎甚奇，附录之。莹素善饮，疾病不去杯杓。或箴以酗酒，非摄生所宜，莹笑曰："酒者天之美禄，古人所以享食高年，岂杀人物？况寿算天定，吾犬马齿当逾古稀。"戒口："何以知之？"莹曰："壬辰科歙县程侍郎来典试【按，侍郎名恩泽；以道光壬辰为广东主考】，榜后，粤中名士，饯于白云山云泉仙馆。酒酣，慨然曰：'粤东今日可云极盛，衰象将见。此后廿余年，乱从粤东起。再十余年，乱遍天下，不堪设想矣。'时曾拔贡钊，亦精于洪范五行之学者，舆相问难，不觉郁悒。程笑曰：'子无为杞人忧，吾与子不及见。'随谛视座中人曰：'都不及见矣。及见者，谭君玉生耳。'后五年侍郎卒，甲寅红巾起，曾拔贡卒。逮丁巳以后，内外交讧，几如阳九百六之期。而当日同席诸公，物故殆尽，惟我独存。今年过耳顺，酒亦何损于人

哉！"后谭果七十二始卒。(《郎潜纪闻》)

早散

杭州吴山，有售秘法者，一人以三百钱购三条，曰"持家必发""饮酒不醉""生虱断根"。固封慎重而与之云："此诀至灵，慎勿浪传人也。"归家视之，则曰"勤俭"、曰"早散"、曰"勤捉"而已。大悔恨。然理不可易，终无能诘难也。(《冷庐杂识》)

饮酒戒恶习

俗语云"酒令严于军令"，亦末世之弊俗也。偶尔招集，必以令为欢，众奉命唯谨，俯首听命，恬不为怪。陈畿亭云："饮宴苦劝人醉，苟非不仁，即是客气。不然，亦蠢俗也。君子饮酒，率真量情，文士儒雅，概有斯致。夫唯市井仆役，以逼为恭敬，以虐为慷慨，以大醉为欢乐，士人而效斯习，必无礼无义，不读书者。"畿亭之言，可为酒人下一针矣。偶见宋小说中《酒戒》云："少吃不济事，多吃济甚事。有事坏了事，无事生出事。"旨哉斯言，语浅而意深。又畿亭《小饮壶铭》曰："名花忽开，小饮。好友略叙，小饮。凌寒出门，小饮。街暑远驰，甚热，不可遽食，小饮。珍酝不可多得，小饮。"真得此中三昧矣。若酣饮流连，俾昼作夜，尤非向晦宴息之道。亭林云："樽垒无卜夜之宾，衢道有宵行之禁。故见星而行，非罪人即奔父母之丧。酒德衰而酣饮长夜，官邪作而昏夜乞哀，天地之气乖而晦明之节乱，所系岂浅鲜哉。"《法言》云："侍坐则听言，有酒则观礼，何非学问之道。"(《茶余客话》)

张文襄戒酒

张文襄少时，耽曲蘖，醉后好为狂言，闻者却走。醉甚，则和衣而卧，笠屐之属，往往发见于枕隅。某年，其族兄文达公之万以第一人及第，文襄大恚。慨然曰，"时不我待矣。"自此遂戒酒不饮。(《清稗类钞》)

礼　俗

日暮

晏子饮景公酒，日暮，公呼具火。晏子辞曰："诗云'侧弁之俄'，言失德也；'屡舞傞傞'，言失容也。既醉以酒，既饱以德；既醉而出，并受其福，宾主之礼也。醉而不出，是谓伐德，宾之罪也。婴已卜其日，未卜其夜。"公曰："善。"举酒祭之，再拜而出。曰："岂过我哉，吾托国于晏子也。以其家货养寡人，不欲其淫侈也。而况与寡人谋国乎。"（《晏子》）

屠蒯

昭公九年，夏，晋荀盈如齐逆女。还，六月，卒于戏阳，殡于绛。未葬，晋侯饮酒乐，膳宰屠蒯趋入，请佐公使尊。许之，而遂酌以饮工。曰："女为君耳，将司聪也。辰在子卯，谓之疾日。君彻燕乐，学人舍业，为疾故也。君之卿佐，是谓股肱，股肱或亏，何痛如之！女弗闻而乐，是不聪也。"又饮外嬖嬖叔曰："女为君目，将司明也。服以旌礼，礼以行事。事有其物，物有其容。今君之容，非其物也。而女不见，是不明也。"亦自饮也，曰："味以行气，气以实志，志以定言，言以出令。臣实司味。二御失官，而君弗命，臣之罪也。"公说，彻酒。初，公欲废知氏而立其外嬖，为是悛而止。秋，八月，使荀跞佐下军以说焉。(《左传》)

立嫡

襄公二十三年秋，季武子无适子，公弥长，而爱悼子，欲立之，访于臧纥。曰："饮我酒，吾为子立之。"季氏饮大夫酒，臧纥为客。既献，臧孙命北面重席，新樽絜之，召悼子，降逆之，大夫皆起。及旅，而召公鉏，使与之齿。(《左传》)

告庆

晋既克楚于鄢，使郤至告庆于周。未将事，王叔简公饮之酒，交酬好货，皆厚，饮酒宴语相说也。(《国语》)

晏子辞浮

齐景公饮酒，陈桓子侍，望见晏子，而复于公曰："请浮晏子。"公曰："何故也？"对曰："晏子衣缁布之衣，麋鹿之裘，栈轸之车，而驾驽以朝，是隐君之赐也。"公曰："诺。"酌者奉觞而进曰："君命浮子。"晏子避席曰："请饮而后辞乎？其辞而后饮乎？"公曰："辞然后饮。"晏子曰："臣闻古之贤臣，有受厚赐而不顾其国族，则过之。若夫弊车驽马以朝主者，非臣之罪也。且臣以君之赐，臣父之党，无不乘车者，母之党无不足于衣食者，妻之党无冻馁者，国之简士待臣，而后举火者，数百家。如此为隐君之赐乎？彰君之赐乎？"公曰："善，为我浮桓

子也。"(《说苑》)

卫灵公

卫灵公之晋，见晋平公。平公置酒于施惠之台。酒酣，灵公曰："今者，未闻新声，请奏之。"(《史记·乐书》)

子思

子思居贫，其友有馈之粟者，受一车焉。或献樽酒束修，子思弗为当也。或曰："子取人粟，而辞吾酒脯，是辞少而取多也，于义则无名，于分则不全，而子行之，何也？"子思曰："然，伋不幸而贫于财，乃至困乏，将恐绝先人之祀。夫以受粟，为周之也。酒脯，则所以饮宴也。方乏于贫，而乃饮宴，非义也。吾岂为分哉，度义而行也。"或者担其酒脯以归。(《孔丛子·公仪篇》)

楚王

楚王成章华台，酌诸侯酒。鲁君先至，悦之，故醉，与之大曲之弓，不琢之璧，已而悔之。鲁君惧，乃归之。(《鲁连子》)

劝饮

平原君与子高饮，强子高酒，曰："昔有遗谚，尧舜千钟，孔子百觚，子路嗑嗑，尚饮十榼。古之圣贤，无不能饮也。吾子何辞焉！"子高曰："以穿所闻，圣贤以道德兼人，未闻以饮食也。"平原君曰："即如先生所言，则此言何生？"子高曰："生于嗜酒者。盖其劝励奖戏之

辞，非实然也。"平原君欣然曰："吾不戏子，无所闻此雅言也。"(《孔丛子·儒服篇》)

荆轲

荆轲既至燕，爱燕之狗屠及善击筑者高渐离。荆轲嗜酒，日与狗屠及高渐离饮于燕市。酒酣以往，高渐离击筑，荆轲和而歌于市中，相乐也。已而相泣，旁若无人者。荆轲虽游于酒人乎，然其为人沉深好书，燕之处士田光先生善待之，知其非庸人也。(《史记·刺客列传》)

大风歌

十二年冬，上破布军于会缶，布走，令别将追之。上还过沛，留置酒沛宫，悉召故人父老子弟佐酒。发沛中儿，得百二十人，教之歌。酒酣，上击筑自歌曰："大风起兮云飞扬，威加海内兮归故乡，安得猛士兮守四方。"(《汉书·高祖纪》)

樊哙

项羽在戏下，欲攻沛公。沛公从百余骑，因项伯面见项羽，谢无有闭关事。项羽既飨军士，中酒，亚父谋欲杀沛公，令项庄拔剑舞坐中，欲击沛公。樊哙入，立帐下，项羽目之，问为谁。张良曰："沛公参乘樊哙也。"项羽曰："壮士。"赐之卮酒彘肩。哙既饮酒，拔剑切肉食之。项羽曰："能复饮乎？"哙曰："臣死且不辞，岂特卮酒乎！"(《汉书·樊哙传》)

设醴

楚元王交少时，尝与鲁穆生白生申公，俱受诗于浮丘伯。及秦焚书，各别去。高祖即帝位，立交为楚王。王既至楚，以穆生白生申公为中大夫。元王敬礼申公等。穆生不嗜酒，元王每置酒，常为穆生设醴。及王戊即位，常设，后忘设焉。穆生退曰："可以逝矣；醴酒不设，王之意怠，不去，楚人将钳我于市。"遂谢病去。申公白生独留。王戊稍淫暴，二人谏不听，胥靡之使杵臼雅舂于市。（《汉书·楚元王传》）

任敖

敖封广阿侯，食邑千八百户。传子至曾孙越人，坐为太常庙酒酸不敬，国除。（《汉书·任敖传》）

奉觞上寿

朔为大中大夫给事中。隆虑公主子昭平君尚帝女夷安公主。隆虑主病，因以金千斤，钱千万，为昭平君预赎死罪，上许之。隆虑主卒，昭平君日骄，醉杀主傅，狱系内官。以公主子，廷尉上请，请论。左右人人为言："前又入赎，陛下许之。"上曰："吾弟老，有是一子，死以属我。"于是为之垂涕，叹息良久，曰："法令者，先帝所造也。用弟故而诬先帝之法，吾何面目入高庙乎？又下负万民。"乃可其奏，哀不能自止，左右尽悲。朔前上寿曰："臣闻圣王为政，赏不避仇雠，诛不择骨肉。书曰'不偏不党，王道荡荡'，此二者，五帝所重，三王所难也。陛下行之，是以四海之内，元元之民，各得其所，天下幸甚。臣朔奉觞，昧死再拜，上万岁寿。"上乃起，入省中，夕时，召让朔曰："传日，时然后言，人不厌其言。今先生上寿时乎?"朔免冠顿首曰："臣闻乐太甚则阳溢，哀太甚则阴损。阴阳变则心气动，心气动则精神散，精神散而邪气及。销忧者莫若酒。臣朔所以上寿者，明陛下正而不阿，因以止哀也。愚不知忌讳，当死。"先是，朔尝醉入殿中小遗，殿上劾不敬，有诏免为庶人，待诏宦者署。因此对，复为中郎，赐帛百匹。（《汉书·东方朔传》）

韩延寿

延寿代萧望之为左冯翊，坐弃市，吏民数千人，送至渭城，老小扶持车毂，争奏酒炙。延寿不忍距逆，人人为饮，计饮酒石余。（《汉书·韩延寿传》）

酒狂

宽饶为司隶校尉，平恩侯许伯入第，丞相御史将军中二千石皆贺，宽饶不行。许伯请之，乃往从西阶上，东乡特坐。许伯自酌曰："盖君后至。"宽饶曰："无多酌我，我乃酒狂。"丞相魏侯笑曰："次公醒而狂何必酒也。"（《汉书·盖宽饶传》）

养牛上樽酒一

隆上将军印绶，赐养牛上樽酒十斛【稻米一斗，得酒一斗为上樽，稷米一斗为中樽，粟米一斗为下樽】。（《后汉书·刘隆传》）

养牛上樽酒二

融领将作大匠，乞骸骨，诏令归第养病。岁余，听上卫尉印绶，

赐养牛上樽酒。(《后汉书·窦融传》)

蔡邕

初，邕在陈留，其邻人有以酒食召邕者，比往而主已醉焉。(《后汉书·蔡邕传》)

杨子拒妻

杨子拒妻者，刘懿公女也，字恭璞，贞烈达礼，有四男二女。拒早亡，教遵闺门，动有法则。长子元琮，尝出饮酒，日晏，乃自舆而归。母不见十日，元琮因诸弟谢过，乃数责之曰："夫饮食有节，不至流湎者，礼也。汝乃沉荒，慢而无礼，自为败首，何以帅先诸弟也！"(《益都耆旧传》)

郑玄

袁绍邀饮于城东，必欲玄醉。时会者三百人，醑酒之后，人人进爵，玄饮至三百杯，秀眉明目，容仪温伟。(《郑康成别传》)

曹植一

建安二十四年，曹仁为关羽所围，太祖以植为南中郎将，行征虏将军，欲遣救仁。呼有所敕戒，植醉不能受命，于是悔而罢之。【《魏氏春秋》曰：植将行，太子饮焉，偪而醉之。王召植，植不能受王命，故王怒也。】(《三国魏志·陈思王植传》)

曹植二

黄初二年，监国谒者灌均，希指奏植醉酒悖慢，劫胁使者，有司请治罪。帝以太后故，贬爵安乡侯。(《三国魏志·陈思王植传》)

偷饮

钟毓、钟会，少有令誉。其父昼寝，因共偷服散酒。父时觉，且托寐以观之。毓拜而后饮，会饮而不拜。父问其故，毓曰："酒以成礼，不敢不拜。"问会，会曰："偷乃非礼，所以不拜。"(《世说新语》)

甘宁

曹公出濡须。宁为前部督，受敕，出斫敌前营。权特赐米酒众殽，宁乃料赐手下百余人食。食毕，宁先以银碗酌酒，自饮雨碗，乃酌与其都督。都督伏不肯时持。宁引向削置膝上，呵谓之曰："卿见知于至尊，孰与甘宁？甘宁尚不惜死，卿何以独惜死乎！"都督见宁色厉，即起拜，持酒通酌兵，各一银碗。(《三国吴志·甘宁传》)

凌统

统拜破贼都尉，与督陈勤会饮酒。勤刚勇任气，因督祭酒，陵轹一坐，举罚不以其道。统疾其侮慢，面折不为用。勤怒詈统，统流涕不答，众因罢出。勤乘酒凶悖，又于道路辱统。统不忍，引刀斫勤，数日乃死。(《三国吴志·凌统传》)

赵达

达治九宫一算之术，尝过知故。知故为之具食，食毕谓曰："仓卒乏酒，又无嘉肴，无以叙意，如何？"达因取盘中只箸，再三纵横之，乃言："卿东壁下有美酒一斛，又有鹿肉三斤，何以辞无？"时坐有他宾，内得主人情。主人惭曰："以卿善射有无，欲相试耳，竟效如此。"遂出酒酤饮。（《三国吴志·赵达传》）

诸葛恪

恪为左辅都尉，孙权命恪行酒。至张昭前，昭先有酒色，不肯饮。曰："此非养老之礼也。"权曰："卿其能令张公辞屈，乃当饮之耳。"恪难昭曰："昔师尚父，九十秉旄仗钺，犹未告老也。今军旅之事，将军在后，酒食之事，将军在先，何谓不养老也？"昭卒无辞，遂为尽爵。（《三国吴志·诸葛恪传》）

顾雍

雍封阳遂乡侯，为人不饮酒，寡言语，举动时当。权尝叹曰："顾君不言，言必有中。"至饮宴欢乐之际，左右恐有酒失，而雍必见之，是以不敢肆情。权亦曰："顾公在坐，使人不乐。"其见惮如此。【《江表传》曰：权嫁从女，女顾氏甥，故请雍父子及孙谭。谭时为选曹尚书，见任贵重。是日权极欢，谭醉酒，三起舞，舞不知止。雍内怒之，明日召谭诃责之，曰："君王以含垢为德，臣下以恭谨为节。昔萧何吴汉，并有大功，何每见高帝，似不能言。汉奉光武，亦信恪勤。汝之于国，宁有汗马之劳，可书之事邪！但阶门户之资，遂见宠任耳，何有舞不复知止！虽为酒后，亦由恃恩忘敬，谦虚不足。

损吾家者，必尔也！"因背向壁卧。谭立，过一时，乃见遣。】（《三国吴志·顾雍传》）

陆凯

凯疏有曰："先帝每宴，见群臣抑损醇醴，臣下终日无失慢之尤，百寮庶尹，并展所陈。而陛下拘以视瞻之敬，惧以不尽之酒。夫酒以成礼，过则败德，此无异商辛长夜之饮也。"（《三国吴志·陆凯传》）

阮籍

籍为步兵校尉，遗落世事，虽去佐职，恒游府内，朝宴必与焉。会帝让九锡，公卿将劝进，使籍为其辞。籍沉醉忘作，临诣府使取之，见籍方据案醉眠，使者以告，籍便书案使写之，无所改窜，辞甚清壮，为时所重。籍虽不拘礼教，然发言玄远，口不臧否人物。性至孝，母终，正与人围棋，对者求止，籍留与决赌，既而饮酒二斗，举声一号，吐血数升。及将葬，食一蒸肫，饮二斗酒，然后临诀，直言穷矣。举声一号，因又吐血数升，毁瘠骨立，殆至灭性。裴楷往吊之，籍散发箕踞，醉而直视。楷吊唁毕，便去。或问楷："凡吊者主哭客乃为礼，籍既不哭，君何为哭？"楷曰："阮籍既方外之士，故不崇礼典。我俗中之士，故以轨仪自居。"时人叹为两得。（《晋书·阮籍传》）

刘昶

戎尝与阮籍饮。时兖州刺史刘昶字公荣在坐，籍以酒少，酌不及昶。昶无恨色，戎异之。他日问籍曰："彼何如人也？"答曰："胜公荣，

不可不与饮。若减公荣，则不敢不共饮。惟公荣可不与饮。"（《晋书·王戎传》）

王敦

敦，司徒导之从父兄也，尚武帝女襄城公主，拜驸马都尉，除太子舍人。时王恺、石崇以豪侈相尚。恺尝置酒，敦与导俱在座。有女伎吹笛，小失声韵，恺便欧杀之，一坐改容，敦神色自若。他日，又造恺，恺使美人行酒，以客饮不尽，辄杀之。酒至敦导所，敦故不肯持，美人悲惧失色，而敦傲然不视。导素不能饮，恐行酒者得罪，遂勉强尽觞。导还，叹曰："处仲若当世，心怀刚忍，非令终也。"（《晋书·王敦传》）

裴遐

秀从弟绰，绰子遐，尝在平东将军周馥坐，与人围棋。馥司马行酒，遐未即饮，司马醉怒，因曳遐堕地。遐徐起还坐，颜色不变，复棋如故，其性虚和如此。（《晋书·裴秀传》）

胡毋谦之

辅之子谦之，才学不及父，而傲纵过之。至酣醉，尝呼其父字，辅之亦不以介意，谈者以为狂。辅之正酣饮，谦之窥而厉声曰："彦国年老不得为尔，将令我尻背东壁。"辅之欢笑呼入，与共饮。其所为如此。（《晋书·胡毋辅之传》）

自杖三十

庾衮事亲以孝称，父亡，作筥卖以养母。初衮父诫衮以酒，每醉辄自责曰："余废先父之诫，其何以训人！"乃于父墓前，自杖三十。（《晋书·孝友传》）

陆纳

晔弟玩，玩子纳，出为吴兴太守。将之郡，先至姑孰辞桓温，因问温曰："公致醉可饮几酒？食肉多少？"温曰："年大来，饮三升便醉，白肉不过十脔。卿复云何？"纳曰："素不能饮，止可二升，肉亦不足言。"后伺温闲，谓之曰："外有微礼，方守远郡，欲与公一醉，以展下情。"温欣然纳之。时王坦之、刁彝在坐，及受礼，唯酒一斗，鹿肉一样，坐客愕然。纳徐曰："明公近云饮酒三升，纳止可二升，今有一斗，以备杯杓余沥。"温及宾客并叹其率素，更敕中厨设精馔，酣饮极欢而罢。（《晋书·陆晔传》）

山涛

山涛酒后哺啜，折筋不休。（《酒中玄》）

先饮

晋海西令董勋云："正旦饮酒，先饮小者，何也？"勋曰："俗以小者得岁，故先贺之，老者失时，姑后。"（《时镜新书》）

虞啸父

潭孙啸父，历位侍中，为孝武帝所亲爱。尝侍饮宴，帝从容问曰：

"卿在门下，初不闻有所献替耶？"啸父家近海，谓帝有所求，对曰：
"天时尚温鬶鱼虾鲊未可致，寻当有所上献。"帝大笑，因饮大醉，出拜
不能起。帝顾曰："扶虞侍中。"啸父曰："臣位未及扶，醉不及乱，非
分之赐，所不敢当。"帝甚悦。(《晋书·虞潭传》)

小子

王蕴子爽，尝与会稽王道子饮。道子醉呼爽为"小子"，爽曰：
"亡祖长史，与简文皇帝为布衣之交，亡姑亡姊，伉俪二宫，何小子之
有！"(《晋书·外戚传》)

谢奕

谢奕作剡令，有一老翁犯法，谢以醇酒罚之，乃至过醉，而犹未
已。太傅【安】时年七八岁，着青布绔，在兄膝边坐，谏曰："阿兄，老
翁可念，何可作此？"奕于是改容曰："阿奴欲放去邪？"遂遣之。(《世
说新语》)

石崇

石崇每要客燕集，常令美人行酒，客饮酒不尽者，使黄门交斩美
人。王丞相【导】与大将军【王敦】尝共诣崇，丞相素不能饮，辄自勉
强，至于沉醉。每至大将军，固不饮，以观其变。已斩三人，颜色如
故，尚不肯饮。丞相让之。大将军曰："自杀伊家人，何预卿事！"(《世
说新语》)

王恭

王恭欲请江卢奴为长史，晨往诣江，江犹在帐中，王坐，不敢即言。良久，乃得及。江不应，直唤人取酒，自饮一碗，又不与王。王且笑且言："那得独饮？"江云："卿亦复须邪？"更使酌与王。王饮酒毕，因得自解，去。未出户，江叹曰："人自量固为难！"（《世说新语》）

郭珍

洺阳令郭珍，家有巨亿，每暑召客，侍婢数十，盛装饰罗縠被之，袒裸其中，使进酒。（《典论》）

王敬弘

敬弘性恬静，乐山水，为征西将军道规咨议参军。时府主簿宗协，亦有高趣，道规并以事外相期。尝共酣饮致醉，敬弘因醉失礼，为外司所白，道规即更引还，重申初宴。（《宋书·王敬弘传》）

刘湛

庐陵王义真，出为车骑将军，南豫州刺史湛为长史。义真时居高祖忧，乃使左右臑酒炙车螯，湛正色曰："公当今不宜有此设。"义真曰："且甚寒，一碗酒亦何伤。长史事同一家，望不为异。"酒既至，湛因起曰："既不能以礼自处，又不能以礼处人。"（《宋书·刘湛传》）

萧恩话

恩话领左卫将军，尝从太祖登钟山北岭。中道有磐石清泉，上使

于石上弹琴，因赐以银钟酒，谓曰："相赏。"有松石间意。(《宋书·萧恩话传》)

刘义宣

南郡王义宣，尝献世祖酒，先自酌饮，封送所余。其不识大体如此。(《宋书·武二王传》)

臧质

质为辅国将军，守盱眙。初拓跋焘自广陵北返，便悉力攻盱眙，就质求酒。质封溲便与之，焘怒甚。(《宋书·臧质传》)

刘邕

穆之子虑之，虑之子邕。先是，郡县为封国，若自史相并，于国主称臣，去任便止。至世祖孝建中，始革此制，为下官致敬。河东王歆之，尝为南康相，素轻邕。后歆之与邕俱豫元会，并坐，邕性嗜酒，谓歆之曰："卿昔尝见臣，今不能见斟一杯酒乎?"歆之因敩孙皓歌答之曰："昔为汝作臣，今与汝比肩，既不劝汝酒，亦不愿汝年。"(《宋书·刘穆之传》)

茹法亮

茹法亮，吴兴武康人也。宋大明中，出身为小史，历斋干扶侍。孝武末年，作酒法，鞭罚过度，校猎江右，迁白衣左右百八十人，皆面首富室，从至南州，得鞭者过半。(《南齐书·茹法亮传》)

萧道成

明帝常嫌太祖非人臣相，而民间流言云："萧道成当为天子。"明帝愈以为疑，遣冠军将军吴喜，以三千人北使，令喜留军破釜，自持银壶酒，封赐太祖。太祖戎衣出门迎，即酌饮之。喜还，帝意乃悦。(《南齐书·太祖纪》)

沈文季

宋明帝立，文季为黄门郎，领长永校尉。明帝宴会，朝臣以南台御史贺咸为柱下史，纠不醉者。文季不肯饮酒，被驱下殿。齐国初建，为侍中，文季风采棱岸，善于进止。司徒褚渊当世贵望，颇以门户裁之，文季不为之屈。世祖在东宫，于元圃宴会朝臣，文季数举酒劝渊，渊甚不平，启世祖曰："沈文季谓渊经为其郡，数加渊酒。"文季曰："惟桑与梓，必恭敬止；岂如明府亡国失土，不识枌榆。"遂言及房动，渊曰："陈显达沈文季，当今将略，足委以边事。"文季讳称将门，因是发怒，启世祖曰："褚渊自谓是忠臣，未知身死之日，何面目见宋明帝。"世祖笑曰："沈率醉也。"(《南齐书·沈文季传》)

刘祥

祥为冠军征房功曹，轻言肆行，不避高下。祥门生孙狼儿，列祥顷来饮酒无度，言语阑逸，道说朝廷，亦有不逊之语，请免官付廷尉。上别遣敕祥狱，鞫祥辞。祥对曰："顷来饮酒无度，轻议乘舆，历贬朝望，每肆丑言，无避尊贱，迂答奉旨，囚性不耐酒，亲知所悉，强进一升，便已迷醉。"其余事事自申，乃徙广州。祥至广州，不得意，终

日纵酒，少时病卒。(《南齐书·刘祥传》)

公私

琛起家齐太学博士，累迁通直散骑侍郎。时魏遣李道固来使，齐帝宴之。琛于御筵举酒劝道固，道固不受曰："公庭无私礼，不容受劝。"琛徐答曰："诗所谓雨我公田，遂及我私。"座者皆服。道固乃受琛酒。(《梁书·萧琛传》)

谢朏

朏字敬仲，齐隆昌元年，为征虏将军，吴兴太守，受召便述职。时明帝谋入嗣位，朝之旧臣，皆引参谋策。朏内图止足，且实避事。弟瀹时为吏部尚书，朏至郡，致瀹数斛酒，遗书曰："可力饮此，勿豫人事。"朏居郡，每不治，而常务聚敛，众颇讥之，亦不屑也。(《梁书·谢朏传》)

萧介

高祖招延后进二十余人，置酒赋诗。臧盾以诗不成，罚酒一斗。盾饮尽，颜色不变，言笑自若。介染翰便成，文无加点，高祖两美之，曰："臧盾之饮，萧介之文，即席之美也。"(《梁书·萧介传》)

寿酒

大宝二年，侯景废太宗为晋安王，幽于永福省，王伟等进觞于帝曰："丞相以陛下忧愦既久，使臣上寿。"帝笑曰："寿酒不得尽此乎！"

于是并赍酒肴曲项琵琶，与帝饮。帝知不免，乃尽酣曰："不图为乐，一至于斯！"既醉寝，崩于永福省。(《梁书·简文帝纪》)

梁宴

梁宴魏使，魏肇师举酒劝陈昭曰："此席已后，便与卿少时阻阔，念此甚以凄眷。"昭曰："我钦仰名贤，亦何已也。路中都不尽深心，便复乖隔，泫叹如何。"俄而酒至鹦鹉杯，徐君房饮不尽，属肇师。肇师曰："海蠡蜿蜒。尾翅皆张，非独为玩好，亦所以为罚。卿今日真不得辞责。"庾信曰："庶子好为术数。"遂命更满酌。君房谓信曰："相持何乃急！"肇师曰："此谓直道而行，乃非豆萁之喻。"君房乃覆碗。信谓瑾肇师曰："适信家饷致濡酥酒数器，泥封全，但不知其味若为，必不敢先尝，谨当奉荐。"肇师曰："每有珍藏，多相费累。顾更以多惭。"(《酉阳杂俎》)

行觞者

阮卓时有武威。阴铿为梁湘东王法曹参军，天寒，铿尝与宾友宴饮，见行觞者，因回酒炙以授之，众坐皆笑铿曰："吾侪终日酣饮，而执爵者不知其味，非人情也。"及侯景之乱，铿尝为贼所擒，或救之，获免。铿问其故，乃前所行觞者。(《陈书·文学传》)

侯安都

陈司空侯安都，自以有安社稷之功，骄矜日甚。每侍宴酒酣，辄箕踞而坐。又借华林园水殿，与妻妾宾客，置酒于其上，帝甚恶之。

（《隋书·五行志》）

胡叟

叟少孤，每言及父母，则泪下若孺子之号。春秋当祭之前，则先求旨酒美膳，将其所知广宁常顺阳，冯翊田文宗，上谷侯法俊，携壶执榼，至郭外空静处，设坐奠拜，尽孝思之敬。时敦煌泛潜家善酿酒，每节送一壶与叟。著作佐郎博陵许赤虎，河东裴定宗等，谓潜曰："再三之惠，以为过厚。子惠于叟，何其恒也？"潜曰："我恒给祭者，以其恒于孝思也。"论者以潜为君子矣。（《魏书·胡叟传》）

郭祚

祚迁散骑常侍，仍领黄门。是时高祖锐意典礼，兼铨镜九流，又迁都草创，征讨不息，内外规略，号为多事。祚与黄门宋弁，参谋帷幄，随其才用，各有委寄。祚承禀注疏，特成勤剧。尝以立冯昭仪，百官夕饮清徽后园，高祖举觞赐祚及崔光曰："郭祚忧劳庶事，独不欺我。崔光温良博物，朝之儒秀。不劝此两人，当劝谁也！"其见知若此。（《魏书·郭祚传》）

源怀

贺子怀，性不饮酒，而喜以饮人。（《魏书·源贺传》）

李肃

顺族人秀林，秀林族子肃，为黄门郎，为性酒狂。熙平初，从灵

太后幸江阳王继第。肃时侍饮，颇醉，言辞不逊，为有司弹劾，出为章武内史。（《魏书·李顺传》）

裴粲

叔业兄子粲，为中书令。后正月晦，帝出临洛滨，粲起于御前，再拜曰："今年还节美，圣驾出游，臣幸参陪从，豫奉宴乐，不胜忻戴，敢上寿酒。"帝曰："昔岁北海入朝，暂窃神器，具闻尔日，卿戒之以酒。今欲使我饮，何异于往情？"粲曰："北海志在沉湎，故谏其所失。陛下齐圣温克，臣敢献微诚。"帝曰："实乃寡德，甚愧来誉。"仍为命酌。（《魏书·裴叔业传》）

崔暹

魏帝宴于华林园，谓高祖曰："自顷朝贵牧守令长，所在百司，多有贪暴，侵削下人。朝廷之中，有用心公平，直言弹劾，不避亲戚者，王可劝酒。"高祖降级，跪而言曰："唯御史中尉崔暹一人，谨奉明旨，敢以酒劝。"（《北齐书·崔暹传》）

宋游道

宋游道在魏为尚书令，神武自太原来朝。见之曰："此人宋游道耶？常闻其名，今日始识其面。"迁游道别驾。后日神武之司州，飨朝士，举觞属游道曰："饮高欢手中酒者大丈夫。卿之为人，合饮此酒。"（《北齐书·酷吏传》）

高季式

乾弟季式，豪率好酒，又恃举家勋功，不拘检节，与光州刺史李元忠，生平游款，在济州夜饮，亿元忠，开城门令左右乘驿，持一壶酒，往光州劝元忠。朝廷知而容之。兄慎叛后，少时解职。黄门郎司马消难，左仆射子如之子，又是高祖之婿，势盛当时。因退食暇，寻季式与之酣饮留宿。旦日，重门并闭，关籥不通。消难固请云："我是黄门郎，天子侍臣，岂有不参朝之理？且已一宿不归，家君必当大怪。今若又留我狂饮，我得罪无辞，恐君亦不免谴责。"季式曰："君自称黄门郎，又言畏家君怪，欲以地势胁我耶？高季式死自有处，初不畏此。"消难拜谢请出，终不见许。酒至不肯饮，季式云："我留君尽兴，君是何人，不为我痛饮！"命左右索车轮，括消难颈，又索一轮，自括颈，仍命酒引满相劝。消难不得已，欣笑而从之，方乃俱脱车轮，更留一宿。是时失消难两宿，莫知所在，内外惊异。及消难出，方具言之。世宗在京辅政，白魏帝，赐消难美酒数石，珍羞十舆，并令朝士与季式亲狎者，就季式宅宴集，其被优遇如此。(《北齐书·高乾传》)

李元忠

元忠拜侍中。元忠虽居要任，初不以物务干怀，惟以声酒自娱。大率常醉，家事大小，了不关心。园庭之内，罗种果药，亲朋寻诣，必留连宴赏。每挟弹携壶，遨游里闬，遇会饮酌，萧然自得。常布言于执事云："年渐迟暮，志力已衰。久忝名官，以妨贤路。若朝廷厚恩，未便放弃者，乞在闲冗，以养余年。"武定元年，除东徐州刺史，固辞不拜，乃除骠骑大将军仪同三司。会贡世宗蒲桃酒一盘，世宗报以百练缣，遗其书曰："仪同位亚台铉，识怀贞素。出藩入侍，备经要重。而犹家无担石，室若悬磬。岂轻财重义，奉时爱己故也。久相嘉尚，嗟咏无极。恒思标赏，有意无由。忽辱蒲桃，良深佩带。聊用绢百匹，以酬清德也。"其见重如此。孙腾、司马子如，尝共诣元忠，见其坐树下，拥被对壶，庭室芜旷，谓二公曰："不意今日披藜藋也。"因呼妻出，衣不曳地。二公相顾叹息而去，大饷米绢衣服，元忠受而散之。(《北齐书·李元忠传》)

王昕

昕少笃学读书，太尉汝南王悦，辟骑兵参军。悦与府寮饮酒，坐上皆引满酣畅。昕先起，卧闲室，频召不至。悦乃自诣呼之曰："怀其才而忽府主，可谓仁乎？"昕曰："商辛沉湎，其亡也忽诸。府主自忽，微寮敢任其咎！"悦大笑而去。(《北齐书·王昕传》)

荀仲举

荀仲举颍川人，世江南，仕梁为南沙令，从萧明于寒山被执。长乐王尉粲甚礼之，与粲剧饮，啮粲指至骨。显祖知之，杖仲举一百。或问其故，答云："我那知许，当时正疑是麈尾耳。"(《北齐书·文苑传》)

韦夐

夐志尚夷简，澹于荣利，前后十见征辟，皆不应命。时人有慕其闲素者，或载酒从之，夐亦为之尽欢，接对忘倦。明帝即位，礼敬逾厚，敕有司日给河东酒一斗，号之曰"逍遥公"。(《周书·韦夐传》)

周宣帝

周宣帝即位，酗饮过度。尝中饮，有下士杨文祐白宫伯长孙览求歌曰："朝亦醉，暮亦醉，日日恒常醉，政事日无次。"郑译奏之，帝怒，命赐杖二百四十而致死。后更令中士皇甫猛歌，猛歌又讽谏，郑译又以奏之。又赐猛杖一百二十。(《隋书·刑法志》)

虞庆则

高祖平陈之后，幸晋王第，置酒会群臣，高颎等奉觞上寿。上观群臣宴射，庆则进曰："臣蒙赉酒，令尽乐，御史在侧，恐醉而被弹。"上赐御史酒，因遣之出。庆则奉觞上寿，极欢。上谓诸公曰："饮此酒，愿我与诸公等子孙，常如今日，世守富贵。"(《隋书·虞庆则传》)

唐太宗

贞观十六年十一月，宴武功士女于庆善宫南门。酒酣，上与父老等涕泣论旧事，老人等递起为舞争上万岁寿，上各尽一杯。(《唐书·太宗纪》)

木人

洛州殷文亮，曾为县令。性巧好酒，刻木为人，衣以缯彩，酌酒行觞，皆有次第。又作妓女，唱歌吹笙，皆能应节。饮不尽，即木小儿不肯把。饮未竟，则木妓女歌管连理催。此亦莫测其神妙也。(《朝野金载》)

杨再思

再思为御史大夫时，张易之兄司礼少卿同休，尝奏请公卿大臣，宴于司礼寺。预其会者，皆尽醉极欢。同休戏曰："杨内史面似高丽。"再思欣然，请剪纸自帖于巾，却披紫袍，为高丽舞，萦头舒手，举动合节，满座嗤笑。（《旧唐书·杨再思传》）

三辰酒

玄宗置曲清潭，砌以银砖，泥以石粉，贮三辰酒一万车，以赐当制学士等。（《史讳录》）

元德秀

德秀为鲁山令，岁满，笥余一缣，驾柴车去。爱陆浑佳山水，乃定居，不为墙垣扃钥，家无仆妾。岁饥，日或不爨。嗜酒，陶然弹琴以自娱。人以酒肴从之，不问贤鄙，为酣饫。（《唐书·元德秀传》）

李嗣业

嗣业为疏勒镇使，加骠骑大将军。入朝，赐酒玄宗前，醉起舞。帝宠之，赐彩百，金皿五十物，钱十万，曰："为解酲具。"（《唐书·李嗣业传》）

任迪简

迪简擢进士第，天德李景略表佐其军。尝宴客，而行酒者误进醯。景略用法严，迪简不忍其死，饮为醨，徐以它辞请易之。归，呕血不

以闻，军中悦其长者。(《唐书·任迪简传》)

李泌

李相泌，以虚诞自任，尝对客曰："令家人速洒扫，今夜洪崖先生来宿。"有人遗美酒一榼，会有客至，乃曰："麻姑送酒来，与君同倾。"倾之未毕，阍者云："某侍郎取榼子。"泌命倒还之，略无怍色。(《唐国史补》)

酴醾酒

绛为中书侍郎，同中书门下平章事。帝遣使者赐酴醾酒。(《唐书·李绛传》)

崔咸

咸为侍御史，处正特立，风采动一时。敬宗将幸东都，裴度在兴元，忧之，自表求觐，与章偕来。于是李逢吉当国，畏度复相，使京兆尹刘栖楚等十余人，悉力根却之。虽度门下宾客，皆有去就意。他日，度置酒延客，栖楚曲意自解，咐耳语。咸嫉其矫，举酒让度曰："丞相乃许所由官嗫嚅耳语，愿上罚爵。"度笑受而饮。栖楚不自安，趋出，坐上莫不壮之。累迁陕虢观察使，日兴宾客撩属痛饮，未尝醒。夜分，辄决事，裁剖精明，无一毫差，吏称为神。(《唐书·崔咸传》)

罢职

太和五年九月，翰林学士薛廷老、李让夷皆罢职。廷老在翰林，

终日酗醉，无仪检，故罢。让夷常推荐廷老，故坐累也。（《旧唐书·文宗纪》）

祭诗

贾岛常以岁除，取一年所得诗，祭以酒脯，曰："劳吾精神，以是补之。"（《云仙杂记》）

李茂贞

昭宗在凤翔，宴侍臣，捕池鱼为馔。李茂贞曰："本畜此鱼，以候车驾。"又以巨杯劝帝酒，帝不欲饮，茂贞杯叩帝颐颔，坐皆愤其无礼。（《金銮密记》）

邀客

龙山康甫，慷慨不羁。每日置酒于门，邀留宾客。不住者，赠过门钱。日费酒者鹤嘴瓶二十。（《放怀集》）

林虑浆

后唐时，高丽遣其广评侍郎韩申一来。申一通书史，临回，召对便殿，出新贡林虑浆，面赐之。（《清异录》）

李征古

李征古，宜春人也。少时贱游，尝宿同郡潘长史家。是夜，潘妻梦门前有仪注，鞍马拥剑，骨鍒衔队，约二百人，或坐或立，且云：

"太守在此。"泊见，乃寓宿季才。觉后，言于潘曰："此客非常人也，妾来晨略见。"饤酒一钟，赠之金扼腕曰："郎君他日富贵，慎勿相忘。"李不可知也，来年至京，一举成名。不二十年，枢密副使，除本州刺史。离阙日，元宗赐内库酒三百瓶。（《南唐近事》）

求腊酒

五代汉韦思守上党，未尝与宾佐宴会。有从事求见，思怒曰："必是求腊酒也。"命典客饮而遣之。（《真珠船》）

边归说

周世宗以累朝以来，宪纲不振，命为御史中丞。归说虽廉直，而性刚介，言多忤物。显德三年冬，大宴广德殿，归说酒酣，扬袂言曰："至于一杯而已。"世宗命黄门扶出云。归说回顾曰："陛下何不决杀赵守微。"守微者，本村口民，因献策擢拾遗，有妻复娶，又言涉指斥，坐决杖配流，故归说语及之。翌日，伏阁请罪，诏释之，仍于阁门，复欲数爵，以愧其心。（《宋史·边归说传》）

觥筹狱

荆南节判单天粹，宜城人，性耽酒，日延亲朋，强以巨杯，多至狼狈。然人以其德善，亦喜从之。时戏语曰："单家酒筵，乃'觥筹狱'也。"（《清异录》）

五经

陶人为器，有酒经。晋安人饷人以酒，致书云"酒一经"，或二经

至五经者，他境人不达者，闻馈五经，束带立于其门。(《客退纪谈》)

必里迟离

九月重九日，天子率群臣部族射虎，少者为负，罚重九宴。射毕，择高地卓帐，赐蕃汉臣僚饮菊花酒，兔肝为臡，鹿舌为酱。又研茱萸酒，洒门户以袚禳。国语谓是日为"必里迟离"，九月九日也。(《辽史·礼志六》)

耶律贤适

应历十七年春正月，林牙萧斡、郎君耶律贤适，讨乌古还，帝执其手，赐卮酒，授贤适右皮室详稳。雅里斯、楚思、霞里三人，赐醨酒以辱之。(《辽史·穆宗纪》)

辽穆宗

十八年春正月乙酉朔，宴于宫中，不受贺。己亥，观灯于市，以银百两市酒，命群臣亦市酒，纵饮三夕。二月乙卯，幸五坊使霞实里家，宴饮还旦。二月甲申，如演河。乙酉狄弥鹅，祭天地，造人酒器，刻为鹿文，名曰"鹿瓶"，贮酒以祭天。(《辽史·穆宗纪》)

致荐

重熙七年十二月，命日进酒于大安宫，致荐庆陵。(《辽史·兴宗纪》)

王著

著宋初为中书舍人，建隆四年春，宿直禁中，被酒，发倒垂被面，

夜扣滋德殿门求见。帝怒，发其醉宿倡家之过，黜为比部员外郎。(《宋史·王著传》)

魏仁浦

仁浦宋初进位右仆射，开宝二年，春宴，太祖笑谓仁浦曰："何不劝我一杯酒?"仁浦奉觞上寿，帝密谓之曰："朕欲亲征太原，如何?"仁浦曰："欲速不达，惟陛下慎之。"宴罢，就第，复赐上尊酒十石。(《宋史·魏仁浦传》)

刘铢

刘铢封卫国公。初，太祖幸讲武池，从官未集，铢先至，赐铢卮酒。铢疑为酖，泣曰："臣承祖父基业，违拒朝廷，劳王师致讨，罪固当死，陛下不杀。臣今见太平，为大梁布衣足矣。愿延旦夕之命，以全陛下生成之恩。臣未敢饮此酒。"太祖笑曰："朕推心于人腹，安有此事!"命取铢酒自饮之，别酌以赐。铢大惭，顿首谢。(《宋史·南汉世家》)

李之才

太平兴国三年春，光禄丞李之才坐擅入酒，邀同列饮殿中，除名。(《宋史·太宗纪》)

孔守正

守正拜殿前都虞侯，领容州观察使。一日，侍宴北苑，上入元武门，守正大醉，与王荣论边功于驾前，忿争失仪。侍臣请以属吏，上弗许。翌日，俱诣殿廷请罪。上曰："朕亦大醉，漫不复省。"遂释不问。(《宋史·孔守正传》)

周起

起为枢密副使，尝与寇准过同列曹璋家饮酒。既而客多引去者，独起与寇准尽醉，夜漏上，乃归。明日入见，引咎伏谢。真宗笑曰："天下无事，大臣相与饮酒，何过之有。"(《宋史·周起传》)

陈尧佐

陈尧佐字希元，修《真宗实录》，特除知制诰。旧制须召试，惟杨亿与尧佐不试而授。兄尧叟，弟尧咨，皆举进士第一。时兄弟贵盛，当世少比。尧佐退居郑圃，尤好诗赋。张士逊判西京，以牡丹花及酒遗之。尧佐答曰："有花无酒头慵举，有酒无花眼懒开，正向西园念萧索，洛阳花酒一时来。"(《谈苑》)

郭承祐

从义子承祐，为西上阁门副使，坐盗御酒，除名。(《宋史·郭从义传》)

李继和

李继和为河北西路承受。环州弓箭手，岁时给酒，州将不与，众喧诉，亟阖府门不敢出。继和步入众中，譬晓之曰："汝曹为一杯酒，遂丧躯命乎？"众悟，散去。(《宋史·宦者传》)

王韶

韶在鄂宴客，出家姬奏乐。客张绩醉挽一姬，不前，将拥之。姬泣以告，韶徐曰："本出汝曹娱客，而令失欢如此！"命酌大杯罚之，谈笑如故。（《宋史·王韶传》）

刘几

刘秘监几，字伯寿，磊落有气节，善饮酒，洞晓音律。知保州，方春，大集宾客，饮至夜分，忽告外有卒谋为变者。几不问，益令折花劝坐客尽戴，益行酒。密令人分捕，有顷皆擒至。几遂极饮达旦，人皆服之，号"戴花刘使。"几本进士，元丰间换文资，以中大夫致仕。居洛中，率骑牛，挟女奴五七辈，载酒持被囊，往来嵩少间。初不为定，所遇得意处，即解囊藉地，倾壶引满。旋度新声，自为辞，使女奴共歌之。醉则就卧不去，虽暴露不顾也。（《石林燕语》）

吴瑛

吴瑛知郴州，至虞部员外郎，上书致仕归蕲，种花酿酒，家事一付子弟。宾客至，必饮，饮必醉。或困卧花间，客去亦不问。有臧否人物者，不酬一语，但促奴益行酒。尝有贵客过之，瑛酒酣而歌，以乐器扣其头为节，客亦不以为忤。（《宋史·隐逸传》）

司马温公

温公熙宁元丰间，尝往来于陕洛之间，从者才三两人，跨驴道上，人不知其温公也。每过州县，不使人知。一日，自洛趋陕，时陕守刘仲通,讳航,元城先生之父也,知公之来,使人迓之。公已从城外过天阳津矣,刘遽使以酒四樽遗之。公不受,来使告云:"若不受,必重得罪。"公不得已,受两壶。行三十里,至张店镇,乃古傅岩故地,于镇官处借人复还之。后因于陕之使宅,建四公堂,谓召公傅公姚公温公,此四公者,皆陕中故事也。唐姚中令,陕之硖石人,今陕县道中路旁,有姚氏墓碑,徐峤之书并撰。(《懒真子》)

范公

范丞相司马太师,俱以闲官居洛中。余时待次洛下,一日春寒中谒之。先见温公,时寒甚,天欲雪,温公命至一小书室中坐,对谈久之,炉不设火。语移时,主人设栗汤一杯而退。后至留侍御史台见范公,才见,主人便言天寒,远来不易,趋命温酒,大杯满釂三杯而去。此事可见二公之趣也。(《明道杂志》)

三杯八棒

士人有双渐者,性滑稽。尝为县令,因入村治事,夏暑,憩一僧寺中。方入门,主僧半酣矣,因前曰:"长官可同饮三杯否?"渐怒其容易,叱去。而此僧犹不已,曰:"偶有少佳酒,同饮三杯,如何?"渐发怒,命拽出去。俄以属吏,渐亦就憩。至晚,吏呈案,渐乃判云:"谈何容易,邀下官同饮三杯;礼尚往来,请上座独吃八棒。"竟笞遣之。(《明道杂志》)

东坡罚酒

东坡帅定武,诸馆职饯于惠济。坡举白浮欧阳叔弼、陈伯修二校理，常希古少尹曰："三君但饮此酒，酒醨，当言所罚。"三君饮竟，东坡曰："三君为主司，而失李方叔，兹可罚也。"三君者，无以为言，惭谢而已。张文潜舍人在座，辄举白浮东坡先生曰："先生亦当饮此。"东坡曰："何也？"文潜曰："先生昔知举而遗之，与三君之罚均也。"举座大笑。（《师友谈记》）

韩玉汝

韩玉汝自言为太常博士，赴宴，比坐一朝士，素不识，聆其语似齐人。坐间序揖后，酒到辄尽。时酒行无算，盏空则酒来，不食顷，略已数杯，意似醮酣。玉汝独念邻坐，不敢不告，因戒其少节片时，再坐，将起满引，任醉无害，今万一为台司所纠。朝士怫然云："同院是何言！贤不看殿上主人，奈何不吃！"韩不能堪，因复曰："殿上主人，只为你一个。"（《画墁录》）

朱康叔

朱康叔送酒与子瞻，子瞻以简谢之云："酒甚佳，必是故人特遣下厅也。"盖俗谓主者自饮之酒，为不出库耳。（《道山清话》）

小小

韩世忠所携杭妓吕小小。初有系于狱，其家欲脱之。世忠偶赴胡待制饮，因劝酒启曰："某有小事告诉待制，若从所请，当饮巨觥。"待制请言之。即以此妓为恳待制为破械。世忠欣跃，连饮数觥。会散，携妓以归。（《玉照新志》）

赵令晟

赵令晟知黄州，贼张遇过城下，招令晟。度不能拒，出城见之。遇饮以酒，一举而尽，曰："固知饮此必死，愿勿杀军民。"遇惊曰："先以试公耳。"更取毒酒沃地，地裂有声，乃引军去。（《宋史·忠义传》）

互送

邻郡岁时以酒相馈问，有所不免。孙公之翰典州日，独命别储，以备官用，一不归于己。绍兴间，周彦约侍郎为江东漕，谱司所饷，不欲却，乃留公库。迨移官，悉分遗官属，仍以缗钱买书，以惠学者。自孙公之后，朝廷即立法制，近亦屡申严，终以互送，各利于己，不能革也。（《清波杂志》）

饶竦

杭人饶竦者，驰辨逞才，少与刘史馆相公冲之有素。时刘相馆职知衡州，生假道封下，因谒之。公睹名纸，已嘁额不悦。生趋前顿口："某此行有少急干，不可暂缓，行李已出南关，又不敢望旌麾潜过，须一拜见，但乞一饭而去。"公既闻不肯少留，遂开怀待之，问曰："途中无阙否？"生曰："并无，惟乏好酒尔。"遂赠佳酝一担，拜别，鞭马遂行。公颇幸其去。至耒阳，密觇其令誉不甚谨，遽谒之曰："知郡学士，甚托致意。有双壶，乃兵厨精酝，仗某携至奉赠，请具书谢之。"其令闻，以书为谢，必非诳诈。又幸其以酒令故人送至，其势可持，大喜之，急戒刻木，数刻间，醮金牛镪煦之，瞥然遂去。后数日，刘公得谢酝书，方寝寐，已噬脐矣。（《湘山野录》）

回道人

陆元光《回仙录》云：吴兴之东林沈东老，能酿十八仙白酒。一日，有客自号回道人，长揖于门曰："知公酒新熟，远来相访，愿求一醉。"实熙宁元年八月十九日也。公见其气骨秀伟，竦然起迎。徐观其碧眼有光，与之语，其声清圆，于古今治乱、老庄、浮图氏之理无所不通，知其非尘埃中人也。因出酒器十数于席间曰："闻道人善饮，欲以鼎先为寿，如何？"回公曰："饮器中惟钟鼎为大，屈卮螺杯次之，而梨花蕉叶最小。请戒侍人，次第速斟，当为公自小至大以饮之。"笑曰："有如顾恺之食蔗，渐入佳境也。"又约周而复始，常易器满斟于前，笑曰："所谓樽中酒不空也。"回公兴至，即举杯浮白。常命东老鼓琴，回乃浩歌以和之。又尝围棋以相娱，止弈数子，辄拂去，笑曰："只恐棋终烂斧柯。"回公自日中至暮，已饮数斗，了无醉色。是夕月微明，秋暑未退，蚊蚋尚多。侍为秉扇殴拂，偶灭一烛。回公乃命取竹枝，以余酒噀之，插于远壁。须臾蚊蚋尽栖壁间，而所饮之地洒然。东老欲有所叩，先托以求驱蚊之法。回公曰："且饮，小术何足道哉。闻公自能黄白之术，未尝妄用，且笃于孝义，又多阴功，此予今日所以来寻访，而将以发之也。"东老因叩长生轻举之术，回公曰："以四大假合之身，未可离形而顿去，惟死生去住为大事。死知所往，则神生于彼矣。"东老摄衣起谢，有以喻之。回公曰："此古今人所谓第一最上极则处也。此去五年，复遇今日，公当化去。然公之所钟爱者子偕也，治命时不得见之。当此之际，公亦先期而致，谨勿动怀，恐丧失公之真性。"东老颔而悟之。饮将达旦，则瓮中所酿，止留糟粕而无沥矣。回公曰："久不游浙中，今已为公而来，当留诗以赠。然吾不学世人用笔书。"乃就擘席上榴皮，画字题于庵壁，其色微黄，而渐加黑。故其言有回仙人题赠东老诗："西邻已富忧不足，东老虽贫乐有余。白酒酿来缘好客，黄金散尽为收书。"凡三十六字。已而，告别。东老启关送之，天渐明矣。握手并行，笑约异时之集。至舍西石桥，回公先度，乘风而去，莫知所适。后四年中秋之吉，东老微恙，乃属其族人而告之曰："回公熙宁元年八月十九日尝谓予曰'此去五年，复遇今日，当化去'。予意明年，今乃熙宁之五年也。子偕又适在京师干荐，回公之言，其在今日乎？"及期捐馆。凡回公所言，无有不验。(《苕溪渔隐丛话》)

青州从事

《后山诗语》云：东坡居惠。广守月丑酒六壶。吏尝跌而亡之。坡以诗谢曰："不谓青州六从事，翻成乌有一先生。"(《苕溪渔隐丛话》)

劝酒

予观世俗会宾客，不以贵贱，未有不强人以酒者。劝人以酒，故非恶意；然当随人之量以劝，乃所以尽宾主之欢也。予尝闻危蜀公接伴契丹，劝酒随便，禹见善请其故，曰："劝酒当以量也，若不量，如徭役而不用户等高下。彼夷狄也，犹且知劝酒以量，矧吾侪生乎衣冠之国，动容周旋，务在中礼，奚可以酒强人，而使失礼节，乱性情，甚至于呼哇而后已。此殆不如夷狄之知礼，实可耻也，实可丑也。好礼之士，苟闻予言，当正其过而说其德，庶几无愧古人。"宾主百拜，而酒三行之礼也。(《积善录》)

苏易简

苏易简在翰林，太宗一日召对，赐酒甚欢。上谓易简曰："君臣千载遇。"易简答曰："忠孝一生心。"上悦，以所御金器，尽席悉赐之。（《国老谈苑》）

投辖

留客饮酒，谓之投辖。昔陈遵饮酒，宾客满座，尽取容之车辖，投于井中。（《释常谈》）

完颜元

皇统七年四月，赐宴便殿，熙宗被酒，酌酒赐元，元不能饮，上怒，仗剑逼之，元逃去。（《金史·太祖诸子传·胙王元传》）

金世宗

大定八年正月，谓秘书监移刺子敬等曰："朕于宴饮之事，近惟太子生日，及岁元尝饮酒。往者亦止上元中秋饮之，亦未尝至醉。"（《金史·世宗纪》）

纥石执中

纥石执中迁充拱卫直指挥使。明昌四年，使过阻居监酒官，移刺保迎谒后时，饮以酒。酒味薄，执中怒，殴伤移刺保，诏的决五十。（《金史·逆臣传》）

阿剌兀思剔吉忽里

阿剌兀思剔吉忽里，汪古部人，系出沙陀雁门之后，远祖卜国，世为部长。金源氏堑山为界，以限南北，阿剌兀思剔吉忽里以一军守其冲要。时西北有国曰乃蛮，其主太阳可汗，遣使来约，欲相亲附，以同据朔方。部众有欲从之者，阿剌兀思剔吉忽里弗从，乃执其使，奉酒六尊，具以其谋来告太祖。时朔方未有酒，太祖饮三爵而止，曰："是物少则发性，多则乱性。"使还，酬以马五百，羊一千，遂约同攻太阳可汗。（《元史·阿剌兀思剔吉忽里传》）

伯颜

成宗即位，伯颜拜开府仪同三司太傅，录军国重事。时相有忌之者，伯颜语之曰："幸送我两罂美酒，与诸王饮于宫前，余非所知也。"（《元史·伯颜传》）

郑制宜

鼎十制宜，领少府监，每侍宴，辄不敢饮，终日无惰容。帝察其忠勤，屡赐内酝，辄持以奉母。帝闻之，特封其母苏氏为潞国太夫人。（《元史·郑鼎传》）

谢让

让为刑部尚书，仁宗即位，加让正议大夫。入谢，赐以卮酒，让痛饮之。帝曰："人言老尚书不饮，何饮耶？"让曰："君赐不敢违也。"少顷，醉不能立，命扶出之。翌日，让谢。帝曰："老尚书诚不饮也。"

（《元史·谢让传》）

拜降

拜降为资国院使，母徐氏卒，遂奔丧于杭。时酒禁方严，帝特命以酒十罂，官给传致墓所，以备奠礼。（《元史·拜降传》）

黄葡萄酒

至顺元年春，木八剌沙来贡黄葡萄酒，赐钞币有差。夏，诸王哈儿蛮遣使来贡葡萄酒。（《元史·文宗纪》）

菖蒲酒

二年春，诸王哈儿蛮遣使来贡菖蒲酒。秋，诸王搠思吉亦儿甘卜、哈儿蛮、驸马完者帖木儿，遣使来献葡萄酒。（《元史·文宗纪》）

马祖常

祖常拜御史中丞，持宪，务存大体。西台御史劾其僚禁酤时面有酒容，以苛细黜之。（《元史·马祖常传》）

一箪醪

昔者良将用兵，人有馈一箪醪者，使投之于河，令将士迎流而饮之。夫箪醪不能味一河水，三军思为之死，非滋味及之也。（《黄石公记》）

胡椒酒

胡椒酒，古人于岁朝饮之。（《博物志》）

呼名而饮

以木汁为酢，酿米面为酒，其味甚薄。凡有宴会，执酒者必待呼名而后饮。上王酒者，亦呼王名，衔杯共饮，颇同突厥。（《隋书·流求国传》）

虹

有虹食薛愿釜中水尽，愿華酒饮之。虹吐金满釜，因置丰富也。（《异苑》）

刘公荣

王戎诣阮籍，时兖州刺史刘昶字公荣在座。阮谓王曰："偶有二斗美酒，当与君共饮。彼公荣者，无预焉。"二人交觞酬酢，公荣遂不得一杯。而言语谈戏，三人无异。或有问之者，阮曰："胜公荣者不得与饮酒。不如公荣者不可不与饮酒。惟公荣可不与饮酒。"此事见戎传，而《世说》为详。又一事云：公荣与人饮酒，杂秽非类。人或讥之，答曰："胜公荣者不可不与饮。不如公荣者亦不可不与饮。是公荣辈者又不可不与饮。故终日共饮而醉。"二者稍不同。公荣待客如是，费酒多矣，顾不蒙一杯于人乎？东坡诗云："未许低头拜东野，徒言共饮胜公荣。"用前事也。（《对雨编》）

觞则

张庄简【悦】致政归田，杜门不出。见风俗奢靡，益崇节俭，书揭屏间曰："客至留馔，俭约适情。殽随有而设，酒随量而倾。虽新亲不

抬饭，虽大宾不宰牲。匪直戒奢侈而可久，亦将免烦劳以安生。"(《坚瓠集》)

水香劝盏

扈戴畏内，欲出则谒假于细君。细君滴水于地，水不干当归。若去远，则燃香掐至某所以为限。一日，因筵聚，方三行酒，扈色欲遁。众客觉之，哗曰："扈君恐砌水隐影，香印过界耳。吾辈人撰新句一联，奉酒一杯，庶得早归不罚。"众以为善，一人捧瓯吟曰："解禀香三令，能遵水五申。"逼扈饮尽。别云："细弹防事水，短爇戒时香。"别云："战兢思水约，匍匐趁香期。"别云："出佩香三尺，归防水九章。"别云："命系逡巡水，时牵决定香。"扈连饮六七巨觥，吐呕淋漓。既上马，群噪谓使人曰："夫人若怪归迟，但道被水香劝酒留住耳。"(《坚瓠集》)

毛、边的对

嘉靖间，御史毛汝砺【伯温】，公宴时，承差斟酒大溢。毛曰："承差差矣乎。"边廷实【贡】时为副使，应声曰："副使使之也。"相与大笑。四字上下各异音，天然的对。(《坚瓠集》)

红友

《鹤林玉露》：常州宜兴县黄土村，东坡南迁北归，与单秀才闲步至其地。地主携酒来饷曰："此红友也。"坡曰："人知有红友，而不知有黄封，可谓快活。"余尝因是言而推之，金貂紫绶，诚不如黄帽青蓑；朱毂绣鞍，诚不如芒鞋藤杖；醇醪豢牛，诚不如白酒黄鸡；玉户金铺，

诚不如松窗竹屋。无他，其天者全也。（《坚瓠集》）

奴解客愠

《见只编》载：里有富人某，张具邀宾，意独重一上客。顾众宾皆至，上客不来，富人大懆，失声云："偏是要紧者不来！"众宾不悦，各有去志。一奴在旁，知主人失言莫解，应声出门，急向后厨，担二上尊，从大门入，厉声谓主人云："要紧者来矣！"众宾释然，初谓为酒也。此奴微言中解，亦黠矣哉。（《坚瓠集》）

迷魂汤

明代有一善人死，阎君邀饮。至则见为筵者四，首为僧，次为道士，又次为善人。主席则阎君也。坐定，阎君举卮嘱僧，僧合掌念佛，不肯饮。阎君亦不之强也。次及道士，道士拱手，亦不肯饮。次及善人，善人自念："彼二人皆不饮，吾宁敢独饮乎？"亦辞之不饮，如是其三。阎君起立拱手，向三人请行。三人以次行至一处，如井状，阎君拱手向僧，请下。僧趺坐而下。次及道士，道士立而下。次及善人，不觉首先入井，及下，则已托生人间矣。自念奇异，秘而不言。长而求所谓僧道，杳不可得。后举进士，例为县令，往吏部掣签，见冢宰坐堂上，俨然冥中道士状也。熟视再四，冢宰忽呼曰："汝在此乎？曾忆冥间事否？"曰："忆之，特不敢言耳。"问："曾见同席僧乎？"曰："未之见也。"冢宰曰："我若见之，当以语汝；汝若相见，亦当语我。"时某掣得河南某县令，到官后，谒藩王。王固冥间同席僧也，一见即惊喜曰："汝来此乎！曾识我否？"曰："识之。"王曰："曾见同席道士乎？"

曰："即今吏部尚书某也。"观此，则阎君之酒，乃俗所谓迷魂汤耳。
（《坚瓠集》）

醉学士歌

高皇览川流之不息，陋尹程《秋水赋》言不契道，乃亲为赋，召群臣各撰赋以进。宋濂率同列，铺叙成章，诣东阁投献。高皇亲览，评品高下。已而赐坐，敕大官进膳，内臣行觞。濂素寡饮，高皇强之至三觞，面如颏，神气遐漂，若行浮云中。高皇笑曰："朕为卿赋醉歌。"侍御捧黄绫案，高皇挥洒如飞，成楚辞一章曰："西风飒飒兮金张，特会儒臣兮举觞。目苍柳兮袅娜，阅澄江兮水洋洋。为斯悦而再酌，弄清波兮永光。玉海盈而馨透，泛琼斝兮银浆。宋生微饮兮早醉，忽周旋兮步骤跄跄。美秋景兮共乐，但有益于彼兮何伤。洪武八年八月七日甲午午时书。"复命濂自述一诗。濂既醉，勉缀五韵，字不成行列。高皇命编修朱佑重书以遗濂曰："卿藏之，以示子孙，见一时君臣契合，共乐太平之盛。"濂拜谢。高皇更敕侍臣，应制赋醉《学士歌者》四人：考功监丞华克勤、给事中宋善、方征、彭通。闻而续赋者五人：秦府长史林温，太子正字桂彦良，翰林编修王琏、张唯，典籍孙箦云。
（《坚瓠集》）

桃花仕女

《西樵野记》：景泰中，绍兴上舍葛棠，博学能文，性豪放。筑亭于圃，匾曰"风月平分"，旦夕浩歌，纵酒自适。壁挂《桃花仕女图》，棠戏曰："诚得是女捧觞，岂吝千金！"夜饮半酣，见一姬进曰："久识上舍词章之雅，日间重辱垂念，请歌诗以侑觞。"棠曰："吾欲一杯一咏。"姬乃连咏百绝，棠沉醉而卧。晓视画上，不见仕女，少焉复在。棠异而裂之。因录所记忆者八首，余皆忘之矣。"梳成松髻出帘迟，折得桃花三两枝；欲插上头还在手，偏从人问可相宜。""恹恹欹枕卷纱衾，玉腕斜笼一串金；梦里自家搔鬓发，索郎抽落凤凰簪。""家住东吴白石矶，门前流水浣罗衣；朝来系着木兰棹，闲看鸳鸯作对飞。""石头城外是江滩，滩上行舟多少难，潮信有时还又至，郎舟一去几时还？浔阳南上不通潮，却算游程岁月遥；明月断魂清霭霭，玉人何处教吹箫？""山桃花开红更红，朝朝愁雨又愁风；花开花谢难相见，懊恨无边总是空。""西湖荷叶绿盈盈，露重风多荡漾轻；倒折荷枝丝不断，露珠易散似郎情。""芙蓉肌肉绿云鬟，几许幽情欲话难；闻说春来倍惆怅，莫教长袖倚栏杆。"（《坚瓠集》）

罚饮

罚饮从古有之。《周礼》"觥其不敬者"，觥，罚爵也。《檀弓》："杜蒉扬觯而酌……尔调。"注，觯，罚爵也。《说苑》："魏文侯与大夫饮，使公乘不仁为觞政，曰'饮不嚼者，浮以大白'"及"举白浮君。"注：白，罚爵之名，浮罚也。一说，谓罚爵之盈满而浮泛也。白者，举觞告白之意。陈后主令张贵妃等，预制五言诗，令孔范等十客一时继和，迟则罚酒。诸书所载，罚饮之说甚多，不能悉举。然罚饮之数，多限以三。吴谚谓："客来迟，罚三钟。"未始无本。韩安国作几赋不成，罚三升。兰亭之会，王子敬诗不成，罚三觞。景龙文馆记御诗序云："人题四韵，后者罚三杯。"又郝隆不能诗，罚依金谷酒数，是三斗。至杜

少陵"百罚深杯亦不辞",特极言之耳。注引桑又在江总席上曰:"虽深杯百罚,吾亦不辞"为证。(《坚瓠集》)

陈谔诙谐

正统初,中官阮巨队,奉命至广征虎豹。陈谔官其地,从阮饮,求虎皮以归。明日草奏,言阮多用肥壮者宴客,徒贡瘠虎,使毙诸途。阮大恐,置酒谢谔。谔酣,谓阮曰:"闻子非阉者,近娶美妾,其事然否?"阮请阅诸室。谔见群罐,知为金珠,佯问中有何物。阮曰:"酒也。"谔笑曰:"吾来正索此。"遂令人扛去。阮哀祈,得留其半。(《坚瓠集》)

胡梅林对

胡梅林【宗宪】,在浙招致诸名士,如徐文长辈,皆在幕中。一日,胡与一尊官周姓者,饮于舟中。执壶者偶失手,倾其酒。周忽出对云:"瓶倒壶【胡】撒尿。"盖胡素有失溺之疾,故嘲之。胡一时无以复,左右急传入幕中,即对就,私达于胡。及发船,故令舟人以柂作声,胡乃曰:"吾有对矣,'柂转舟【周】放屁。'"对既工,适足答其悔也。(《坚瓠集》)

乡饮滥觞

明高皇五年,颁乡饮读律仪式。访年高有德,众所推服者,礼迎上座。不赴者,以违制论。如有过而为人讦发,即于席上击去其齿,从桌下蛇行而出,诚崇其礼而严其防也。年来不尚齿德,专取温饱者,以克饮并不必赴，止设扁筵，遣官赍送，以应故事，所以有乡饮始末，大宾宝录之刻。请自今以后，遇宾筵大典，必延至明伦堂，分宾抗体。则举者不敢滥，而任者恐无有矣。(《坚瓠集》)

花酒

昔时有人欠某缎银十两，准酒三十坛，惧客索逋者。时值端午，某治具邀客，斟此酒酹客以介绍者。客见而讶之，作诗曰："四时佳兴又端阳，竞渡争看筵席张。岂意流霞成五色，似难邀月进千觞。客疑良药攒眉饮，主若琼浆笑脸尝。汲尽必须洗盏酌，杯中滋味似糖霜。"(《坚瓠集》)

尝酒

北人社前一日，亲宾相会，谓是尝酒。见宋忠献安阳诗集自注。今京师喜筵宴会，每于未张筵前，饾饤小集，亦曰尝酒。(《天禄识余》)

庆成宴

明朝典礼中，有庆成宴。每宴必传旨云："满斟酒。"又云："官人每饮干。"故西涯李文正公诗云："坐拥日华看渐近，酒传天语饮教干。"盖纪实也。(《天禄识余》)

天子避醉人

熙宁以前，凡郊祀，大驾还内，至朱雀门外，忽有绿衣人出道中，蹒跚潦倒，如醉状。乘舆为之少泥，谓之"天子避酒客"。及门，两厢遽阖，门内抗声曰："从南来者是何人？"门外应曰："是赵家第几朝天子。"又曰："是也不是？"应曰："是。"开门，乘舆乃进，谓之"勘箭"。（《天禄识余》）

饮酎

酎音宙，《礼记·月令》："孟春之月，天子饮酎。"汉制在秋，武帝元鼎五年九月，尝酎祭宗庙，列侯以献金助祭，色恶及轻，夺爵。建元三年，微行常用八九月中，饮酎已然，皆作于正月。（《天香楼偶得》）

酎金

汉酎金律：文帝所加，以正月旦作酒，八月成，名"酎酒"。因合诸侯，助祭贡金。诸侯各以名口数，率千口奉金四两有奇，不满千口至五百口，亦四两，皆会诣少府受。又大鸿胪所掌诸侯食邑，九真交址日南者，用犀角，长九寸以上，若瑇瑁甲一。郁林用象牙，长三尺以上，若翡翠各二十集，以当金。今人知有酎金，而不知犀角、瑇瑁等之当金矣。（《天香楼偶得》）

壶口禁忌

今人凡酒壶茶壶之口，禁忌向人，云：向之有口舌。此与盖有所本，《礼记·少仪》云："尊壶者面其鼻。"解者曰："设尊设壶，皆面其鼻以向君，见惠自君出也。"夫鼻者，柄也。口与柄前后相对，明以柄之所向，主施惠者为尊，必以口之所向，主受惠者为卑，故不以口向

人，敬客之意耳。后世相沿，而昧其旨，遂为俗忌，并不以口向，已失之矣。(《天香楼偶得》)

换茶醒酒

乐天方入关，刘禹锡正病酒。禹锡乃馈菊苗虀、芦菔鲊，换取乐天六班茶二囊以醒酒。(《云仙杂记》引《蛮瓯志》)

祭诗以酒脯

贾岛常以岁除，取一年所得诗，祭以酒脯，曰："劳吾精神，以是补之。"(《云仙杂记》引《金门岁节》)

张时可

张时可挥金自喜，意有所惬，虽倾其囊勿恤。甫三十，选为闾寺参军，未久懒罢，亦游戏胡卢中矣。年来种秫酿酒，不乐城市。其乡之人，喜就黑头郎饮，而齿乃大豁。今日诣某语其故，颇用自恐。某曰："刚强者死之徒，君何用焉。"时可笑曰："公乃自喜舌存耶？"命酒更酌，刺舡载月而去。甲寅八月十二日。(《梅花草堂笔谈》)

喝盏

天子凡宴飨，一人执酒觞立于右阶，一人执柏板立于左阶。执板者抑扬其声，赞曰"幹脱"；执觞者如其声，和之曰"打弼"；则执板者节一板。从而王侯卿相，合坐者坐，合立者立。于是众乐皆作，然后进酒诣上前，上饮毕，授觞，众乐皆止，别奏曲以饮陪位之官，谓

之谒盏。盖沿袭亡金旧礼，至今不废。诸王大臣，非有赐命不敢用焉。斡脱打弼，彼中方言，未暇考求其义。(《辍耕录》)

酒俗

风俗溺人，难于变也，尚矣；我国家一洗其弊，宜尽革之。然予尝观纪元诸事之书，多有同于今时者，略述一二，以见因袭之风难变也。如设酒则每桌五果、五按、五蔬菜，汤食非五则七，酒行无算，另置酒桌于两楹之间，排列壶盏马盂【马盂，想即今之折盂】及把盏，尊卑行跪礼。但元进爵之时，多一半跪耳，此酒之事事同也。(《七修类稿》)

长夜饮

史云："纣踞姐己为长夜之饮。"又："信陵君与客长夜之饮，每有妇女，终为酒病卒。"据此，则是兼色欲而达旦之意。陆放翁谓非达旦，引薛许昌《宫词》云："画烛烧阑晓复迷，殿帷漆密下银泥；开门欲作侵晨散，已是明朝日向西。"此恐如古人十日饮也，非长夜正义。(《七修类稿》)

罚饮

罚饮之说，从古有之。《周礼》"觵其不敬者"，觵，罚爵也。《诗·桑扈》"兕觵其觩"，注：罚爵也，觩然不用。《礼记·檀弓》杜蒉酌饮师旷、李调及晋平公。投壶，"偝立逾言，有常爵"，有若是者浮。注：有常爵，为有常例罚爵也，浮亦罚也。一说谓罚爵之盈满而浮泛也。《论语》"下而饮。"《韩诗外传》齐桓公置酒令曰"后者罚饮一经程。"《说苑》魏文侯与大夫饮，酒令曰"饮不釂者浮以大白"，于是公乘不仁举白浮君。《汉书·叙传》"皆引满举白。"服虔曰：举满栖，有余白沥者，举罚之。孟康曰：举白见验饮酒尽不。师古曰：引取满觞而饮，饮讫举觞告白尽不。一说白者罚爵之名，饮不尽者，以此爵罚之。徐邈云：御叔罚于饮酒。陈后主先令张贵妃等襞采笺制五言诗，孔范等十客，一时继和，迟则罚酒。《酉阳杂俎》：酒至鹦鹉杯，徐君房饮不尽，属魏肇师曰，海螯蜿蜒，尾翅皆张，非独为玩好，亦所以为罚。余不能悉举。然罚饮之数，多限以三。韩安国作《几赋》不成，罚三升。兰亭之会，王子敬诗不成，饮三觥。景龙文馆记御诗序云：人题诗韵后者，罚三杯。又郝龙不能诗受罚。及金谷酒数，皆是三斗。杜工部诗"百罚深杯亦不辞"，特极言之耳，非实事也。注谓桑乂在江总席上曰：虽深杯百罚，吾亦不辞。妄撰之说不足据。(《真珠船》)

赠酒资

沈菘町先生，名景良，字敬履，北郭高士也。与陈丈二西灿、奚丈铁牛冈，交最密。所居上垣，围竹畦数棱，艺花莳菊，瓦屋二椽，萧然四壁。尝雨中著书，以伞缚椅后，坐其下，盖避屋漏也。工诗，老年诗本为人窃去，殁后，其人攘为己作，刊之。有知之者哗于众，其人遂并板毁之，故其诗不传。鲍渌饮《咏物诗存》，刻其《夕阳》二律。先生好饮，窘于杖头。黄小松司马，自济宁归，赠以酒资，赋《即事》诗一绝云："故人归访故山栖，怪我葫芦久不提；笑赠青蚨三百片，晚来依旧醉如泥。"其风趣如此。阿春渚先生琪曾为之作传。(《两般秋雨庵随笔》)

顾驰宣

荆溪顾驰宣，名芳远，诸生，好读书，为郑康成氏学，以经教授生徒，恒数十百人。顾氏多老儒，治经生家业，所居湖洋渚村，旧有酒墟，驰宣每岁时，辄邀诸老为酒垆之会，相与讲论经史。其后生少年，有意向者随往，辄得美酒食，乡人以为荣。以故后生辈，争自力于学。驰宣晚岁，绝意科举，治刑家言，及医药卜筮诸书，无不通贯，卒时年七十有二。(《初月楼闻见录》)

髑髅

余偕数君子看花丰台，饮于卖花翁座中，相与说鬼。罗两峰述一髑髅事，亦可发一噱也。扬州有狂夫，从数人行郊外，道有髑髅甚伙，或侮之，辄被祟，詈骂有声，于是相戒无犯。狂夫大言曰："咄！是何敢然！"就一髑髅之口溺焉，且戏曰："吾酒汝。"溺毕，疾行数步，夸于众曰："田舍奴，我岂妄哉！"旋闻耳后低呼曰："拿酒来！"狂夫愕然，诘于众，众未之言也。行数步，又呼如前，众亦未闻。少顷又呼曰："顷云酒来，何诳也！"声渐厉，始信为髑髅之祟。漫应之曰："汝欲酒，第随以来。"髑髅曰："诺。"于是寂然。既入城，共登酒家楼，列坐呼酒，虚其一位，设匕箸杯杓，以饷髑髅。众每饮一觞，则以一觞酹之。酒注楼下，泛滥如泉。叩其醉乎，则应曰："死且不朽，斯酒安足辞哉。"髑髅饮既无算，众皆厌之，次第散去。惟狂夫不能自脱，颇为所苦。久之髑髅且醉，狂夫绐以如厕，急下楼取金质酒家，不暇谕值，悄然而遁。已闻楼上索酒甚急，酒保往应，杳不见人，大骇以为妖。空中喧呶曰："我何妖！奴辈招我来饮，乃避客而去耶？须为我招来！"意甚怒。酒家谕之曰："招汝者谁？避汝者谁？酒徒千百，我乌知之！汝既相识，曷勿自寻？索之于我，汝殊愦愦！"于是髑髅语塞，忿恨而去。尝见杂剧中扮一嗜酒鬼，挂壶于颈，出杯于怀，且哭且饮，亦髑髅之流也。(《耳食录》)

劝酒

凡与亲朋相与，必以顺适其意为敬。惟劝酒必欲拂其意，逆其情，多方以强之，百计以苦之，则何也？而受之者虽觉其苦，亦不以为怪，而且以为主人之深爱，又何也？此事之甚戾，而举世莫之察者。惟契丹使臣冯见善云："劝酒当观其量，如不以其量，犹徭役不以户等高下也。强之以不能，岂宾主之道哉？"此言足醒古今之谜，乃始出于契丹使臣之口。(《遁翁随笔》)

节酒

俗节饮酒，皆古人絜祀之期也。《酒诰》云：祀兹酒。古人无泛然饮酒者，率皆祭毕而后饮。祭有常期，故饮亦有常时。后世祭礼废而饮酒如故，遂成俗节。如元宵始于汉家，常以正月上辛，祠太乙甘泉，以昏时祠到明，后世仿以为灯节。春祈秋报，率以仲月，因有中和节，花朝月夕之饮。三月，民间有上墓之祭，因有清明之饮。五月五日吊屈原，因饮端午。近代因祀关壮缪，饮五月十三。夏至冬至，并时祭常期。夏禴祭薄尚声，故饮酒盛于冬而衰于夏。九月祭祢，故饮重阳。伏祠磔狗，意主禳除。七月十五伊蒲之供，出于佛氏，皆不立饮节。

腊蜡祈年，并于十二月，而聚会饮食，亦于是月焉。古人因祭而饮酒，后人崇饮而忘祭，不胜三代未逮之感。（《蒿庵闲话》）

乡饮

乡饮以献贤能，就先生而谋宾介，是矣。何以不夙戒，而戒于是日？饮之者，将献之也。为宾者，何以一辞而许，难进之风，固如是乎？经言主人献宾，宾酢主人，俱不言奠爵于席前。非文之不具也，盖宾拜而后进受爵，宾受爵而后主人拜，是手相授也。至于酬宾而奠觯荐酉，似进爵之变节，注疏并不言其故。近日说家，乃以为献酢皆然，而文不具，果信然欤？（《蒿庵闲话》）

刘公戢

刘公戢性旷达。尝置酒慈仁寺松下，遇游人至，不论识与不识，必牵挽使饮。有不能胜者，必强灌之，至醉呕乃已。（《今世说》）

陆徐

陆丽京与徐孝先，分虽甥舅，契若金兰。尝剧醉，共被卧，徐咍噎中大吐，早起不觉，但见床下地污，乃曰："舅昨茗芋耶？"陆亦不能辨。（《今世说》）

沈汉仪

沈汉仪家贫好客，每遇良友，辄慷慨沉饮。或劝以稍事生业，对曰："良朋樽酒，吾故借以生者。"（《今世说》）

辛先民

辛先民客居吟叹，闻有人招饮，立欲捐性命徇之。或谏其不节，辛笑曰："奈五脏神愿驰驱何。"（《今世说》）

酒祀典

袁石公《觞政》八之祭云："凡饮必祭所始，礼也。今祀孔子曰酒圣，无量不及乱，觞之祖也。是为饮宗。四配曰阮嗣宗、陶彭泽、王无功、邵尧夫。十哲曰郑文渊、徐景山、嵇叔夜、刘伯伦、向子期、阮仲容、谢幼舆、孟万年、周伯年、阮宣子，而山巨源、胡母彦国、毕茂世、张季鹰、何次道、李元忠、贺知章、太白以下祀两庑。至若仪狄、杜康、刘白堕、焦革，皆以酝法得名，无关饮徒，祠之门垣，以奖酿客，亦犹校宫之有土主，梵宇之有伽蓝也。"圣人吾不得而见之矣，二千二百余年中，四配十哲，十四人耳。而阮氏居其三，醉乡阀阅，莫有盛于吾家者矣。（《茶余客话》）

沈东江留客小酌

沈东江性不喜饮，顾好宾客。即甚贫，客往，必留之小酌，辄必质衣治具，欢笑达曙。东江名谦，顺治初之仁和人。（《清稗类钞》）

钱定林喜饮

钱定林喜饮，客至，必沽，相与对酌，辄典衣以偿酒券。家人或以晨餐不继告，一笑而已。定林名朝彦，明句容令，入本朝，不仕。（《清稗类钞》）

王丹麓质衣命酒

王丹麓家既落，顾犹喜刻书。客至，质衣命酒。其诗曰："平生好宾客，资用苦不周，有怀莫可告，室人且见尤。"施愚山诵之，辄失笑曰："盖有类予者。"（《清稗类钞》）

郝青门劝酒

郝莲，号饭山，嘉庆朝之钱塘人。嗜饮工诗，有《说饼斋吟草》。其劝酒歌云："东风劝酒生绿波，为君倒提金叵罗。天边明月不常好，世上浮云事日多。劝君且饮吾作歌。君不见腰间累累印如斗，朝乘华轩暮广柳。又不见多牛翁，子孙不肖田园空。黄金不能买老寿，况当明月如清昼。眼底休随蝼蚁忙，日中空有麒麟斗。"（《清稗类钞》）

王文敏为诗酒之会

福山王文敏公懿荣，官京师久，交游既广，每以春秋佳日，与潘文勤，张文襄，洪洞董研樵，邹县董凤樵，太谷温味秋，仪征陈六舟，巴陵谢麐伯，余姚朱肯夫，吴县吴清卿，会稽李莼客，甘泉秦谊庭，绩溪胡荄甫，光山胡石查，遂溪陈逸山，大兴刘子重，仪征陈研香，元和顾缉庭，歙县鲍子年，长洲许鹤巢，递为诗酒之会，壶觞无虚日。其元配黄夫人辄检点肴核，迎时先办，客至无缺，有拔钗沽酒之风。（《清稗类钞》）

许玉沙极饮大醉

许玉沙，名宏祚，康熙时钱塘诸生。身长八尺，腰腹十围，声若洪钟。每试锁闱，门未启，立侪辈中，昂然杰出，顾盼自雄，议论侃侃，绝无措大气味。家甚贫，顾胶口不言。一日，与汪水莲、王性如集夏叶昌馆舍，自巳至酉，极饮大醉。次日，复邀至其家赏桂。比至，玉沙久不出，呼而询之，则家人不举火两日矣。水莲探囊，得白金半两，付之，市饮食，仍饮至三鼓，始罢。明日，叶昌饷以白米，玉沙方握笔苦吟桂树下，若不知绝粮为病者。叶昌死，玉沙哭之恸。墓有宿草，犹挈尊罍招客至墓下哭奠，奠毕，共饮，饮罢，复大哭。（《清稗类钞》）

杨绍爽强刘大櫆饮

桐城刘大櫆之舅氏曰杨绍爽，字稚棠，于诸甥中尤爱怜櫆。尝抚櫆，指櫆父而言曰：“此子殆能大刘氏之门，然未知吾及见之否。”平居设酒食，召櫆与饮，自提觞行，趣令醉，櫆谢已醉，不能饮，则笑曰：“予性嗜酒，每过从人家饮酒，主饮者不趣予饮，吾意辄不乐，以此度人，意皆然。乃者舅氏实饮汝酒，当不使甥意不乐也。”酒半，仰首歔欷，俯顾谓櫆曰：“予男子也，今老，旦暮且死，然未有子息。汝读书，能为古文辞，其传于后世无疑，当为我作传，则吾虽无子，犹有子焉。”（《清稗类钞》）

癖　习

纵酒

　　田桓子见晏子独立于墙阴，曰："子何为独立而不忧？何不求四乡之学士可者而与坐？"晏子曰："共立似君子出言而非也。婴恶得学士之可者而与之坐。且君子之难得也，若美山然。名山既多矣，松柏既茂矣，望之相相然，尽目力不知厌。而世有所美焉，固欲登彼相相之上，仡仡然不知厌。小人者，与此异。若部娄之未登，善之无蹊，维有楚棘而已。远望无见也，俛就则伤，婴恶能无独立焉。且人何忧静处远虑，见岁若月，学问不厌，不知老之将至，安用从酒。"田桓子曰："何谓从酒？"晏子曰："无客而饮，谓之从酒。今若子者，昼夜守尊，谓之从酒也。"（《晏子》）

汉高祖

　　高祖为泗水亭长，好酒及色，常从王媪、武负贳酒醉卧。武负、王媪见其上常有龙，怪之。高祖每酤留饮，酒雠数倍，及见怪，岁竟，此两家常折券弃责。（《史记·高祖本纪》）

不饮酒

郭解为人短小精悍，不饮酒。(《史记·游侠列传》)

乐酒

中山靖王胜，为人乐酒好肉。(《史记·五宗世家》)

陈遵

陈遵为校尉，封嘉威侯，居长安中，列侯近臣贵戚，皆贵重之。牧守当之官，及郡国豪杰至京师者，莫不相因到遵门。遵嗜酒，每大饮，宾客满堂，辄关门，取客车辖投井中，虽有急，终不得去。尝有部刺史奏事过遵，值其方饮，刺史大穷，候遵沾醉时，突入见遵母，叩头自白，当对尚书，有期会状。母乃令从后阁出去。遵大率常醉，然事亦不废。遵为河南太守，而弟级为荆州牧，当之官，俱过长安富人，故淮阳王外家左氏，饮食作乐。后司直陈崇闻之劾奏："遵兄弟幸得蒙恩，超等历位。遵爵列侯，备郡守。级州牧，奉使。皆以举直察枉，宣扬圣化为职，不正身自慎。始，遵初除，乘藩车入闾巷，过寡妇左阿君，置酒歌讴，遵起舞跳梁，顿仆坐上，暮因留宿，为侍婢扶卧。遵知饮酒饮宴有节，礼不入寡妇之门，而湛酒溷肴，乱男女之别，轻辱爵位，羞污印韨，恶不可忍闻。臣请皆免。"遵既免，归长安，宾客愈盛，饮食自若。久之，复为九江及河内都尉，凡三为二千石。而张竦亦至丹阳太守，封淑德侯，后俱免官，以列侯归长安。竦居贫无宾客时，时好事者从之，质疑问事，论道经书而已。而遵昼夜呼号，车骑满门，酒肉相属。先是，黄门郎扬雄作《酒箴》以讽谏成帝，其文为酒客难法度士，譬之于物。曰："子犹瓶矣，观瓶之居，居井之眉。处高临深，动常迎危。酒醪不入口，臧水满怀。不得左右，牵于缧徽。一旦叀碍，为罃所轠。身提黄泉，骨肉为泥。自用如此，不如鸱夷。鸱夷滑稽，腹如大壶。尽日盛酒，人复借酤。常为国器，托于属车。出入两宫，经营公家。繇是言之，酒何过乎。"遵大喜之，常谓张竦："吾与尔犹是矣。足下讽诵经书，苦身自约，不敢差跌，而我放意自恣，浮湛俗间，官爵功名，不减于子，而差独乐，顾不优邪。"竦曰："人各有性，长短自裁。子欲为我亦不能，吾而效子亦败矣。虽然，学我者易持，效子者难将。吾常道也。"及王莽败，二人俱客于池阳，竦为贼兵所杀。更始至长安，大臣荐遵为大司马护军，与归德侯刘飒，俱使匈奴。单于欲胁诎遵，遵陈利害，为言曲直，单于大奇之，遣还。会更始败，遵留朔方，为贼所败，时醉见杀。(《汉书·游侠传》)

马武嗜酒

武封阳虚侯，留奉朝请。为人嗜酒，阔达敢言。时醉在御前，面折同列，言其短长，无所避忌。帝故纵之，以为笑乐。(《后汉书·马武传》)

三不惑

震子秉为太尉，性不饮酒，又早丧夫人，遂不复娶，所在以淳白称。尝从容言曰："我有三不惑，酒、色、财也。"(《后汉书·杨震传》)

刘宽

宽熹平五年，代许训为太尉。灵帝颇好学艺，每引见宽，常令讲经。宽尝于坐被酒睡伏，帝问："太尉醉邪？"宽仰对曰："臣不敢醉，但任重责大，忧心如醉。"帝重其言。宽简略嗜酒，不好盥浴。京师以为谚。尝坐客，遣苍头市酒，迂久，大醉而还，客不堪之，骂曰畜产。宽须臾遣人视奴，疑必自杀。顾左右曰："此人也，骂言畜产，辱孰甚焉，故吾惧其死也。"（《后汉书·刘宽传》）

张让

中常侍张让，子奉为太医令，与人饮酒，辄系引衣裳，发露形体，以为戏乐。将罢，又乱其履舄，使小大差踦，无不倾倒僵仆，蹉跌手足，因随而笑之。（《史典论》）

酒后一

陈国有赵祜者，酒后自相署，或称亭长督邮。祜复于外骑马将绛幡云："我使者也。"司徒鲍宣决狱云："骑马将幡，起于戏耳，无他恶意。"（《风俗通》）

酒后二

汝南张妙，酒后相戏逐，缚捶二十下，又悬足指，遂至死。鲍昱决事云："原其本意，无贼心，宜减死。"（《风俗通》）

孔融

孔融天性气爽，颇推平生之意，狎侮太祖。太祖制酒禁，而融书啁之曰："天有酒旗之星，地列酒泉之郡，人有旨酒之德。故尧不饮千钟，无以成其圣。且桀纣以色亡国，今令不禁婚姻也。"太祖外虽宽容，而内不能平。御史大夫郄虑知旨，以法免融官。岁余拜大中大夫。虽居家失势，而宾客日满其门。爱才乐酒，常叹曰："坐上客常满，樽中酒不空，吾无忧矣。"虎贲士有貌似蔡邕者，融每酒酣，辄引与同坐，曰："虽无老成人，尚有典型。"其好士如此。(《英雄记钞》)

酒债

孙权叔济，嗜酒不治生产。尝欠人酒缗，谓人曰："寻常行处，欠人酒债，欲质此缊袍偿之。""酒债寻常行处有"本此。(《苍梧杂志》)

东夷

高句丽国，其人清洁自喜，善藏酿。倭人国，其人性嗜酒。(《三国魏志·东夷传》)

潘璋

璋东郡发干人。孙权为阳羡长，始往随权。惟博荡嗜酒，居贫好赊酤。债家至门，辄言后豪富相还。权奇爱之，因使召为将。(《三国吴志·潘璋传》)

胡综

孙权拜综偏将军，兼左执法。综性嗜酒。酒后欢呼极意，或推引杯觞，搏击左右。权爱其才，弗之责也。(《三国吴志·胡综传》)

醉羌

武帝为抚军时，府内后堂砌下，忽生草二株，茎黄叶绿，若总金抽翠，花条苒弱，状似金簦。时人未知是何祥草，故隐蔽不听外人窥视。有一羌人，姓姚名馥，字世芬，充廐养马，妙解阴阳之术，云："此草以应金德之瑞。"馥年九十八，姚襄即其祖也。馥好读书，嗜酒，每醉，历月不醒。于醉时好言帝王兴亡之事，善戏笑，滑稽无穷。常叹云："九河之水，不足以渍曲蘖。八薮之木，不足以口薪蒸。七泽之麋，不足以充庖俎。凡人禀天地之精灵，不知饮酒者，动肉含气耳，何必土木之偶而无心识乎。"好啜浊嚼糟，常言渴于醇酒。群辈常弄狎之，呼为"渴羌"。及晋武践位，忽思见馥，立于阶下，帝奇其倜傥，擢为朝歌邑宰。馥辞曰："氐羌异域之人，远隔山川，得游中华，已为殊幸，请辞朝歌之县长，充养马之役，时赐美酒，以乐余年。"帝曰："朝歌纣之故都，地有酒池，故使老羌不复呼渴。"馥于阶下高声而对曰："马围老羌，渐染皇化，溥天夷貊，皆为王臣。今若欢酒池之乐，受朝歌之地，更为殷纣之民乎！"帝抚玉几大悦，即迁为酒泉太守，地有清泉，其味若酒，馥乘醉而拜受之，遂为善政，民为立生祠。后以府地赐张华，犹有草在，故茂先《金簦赋》云："擢九茎于汉廷，美三株于兹馆。贵表祥乎全德，名比类而相乱。"至惠帝元熙元年，三株草化为三树，枝叶似杨树，高五尺，以应三杨擅权之事。时有杨骏、杨瑶、杨济三弟兄，号曰"三杨"，马围醉羌所说之验。（《拾遗记》）

阮籍

邻家少妇有美色，当垆沽酒，籍尝诣饮，醉便卧其侧。籍既不自

嫌，其夫察之，亦不疑也。(《晋书·阮籍传》)

刘 伶

伶放情肆志，常以细宇宙，齐万物为心。澹默少言，不妄交游，与阮籍、嵇康相遇，欣然神解，携手入林，初不以家产有无介意。尝渴甚，求酒于其妻，妻捐酒毁器，涕泣谏曰："君酒太过，非摄生之道，必宜断之。"伶曰："善，吾不能自禁，惟当祝鬼神自誓耳。便可具酒肉。"妻从之，伶跪祝曰："天生刘伶，以酒为名。一饮一斛，五斗解醒。妇儿之言，慎不可听。"仍引酒御肉，隗然复醉。尝醉与俗人相忤，其人攘袂奋拳而往。伶徐曰："鸡肋不足以安尊拳。"其人笑而止。伶虽陶兀昏放，而机应不差。未尝厝意文翰，惟著《酒德颂》一篇，其辞曰："有大人先生，以天地为一朝，万期为须臾，日月为扃牖，八荒为庭衢。行无辙迹，居无室庐。幕天席地，纵意所如。止则操卮执觚，动则挈榼提壶。惟酒是务，焉知其余。有贵介公，搢绅处士，闻吾风声，议其所以，乃奋袂攘襟，怒目切齿。陈说礼法，是非锋起。先生于是方捧罂承槽，衔杯漱醪。奋髯箕踞，枕曲藉糟。无思无虑，其乐陶陶。兀然而醉，恍尔而醒。静听不闻雷霆之声，熟视不睹泰山之形。不觉寒暑之切肌，利欲之感情。俯观万物，扰扰焉若江海之载浮萍。二豪侍侧焉，如螟蛉之与蜾蠃。"尝为建威参军，泰始初对策，盛言无为之化。时辈皆以高第得调，伶独以无用罢，竟以寿终。(《晋书·刘伶传》)

身后名

张翰任心自适，不求当世。或谓之曰："卿乃可纵适一时，独不为

身后名邪?"答曰:"使我有身后名,不如即时一杯酒。"时人贵其旷达。(《晋书·文苑传》)

胡毋辅之

辅之有知人之鉴,性嗜酒任纵,不拘小节。与王澄王敦庾敳,俱为太尉王衍所昵,号曰"四友"。澄尝与人书曰:"彦国吐佳言,如锯木屑,霏霏不绝,诚为后进领袖也。"辟别驾太尉掾,并不就,以家贫求试守繁昌令。始节酒自厉,甚有能名,迁尚书郎。豫讨齐王冏,赐爵阴平男,累转司徒左长史。复求外出,为建武将军乐安太守。与郡人光逸,昼夜酣饮,不视郡事。成都王颖为太弟,召为中庶子,遂与谢鲲、王澄、阮修、王尼、毕卓,俱为放达。尝过河南门下,饮河南驺,王子博箕坐其傍。辅之叱使取火,子博曰:"我卒也,惟不乏吾事则已,安复为人使!"辅之因就与语,叹曰:"吾不及也。"荐之河南尹乐广,广召见,甚悦之,擢为功曹。其甄拔人物若此。(《晋书·胡毋辅之传》)

阮修

籍从子修,性简任,不修人事,绝不喜见俗人,遇便舍去。意有所思,率尔褰裳,不避晨夕。至或无言,但欣然相对。常步行,以百钱挂杖头,至酒店,便独酣畅。虽当世富贵,而不肯顾。家无儋石之储,晏如也。(《晋书·阮籍传》)

羊曼

曼任达颓纵,好饮酒。温峤、庾亮、阮放、桓彝同志友善,并为中兴名士。时州里称陈留阮放为宏伯，高平郗鉴为方伯，泰山胡毋辅之为达伯，济阴卞壸为裁伯，陈留蔡谟为朗伯，阮孚为诞伯，高平刘绥为委伯，而曼为黤伯。凡八人，号兖州八伯，盖拟古之八俊也。王敦既与朝廷乖贰，羁录朝士，曼为右长史。曼知敦不臣，终日酣醉讽议而已。（《晋书·羊曼传》）

三日醒

周伯仁过江，恒醉，止有姊丧三日醒，姑丧三日醒也。（《语林》）

毕卓

卓父谌，中书郎。卓少希放达，为胡毋辅之所知。太兴末，为吏部郎，常饮酒废职。比舍郎酿熟，卓因醉，夜至其瓮间盗饮之，为掌酒者所缚。明旦视之，乃毕吏部也，遽释其缚。卓遂引主人宴于瓮侧，致辞而去。卓尝谓人曰："得酒满数百斛船，四时甘味置两头，右手持酒杯，左手持蟹螯，拍浮酒船中，便足了一生矣。"（《晋书·毕卓传》）

孔群

愉从弟群，任历中丞，性嗜酒，导尝戒之曰："卿恒饮，不见酒家覆瓿布，日月久，糜烂邪？"答曰："公不见肉糟淹更堪久邪？"尝与亲友书云："今年田得七百石秫米，不足了曲糵歌。"其沉湎如此。（《晋书·孔愉传》）

郭璞

璞性轻易，不修威仪，嗜酒好色，时或过度。著作郎干宝常识之

曰:"此非适性之道也。"璞曰:"吾所受有本限,用之恒恐不得尽,卿乃忧酒色之为患乎?"(《晋书·郭璞传》)

酒中趣

嘉为征西桓温参军,好酣饮,愈多不乱。温问嘉:"酒有何好,而卿嗜之?"嘉曰:"公未得酒中趣耳!"(《晋书·孟嘉传》)

谢奕

安兄奕,少有名誉。初为剡令,有老人犯法,奕以醇酒饮之,醉犹未已。安时年七八岁,在奕膝边,谏止之,奕为改容遣之。与桓温善,温辟为安西司马,犹推布衣,好在温坐岸帻笑咏,无异常日。桓温曰:"我方外司马。"奕每因酒,无复朝廷礼,常逼温饮。温走入南康主门避之,主曰:"君若无狂司马,我何由得相见。"奕遂携酒就听事,引温一兵帅共饮,曰:"失一老兵,得一老兵,亦何所在!"温不之责。(《晋书·谢安传》)

王忱一

湛子承,承子述,述子坦之,坦之子忱,都督荆益宁三州军事。性任达不拘,末年尤嗜酒,一饮连月不醒,或裸体而游。每叹三日不饮,便觉形神不相亲。妇父常有惨忧,乘醉吊之,妇父恸哭,忱与宾客十许人,连臂被发,裸身而入,绕之三匝而出。其所行多此类。(《晋书·王湛传》)

王忱二

王忱嗜酒，或连日不醒，号"上顿"。时人以大饮为上顿，起于忱也。(《宋明奇文志》)

陶潜

陶潜为镇军建威参军，谓亲朋曰："聊欲弦歌，以为三径之资，可乎?"执事者闻之，以为彭泽令。在县公田，悉令种秫谷，曰："令吾常醉于酒足矣。"妻子固请种秔，乃使一顷五十亩种秫，五十亩种秔。义熙二年解印去县，顷之征著作郎不就。既绝州郡觐谒，其乡亲张野及周旋人、羊松龄、宠遵等，或有酒要之，或要之共至酒坐，虽不识主人，亦欣然无忤。酣醉便反，未尝有所造诣，所之惟至田舍及庐山游观而已。刺史王弘以元熙中临州，甚钦之，后自造焉，潜称疾不见。既而语人云："我性不狎世，因疾守闲，幸非洁志慕声，岂敢以王公纡轸为荣邪! 夫谬以不贤，此刘公干所以招谤君子，其罪不细也。"弘每令人候之，密知当往庐山，乃遣其故人宠通之等，赍酒先于半道要之。潜既遇酒，便引酌野亭，欣然忘进，弘乃出与相见，遂欢宴穷日。弘后欲见，辄于林泽间候之。至于酒米乏绝，亦时相瞻。其亲朋好事，或载酒者而往，潜亦无所辞焉。每一醉，则大适融然。又不营生业，家务悉委之儿仆，未尝有喜愠之色。惟遇酒则饮，时或无酒，亦雅咏不辍。(《晋书·隐逸传》)

酒后挽歌

张骊酒后挽歌甚凄苦，桓车骑【冲】曰："卿非田横门人，何乃顿尔

至致?"(《世说新语》)

张麟

张麟一醉六日, 啮柱几半。(《醉录》)

荆州刺史王忱

荆州刺史王忱, 泰外弟也, 请为天门太守。忱嗜酒, 醉辄累旬, 及醒, 则俨然端肃。泰谓忱曰: "酒虽会性, 亦所以伤生, 游处以来, 常欲有以相戒。当卿沉湎, 措言莫由, 及今之遇, 又无假陈说。" 忱嗟叹久之曰: "见规者众矣, 未有若此者也。"(《宋书·范泰传》)

颜延之

文帝尝召延之, 传诏频不见, 常日但酒店裸袒挽歌, 了不应对。他日醉醒, 乃见。帝尝问以诸子才能, 延之曰: "竣得臣笔, 测得臣文, 㷀得臣义, 跃得臣酒。" 何尚之嘲曰: "谁得卿狂?" 答曰: "其狂不可及。" 尚之为侍中, 在直, 延之以醉, 诣焉。尚之望见, 便阳眠。延之发帘熟视曰: "朽木难雕。" 尚之谓左右曰: "此人醉甚可畏。"(《南史·颜延之传》)

朱百年

朱百年少有高情, 好饮酒。隐迹避人, 唯与同县孔凯友善。凯亦嗜酒, 相得辄酣对, 饮尽欢。(《宋书·隐逸传》)

袁粲

粲元徽二年领司徒，三年徙尚书令，固辞，加侍中，进爵为侯，又不受。粲好饮酒，善吟讽，独酌园庭，以此自适。(《宋书·袁粲传》)

沈怀文

怀文为侍中。上每宴集，在坐者咸令沉醉。怀文素不饮酒，又不好戏，上谓故欲异己。谢庄常诫怀文曰："卿每与人异，亦何可久？"怀文曰："吾少来如此，岂可一朝而变。非欲异物，性之所不能耳。"(《南史·沈怀文传》)

卞彬

卞彬性饮酒，以瓠壶瓢勺杬皮为肴，着帛冠十二年不改易，以大瓠为火笼，什物多诸诡异，自称"卞田居"，妇为"传蚕室"。或谏曰："卿都不持操，名器何由得升？"彬曰："掷五木子，十掷辄鞬，岂复是掷子之拙。吾好掷政极此耳。"(《南齐书·文学传》)

沈约

约性不饮酒，少嗜欲，虽时遇隆重，而居处俭素。(《梁书·沈约传》)

萧昌

景弟昌，历宗正卿。昌为人亦明悟，然性好酒，酒后多过。在州郡，每醉辄径出入人家，或独诣草野。其于刑戮，颇无期度，醉时所杀，醒或求焉，亦无悔也。属为有司所劾，入留京师，忽忽不乐，

遂纵酒虚悸，在石头东斋，引刀自刺，左右救之，不殊。(《梁书·萧
景传》)

谢几卿

谢几卿为尚书三公侍郎，寻为治书侍御史。旧郎官转为此职者，
世谓为"南奔"。几卿颇失志，多陈疾，台事略不复理。徒为散骑侍
郎，累迁中书郎，国子博士，尚书左丞。几卿详悉故实，仆射徐勉每
有疑滞，多询访之。然性通脱，会意便行，不拘朝宪。尝预乐游苑宴，
不得醉而还，因诣道边酒垆，停车褰幔，与车前三驺对饮。时观者如
堵，几卿处之自若。后以在省署，夜著犊鼻裈，与门生登阁道饮酒酤
嗺，为有司纠奏，坐免官。几卿居宅白杨石井，朝中交好者，载酒
从之，宾客满座。时左丞庾仲容亦免归，二人意志相得，并肆情诞纵。
或乘露车，历游郊野，既醉，则执铎挽歌，不屑物议。湘东王在荆镇，
与书慰勉之，几卿答曰："下官自奉违南浦，卷迹东郊。望日临风，瞻
言伫立。仰寻惠渥，陪奉游宴。漾桂棹于清池，席落英于曾岨。兰香
荨御，刃筋充集。侧听未匝，沐浴元流。涛波之辩，悬河不足譬，春
藻之辞，丽文无以匹。莫不相顾动容，服心胜口。不觉春日为遥，更
谓修夜为促。嘉会难常，抟云易远。言念如昨，忽焉素秋。恩光不
遗，善谑远降。因事罢归，岂云栖息，既匪高官，理就一廛，田家作
苦，实符清海。本乏金羁之饰，无假玉璧为资。徒以老使形疏，疾令
心阻。沈滞床簟，弥历七旬。梦幻俄顷，忧伤在念。竟知无益，思自
祛遣。寻理涤意，即以任命为膏酥，揽镜照形，翻以支离代萱树。故
得仰慕徽猷，永言前哲。鬼谷深栖，接舆高举。遁名屠肆，发迹关市。

其人缅邈，余流可想。若令亡者有知，宁不萦悲元壤，怅隔芳尘；如其
逝者可作，必当昭被光景，欢同游豫。使夫一介老圃，得篹虚心末席。
去日已疏，来侍未屦。连剑飞凫，拟非其类，怀私茂德，窃用涕零。"
（《梁书·文学传》）

庾仲容

庾仲容除尚书左丞，坐推纠不直免。仲容博学，少有盛名，颇任
气使酒，好危言高论，士友以此少之。唯与王籍、谢几卿，情好相得。
二人时亦不调，遂相追随，诞纵酣饮，不复持检操。（《梁书·文学传》）

新安王伯固

伯固惟嗜酒，而不好积聚。所得禄俸，用度无节。酣醉已后，多
所乞丐。于诸王之中，最为贫窭。（《陈书·新安王伯固传》）

齐郡王简

简性好酒，不能理公私之事。妻常氏，燕郡公常喜女也，文明太
后以赐简。性干综家事，颇节断简酒，乃至盗窃，求乞婢侍，卒不能
禁。（《魏书·齐郡王简传》）

广阳王建闾

建闾子嘉，好饮酒，或沉醉，在世宗前言笑自得，无所顾忌。帝
以其属尊年老，常优容之。与彭城北海高阳诸王，每入宴集，极欢弥
夜，数加赏赐。帝亦时幸其第。（《魏书·广阳王建闾传》）

傅敬和

竖眼长子敬和，敬和弟敬仲，并奴酒薄行，倾侧势家。敬和为益州刺史，聚敛无已，好酒嗜色，远近失望。（《魏书·傅竖眼传》）

颜之推

颜之推好饮酒，多任纵，不修边幅，时论以此少之。天保末，从至天池，以为中书舍人。令中书郎段孝信，将敕书出示之推。之推营外饮酒，孝信还，以状言。显祖乃曰："且停。"由是遂寝。（《北齐书·文苑传》）

伏护

灵山无子，以从父兄建国子伏护为后。伏护累迁黄门侍郎，性嗜酒，每多醉失，末路逾剧，乃至连日不食，专事酣酒，神识恍惚，遂以卒。（《北齐书·长乐太守灵山传》）

周宣帝

帝之在东宫也，高祖虑其不堪承嗣，遇之甚严。性既嗜酒，高祖遂禁醪醴，不许至东宫。帝每有过，辄加捶扑。（《周书·宣帝纪》）

牛弘

弘有弟曰弼，好酒而酗。尝因醉射杀弘驾车牛，弘来还宅，其妻迎谓之曰："叔射杀牛矣。"弘闻之，无所怪问，直答云："作脯。"坐定，

其妻又曰："叔忽射杀牛,大是异事!"弘曰："已知之矣。"颜色自若。(《隋书·牛弘传》)

萧琮

萧岿子琮,拜内史令,封梁公。性澹雅,不以职务自婴,退朝纵酒而已。(《隋书·外戚传》)

醉圣

李白嗜酒,不拘小节。然沉酣中所撰文章,未尝错误,而与不醉之人相对,议事皆不出太白所见。时人号为"醉圣"。(《开元天宝遗事》)

醉语

李林甫每与同僚议及公直之事,则如痴醉之人,未尝问答。或语及阿徇之事,则响应如流。张曲江常谓宾客曰："李林甫议事如醉汉脑语也,不足可言。"(《开元天宝遗事》)

崔橹

崔橹酒后忤陆肱郎中,以诗谢曰："醉时颠蹶醒时羞,曲蘖催人不自由;回耐一双穷相眼,不堪花卉在前头。"(《摭言》)

卫元规

卫元规酒后忤丁仆射,以书谢曰："自兹囚酒星于天狱,焚醉目于

秦坑。"(《摭言》)

嗜酒善食

徐晦嗜酒，沈传师善食。杨复云："徐家肺，沈家脾，其安稳耶？"（《谐噱录》）

破贼

徐铉言铜陵县尉某，懦不能事，嗜酒善狂。尝与同官会饮江上，忽见贼艘，鸣鼓弄兵，沿流而下。尉乘醉仗剑，驱市人而袭之，贼皆就缚焉。事闻，后主嘉之，赐以章服，除本县令。此因酒而幸成也。（《江南余载》）

王绩

王绩字无功，绛州龙门人。性简放，不喜拜揖。兄通，隋末大儒也。聚徒河汾间，仿古作六经。又为《中说》，以拟《论语》，不为诸儒称道，故书不显，惟《中说》独传。通知绩诞纵，不婴以家事，乡族庆吊冠昏不与也。与李播、吕才善。大业中，举孝悌廉洁，授秘书省正字，不乐在朝，求为六合丞，以嗜酒不任事。时天下亦乱，因劾遂解去。叹曰："网罗在天，吾且安之。"乃还乡里，有田十六顷，在河渚间。仲长子光者，亦隐者也，无妻子，结庐北渚，凡三十年，非其力不食。绩爱其真，徙与相近。子光暗，未尝交语，与对酌酒，欢甚。绩有奴婢数人，种黍，春秋酿酒，养凫雁，莳药草自供。以《周易》《老子》《庄子》置床头，他书罕读也。欲见兄弟，辄渡河还家。游北山东皋，著书，自号《东皋子》。乘牛经酒肆，留或数月。高祖武德初，以前官待诏门下省。故事，官给酒日三升。或问待诏何乐邪？答曰："良酝可恋耳。"侍中陈叔达闻之，日给一斗，时称"斗酒学士"。贞观初，以疾罢，复调有司。时太乐署史焦革家善酿，绩求为丞。革死，绩追述革酒法为经，又采杜康、仪狄以来善酒者为谱。李淳风曰："君酒家南董也。"所居东南有盘石，立杜康祠祭之，尊为师，以革配。著《醉乡记》，以次刘伶《酒德颂》。其饮至五斗不乱，人有以酒邀者，无贱贵辄往。著《五斗先生传》。刺史崔喜悦之，请相见。答曰："奈何坐召岩君平邪！"卒不诣。杜之松，故人也，为刺史，请绩讲礼。答曰："吾不能揖让邦君门，谈糟粕，弃醇醪也。"之松岁时赠以酒脯。初，兄凝为隋著作郎，撰《隋书》未成死，绩续余功，亦不能成。豫知终日，命薄葬，自志其墓。绩之仕，以醉失职，乡人靳之，托《无心子》以见趣曰："无心子居越，越王不知其大人也，拘之仕，无喜色。越国法，日秽行者不齿。俄而无心子以秽行闻，王黜之，无愠色。退而适茫荡之野，过动之邑，而见机士。机士抚髀曰：'嘻，子贤者，以罪废邪？'无心子不应。机士曰：'愿见教。'曰：'子闻蜚廉氏马乎？一者朱鬣白毳，龙骼凤臆，骤驰如舞，终日不释辔，而以热死。一者重头昂尾，驼颈貉膝，蹢䠱善蹶，弃诸野，终年而肥。夫凤不憎山栖，龙不羞泥蟠，君子不苟洁以罹患，不避秽而养精也。'"其自处如此。(《唐书·隐逸传》)

酒肴

王缙饮酒，非鸭肝猪肚，箸辄不举。(《醉仙图记》)

王源中

有王源中者。擢翰林学士,进承旨学士。源中嗜酒,帝召之,醉不能见。及寤,忧其慢,不悔不得进也。他日又如之,遂失帝意。(《唐书·卢景亮传》)

刘虚白

刘虚白擢进士第,嗜酒,有诗云:"知道醉乡无户税,任他荒却下丹田。"世之嗜酒者,苟为孔门之徒,得无违告诫乎。(《北梦琐言》)

张旭

文宗时,诏以白歌诗、裴旻剑舞、张旭草书为三绝。旭苏州吴人,嗜酒,每大醉,呼叫狂走,乃下笔,或以头濡墨而书。既醒,自视以为神,不可复得也。(《唐书·李白传》)

吐蕃俗

其俗手捧酒浆以饮,饮酒不得及乱。(《唐书·吐蕃传》)

沐浴

石裕方明造酒数斛,忽解衣入其中,恣沐浴而出,告子弟曰:"吾平生饮酒,恨毛发未识其味,今日聊以设之,庶无厚薄。"(《酒中玄》)

倪芳

倪芳饮后必有狂怪,恬然不耻。或以《毛诗》卷染油代烛,醉游

彻晓。(《醉仙图记》)

睡王

述律立，号天顺皇帝，好饮酒，不恤国事。每酣饮，自夜至旦，昼则常睡，国人谓之睡王。(《五代史·四夷附录》)

法常

河阳释法常，酷嗜酒，无寒暑风雨，常醉。醉则熟寝，觉即朗吟。尝谓同志曰："酒天虚无，酒地绵邈，酒国安恬，无君臣贵贱之拘，无财利之图，无刑罚之避，陶陶焉，荡荡焉，其乐不可得而量也。"(《清异录》)

李咸

觉会祖鼎，鼎生瑜，瑜生咸，咸性旷荡嗜酒。周枢密使王朴，将荐其能，会朴卒，郁郁不得志。乾德中，司农卿卫融知陈州，闻其名，召之。咸因挈族而往，日以酣饮为事，醉死于客舍。(《宋史·李觉传》)

李肃

穆弟肃，举进士，登甲科，性嗜酒，历濮博二州从事，迁保静军节度推官。诏方下，一夕，与亲友会饮，酣寝而卒。(《宋史·李穆传》)

种放

种放隐终南豹林谷之东明峰，性嗜酒，尝种秫自酿，每曰："空山

清寂，聊以养和。"因号云溪醉侯，幅巾短褐，负琴携壶，沂长溪，坐盘石，采山药以助饮，往往终日。(《宋史·隐逸传》)

苏易简

易简性嗜酒。初入翰林，谢日，饮已微醉。余日多沉湎，上尝戒约深切，且草书劝酒二章以赐，令对其母读之。自是，每直不敢饮。及卒，上曰："易简果以酒死，可惜也。"(《宋史·苏易简传》)

寇准

准少年富贵，性豪侈，喜剧饮。每宴宾客，多阖扉脱骖。家未尝爇油灯，虽庖湢所在，必然炬烛。(《宋史·寇准传》)

李渎素

李渎素嗜酒，人或勉之，答曰："扶羸养病，舍此莫可。从吾所好，以尽余年，不亦乐乎！"尝语诸子曰："山水足以娱情，苟遇醉而卒，吾之愿也。"(《宋中·隐逸传》)

石曼卿

石曼卿善豪饮，与布衣刘潜为友。尝通判海州，刘潜来访之，曼卿与剧饮。中夜，酒欲竭，顾船中有醋斗余，乃倾入酒中，并饮之。至明日，酒醋俱尽。每与客痛饮，露发跣足，著械而坐，谓之囚饮。饮于木杪，谓之巢饮。以藁束之，引首出饮，复就束，谓之鳖饮。其狂纵大率如此。(《文昌杂录》)

滕达道

滕达道为范文正公门客。文正奇其才，谓他日必能为帅，乃以将略授之。达道亦不辞。然任气使酒，颉颃公前，无所顾避。久之，稍遨游无度，侵夜归，必被酒。文正虽意不甚乐，终不禁也。一日，伺其出，先坐书室中，荧然一灯，取《汉书》默读，意将以愧之。有顷，达道自外至，已大醉。见公，长揖曰："读何书？"公曰："《汉书》。"即举手攘袂曰："高帝何如人也？"公微笑，徐引去。然爱之如故。达道后卒为名臣，多得文正规模。（《避暑录话》）

石中立

熙载子中立，以太子少傅致仕。喜宾客，客至必与饮酒，醉乃得去。初家产岁入百万钱，末年费几尽。（《宋史·石熙载传》）

杨景宗

杨景宗以外戚故至显官。然使酒任气。在滑州，尝殴通判王述仆地。帝深戒毋饮酒，景宗虽书其戒座右，顷之辄复醉。其奉赐亦随费无余。（《宋史·外戚传》）

史百户

史百户者，性嗜饮，昼夜沉醉，不少醒，尝旦谒上官，上官与之语，懵然无所答。上官怒叱之曰："汝醉邪！"其父闻之，遂绝其饮。久之，病且作，吴中名医莫疗。有张致和者，善深于脉理，诊之曰："夜半当绝，勿复纷纷。"及期，果欲绝。其妻泣曰："汝素嗜饮酒，今死矣，然又不得饮，聊荐一杯，与尔永诀，死当无恨。"遂启其齿，以温酒灌之。须臾，鼻窍绵绵，若有息焉。又灌之而唇动，又灌之而渐苏，以报致和。致和曰："彼以酒为生，酒绝则生绝，慎勿药之，当饮以醇酒耳。"如其言，果愈。又饮数年，乃终。(《异林》)

三百六十日

后汉周泽为太常清修，时人为之语曰："一岁三百六十日，三百五十九日斋，一日不斋醉如泥。"《南史》孔觊，明晓政事，判决无壅，众为之说曰："孔公一月二十九日醉，胜他二十九日醒。"一则一年一日醉，一醉如此不晓事。一则一月一日醒，一醒如此办事。二事正相反，人性不同如此。余尝效程子山作《酒牓》，其间一联云："一月二十有九日，笑人世之太狂；百年三万六千场，容我生之长醉。"(《对雨编》)

太阳子

太阳子姓离名明本，玉子同年友也。玉子学道已成，太阳子乃事玉子，尽单子之礼，不敢懈息。然玉子特亲爱之，有门人三千余人，莫与其比也。好酒，常醉，颇以此见责。然善为五行之道，虽鬓发斑白，而肌肤丰盛，面目光华。三百余岁，犹自不改。玉子谓之曰："汝常理身养性，而为众贤法师，而低迷大醉，功业不修，大药不合，虽得千岁，犹未足以免死，况数百岁者乎！此凡庸所不为，况于达者乎！"对曰："晚学性刚，俗态未除，故以酒自驱其骄慢。"如此著七宝树之术，深得道要，服丹得仙，时时在世间。五百岁中，面如少童。多酒，故其鬓发皓白也。(《神仙传》)

陶白

张文潜云：陶元亮虽嗜酒，家贫不能常饮酒，而况必饮美酒乎？其所与饮，多田野樵渔之人，班坐林间，所以奉身而悦口腹者盖略矣。白乐天亦嗜酒，其家酿黄醅者，盖善酒也。又每饮酒必有丝竹僮妓之奉。洛阳山水风物甲天下，其所与游，如裴度、刘禹锡之徒，皆一时名士也。夫欲为元亮，则窭陋而难安。欲为乐天，则备足而难成。吴德仁居二人之间，真率仅似陶，而奉养略如白，其放达则并有之，岂非贤哉。（《苕溪渔隐丛话》）

晋人

《石林诗话》云：晋人多言饮酒，有至沉醉者。此未必意真在于酒，盖方时艰难，人各惧祸，惟托于醉，可以粗远世故。盖陈平曹参以来用此策。《汉书》记陈平于刘吕未判之际，日饮醇酒戏妇人，是岂真好饮邪？曹参虽与此异，然方欲解秦之烦苛，付之清净，以酒杜人，是亦一术。不然，如蒯通辈无事而献说者，且将日走其门矣。流传至嵇、阮、刘伶之徒，遂全欲用此为保身之计，此意惟颜延年知之。故《五君咏》云："刘伶善闭关，怀情灭闻见。韬精日沉饮，谁知非荒宴。"如是饮者未必剧饮，醉者未必真醉也。后世不知此，凡溺于酒者，往往以嵇、阮为例，濡首腐胁，亦何恨于死邪！（《苕溪渔隐丛话》）

石曼卿

《类苑》云：石曼卿喜豪饮，与布衣刘潜为友。尝倅海州，潜访之，剧饮中夜。酒欲竭，有醋斗余，乃倾入酒中，并饮之，明日酒醋俱尽。每与客痛饮，露发跣足，着械而坐，谓之囚饮。坐木杪，谓之巢饮。以藁束之，引首出，饮复就束，谓之鳖饮。廨后为一庵，常卧其间，名之曰扪虱庵。苕溪渔翁曰：东陂诗云"试问高饮三十韵，何如低唱两三杯。"世传陶谷买得党太尉故妓，取雪水烹团茶，谓妓曰："党家应不识此。"妓曰："彼粗人，安得有此景。但能销金帐下，浅斟低唱，饮羊羔儿酒耳。"陶愧其言。如曼卿喜豪饮，亦大粗俗，了无风味。是岂知人间有此景哉。(《苕溪渔隐丛话》)

不责酒过

武夷有一狂者，烂醉詈及屏山先生刘彦冲。次日，修书谢罪，先生不责其过，但于纸尾复之云："蛇本无影，弓误摇之。影既无之，公又何疑。白首如新，倾盖如故。"真达者之词也。(《萤雪丛说》)

簇酒

辛洞好酒而无賫。帛携榼登人门，每家取一盏投之，号为簇酒。(《云仙散录》引《叙闻录》)

酒仙

和尚雅有美行，数以财恤亲友，人皆爱重。然嗜酒不事事，以故不获柄用。或以为言，答曰："吾非不知，顾人生如风灯石火，不饮将何为？"晚年，沉酒尤甚，人称为"酒仙"云。(《辽史·耶律和尚传》)

吞花卧酒

虞松方春，以为掘月担风，且留后日，吞花卧酒，不可过时。（《云仙散录》引《曲江春宴录》）

李纯甫

李纯甫以诸葛孔明、王景略自期，由小官上万言书，援宋为证，甚切。当路者以迂阔见抑。中年度其道不行，益纵酒自放，无仕进意。得官未成考，旋即归隐，日与禅僧士子游，以文酒为事。啸歌袒裼，出礼法外，或饮数月不醒。人有酒见招，不择贵贱，必往，往辄醉。虽沉醉，亦未尝废著书。（《金史·文艺传》）

头飞鼻饮

古赋有鼻饮头飞之国句。又元诗人陈孚留使安南，其纪事诗曰："鼻饮如瓴甋，头飞似辘轳。"盖言土人能鼻饮者。有头能夜飞于海者，食鱼，晓复归身。又《蠃虫集》载：老挝国人鼻饮水浆，头飞食鱼。鼻饮，《七修》载：汪海云《亦巢偶记》载，一讲经僧能之。头飞则怪也。《星槎胜览》云：占城国有之，皆妇人也。以无瞳神为是，必须报官。睡熟，则其头飞去，食人粪，不动其身。至晓则飞归，与颈脗合如故。若人固封其颈，或移其身，则死矣。此亦天地间至怪之事，而竟有之，乃有少所见多所怪者，亦可鄙矣。（《坚瓠集》）

蒋氏嗜酒

《倦游录》：陆龟蒙妻蒋氏，善属文，性嗜酒。姊妹劝节饮强食，蒋应声曰:"平生偏好饮,劳尔劝吾飡。但得尊中满,时光度不难。"僧知业有诗名,与鲁望善。一日,访陆谈玄,蒋使婢奉酒。知业云:"受戒不饮。"蒋隔帘谓曰:"上人诗云'接岸桥通何处路?倚楼人是阿谁家?'观此风韵,得不饮乎!"知业惭而退。(《坚瓠集》)

半斤

马令《南唐书》云:丰城毛炳好学,不能自给,入庐山,舆诸生讲诗,获锾,即市酒尽醉。时彭会好茶,而炳好酒,时人为之语曰:"彭生坐赋茶三片,毛氏诗传酒半斤。"(《天禄识余》)

醉生

夜与诸公饮甚欢,有醉生败之,意殊不怿。偕元龙蔡与辈闲步庭中,犹闻朱元越与醉生辩。从门间听之,生语不可了,而意似旁皇,颇知自悔者。或云深夜醉后,不宜复呼与语。予曰:"不然,此必不更事人,因醉而发,醉醒则惭耳,盍以少言慰之。不尔,将令之展转终夕,岂有意了?且或有他念焉。乃启扉出,微言冷击,不数语辄遁去,且起亦绝无影响。使人侦之,果善人不更事者也。生平尝不能忍于此事,颇自觉其有进,然而气衰矣。壬子十一月望日记。(《梅花草堂笔谈》)

朱竹垞

相传竹垞性嗜酒,尝与高念祖同入都,日暮泊舟,辄失朱所在。迹之,已阑入酒肆,玉山颓矣。其跌荡如此,而清操如彼,所谓大德

不逾，小德出入者耶?(《熙朝新语》)

朱锡鬯

朱锡鬯诗才隽逸，文尤跌荡可观。然性好饮酒，尝与高念祖入都，每日暮泊舟，辄失朱所在。及高往求之，朱已阑入酒肆中，醉卧垆下矣。(《今世说》)

诸虎男

诸虎男常云:"酒可千日不饮，不可一日不醉。"(《今世说》)

一钱觅酒

陈藻字子文，号苍厓，家贫嗜酒。一日，囊仅一钱，市酒饮之，作诗自嘲云:"苍厓先生屡绝粮，一钱犹自买琼浆。家人笑我多颠倒，不疗饥肠疗渴肠。"(《金陵琐事》)

王笠舫

会稽王笠舫大令衍梅，豪于诗。尝谒戢山书院掌教奉贤陈古华太守廷庆，适有馈江瑶柱者，太守曰:"子能为我用'馋'字韵赋此者，当烹以酬子。"因押全韵成诗，其警句云:"升沈一柱观，阖辟两当衫。"太守叹赏，称为绝唱，遂命歌者奉觞以酬之。大令有《三月五日寄家人》诗云:"与月乐天花乐地，将诗惊鬼酒惊人。"笔意奇崛。又有《和孟郊古别离》云:"黄金最轻薄，买取别离愁。不若长贫贱，同心到白头。"寓意微婉，深得风人之旨。大令性嗜酒，病剧，致书盱眙汪观察

云任云:"日来饮酒,如曹子建之才之多;每日所呕之血,亦如曹子建之才之多。"未几下世。(《冷庐杂识》)

法时帆喜小酌

蒙古法时帆祭酒,性不能饮,然有约其小酌者,辄喜。看花饮酒,虽风雨,必至。晚年喜食山药,乃名其斋曰玉延秋馆。(《清稗类钞》)

叶仰之嗜茶酒

叶仰之茂才观文,康熙朝之钱塘人。初嗜酒,醉辄谩骂。已而病,涓滴不能饮,复嗜茶。(《清稗类钞》)

韩文懿嗜酒烟

韩文懿公菼嗜烟草及酒。康熙戊午,与王文简同典顺天武闱,在闱日,酒杯烟筒,不离于手。文简戏问之曰:"二者,乃公熊鱼之嗜,则知之矣。必不得已而去,二者何先。"文懿俯首思之,良久,答曰:"去酒。"众为一笑。(《清稗类钞》)

申右敦以书佐饮

三原申右敦嗜酒,兴至则饮,饮必醉。醉即一切不省,几席户牖。问事,人多欺之。顾恒以书佐饮,尤留心二十一史,颇涉其津涯。酒后耳热,座客趣举某事,衔口肆应,无脱误。(《清稗类钞》)

沈汉仪以良朋樽酒为生

沈汉仪【名家恒，一字巨山，顺康间之钱塘人】家贫好客，每遇良友，辄慷慨沉饮。或劝以稍事生业，对曰："良朋樽酒。吾故藉以生者。"（《清稗类钞》）

陈句山尽数十觞

钱塘陈句山太仆兆仑嗜酒。饮次遇知己，累尽数十觞，未尝沉顿，而谈锋弥健。（《清稗类钞》）

吴秋渔喜观人饮

钱塘吴秋渔太守升，乾隆时人。素不嗜酒，而喜观人酣饮。尝撰《酒志》二十八卷，为目十有二，曰：原始、辨性、述义、备法、详品、稽典、列事、纪言、考器、征令、录异、识录，征引书籍，多至千余卷。（《清稗类钞》）

滕瑞子嗜酒

滕瑞子，名永祥。家贫，嗜酒，然不能多饮。与自号钝斋子者善，两人数过从，会饮，相对悲歌，辄以箸击案，箸折，乃叹曰，惟我知子，则应曰然。夜阑烛灺，童子主铲者率逃去。然两人酒酣以往，辄不举杯，惟流连为笑乐。（《清稗类钞》）

张云骞以买米钱买醉

张云骞刺史年少豪迈，不问家人生产作业，好饮酒，一石亦不醉，然时有断炊之患。一日，其妻拔钗，质钱三百文，将以买米。置于几，张见之，即以质券裹钱，持之出，买醉于酒家矣。夜半，酩酊归，钱罄而券亦失，不可踪迹矣。(《清稗类钞》)

陈铁桥携酒大醉

钱塘陈铁桥詹事宪曾好剧饮，醉则于生计事无所省录，故时致匮乏。梅伯言曾亮，其同年也。尝为饭会，无酒人阑入。铁桥曰："幸入我会以止酒。"比入，则先自携酒，大醉而归。(《清稗类钞》)

金右泉嗜酒

金淇字右泉，道光时之钱塘诸生也。中年后贫甚，惟破屋数椽，书数千卷，梅花一树，坐对而已。性嗜酒，尝自武林门至丰储仓基，醉诵《离骚》，行人以为颠。(《清稗类钞》)

许幼兰颂酒

海宁许幼兰司马半济，耽诗颂酒，授读里中，垂五十年。右袒孙父子同出门下者，修羊所入，日向炉头博醉。醉则狂走山水间，以赋诗写画自乐。(《清稗类钞》)

方渔村以酒壶为友

方渔村孑身独处，生平未尝近女色。所居茅屋三椽，不蔽风雨，吟咏其中，怡然自得。性嗜饮，得钱辄沽酒。遇途人，即拉与共醉，不问谁何也。又喜拇战，或以不能辞，必强觞之。固辞，则怒，人畏其怒，相率远避。见无人与共，即以酒壶为友，而与之猜拳行令，人遂谓之方痴子。年八十余，无疾而终，姻戚经纪其丧。(《清稗类钞》)

林希村结酒社

侯官林希村大令晟家居时，与林怡庵、林枳怀、叶与恪、梁开万诸人结酒社。日高睡起，即登酒楼，终日痛饮。醉则歌呼笑骂，必夜深，乃扶醉而归，归则寝，明日又往矣。希村为勿村中丞之仲子，怡庵为郑苏庵方伯之舅氏，皆能不事事而沉饮，殆晋七贤八达之流也。(《清稗类钞》)

王茨檐赴陆筱饮宴

仁和王茨檐茂才曾祥，性和易而嗜饮。时从酒人游，遇要人富儿，一不当意，辄掉臂去之。中年息意荣遇，绝迹省门。雷翠庭副宪鋐视浙学，闻其名，礼意敦迫，将以优行贡于乡。一日，赴陆筱饮宴，或举其事以为庆，茨檐不屑也。酒酣，则曰："今此一官，亦不易得，得矣，桎梏徒自苦，岂若诗场酒地，与君辈皮皮之为乐耶。"皮皮，相戏之谓，杭人方言也。(《清稗类钞》)

周思南呼云月而酬

周思南名元懋，鄞县人。性嗜酒，其庋轩中者，皆酒器，大小叠进，不可数也。轩外平畴所种者，皆秫也。轩旁有厨有库，顾无长物，所列者，罂瓶之属也。平居不问室家事。宾客至，先通名，其所问者，客之能饮与否也。客云能，则又问之，谓其得久留此间饮与否也。数日之间，或不能伴，则遣人招之。或以事辞，则自往强之。或不遇，则穷之于其所往，不得，则四出，别求其人，终不得，则樵者牧者渔者，皆执而饮之。所执之人醉，犹以为未足，则呼云而酹之，其觞政然也。午夜思饮，猝无共者，则或童或婢，皆饮之。童婢或不能饮，则强以大斗浇之。犹以为未足，则呼月而酹之。其日之余也，有招之饮者，皆不赴。或载酒过其轩，则又必问其人为何人而后入之。自顺治丙戌以后五年，皆其醉乡之日月也。一日，思南坐轩中，忽大呕血。笑云："此吾从曲车酝酿而成之神膏也，非病也。"呕不止，饮亦不止，随饮随呕，遂死。(《清稗类钞》)

高画岑呼酒痛饮

嘉道间，仁和有高林字画岑者，诸生也。家塘栖，通脱无威仪，与赵宽夫同学。宽夫性方严，无敢以言戏之者。画岑故谬说经旨以激之使怒，宽夫断断争，则大笑以谩侮之。家徒四壁，惟嗜饮酒，饮必醉，醉则卧市沟中。人属以诗歌文章，信口而成，率妙丽有逸趣。一日，入城应试，闻其友疾重，走归，已殓，大哭，投水中。妻虑阖户缢，邻人两救之，得俱活。画岑更大笑，呼酒痛饮，人不测其所为也。已而病酒，竟死。(《清稗类钞》)

洪大全嗜酒

粤军洪大全之父母早世，家巨富，少聪颖，读书过目成诵。稍长，即工诗词，性豪迈，嗜酒。乐与贩夫走卒流丐小偷饮。酒罢，辄助以资。座有贵客，则谩骂之。其里人张绅，曾任湖南衡永郴桂道，以年老告归。值八旬称寿，设盛筵。洪赠物为贺，值百金。洪赴宴，乃挈其夙与同饮之人往，则皆短褐敝褌，见踵露肘者。及门，阍纳洪，而标诸人于门外，洪厉声叱之，挟以俱入。登堂一揖，即指同饮诸人曰："此皆我之至友也。承主人招饮，不敢违命，然非得若辈同饮，不足尽欢，恐负主人盛意，故与之俱来。"言毕，即与诸人同入席，畅饮欢呼，声震屋宇。时宾客满堂，咸衣冠济楚，见洪而大诧之。既尽醉，皆踉跄而出。及金田事起，洪悉以家财助军食，至桂林，被擒，诛于京师。(《清稗类钞》)

吴南屏嗜酒

吴南屏广文敏树嗜酒。尝客江宁，夜半，忽思饮，以有藏酝在，不必求之市也。命仆启瓮，则瓮泥坚，猝不可启，而渴甚。叱仆走，自以杖击瓮，瓮破，满地皆酒矣，乃伏地饮之。南屏性不耐俗，座有山僧田父，辄顾而乐之。与显者共杯杓，恒郁郁，几坐立不安矣。然其投契如曾文正及刘霞仙中丞者，与之把酒清话，亦未尝不欢。(《清稗类钞》)

图书在版编目（CIP）数据

古今酒事 / 胡山源编. — 北京：商务印书馆，2022
（2023.9重印）
ISBN 978 - 7 - 100 - 20557 - 3

Ⅰ. ①古… Ⅱ. ①胡… Ⅲ. ①酒文化 — 中国 —
古代 Ⅳ. ①TS971.22

中国版本图书馆 CIP 数据核字（2021）第269671号

古 今 酒 事

胡山源 编

商 务 印 书 馆 出 版
（北京王府井大街36号 邮政编码 100710）
商 务 印 书 馆 发 行
山西人民印刷有限责任公司印刷
ISBN 978 - 7 - 100 - 20557 - 3

2023年1月第1版 开本 889×1194 1/32
2023年9月第2次印刷 印张 20

定价：118.00元